水泥生产管理与质量控制

主 编 石常军

中国建材工业出版社

图书在版编目(CIP)数据

水泥生产管理与质量控制/石常军主编. —北京：
中国建材工业出版社，2015.4（2019.8 重印）

ISBN 978-7-5160-1089-1

Ⅰ.①水… Ⅱ.①石… Ⅲ.①水泥—生产管理—
高等职业教育—教材②水泥—质量控制—高等职业
教育—教材 Ⅳ.①TQ172

中国版本图书馆 CIP 数据核字（2014）第 308849 号

内 容 简 介

本书将水泥企业的生产管理与质量控制融为一体，介绍了质量管理及其常用工具、检测仪器及质检机构、样本采集及制备、质量控制图表、生产过程质量控制及方法、生产管理精细化与质量控制自动化、质量投诉的应对等。

全书内容源于生产，服务于应用，以岗位能力要求和国家职业标准为主线，汇集了最新成果，涵盖了生产管理人员、质量控制人员、中控室操作员、质检员、质量管理体系内审员的"应知应会"。全书内容丰富、图文并茂、深入浅出、备有课件，便于自学，可作为职业院校建筑材料类专业教材或教学参考书、水泥企业职工培训教材，也可供混凝土搅拌站、水泥粉磨站、水泥质检机构、建材科研院所的工程技术人员，以及水泥营销人员参考。

水泥生产管理与质量控制

主 编 石常军

出版发行：中国建材工业出版社
地 址：北京市海淀区三里河路 1 号
邮 编：100044
经 销：全国各地新华书店
印 刷：北京雁林吉兆印刷有限公司
开 本：787mm×1092mm 1/16
印 张：18.5
字 数：460 千字
版 次：2015 年 4 月第 1 版
印 次：2019 年 8 月第 2 次
定 价：49.80 元

重印前言

《水泥生产管理与质量控制》是高职院校建筑材料类专业学习领域的一门重要的跨学科交叉性专业课程，该教材是编者根据我国水泥工业近年来发展情况，根据本课程新课标编写的。与专业教学改革、课程建设结合紧密，符合教学改革精神，切合水泥生产实际。

课程讲义原用教材是河北建材职业技术学院张雪芹老师主编、石常军和张瑞红老师为副主编的《水泥生产质量控制与管理》。该教材是 2005 年编写、2006 年出版的，当时曾解决了本专业这门跨越《质量管理学》与《水泥工艺学》交互共生的课程没有教材的问题。但随着时间的延伸，特别是近年来水泥工业新标准、新工艺、新技术不断涌现，管理技术与质量控制技术都发生了较大的变化，原教材已很难适应这种变化。新版教材汇集了当今水泥生产最新的成果，配合课件授课，非常适宜教学使用。

本教材吸收了近年来编者在从事水泥厂职工培训教学中的成功经验，特别是很多一线生产管理与质量控制人员的工作经验，同时融入了编者多年来的教学体会。从某种意义上讲，本教材实际上是一本面向职业院校学生专业教育和行业职工教育的校企合作的产物，填补了这方面的空白。

本教材由教育部全国建材职业教育教学指导委员会高职专业教学标准研制专家工作组副组长、高职专业建设指导委员会秘书长、河北建材职业技术学院石常军教授担任主编，由河北建材职业技术学院石常军、张向红、刘满库、韩飞与秦皇岛浅野水泥有限公司何金峥、李显余、李中兴等共同编写。编写分工如下：石常军负责编写前言、第 1 章的 1.2.5、1.3.1.6、1.3.1.7、1.3.3、1.4～1.6及第 5 章、第 6 章、第 7 章；张向红负责编写第 4 章；刘满库负责编写第 1 章的1.1、1.2.1～1.2.4、1.3.1.1～1.3.1.5、1.3.2；韩飞负责编写第 2 章和第 3 章。何金峥、李显余、李中兴负责编写第 5 章的 5.6。书中部分插图由景德镇陶瓷学院陶瓷艺术设计专业学生石宸嘉绘制。全书由河北武山水泥有限公司韩福东、赵新丽审稿。

在本教材编写过程中，得到了学院领导、教务处领导与材料工程系同仁，以及建筑材料工业技术情报研究所、冀东发展集团、奎山冀东水泥有限公司、冀东水泥滦县有限责任公司、武安市新峰水泥有限责任公司、鹿泉市曲寨水泥有限公司、秦皇岛浅野水泥有限公司、河北省抚宁县信合水泥厂、河北武山水泥有限公司等同行的大力支持和帮助,材料工程系学生王俊轩、尹超斌、崔晓哲、张艳丽等提供了文字输入、校对及版面美化等方面的帮助,特别是在编写过程中查阅并采纳了大量业界专家学者发表在期刊、学术会议上的文献,以及青年才俊的博士、硕士学位论文或网络技术文章中的观点,在此一并表示谢忱!

本教材自2015年4月首印以来,水泥质量管理规程与产品标准、检测方法标准多有修订,为此在本次重印时,依据新规程与标准修改单对相关内容做了更新,但由于时间紧、任务重,未对检测方法进行大的调整。书中不当之处,敬请广大读者和师生指正,以便再版时予以修正。函件接收邮箱:503362412@qq.com。

编　者

2019 年 8 月

目　　录

1　质量管理及其常用工具的认知

[概要] 本章共分六节,主要介绍质量定义、术语,质量管理的概念、原理、意义、发展,全面质量管理,ISO 9000 族标准与质量认证,质量管理新旧七种 QC 工具,PDCA 循环,QC 小组活动及水泥质量管控举措等。

1.1　质　　量

质量在不同的学科领域有着不同的含义。管理学认为,质量包括三方面的含义:性能、适用性和满意程度。性能是指天然固有的特性;适用性是指客观特性相对于人类主观需要的适用程度;满意程度是指在最终结果方面对要求的满足程度。

1.1.1　狭义的质量

(1)质量的符合性定义。我国工业产品责任条例第二条,对产品质量有一个明确的定义:"产品质量是指国家有关的法规、质量标准以及合同规定的对产品适用、安全和其他特性的要求。"这一定义意指产品特性须符合既定的有关法规、产品标准或合同的要求。它是根据产品所具有的特性符合标准技术要求的程度来衡量产品质量优劣的,称其为符合性定义。

约瑟夫·莫西·朱兰

[石震嘉　作]

(2)质量的适用性定义。世界著名质量管理专家、美国约瑟夫·莫西·朱兰(J. M. Juran)博士把产品或服务质量定义为"产品或服务的适用性",称其为适用性定义。他强调,产品或服务质量不能仅从标准角度出发,只看产品或服务是否符合标准的规定,而是要从顾客出发,看产品或服务是否满足顾客的需要以及满足的程度。

(3)两种狭义质量定义的比较。从理论上说,适用性定义更全面、深刻地揭示了产品质量的实质,而符合性定义却存在着一定的不足。因为用户和消费者对产品的要求与成文的产品技术标准往往不一致:一是技术标准本身不一定能反映出用户的要求;二是用户对产品要求的变化比技术标准修订速度更快。但由于符合性定义比适用性定义更直观、更便于使用,所以企业普遍采用符合性定义,用满足标准技术要求的程度来衡量产品的质量。但无论是质量符合性定义,还是质量适用性定义,都属于狭义的质量。

1.1.2　广义的质量

(1)内涵。用户所使用的产品或服务质量是经过设计、制造、检验、销售、策划、培训、组织等其中的某些环节逐步产生和形成的。在质量形成过程中涉及许多方面工作,有与产品

1

或服务质量直接有关的工作,也有间接有关的工作。只有把这些工作搞好,才能保证用户得到满意的产品或服务质量。这种与实现产品质量或服务质量各阶段有关的设计、策划、制造、技术、组织、管理等工作的好坏程度就是工作质量。我们将包括工作质量在内的质量称为广义的质量。

(2)特点。

①质量不仅包括结果,也包括质量的形成和实现过程。

②质量不仅包括产品质量和服务质量,也包括它们形成和实现过程的工作质量。

③质量不仅要满足顾客,还要满足社会的需要,并使顾客、业主、职工、供应方和社会均受益。

④质量不仅存在于工业,也存在于服务业,还存在于其他各行各业。

(3)工作质量与产品或服务质量的区别与联系。工作质量是产品质量或服务质量的保证,产品质量或服务质量是工作质量的综合反映。要想从根本上提高产品质量或服务质量,必须提高和保证工作质量,通过提高和保证工作质量来提高和保证产品质量或服务质量。

综上所述,国际标准化组织给质量下的定义是:"质量就是一组固有特性满足要求的程度。"

1.1.3　质量术语与内涵

(1)产品。产品是一个广义的概念,它包括硬件、软件、流程性材料和服务四种通用类型。它既包括有形产品,也包括无形产品;既包括产品内在的特性,也包括产品外在的特性。《质量管理体系基础和术语》(ISO 9000:2008)将产品定义为:"过程的结果"。可见,产品是过程所产生的结果,没有过程就不会有产品。

(2)工业产品质量。指工业产品适合一定的用途,满足人们需要所具备的特性和特性的总和,即产品的适用性。它包括产品的内在特性,如产品的结构、物理性能、化学成分、可靠性、精度、纯度等;也包括产品的外在特性,如形状、外观、色泽、音响、气味、包装等;还有经济特性,如成本、价格、使用维修费等,以及其他方面的特性,如交货期、污染公害等。工业产品的不同特性,区别了各种产品的不同用途,满足了人们的不同需要。可把各种产品的不同特性概括为:适用性、可靠性、安全性、寿命性和经济性等。

(3)工作质量。指与产品质量有关的工作对于产品质量保证程度。工作质量涉及企业所有部门和人员,也就是说企业每个科室、车间、班组、岗位都直接或间接地影响着产品质量,其中领导者的素质最为重要,起着决定性作用。广大职工素质的普遍提升,则是提高工作质量的基础。工作质量是提高产品质量的基础和保证。为保证产品质量,必须首先抓好与产品质量有关的各项工作。

(4)服务质量。指服务满足规定或潜在需要的特征和特性的总和。特征是用以区分同类服务中不同规格、档次、口味的概念。特性则是用以区分不同类别的产品或服务的概念,如旅游有陶冶人的性情给人愉悦的特性,旅馆有给人提供休息、睡觉的特性。服务质量最表层的内涵应包括服务的安全性、适用性、有效性和经济性等一般要求。

1.2　质　量　管　理

1.2.1　质量管理的基本概念与原理

(1)质量管理(Quality Management,QM):是指对确定和达到质量目标所必需的全部职能和活动的管理。包括质量方针目标的制订及其组织实施,也包括质量控制活动。

（2）质量控制（Quality Control,QC）：是指为保持某一产品过程或服务的质量所采取的作业技术和有关活动。一般指为保证产品质量达到规定水平所使用的方法和手段的总称,是 QM 的组成部分。

（3）质量保证（Quality Assurance,QA）：是指为使人们确信某一产品、过程或服务的质量所必需的全部有计划有组织的活动。这种活动的标志或结果,就是提供"证据",目的在于确保用户和消费者对质量的信任。

（4）质量职能（Quality Function,QF）：是指企业为保证产品质量而进行的全部技术、生产和管理活动的总称。在一个企业内部,质量职能就是对在产品质量产生、形成和实现过程中各部门应发挥的作用或应承担的任务和职责的一种概括。如在工业企业的设计部门要按照用户的质量要求,设计出符合用户质量要求的产品;生产制造部门要实现均衡生产,车间工人要经过严格训练,掌握产品质量标准和保证质量的操作控制方法,以便生产出符合设计质量的产品;检验部门要按产品工艺规程和质量标准进行检查和验收;销售部门在推销产品的同时要进行市场调查,搜集用户意见,进行质量分析等。上述部门的工作与活动直接与产品质量有关,是直接的质量职能。此外,企业还有一些部门的工作与产品质量是间接产生影响的,如人资部门,要着眼于人员素质的提高,搞好岗位技能培训,从而保证产品质量。财务部门搞好各类资金的管理,加强日常核算和监督管理,从而降低产品成本。这些都是间接的质量职能。

（5）质量职责（Quality Responsibility,QR）：是指对企业各部门和各级各类人员在质量管理活动中所承担的任务、责任和权限的具体规定。质量职能与质量职责既有区别又有联系,质量职能是针对过程控制需要而提出来的质量活动属性与功能,是质量形成客观规律的反映,具有科学性和相对稳定性;而质量职责则是为了实现质量职能,对部门、岗位与个人提出的具体质量工作分工,其任务通过责、权、利予以落实,因而具有人为的规定性。可以认为,质量职能是制定质量职责的依据,质量职责是落实质量职能的方式或手段。

（6）全面质量管理的基本工作方法（程序）：是指 PDCA 循环。把质量管理全过程划分为 P（策划 Plan）、D（实施 Do）、C（检查 Check）、A（处置 Action）四个阶段。

1.2.2　质量管理的意义

工业产品质量是整个企业活动的最终结果,是经过产品全过程一步一步形成的。因此,必须对产品质量形成的全过程实行质量管理。产品全过程质量管理是指产品的设计过程、生产过程、辅助过程和使用过程的质量管理,其中最重要的是设计和生产过程中的质量管理。好的产品质量是设计和生产出来的,不是靠最终检验出来的。所以抓产品质量管理关键在于抓设计和生产中的质量管理。

（1）生产中的质量管理。包括从原料进厂,一直到成品出厂以前整个生产过程中的质量把关和质量控制工作。生产质量控制是生产中质量管理不可缺少的一个重要环节。它的作用是根据设计和工艺技术文件的规定,控制生产过程各工序可能出现的异常和波动,使生产过程处于可控状态。

（2）生产过程质量控制的目的。包括两方面:一是产品性能质量控制,使产品达到所需性能的满足程度,保证生产出符合设计和规范质量要求的产品,如水泥的凝结时间、强度等级等;二是产品外观质量控制,使产品的表面质感等各因素总和达到统一的效果,如普通水泥产品外观颜色、白水泥的白度等。

水泥生产工艺是连续性很强的过程,无论哪一道工序保证不了质量,都将影响水泥产品的质量。在实际生产中,原材料的成分及生产情况是经常变动的,必须把生产管理与质量控制贯穿于水泥生产全过程,合理选择质量控制点,采用正确的质量控制方法,按照工艺要求对各生产工序进行严格管控,才能预防"问题水泥"的产生,生产出满足用户需求具有市场竞争力的水泥产品。

1.2.3 质量管理的发展

质量管理是伴随着产业革命的兴起而逐渐发展起来的。真正把质量管理作为科学管理的一部分,在企业中有专人负责质量管理工作,则是近百年来的事。质量管理的发展,按照解决质量问题所依据的手段和方法来划分,大致经历了质量检验、统计质量控制、全面质量管理等三个阶段。

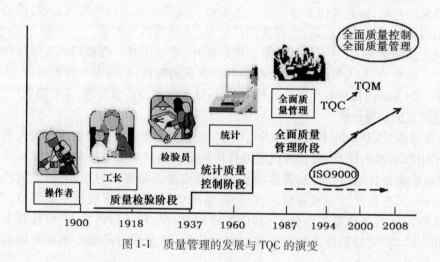

图 1-1　质量管理的发展与 TQC 的演变

1.2.3.1 质量检验阶段

20 世纪前,产品质量主要依靠操作者本人的技艺水平和经验来保证,属于"操作者的质量管理"。20 世纪初,随着工业生产规模的增大,企业对人员进行科学分工,将计划职能和执行职能分开,并在两个职能当中增加了检验环节,设置了专职检验员,加强了产品质量检查。美国古典管理学家泰勒(F. W. Taylor,又译作泰罗)出版了《科学管理原理》,他的管理理论是以工商业的生产管理和车间管理为起点,理论、原则和操作性技术方法相结合,兼具思想性和实用性的一整套管理学说,开创了质量管理的新纪元。这个阶段的质量控制特点是"事后控制",主要限于质量检查工作,即按照事先确定的产品质量标准,通过严格检验来保证出厂或转入下道工序的产品质量。因其局限于事后检验,故而既不能预防废品的发生,也不能及时解决生产中的质量问题。

1.2.3.2 统计质量控制阶段

自第二次世界大战开始至 20 世纪 50 年代末期,由于战争对军需产品质量和数量要求的提高和增大,而使原有的检验工作的弱点突出,影响了军需产品的供应。因此,美国政府和国防部于1942年组织休哈特(W. A. Shewhart)等一批专家,制定战时质量控制标准,大力提倡和推广统计质量控制方法进行质量管理。这种方法是以休哈特的质量控制图为基础的。由于采用了数理统计中的正态分布"6σ"方法来预防不合格品的产生,突破了单纯事后检验的局限,实现了预防控制,使质量管理工作建立在科学基础之上了。这个阶段的质量控制特点是"事后控制+事前预防"。但这种方法过分强调数理统计方法,忽视了组织管理和生产者能动性的发挥,因而影响了统计质量控制方法的普及和作用。

1.2.3.3 全面质量管理阶段

20世纪50年代以来,随着科学技术的飞速发展,特别是电子技术的进步,生产自动化、航天技术、军事工业以及大型系统工程的需要,开始引进可靠性的概念,对产品质量要求更高、更严格。单纯依靠统计方法控制生产过程已远远不能满足需要,需要对设计、制造、准备、销售、使用等环节都进行质量管理,统计方法只是其中一种工具。

于是,由美国阿曼德·费根堡姆(A. V. Feigenbaum)博士等人提出了全面质量管理(TQC)的概念,并在1961年出版的《全面质量控制》一书中给出了定义:"全面质量管理就是为了能够在最经济的水平上并考虑到充分满足用户要求的条件下进行市场研究、设计、生产和服务,把企业各部门的研制质量、保持质量和改进质量的活动构成为一个有效的体系"。此后,全面质量管理引起了全世界的广泛关注,并广为传播。20世纪80年代以来,各国结合自己的实践在创新中发展,使它不再局限于质量职能领域,逐步由TQC演变成一套以质量为中心、综合的全面的管理方式和管理理念TQM(Total Quality Management)。

值得注意的是,全面质量管理并没有增加和改变企业原有的质量责任,顾客也不可能在选择和采购商品时直接了解到企业全面质量管理的水平。20世纪60年代以来,市场上的顾客越来越关注产品的质量保证。其关键是企业向顾客及公众做出质量承诺,保证为顾客提供符合规定的质量要求的产品或服务。质量保证的形式一般是通过质量保证文件,比如生产厂家的产品质量合格证书、权威检验机构的检验合格报告、质量认证机构的质量认证书等。把企业一切应该做的事情订立成质量手册,通过程序文件以及一系列的质量表格文件来控制,"想到的就要写到,写到的就要做到",用严密的程

序手册来保证过程的进行,其中最典型的就是ISO 9000族系列标准及质量认证,如今已遍及全球。还有,美国"零缺陷之父"克劳士比(P. B. Crosby)主张"第一次就做对"——零缺陷管理,开创了现代管理咨询在质量竞争力领域的新纪元。因而,也有人把此后的质量管理归纳为质量保证阶段和零缺陷的质量管理阶段,即把质量管理分为四或五个发展阶段。

1.2.4　全面质量管理的特点

质量管理的基本要素是 5M1E(人力 Man/Manpower、设备 Machine、材料 Material、方法 Method、测量 Measurement、环境 Environment)。全面质量管理的主要特点在于"全"字,它包括四方面。

(1)管理对象是全面的。全面质量管理所要达到的目标是为用户提供满意的产品质量。所以管理的对象不仅仅是产品本身的质量,即所谓狭义的质量,而且包括影响产品质量的各个方面的工作质量,即所谓广义的质量。并且要立足于工作质量,从搞好工作质量出发,达到搞好产品质量的目的。可以说,全面质量管理是一种预防性的管理。

(2)管理范围是全面的。一件产品从设计者构思到消费者使用,中间要经过市场调查、设计、试制、生产、检验、销售、服务等环节。在生产质量形成的各个环节上都要进行质量管理,质量管理的范围往往超过以往设计、制造环节,从生产领域扩大到流通流域,包括生产销售全过程,是全过程的管理。企业要最终使用户对自己的产品满意,除要不断了解用户的需要、不断更新产品外,还要使产品物美价廉,还要服务周到。所以,全面质量管理也是把生产与市场销售联系在一起的经营管理。

(3)参加管理的人员是全面的。一件产品从原料进厂到成品出厂,有许多环节,需要经过许多人的手,可以说人人都与产品质量有关。只有各个岗位上的人员都重视产品质量,发挥自己的主动性、积极性,产品质量才有保证。全面质量管理正是从这一点出发,通过适当的组织形式,把全厂各方面人员都吸收到产品质量的保证体系中来。它是全员参加的质量管理。

(4)管理的方法是全面的。全面质量管理的出现是现代科学技术和科学管理发展的结果。它从系统理论出发,汲取了自然科学、技术科学和管理科学的成就,与企业的生产实际相结合,提出了很多管理方法,简单适用、通俗易懂,对改善和提高产品质量有着很大作用。

1.2.5　ISO 9000 族标准与质量认证

1.2.5.1　ISO 9000 族标准

ISO 9000 族标准是国际标准化组织(英文缩写为 ISO)于 1987 年制订,后经不断修改完善而成的系列标准。ISO 9000 族标准并不是产品的技术标准,而是针对组织的管理结构、人员、技术能力、各项规章制度、技术文件和内部监督机制等一系列体现组织保证产品及服务质量的管理措施的标准。现已有 100 多个国家和地区将此标准等同转化为国家标准。我国在"九五"期间全面推行 ISO 9000 族标准,在机构、程序、过程、总结四个方面规范质量管理。

(1)ISO 9000 族核心标准。由 ISO9000《质量管理体系 基础和术语》、ISO9001《质量管理体系 要求》、ISO9004《质量管理体系 业绩改进指南》、ISO19011《质量和(或)环境管理体系审核指南》四个标准组成。ISO9000:2005 作为选用标准,同时也是名词术语标准,代替 ISO9000:2000 标准;ISO9001:2008 标准代替 ISO9001:2000 标准;ISO9004:2009 标准代替 ISO9004:2000 标准;ISO19011:2011 标准代替 ISO19011:2002 标准。

(2)ISO9000 族标准的特点。①编制该标准系列的目的在于提供指导。②在合同中,质量保证模式标准是对技术规范的补充。③可用于质量管理体系情况和所有产品类别。④强调了以预防为主和全面质量改进。⑤提供了不同模式,可广泛、灵活地应用。

（3）ISO9000 族标准的质量管理原则。①以顾客为关注焦点。②领导作用。③全员参与。④过程方法。⑤管理的系统方法。⑥持续改进。⑦基于事实的决策方法。⑧与供方互利的关系。

1.2.5.2　质量认证

（1）质量认证的内涵。ISO 9000 族标准认证，也可理解为质量管理体系注册，是由国家批准的、公正的第三方机构——认证机构，依据 ISO 9000 族标准，对组织的质量管理体系实施评价，向公众证明该组织的质量管理体系符合 ISO 9000 族标准，提供合格产品，公众可以相信该组织的服务承诺和组织的产品质量的一致性。

（2）ISO 9000 认证的特点。①ISO 9000 族标准是一系统性的标准，涉及范围、内容广泛，且强调对各部门的职责权限进行明确划分、计划和协调，使企业能有效有序地开展各项活动，保证工作顺利进行。②强调管理层的介入，明确制订质量方针及目标，并通过定期的管理评审达到了解公司的内部体系运作情况，及时采取措施，确保体系处于良好的运作状态的目的。③强调纠正及预防措施，消除产生不合格及其潜在原因，防止不合格的再发生，从而降低成本。④强调不断的审核及监督，达到不断修正及改良企业管理及运作的目的。⑤强调全体员工的参与及培训，确保员工素质满足工作要求，并使每一个员工有较强的质量意识。⑥强调文化管理，以保证管理系统运行的正规性和连续性。如果企业有效执行这一族认证标准，就能极大提高产品（或服务）的质量，降低生产（或服务）成本，建立客户对企业的信心，提高经济效益，最终大大提高企业在市场上的竞争力。

（3）质量认证机构与认证作用。负责对 ISO 9000 品质体系认证的机构都是国家的权威机构，对企业的品质体系的审核是非常严格的。这样，对于企业内部来说，可按照经过严格审核的国际标准化的品质体系进行品质管理，真正达到法治化、科学化的要求，极大地提高工作效率和产品合格率，迅速提高企业的经济效益和社会效益。对于企业外部来说，当顾客得知供方按照国际标准实行管理，拿到了 ISO 9000 品质体系认证证书，并且有认证机构的严格审核和定期监督，就可以确信该企业是能够稳定地提供合格产品或服务，从而放心地与企业订立供销合同，扩大了企业的市场占有率。水泥产品质量认证的依据是 ISO 9001《质量管理体系 要求》和相关的国家标准和行业标准。中国水泥房建材料产品质量认证中心（CQBM）和北京国建联信认证中心有限公司（GJC）等单位均可组织水泥质量认证。面向水泥企业的认证项目主要有：产品质量

图 1-2　质量管理体系认证证书样本

认证、强制性产品认证（CCC 认证）、质量管理体系认证、环境管理体系认证、职业健康安全管理体系认证、能源管理体系认证、节能产品认证、节水产品认证、建材环保产品认证等。图 1-2 为某水泥厂获取的质量管理体系认证证书样本。

（4）内审员。全称叫内部质量体系审核员。通常由既精通 ISO 9001:2008 国际标准又熟悉本企业管理状况的人员担任，也可以由各部门人员兼任，在一个组织内对质量体系的正常运行和改进起着重要的作用。按照规定，凡是推行 ISO 9001:2008 的组织每年至少需要进行一次内部质量审核。某单位质量管理体系内部审核流程如图 1-3 所示。

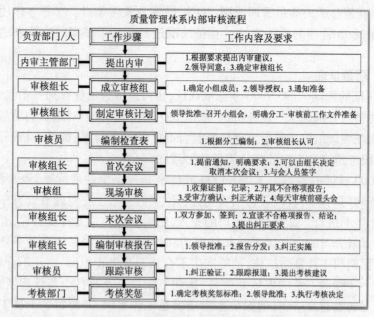

图 1-3　质量管理体系内部审核流程

1.2.5.3　ISO 9000 族标准与全面质量管理(TQM)

(1)共同点。①强调以顾客为中心,满足顾客需求。②强调领导的重要性。③强调持续改进,按 PDCA 科学程序进行。④要求实行全员、全过程、全要素的管理。④重视评审和审核。

(2)差异点。①ISO 9000 标准具有一致性,在一定的时间内保持稳定。②TQM 不局限于"标准"的范围,不间断寻求改进机会,研究和创新工作方法,以实现更高的目标。

1.2.5.4　质量管理体系(QMS)

(1)质量管理体系的内涵

质量管理体系(Quality Management System,QMS)是指在质量方面指挥和控制组织的管理体系。通常包括制定质量方针、质量目标及质量策划、质量控制、质量保证和质量改进等活动。质量管理体系的图标如图 1-4 所示。

质量管理体系是组织内部建立的、为实现质量目标所必需的、系统的质量管理模式,是组织的一项战略决策。它将资源与过程结合以过程管理方法进行的系统管理,根据企业特点选用若干体系要素加以组合,一般包括与管理活动、资源提供、产品实现及测量、分析与改进活动相关的过程组成,可以理解为涵盖了从确定顾客需求、设计研制、生产、检验、销售、交付之前全过程的策划、实施、监控、纠正与改进活动的要求,一般以文件化的方式,成为组织内部质量管理工作的要求。

图 1-4　ISO 9001 质量管理体系图标

针对质量管理体系的要求,国际标准化组织的质量管理和质量保证技术委员会制定了 ISO 9000 族系列标准,以适用于不同类型、产品、规模与性质的组织,该类标准由若干相互关联或补充的单个标准组成,其中 ISO 9001《质量管理体系 要求》提出的要求是对产品要求的补充,经过了数次改版。在此标准基础上,不同的行业又制定了相应的技术规范。ISO 9001:2008 是由国际标准化组织质量管理和质量保证技术委员会质量体系分委员会(ISO/TC176/SC2)制定的质量管理系列标准之一。

(2)质量管理体系的特性

①符合性。开展质量管理,必须设计、建立、实施和保持质量管理体系。组织的最高管理者对依据 ISO 9001 国际标准设计、建立、实施和保持质量管理体系的决策负责,对建立合理的组织结构和提供适宜的资源负责;管理者代表和质量职能部门对形成文件的程序的制定和实施、过程的建立和运行负直接责任。

②唯一性。质量管理体系的设计和建立,应结合组织的质量目标、产品类别、过程特点和实践经验。因此,不同组织的质量管理体系有不同的特点。

③系统性。质量管理体系是相互关联和作用的组合体,包括:a. 组织结构——合理的组织机构和明确的职责、权限及其协调的关系;b. 程序——规定到位的形成文件的程序和作业指导书,是过程运行和进行活动的依据;c. 过程——质量管理体系的有效实施,是通过其所需过程的有效运行来实现的;d. 资源——必需、充分且适宜的资源包括人员、资金、设施、设备、材料、能源、技术和方法。

④全面有效性。质量管理体系的运行应是全面有效的,既能满足组织内部质量管理的要求,又能满足组织与顾客的合同要求,还能满足第二方认定、第三方认证和注册的要求。

⑤预防性。质量管理体系有一定的预防措施,能防止质量问题的发生。

⑥动态性。最高管理者定期批准进行内部质量管理体系审核、定期进行管理评审,以改进质量管理体系,还要支持质量职能部门(含车间)采用纠正措施和预防措施改进过程,从而完善体系。

⑦持续受控。过程及其活动应持续受控。质量管理体系应最佳化,组织应综合考虑利益、成本和风险,通过质量管理体系持续有效运行使其最佳化。

(3)质量管理体系文件

包括:①形成文件的质量方针和质量目标;②质量手册;③形成文件的程序和记录;④组织为确保其过程有效策划、运作和控制所确定的必要文件和记录;⑤质量记录。

(4)质量管理体系的过程方法

系统地识别和管理组织所应用的过程,特别是这些过程之间的相互作用,称为"过程方法"。以过程为基础的质量管理体系过程方法主要有:系统地识别组织所应用的过程、识别和确定过程之间的相互作用、明晰管理过程及过程的相互作用,其模式如图1-5所示。

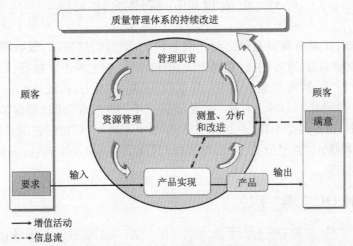

图1-5　以过程为基础的质量管理体系方法模式

①系统地识别组织所应用的过程,就是策划。"系统地识别"是指从组织运作的总体角度来考虑;可能涉及所有过程;各个过程排列的顺序与结构。具体识别每一个过程,包括确定输入的要求与条件;预期的输出要求与标准;为达到预期输出,所需开展的活动的规范;相关的资源;为达到预期输出,所需的测量方法和验收准则。过程分析方法乌龟图如图1-6所示。

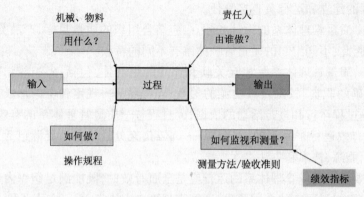

图1-6　过程分析方法乌龟图

②识别和确定过程之间的相互作用。指各个过程之间的联结关系;过程的输出与下一个/几个过程的输入的关系与影响;过程之间衔接的方法与资源需求。

③明晰管理过程及过程的相互作用。

a. 管理内容主要包括:确定管理过程活动的职责、权限;确定为确保过程有效运行和控制所需的准则和方法;过程使用的资源;过程之间的接口(通过沟通的方法);监视、测量和分析过程;实施必要的措施,实现过程的持续改进。

b. 管理的着眼点主要是过程的绩效是否增值? 是否满足内、外部顾客的要求?

④过程方法的优点。可以实现对过程的连续控制:单个过程之间的联系;过程组合;过程之间的相互作用。过程方法运用PDCA(计划—实施—检查—处理)模式,获得对过程持续改进的动态循环。最终使企业在产品和业务的业绩、有效性、效率和成本方面得到显著的收益。

1.3　质量管理的常用统计工具

质量管理统计工具有新旧七种之分。旧七种工具包括:层别法、散布图法、鱼骨图(特性要因图)法、查检表法、直方图法、管制图法、柏拉图法;新七种工具包括:KJ 分析法、PDPC 分析法、矢线分析法、矩阵数据分析法、关系图法、矩阵图法、系统图法。通常质量控制(QC)的原则是:借助新旧七种工具从"三现"到"三不"("三现"指现场保留、现物、现实数据或情况;"三不"指不接受不良、不制造不良、不留出不良)。解决问题的具体步骤有:①发现问题;②了解现状;③原因分析;④临时措施/长期措施;⑤效果确认;⑥标准化;⑦制度化;⑧处理客户投诉。

1.3.1　旧七种 QC 工具(手法)

旧七种 QC 工具,又称 QC 七大手法,由"五图一表一法"组成。五图:柏拉图(排列图)、散布图、直方图、控制图、特性要因图(鱼骨图);一表:查检表;一法:层别法。

1.3.1.1　层别法

层别法是所有数据统计方法中最基本的手法,是指将多种多样的数据资料,根据需要分成不同的"类别",使人清晰地看出变异点在哪里。层别法的应用,在于把复杂的杂乱的资料进行处理,使之简明化,方便以后的分析。

[**例**] 制片车间统计八月份的负极报废情况,对其进行分析,有如下数据,见表1-1。

表1-1　制片车间负极报废情况的层别统计

序号	项目	数量/件	占不良总数比率/%	累计百分比/%
1	边角废料	762	76.2	76.2
2	脱粉	138	13.8	90.0
3	折断	54	5.4	95.4
4	切错	21	2.1	97.5
5	其他	25	2.5	100.0
合计		1000	100	—

[**分析**] 通过表1-1可知,制片车间在生产负极时应抓住"边角废料"与"脱粉"两项的报废进行控制,则总报废率将会下降。

1.3.1.2　查检表

(1)查检表:是将需要检查的内容或项目一一列出,然后定期或不定期的逐项检查,并将问题点记录下来的方法,有时叫做检查表或点检表。例如:点检表、诊断表、工作改善检查表、满意度调查表、考核表、审核表、5S 活动检查表、质量异常分析表等。

(2)组成要素:①检查项目;②检查频度;③检查人员。

(3)实施步骤:①确定检查对象;②制定检查表;③依检查表项目进行检查并记录;④对检查出的问题要求责任单位及时改善;⑤检查人员在规定的时间内对改善效果进行确认;⑥定期总结,持续改进。

1.3.1.3　柏拉图(排列图)法

(1)柏拉图,又叫排列图。它是根据搜集到的数据,按不良原因、不良状况、不良发生位置等不同区分标准,以寻求占最大比率的原因、状况或位置的一种图形。它是将质量改进项目从最重要到最次要顺序排列而采用的一种图表。柏拉图由一个横坐标、两个纵坐标、几个按高低顺序("其他"项例外)排列的矩形和一条累计百分比折线组成。

(2)格式。如图1-7所示。

(3)用途。①按重要顺序显示出每个质量改进项目对整个质量问题的作用。②识别进行质量改进的机会,即识别对质量问题最有影响的因素,并加以确认。

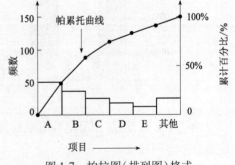

图1-7　柏拉图(排列图)格式

(4)作图步骤

①选择要进行质量分析的项目。

②选择用来进行质量分析的度量单位,如出现次数(频数、件数)、成本、金额或其他。

③选择进行质量分析的数据的时间间隔。

④画横坐标。

⑤画纵坐标。

⑥在每个项目上画长方形,它的高度表示该项目度量单位的量值,显示出每个项目的影响大小。

⑦由左到右累加每个项目的量值(以%表示),并画出累计频率曲线(帕累托曲线),用来表示各个项目的累计影响。

⑧利用柏拉图确定对质量改进最为重要的项目(关键的少数项目)。

[例]某公司 QC 小组对其生产的电池卷绕短路情况进行了统计,整理后的资料见表1-2。

表1-2 电池卷绕短路情况分析表

序号	原因	不良数量/频数	占不良总数比率/%	累计百分比/%
1	正极毛刺	485	48.5	48.5
2	卷绕方法	327	32.7	81.2
3	隔膜太薄	130	13.0	94.2
4	其 他	58	5.8	100
合 计		1000	100	—

[分析]依表1-2中数据可绘柏拉图,如图1-8所示。

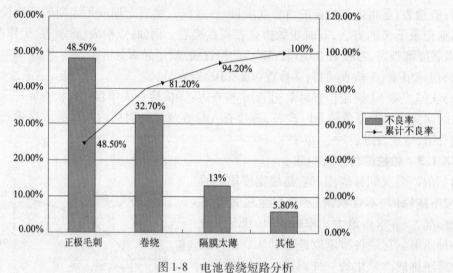

图1-8 电池卷绕短路分析

由图1-8可见,该型号电池卷绕短路原因:1、2两项占了81.20%的原因,故控制的重点应放在1、2两项上。

(5)柏拉图法的"二八"原则。①80%的问题由20%的原因引起;②80%的索赔发生在20%的生产线上;③80%的销售额由20%的产品带来;④80%的品质成本由20%的品质问题造成;⑤80%的品质问题由20%的人员引起。

1.3.1.4 特性要因图(树枝图、因果图、鱼骨图、鱼刺图)

(1)特性要因图是一种表示结果(正面的或负面的)和造成该结果原因的图。它显示了每一个潜在原因与结果和另外的潜在原因之间的关系。要求建立主要的导致结果和问题的原因分支。

(2)用途。①识别潜在的导致问题和结果的原因。②用图显示问题的潜在原因。③将改进的努力集中在导致问题的原因上。④将数据收集的精力集中在最可能的原因上。⑤客观地解释导致问题发生的原因。

（3）作图步骤

①在图的右侧将结果或问题画在框中。

②定义原因的分类，即"鱼骨"，将分析的原因与主箭头平行写下来。方法是团队"头脑风暴法"，期间应提醒团队成员正在分析产生问题的原因而不是解决问题的答案，这样一个接一个决定要画出哪些分类（常用的分类有：人、机、料、法、环）。

③建立一系列可能的原因，画出小"鱼刺"。

[例] 某水泥厂新产品研发失败后绘制的因果图如图1-9所示。

[分析]

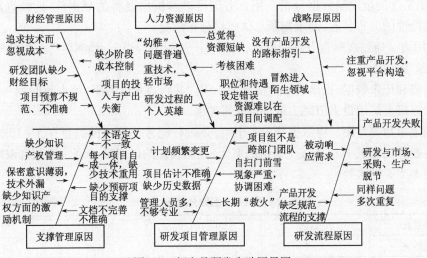

图1-9　新产品研发失败因果图

通过绘制因果图，可以系统地识别和消除一个问题的"根本原因"，能够预防问题的再次发生。

1.3.1.5　散布图

（1）散布图：是用来表示一组成对的数据之间是否有相关性。

（2）散布图的绘制程序。

①收集数据（至少30组以上）。

②找出数据中的最大值与最小值。

③准备坐标纸，画出纵坐标、横坐标的刻度，计算组距。

④将各组对应数据在坐标系中打点，形成点子云，即为散布图。

⑤填上资料的收集地点、时间、测定方法、制作者等项目。

（3）散布图的类型。主要有正相关、负相关、似乎有正相关、似乎有负相关和毫不相关等五种，如图1-10所示。

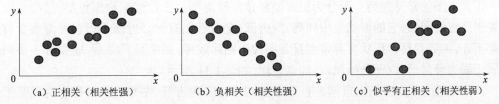

（a）正相关（相关性强）　　　（b）负相关（相关性强）　　　（c）似乎有正相关（相关性弱）

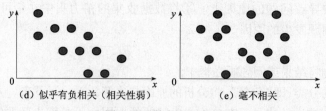

(d) 似乎有负相关（相关性弱）　　　　(e) 毫不相关

图 1-10　散布图的类型

1.3.1.6　直方图（柱状图）

（1）直方图，又叫质量分布图、质量分析图、柱状图。它是一种统计报告图，由一系列高度不等的纵向条纹或线段表示数据分布的情况。一般用横轴表示数据类型，纵轴表示分布情况，用于工序质量控制数据分析。用直方图可以解析出资料的规则性，比较直观地看出产品质量特性的分布状态，便于判断总体质量分布情况。

（2）用途。通过观察直方图的形状，判断生产过程是否稳定，预测生产过程的质量。

（3）绘图步骤

①收集和记录数据，找出其最大值和最小值。并将收集的数据，填入数据表。

②计算极差。用最大值减去最小值所得差值。

③确定组数与组距。将数据分成若干组，并做好记号。分组的数量在 5～12 之间较为适宜。组数分配见表 1-3。组距（每组的宽度）是用极差除以组数计算。组距选取时最好为测量单位 1、2、5 的倍数。

表 1-3　组数分配表

数据总数	50 以内	50～100	100～250	250 以上
组数	5～7	6～10	7～15	10～30

④计算各组的界限位，确定分组组界。把数据中的最小值分在第一组的中部，并把分组组界定在最小测量单位的 1/2 处，以避免测量值恰好落在边界上。第一组下限值为最小值减去最小测量单位的一半，第一组的上限为下限值加上组距。依次类推，直至它包括最大值的末一组的上界为止。

⑤统计各组数据出现频数，做频数分布表。首先，填入顺序号及各组界限值；其次，计算各组的组中值：$x_{中}=$（上界限值 + 下界限值）/2；最后，统计各组频数填入表内，可用画正字或其他方法表示频度符号。

⑥做直方图。以组距为底长，以频数为高，做各组的矩形图，即：用横坐标标注质量特性的测量值的分界值，纵坐标标注频数值，各组的频数用直方柱的高度表示，就形成了直方图。确定横坐标刻度时，要考虑包括数据的整个分布范围；确定纵坐标刻度时，应考虑最大刻度值要包容最大频数的组。在图内做必要的说明（如图名、收集数据的时间和地点、总频数、统计特性值等）。

（4）直方图的常见类型及图形分析。

①直方图的常见类型。可分为正常型和异常型两类。正常型又称理想型，是指生产过程处于稳定的图形，它的形状是中间高、两边低、左右近似对称。近似是指直方图多少有点参差不齐，主要看整体形状。异常型直方图种类则比较多，如果是异常型，还要进一步判断它属于哪类异常型，以便分析原因，加以处理，如图 1-11 所示。

a. 正常型（对称型）：正常型的直方图形，中间高、两边低、左右近似对称。这说明工序

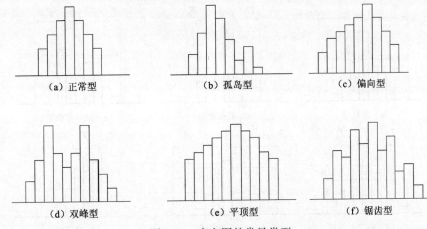

图 1-11　直方图的常见类型

处于稳定的正常状态。

　　b. 孤岛型:在远离主分布的地方出现小的直方形,犹如孤岛。孤岛型直方图说明在生产过程中短时间内有异常因素在起作用,使加工条件发生变化。

　　c. 偏向型:直方图的顶峰偏向一侧,形成不对称的形状。偏向型直方图的出现,往往是由于工人操作的偏差造成的,如加工孔往往偏向负公差,而加工轴往往偏向正公差。

　　d. 双峰型:直方图的图形出现两个高峰。双峰型直方图的数据来自两个总体,如两批材料制成的产品、两种设备加工的产品或两种工艺方法制造的产品混合所取得的数据。

　　e. 平顶型:直方图呈现平顶形,完全不符合正态分布的规律。平顶型直方图,往往是由于生产过程中缓慢变化的因素在起主导作用。

　　f. 锯齿型:直方图内的各直方大量出现高度上的参差不齐,但整个图形总体看来还保持中间高、两边低、左右基本对称的形状。锯齿型直方图一般说来,生产过程中没有显著的异常因素起主导作用,是由于做直方图时,分组过多或测量时仪器有误差过大造成。

　　②图形分析。常用的分析方法有图形分析和对照标准(规格)分析。

　　a. 图形分析。对质量特性计量值而言,其数据分布大体上符合正态分布。在正常的生产情况下,其直方图的形状也应呈现出正常的形态;当有异常因素影响时,直方图的图形也呈现出异常。可在绘出直方图后,与常见类型进行比较分析。

　　b. 对照标准(规格)分析。对照标准分析是指将直方图放到标准(规格)界限之中去分析的一种方法,主要用于判断工序满足标准(规格)的程度,用以分析工序能力。详见本书3.1.8 部分。图 1-12 所分析的各种图形中,"T"表示标准范围(公差),"B"表示实际分布的范围(即 6σ)。

　　(a)理想型:其分布中心与公差中心相重合,B 被包在 T 的中间,实际分布的两边与规格界限有一定余量。此时 $T = 8\sigma$,所以工序能力指数为 $C_p = 1.33$。

　　(b)无富余型:虽然其实际分布也落在规格范围之内,但完全没有余量。此时,$T = B = 6\sigma$,所以工序能力指数 $C_p = 1$。

　　(c)能力富余型:其图形只占规格范围中间的很小一部分,说明规格范围过分大于实际分布范围,此时 $T \geq 10\sigma$,所以工序能力指数 $C_p \geq 1.67$,虽然工序具有良好的加工能力,质量状况很好,但属于不经济的加工。

　　(d)能力不足型:其图形大大超过了规格范围,说明生产过程中有大量不合格品发生。

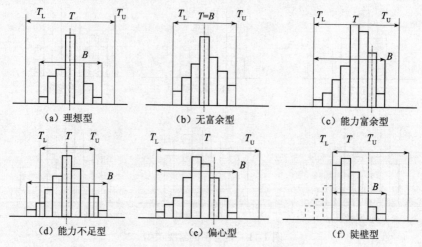

图 1-12　直方图的对照标准分析

此时工序的质量波动太大,工序能力不足,$T \leqslant 4\sigma$,所以工序能力指数 $C_p \leqslant 0.67$。

(e)偏心型:偏心型直方图的分布范围虽然在规格界限内,但分布中心偏离规格中心,故有超差的可能。这种情况的出现是由于工艺参数不当所造成,工序能力指数需用公式计算,若调整工艺参数,使偏移量为 0 时,工序质量会得到改善。

(f)陡壁型:陡壁型直方图是不完整的直方图。这是由于工序控制不好,实际分布过分偏离规格中心,造成超差或废品。但在做直方图时,数据中已将不合格品剔除,所以没有超出规格界限外的直方部分。

[例]绘制某水泥厂熟料游离氧化钙含量实测值直方图,并进行图形分析。

[绘图及分析]

第一步:收集数据,见表 1-4。

表 1-4　熟料游离氧化钙含量实测值(%)

1. 49	1. 32	1. 44	1. 35	1. 20	1. 19	1. 37	1. 31	1. 25	1. 34	1. 19	1. 11
1. 16	1. 11	1. 44	1. 29	1. 29	1. 42	1. 59	1. 38	1. 28	1. 12	1. 45	1. 36
1. 25	1. 40	1. 35	1. 11	1. 38	1. 33	1. 15	1. 30	1. 12	1. 33	1. 26	1. 35
1. 44	1. 32	1. 11	1. 38	1. 27	1. 37	1. 26	1. 35	1. 45	1. 26	1. 37	
1. 32	1. 23	1. 28	1. 44	1. 40	1. 31	1. 18	1. 31	1. 25	1. 24	1. 32	1. 22
1. 22	1. 37	1. 19	1. 47	1. 14	1. 37	1. 25	1. 12	1. 38	1. 30	1. 25	1. 40
1. 24	1. 50	1. 19	1. 07	1. 31	1. 23	1. 18	1. 32	1. 38	1. 00	1. 41	1. 40
1. 37	1. 35	1. 12	1. 29	1. 48	1. 20	1. 31	1. 20	1. 35	1. 24	1. 47	1. 12
1. 27	1. 38	1. 40	1. 31	1. 52	1. 42	1. 52	1. 24	1. 25	1. 20	1. 31	1. 15
1. 03	1. 28	1. 29	1. 47	1. 41	1. 32	1. 25	1. 28	1. 27	1. 22	1. 32	1. 54
1. 42	1. 34	1. 15	1. 29	1. 21							

第二步:计算极差。$R = 1.59 - 1.00 = 0.59$

第三步:确定组数与组距。$0.59/0.01 = 59$;$0.59/0.02 = 29.5 \approx 30$;$0.59/0.05 = 11.8 \approx 12$。对照组数表可知选取组数 12 是合理的,组距相应为 0.05。

第四步:确定组界。第一组下界为:最小值 - 最小测量单位/2 = $1.00 - 0.01/2 = 0.995$;第一组上界为:$0.995 + 0.05 = 1.045$,第一组上界即为第二组下界,以此类推确定出各组分界值。

第五步:填入频数分布表,见表 1-5。

表 1-5　频数分布表

组号	组距	组中值	频数符号	频数
1	0.995 ~ 1.045	1.02	丁	2
2	1.045 ~ 1.095	1.07	一	1
3	1.095 ~ 1.145	1.12	正正	10
4	1.145 ~ 1.195	1.17	正正	10
5	1.195 ~ 1.245	1.22	正正正一	16
6	1.245 ~ 1.295	1.27	正正正正	20
7	1.295 ~ 1.345	1.32	正正正正正一	21
8	1.345 ~ 1.395	1.37	正正正止	19
9	1.395 ~ 1.445	1.42	正正止	14
10	1.445 ~ 1.495	1.47	正丁	7
11	1.495 ~ 1.545	1.52	止	4
12	1.545 ~ 1.595	1.57	一	1
合计				125

第六步:画直方图:如图 1-13 所示,纵坐标表示频数,横坐标表示质量特性值。

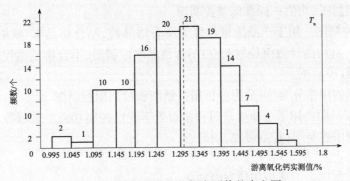

图 1-13　熟料游离氧化钙实测值的直方图

第七步:图形分析。从图 1-13 可以看出,此直方图的顶峰偏向一侧,为不对称形状,所以属于偏心形。分析原因可能是化验员操作上原因所造成的。

对照标准(规格)分析,将直方图放到标准界限内,则有:

样本均值

$$\overline{X} = \frac{\sum_{i=1}^{n} X_i}{n} = 1.30$$

样本标准偏差

$$S = \sqrt{\frac{1}{n-1}\sum_{i=1}^{n}(X_i - \overline{X})^2} = 0.113$$

工序能力指数

$$C_p = (T_u - \overline{X})/(3S)$$
$$= (1.8 - 1.30)/(3 \times 0.113) = 1.475$$

由此可知,工序能力尚可,但不很充分。

在实际生产过程中,准确度和精密度是质量控制参数。直方图的作用在于了解生产过程的全貌,在图上可看出分配中心倾向(准确度)及分配的形状,散布状态(精密度)与规格的关系。准确度是指数据的中心值与所设置的中心值的符合程度。精密度是指数据的散布情况落在所设置的上下界线内的比例。

1.3.1.7 控制图

（1）控制图，又叫管理图、管制图。它是一种带控制界限的质量管理图表，是对生产过程质量的一种记录图形，由正态分布演变而来。管制图上有中心线和上下控制线，并有反映按时间顺序抽取的各样本统计量的数值点描成的质量波动曲线。管制图的中心线（Central Line，即 CL 线）是所控制的统计量的平均值，上控制线（Upper Control Line，即 UCL 线）是所控制的统计量的上限，下控制线（Lower Control Line，即 LCL 线）是所控制的统计量的下限，它们与中心线相距数倍标准差。多数的制造业用三倍标准差控制界限，如果有充分的证据也可使用其他控制界限。

（2）控制图的绘制方法。上控制线（UCL）：$\mu + 3\sigma$；中心线（CL）：μ；下控制线（LCL）：$\mu - 3\sigma$。中心线用实线绘制，上下控制线用虚线绘制，横坐标为时间或样本号，纵坐标为样本统计量数量，按时间顺序抽取的各样本统计量的数值在坐标系里描点连成折线，这就构成了控制图，其中 μ 为均值，σ 为标准差。

（3）控制图的分类。

①按产品质量的特性分类，可分为计量值控制图和计数值控制图。

a. 计量值控制图。用于产品特性可测量的情形，如质量、长度、时间、强度等连续变量（连续性数据）等。常用的计量值控制图有：均值—极差控制图、中位数—极差控制图、单值—移动极差控制图、均值—标准偏差控制图。

b. 计数值控制图。用于产品质量特性为不合格品数、不合格品率、缺陷数等离散变量（间断性数据）。常用的计数值控制图有：不合格品率控制图、不合格品数控制图、单位缺陷数控制图、缺陷数控制图。

②按控制图的用途分类，可分为分析用控制图和控制用控制图。

a. 分析用控制图。用于分析生产过程是否处于统计控制状态。若可控，则将分析用控制图转化为控制用控制图；若不可控，则应查找原因并加以消除。

b. 控制用控制图。由分析用控制图转化而来用于对生产过程进行连续监控。生产过程中，按照确定的抽样间隔和样本大小抽取样本，在控制图上描点，判断是否处于可控状态。

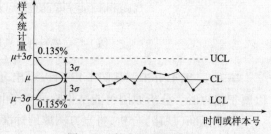

图 1-14　控制图的基本形式

（4）控制图的基本形式。

控制图的基本形式如图 1-14 所示。

（5）控制图判定异常的八项准则。

按照 GB/T 4091—2001 规定，在计量值满足正态分布的前提下，常规控制图的八项判定异常准则如图 1-15 所示（适用于均值图和单值图）。

准则1：一个点落在A区以外。　　　　　　　　　　准则2：连续9点在中心线同一侧。

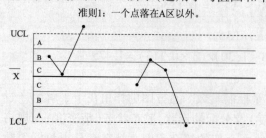

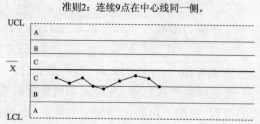

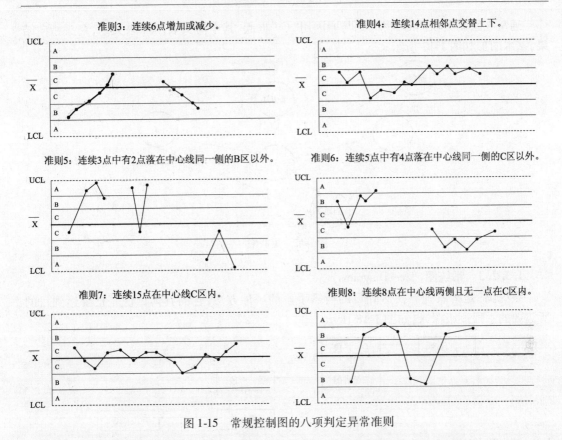

图 1-15　常规控制图的八项判定异常准则

[旧七种 QC 手法口诀] 查检收数据,管制防变异,直方显分布,柏拉抓重点,散布找相关,层别找差异,特性找要因。

1.3.2　新七种 QC 工具(手法)

图 1-16　新 QC 七大手法

1972 年,日本科技联盟的纳谷嘉信教授,由许多推行全面质量管理建立体系的手法中,研究归纳出一套有效的品管手法,这个手法恰巧也有七种,为有别于原有的 QC 七大手法,称为新 QC 七大手法,如图 1-16 所示。主要用于全面质量管理 PDCA 循环的 P(计划)阶段生产过程质量的控制和预防,与旧七种手法相互补充。

1.3.2.1　箭线图法(Arrow Diagram Method,ADM)

箭线图法,又称矢线图法,是网络图在质量管理中的应用。箭线图法是制定某项质量工作的最佳日程计划和有效地进行进度管理的一种方法,效率高,特别是运用于工序繁多、复杂、衔接紧密的一次性生产项目上。

1.3.2.2　关联图法(Inter-relationship Diagraph)

(1)关联图法,是指用一系列的箭线来表示影响某一质量问题的各种因素之间的因果关系的连线图。在质量管理中运用关联图要达到以下目的:①制定 TQC 活动计划;②制定 QC 小组活动计划;③制定质量管理方针;④制定生产过程的质量保证措施;⑤制定全过程质量保证措施。

通常在绘制关联图时,将问题与原因用"○"框起,其中箭头表示因果关系,箭头指向结果,基本图形如图 1-17 所示。

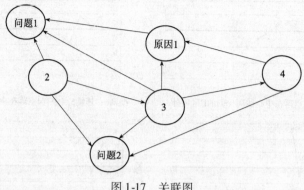

图 1-17　关联图

1.3.2.3　系统图(Tree Diagrams)

系统图,是指系统寻找达到目的所需手段的一种方法,它的具体做法是把要达到目的所需要的手段逐级深入,如图 1-18 所示。

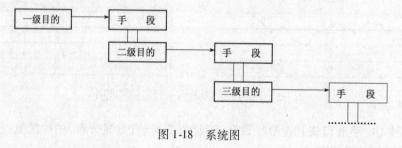

图 1-18　系统图

系统法可以系统地掌握问题,寻找到实现目的的最佳手段,被广泛应用于质量管理中,如质量管理因果图的分析、质量保证体系的建立、各种质量管理措施的开展等。

1.3.2.4　KJ 法(Affinity Diagrams)

KJ 法是日本专家川喜田二郎创造的,KJ 是他的名字打头的英文字母缩写。它泛指利用卡片对语言资料进行归纳整理的方法,包括亲和图、分层图等多种方法。亲和图,又叫 A 型图解。KJ 法针对某一问题广泛收集资料,按照资料近似程度、内在联系进行分类整理,抓住事物的本质,找出结论性的解决办法。这种方法是开拓思路、集中集体智慧的好办法,尤其针对未来和未知的问题可以进行不受限制的预见、构思,对质量管理方针计划的制订、新产品新工艺的开发决策和质量保证都有积极的意义。

1.3.2.5　矩阵图法(Matrix Diagrams)

矩阵图法运用二维、三维……多维矩阵表格,通过多元因素分析找出问题和造成问题的原因。矩阵图的基本形式如图 1-19 所示。

在二维矩阵图中,从造成问题的因素中找出对应的因素,形成 $R(R_1,R_2,R_3\cdots\cdots)$ 和 $L(L_1,L_2,L_3\cdots\cdots)$ 一列一行因素,在列 R_i 和行 L_i 的交点上表示各因素的关联程度,从而找出解决问题的着眼点。

矩阵图主要运用于寻找改进老产品的着眼点和研制新产品、开发市场的战略,以及寻找产品质量问题产生的原因、确立质量保证体系的关键环节等质量管理工作。

1.3.2.6　矩阵数据解析法(Matrix Data Analysis)

当矩阵图中各对应因素之间的关系能够定量表示时,矩阵数据解析法是对矩阵图的数

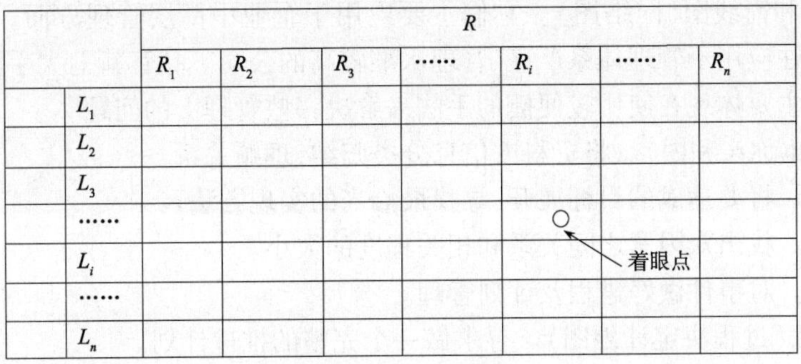

				R				
	R_1	R_2	R_3	……	R_i	……	R_n	
L_1								
L_2								
L_3								
……					○			← 着眼点
L_i								
……								
L_n								

图 1-19　矩阵图

据进行整理和分析的一种方法。这种方法主要用于影响产品质量的多因素分析、复杂的质量评价。

1.3.2.7　PDPC 法（Process Decision Program Chart）

PDPC 法，又称过程决策程序图法，将运筹学中所运用的过程决策程序图应用于质量管理。PDPC 法是指在制定达到目标的实施计划时，加以全面分析，对于事态进展中可以设想各种结果的问题、制定相应的处置方案和应变措施，确定其达到最佳结果的方法。PDPC 法可以在一种预计方案不可行或效率不高出现质量问题时采用第二、第三……方案，确保最佳效果。PDPC 法适用于制定质量管理的实施计划，以及预测系统可能发生的问题，并预先制定措施控制质量管理的全过程。

1.3.3　QC 的新旧七大工具对比

工具原本指"工作时用的器具"，后引申为"为了完成或促进某一事物的手段"。质量管理工具的使用就是为了完成或促成达到质量目标而使用的工具。常用的质量管理工具有很多种，日本人经过多年的归纳、总结、应用和推广，取得了巨大的成功。传说日本古代武士在出征作战时通常随身携带七种武器，因此日本人将最常用的品管七大手法（质量管理手段）总结为 QC 的七种工具。后来，日本人在 1979 年又提出了 QC 的新七种工具，应用于全面质量管理 PDCA 的计划阶段，与旧的七种工具相互补充，一同致力于达成质量目标。因此，质量管理的七种工具有新旧之分。

1.3.3.1　QC 的旧七种工具

QC 的旧七种工具包括了层别法、排列图（帕累托图）、管制图（控制图）、查检表、因果图（鱼骨图）、散布图（相关图）和直方图。它们主要应用于具体的实际工作中，也被称为初级统计管理方法、品管旧七大手法。QC 旧七种工具的使用情形可归纳为五点。

①根据事实、数据发言——图表（Graph）、查检表（Check List）、散布图（Scatter Diagram）。

②整理原因与结果的关系，探讨潜伏性问题——特性要因图（Characteristic Diagram）。

③凡事物不能完全单用平均数来考虑，应了解事物均有变异存在，必须从平均数与变异性两方面来考虑——直方图（Histogram）、管制图（Control Chart）。

④所有数据不可仅止于平均，须根据数据的来龙去脉，适当考虑分层——层别法（Stratification）。

⑤并非对所有原因都处置，而是先从找出的影响较大的 2、3 项"大原因"采取措施，即所谓管理重点——柏拉图（Pareto Diagram）。

1.3.3.2　QC 的新七种工具

QC 的新七种工具包括亲和图（KJ 图）、系统图、关系图（关联图法）、矩阵图、矩阵数据分析、PDPC 法和箭线图(网络图)。它们主要应用于企业中高层管理方面。可以认为,QC 新七种工具往往应用于管理体系严谨、管理水准较高的公司。品管新七大手法,即 QC 新七种工具的作用主要体现在使用较便捷的手法来解决一些管理上的问题。

①KJ 法(也称亲和图)。将资料或信息分类归纳,理顺关系。

②系统图。将要达成的目标展开,寻找最恰当的实现方法。

③矩阵图。找出众因素之间关系和相关程度的大小。

④箭线图。对事件做好进程及计划管理。

⑤PDPC 法(过程决定计划图)。寻求做一个完整的推进计划。

⑥矩阵数据解析法。对多个变动且复杂的因素进行解析。

⑦关联图。把与现象和问题有关系的各种因素串联起来。

1.3.3.3　QC 新旧七种工具的比较

纵观品管七大手法,即新旧 QC 七种工具的效能,我们不难发现,旧 QC 七大手法偏重于统计分析,针对问题发生后的改善,而新 QC 七大手法偏重于思考——分析过程,主要是强调在问题发生前进行预防。其实,质量管理的方法可分为两大类:一是建立在全面质量管理思想之上的组织性的质量管理;二是以数理统计方法为基础的质量控制。这两者缺一不可,不能偏废。具体到企业应当采用哪种管理工具,一定要结合自身实际,因地制宜,因人而异,灵活选择。QC 新旧七种工具(新旧品管七大手法)的综合介绍见表1-6。

表1-6　QC 的新旧七种工具(新旧品管七大手法)

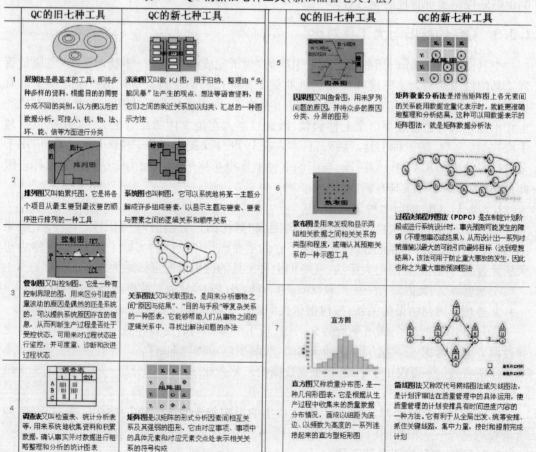

1.4 PDCA 循环与质量控制

1.4.1 PDCA 循环的定义

PDCA 循环是一个质量持续改进模型,是美国质量管理专家威廉·爱德华兹·戴明博士首先提出的,因而也被称作戴明环、戴明轮(Deming Wheel)或持续改进螺旋(Continuous Improvement Spiral)。PDCA 循环是全面质量管理所应遵循的科学程序。全面质量管理活动的全部过程,就是质量计划的制订和组织实现的过程,这个过程就是按照 PDCA 循环不停顿地周而复始地运转的。

PDCA 分别是英语单词 Plan(策划)、Do(实施)、Check(检查)和 Action(处置)的第一个字母,PDCA 循环就是按照这样的顺序进行质量管理,并且循环不止地进行下去的科学程序,如图 1-20 所示。

图 1-20 PDCA 循环示意图

(1)P(Plan)——策划。包括方针和目标的确定,以及活动计划的制订。

(2)D(Do)——实施。根据已知的信息,设计具体的方法、方案和计划布局,再根据设计和布局,进行具体运作,实现计划中的内容。

(3)C(Check)——检查。总结执行计划的结果,分清哪些对了、哪些错了,明确效果,找出问题。

(4)A(Action)——处置。对检查的结果进行处理,对成功的经验加以肯定,并予以标准化或制定作业指导书,便于以后工作时遵循;对于失败的教训也要总结,引起重视,以免重现。对于没有解决的问题,应提交给下一个 PDCA 循环中去解决。

1.4.2 PDCA 循环的特点

(1)周而复始。PDCA 循环的四个过程不是运行一次就完结,而是周而复始地进行。一个循环结束了,解决了一部分问题,可能还有问题没有解决,或者又出现了新的问题,再进行下一个 PDCA 循环,依此类推。

(2)大环带小环。类似行星轮系,一个公司或组织的整体运行体系与其内部各子体系的关系,是大环带动小环的有机逻辑组合体。

(3)阶梯式上升。PDCA 循环不是停留在一个水平上的循环,不断解决问题的过程就是水平逐步上升的过程。

(4)统计的工具。PDCA 循环应用了科学的统计观念和处理方法。作为推动工作、发现问题和解决问题的有效工具,戴明环典型的模式被称为四个阶段、八个步骤和七种工具。

①四个阶段:P、D、C、A。

②八个步骤:a.分析现状,发现问题;b.分析质量问题中各种影响因素;c.分析影响质量问题的主要原因;d.针对主要原因,采取解决的措施(为什么要制定这个措施?达到什么目

23

标？在何处执行？由谁负责完成？什么时间完成？怎样执行？）；e. 执行，按措施计划的要求去做；f. 检查，把执行结果与要求达到的目标进行对比；g. 标准化，把成功的经验总结出来，制定相应的标准；h. 把没有解决或新出现的问题转入下一个 PDCA 循环中去解决。

③七种工具：在质量管理中广泛应用的直方图、控制图、因果图、排列图、关系图、分层法和统计分析表等 QC 新旧七大工具（品管七大手法）均可拿来使用。戴明学说反映了全面质量管理的全面性，说明了质量管理与改善并不是个别部门的事，而是需要由最高管理层领导和推动才可奏效。

1.4.3　戴明环对质量控制的贡献

戴明循环研究起源于 20 世纪 20 年代，有"统计质量控制之父"之称的著名的统计学家沃特·阿曼德·休哈特（Walter A. Shewhart）在当时引入了"计划-执行-检查（Plan-Do-See）"的概念，威廉·爱德华兹·戴明（W. Edwards. Deming）研究后将休哈特的 PDS 循环进一步发展成为 PDCA 循环："计划-执行-检查-处理"（Plan-Do-Check-Action），这一修正更真实地反映了这个过程的活动。PDCA 循环是能使任何一项活动有效进行的一种合乎逻辑的工作程序，特别是在质量管理中得到了广泛的应用。PDCA 循环的过程就是发现问题、解决问题的过程，因而适用于日常管理、个体管理、团队管理、项目管理，有助于供应商管理、人力资源管理、新产品开发管理、流程测试管理和持续改进提高。

玛丽·沃森（Mary Watson）在《戴明的管理方法》（The Deming Management Method）一书中，详细讲述了质量管理大师戴明的一生。书中写道，作为工业发展史上的一个典型事例，日本的工业奇迹告诉我们，要实现这样的奇迹，一个国家必须以品质为重、目光长远，而不能只顾医治眼前病痛，追求一剂见效、一鸣惊人。在过去的 40 多年里，日本企业已经从低廉、低附加值产品的生产者发展成为举世闻名的高质量、精加工的制造商。二战后，当戴明博士开始在美国宣传他的理论时，美国朝野还停留在战后的胜利喜悦中，没有人理会戴明的说教。但是，他和他的理论在日本却受到了意想不到的欢迎。时至今日，在日本企业的生产车间里，我们仍然能够找到戴明质量控制法的痕迹。

1.5　职工参与质量改进——QC 小组活动

1.5.1　企业质量管理活动与 QC 小组

1.5.1.1　QC 小组的定义

在生产和工作岗位上从事各种劳动的职工围绕企业的经营战略、方针目标和现场存在的问题，以改进质量，降低消耗，提高人的素质和经济效益为目的组织起来，运用质量管理的理论和方法开展活动的小组，被称作企业质量管理活动小组，简称 QC 小组。

在我国，由于刚引进全面质量管理时，在翻译时将 Total Quality Control 译成了全面质量管理，简称 TQC；后来 Total Quality Management 也被译作全面质量管理，简称 TQM，因此习惯上将质量控制（QC）与质量管理（QM）都叫做 QC。

1.5.1.2　QC 小组的性质、特点和分类

（1）性质：QC 小组是企业中群众性质量管理活动的一种有效的组织形式，是职工参加企业民主管理的经验同现代科学管理方法相结合的产物。在组织原则、活动目的、活动方式与行政班组、技术革新小组有所不同。

（2）特点：①明显的自主性——自我教育、自主管理、自愿参加。②广泛的群众性——人人都可以参加、组内平等、互相尊重、提倡自我实现。③高度的民主性——民主的结合、民主的活动、小组长自然产生、组内无训政。④严密的科学性——PDCA 程序、数理统计方法、逻辑思维模式、数据资料说话。

（3）QC 小组的分类（表 1-7）。

表 1-7　QC 小组的分类

序号	类型	QC 小组组建特征	主要特点
1	现场型	以班组、现场操作工人为主体，维持质量	课题小、难度低、周期短、效益不一定大
2	服务型	以提高服务质量为目的的小组	课题小、难度低、周期短、社会效益明显
3	攻关型	以三结合方式，解决技术关键问题	课题难、周期长、投入多、经济效益显著
4	管理型	以管理人员组成，解决管理问题	课题大小不一、难度不尽相同、效果差别较大
5	创新型	以专业技术人员、专家学者等组成，运用全新的思维和创新的方法研制、开发新的产品、工具或服务为目标	难度大、投入多、风险大，以提高企业产品的市场竞争力，并不断满足顾客日益增长的新需求，提高经营绩效的课题

1.5.1.3　QC 小组的宗旨和作用

（1）宗旨：①提高职工素质，激发职工的积极性和创造性。②改进质量，降低消耗，提高经济效益。③建立文明的心情舒畅的生产、服务、工作现场。

（2）作用：①提高人的素质，发掘人的潜能。②预防质量问题和改进质量。③有利于实现全员参加管理。④增强人与人的团结和协作精神。⑤改善加强管理工作，提高水平。⑥提高小组的科学思维、组织协调、分析和解决问题的能力。⑦有利于提高顾客的满意程度。

1.5.2　QC 小组的产生与发展

1.5.2.1　国际 QC 小组的产生与发展

1962 年日本首创 QC 小组，1976 年由日本、韩国、中国台湾联合发起，在日本召开第一次 QC 小组国际会议，世界上有 80 多个国家和地区参会。1981 年和 1985 年在日本召开了第二、第三次会议。QC 小组第九次国际会议决定，从 1992 年起国际会议主席轮流担任，上年主办国为顾问，当年主办国（或地区）是主席，次年主办国为副主席，三位轮流循环。QC 小组国际会议每年 10 月举行一次。国际 QC 小组活动的发展动向是更加注意提高职工素质，激发职工的积极性和创造性，更加强调 QC 小组活动的自主性，现已形成了志愿者队伍，行业和领域越来越广，已经由制造业向服务业发展，将逐步向军队、学校和政府部门发展。

1.5.2.2　中国 QC 小组的产生与发展

我国于 1978 年从日本引入 TQC 的同时引进 QC 小组活动，并在北京内燃机总厂试点，1980～1985 年全面推广，1986～1997 年迅速发展，1987 年 8 月颁布《QC 小组活动管理办法》。1997 年六部委颁发《关于推进企业质量管理小组活动的意见》，1998 年至今，我国 QC 小组活动进入深化发展阶段。我国分别于 1997 年和 2007 年两次主办了 QC 小组国际会议。2000 年以后，相继出版了《QC 小组基础教材》、《QC 小组活动指南》等，从理论和实践两个层面上规范了 QC 小组活动，丰富和发展了 QC 小组活动。

1.5.3 QC 小组的组建

1.5.3.1 QC 小组的组建程序

①自下而上的组建:小组选择活动题目,小组登记,申请注册。

②自上而下的组建:主管部门规划方案,要求下面建立小组,各部门建立后登记注册。

③上下结合的组建:上级推荐课题,上下协商建组,两者互相结合。

1.5.3.2 QC 小组的注册登记

为了便于管理,激发责任感、荣誉感,为了得到上级的承认、支持和得到上一级发表成果的资格,要求每个小组必须进行注册登记。

(1)小组的注册登记:小组填表、领导签字、报主管部门、登记注册。

(2)注册登记的要求:①小组每年进行一次重新登记。②小组停止活动半年应予以注销。③每个课题活动之前都要进行一次课题登记。

1.5.3.3 QC 小组的组长职责

作为 QC 小组的组长,必须是推行 TQM 的热心人,业务知识较丰富,有一定的组织能力。其职责如下:

①抓好质量教育,提高质量意识、问题意识,改进意识,参与意识。

②制定活动计划,按 PDCA 的程序组织小组活动。

③做好小组的日常各项工作。

1.5.4 QC 小组活动

1.5.4.1 QC 小组活动的基本条件

①领导对 QC 小组活动思想上重视,行动上支持。

②职工对 QC 小组活动有认识,有要求。

③培养一批 QC 小组活动的骨干。

④建立健全 QC 小组活动的规章制度。

1.5.4.2 QC 小组活动的程序

QC 小组活动的几种典型程序见表1-8。

表1-8 QC 小组活动的几种典型程序

活动程序步骤 组别	问题解决型 QC 小组		创新型 QC 小组
	自选目标值活动程序	指令目标值活动程序	活动程序
第一步	选择课题	选择课题	选择课题
第二步	现状调查	设定目标	设定目标
第三步	设定目标	目标的可行性分析	提出各种方案并确定最佳方案
第四步	分析原因	原因分析	制定对策
第五步	确定主要原因	确定主要原因	按对策表实施
第六步	制定对策	制定对策	确认效果
第七步	按对策实施	按对策实施	标准化
第八步	检查效果	检查效果	总结与下一步打算
第九步	制定巩固措施	制定巩固措施	
第十步	总结和下一步打算	总结和下一步打算	

1.5.4.3 QC 小组活动的具体程序

（1）选择课题

①课题来源：分指令性、指导性、小组自选课题三种。可针对上级方针目标、现场存在的问题、顾客的不满意等因素精心选择。

②选题时应注意：一是课题宜小不宜大；二是名称应一目了然，不要抽象；三是选题的理由要直截了当，讲清目的和必要性，不长篇大论的陈述背景。

（2）现状调查

①现状调查是为了掌握问题的严重程度。现状调查不是课题的再确认，也不是原因分析，现状就是指问题的现在状态，现状调查是找问题的症结。

②现状调查应注意：一是一定要用数据说话（即客观性、可比性、时间性）；二是对调查的数据要分析整理，找到问题的症结；三是小组成员要亲自到现场去调查，取得第一手资料。

※"选择课题"和"现状调查"一般容易混淆，只有选择课题后，再去对问题严重程度进行调查，才叫"现状调查"。

[思考] 请判断他们是不是做现状调查？

A. 教师每次上课前点名。

B. 工人把不合格的零件进行隔离，防止误使用。

C. 安全员到事故现场去了解事故的严重程度。

D. 小赵自行车没气了，检查气门芯是否坏了。

（3）设定目标

①设定目标是确定问题要解决到什么程度，也是为检查效果提供依据。

②设定目标时应注意：一是目标必须要与课题相对应；二是目标必须明确，用目标"值"表示；三是要说明设定的依据；四是目标要有挑战性，通过小组努力能够实现。

[思考] 你认为这样的课题目标是否可以？

A. 自卸翻斗车售后返修率由 1% 降低到 0.5%。

B. 提高去年购买水泥的顾客满意度。

C. 30d 完成新产品 72.5 级硅酸盐水泥的研制。

D. 吊车大修后耗油量比规定的标准超 10mg。

（4）分析原因

①分析原因就是从人、机、料、法、环各个方面去考虑，把有可能产生问题的所有原因都想到。

②原因分析的思维程序是：

a. 用头脑风暴法产生观点，把造成问题的潜在原因都想到（小组成员互相不争论、不反驳、把大家的意见都记录下来）。

b. 分析原因时小组成员互相启发，使用的思维方式是联想式思维和系统式思维。

c. 恰当地选用因果图、关联图等统计方法去整理分析所产生的观点。

③分析原因时应注意：一是针对所存在的问题，不脱离现场去分析原因；二是要展示问题的全貌，不是分析的越细越好，只要分析到能采取措施把问题能解决就可以了；三是分析要彻底，不要进行"轮回"分析，要用提问"三个为什么"的思考方法去追根寻源；四是要正确、恰当地使用统计方法。

[案例] 某厂 QC 小组在探寻设备故障原因时做了如下分析：设备原因→主轴摆动→轴

承老化→没钱更换→企业效益不好→领导不得力！材料原因→硬度不够→供方不控制→拖欠材料费→企业效益不好→领导不得力！最后归结到了领导身上，背离了 QC 小组课题研究的主题。

[思考] 他们是在进行原因分析吗？

A. 对肇事的汽车驾驶员进行酒精呼出量的测试。

B. 小虎期末考试成绩下降，尤其是数学才 38 分。

C. ××地区的电缆线 6 次出现被盗，问题非常严重。

D. 小明刚从县中学转学到市重点学校，所以外语期末考试不及格。

（5）确定主要原因

①确定主要原因，就是通过大量的事实和数据，把对问题影响大、小组又有能力解决的末端原因确定为主要原因。

②确定主要原因时应注意：一是要把分析的"末端原因"逐条确认；二是排除 QC 小组不可抗拒的原因；三是小组成员要到现场去实地调查，进行验证、测量。千万不要使用少数服从多数的方法去选举主要原因。

[思考] 这样确定主要原因可以吗？

A. 班长说："通过经济责任制可以控制的原因"可不列为主要原因。

B. 把领导或专家的意见定为主要原因。

C. 把生产过程的关键项目定为主要原因。

D. 新工人的技术水平低肯定是不合格的主要原因。

E. 举手表决，少数服从多数，是确定主要原因的最佳方法。

F. 只要是对问题影响程度大的原因，都可以确定为主要原因。

（6）制定对策

①所谓制定对策就是要针对每个主要原因都制定对策。其思路是："提出对策→研究对策→制定对策"。

②制定对策应注意：一是对策的有效性、实施性（可操作性），防止对策的临时性和应急性；二是对策表应包括要因、对策、目标、措施、地点、时间、负责人等七个方面内容。对策表的标准格式见表 1-9。

表 1-9　对策表

要因	对策	目标	措施	负责人	完成日期	实施地点
计量室内温差大	恒温	20～22℃	1. 装柜式空调机一台 2. 装双层玻璃窗	王文 施梦	5 月 6 日 6 月 1 日	计量室 计量室

[思考] 对下面选择的对策，你能否恰当地进行评论？

A. 把质量意识不强的员工开除；

B. 对不遵守工艺纪律的员工进行经济责任处罚，扣 10% 的奖金；

C. 解放车水箱的冷却水放不净，只好降低放水阀门高度；

D. 提高工作效率的方法是用自动行程开关代替脚踏开关；

E. 用正交实验法选择过程的参数。

（7）对策实施

①对策实施至关重要，一定要按表 1-9 对策表逐项进行实施。

②对策实施时应注意：一是边实施、边检查效果；二是当实施过程无法继续进行时，必

须对"对策"或"措施"进行调整;三是活动过程中,要做好活动记录。

[思考] 想一想,他们是在进行对策实施吗?

A. 在北京周边种植防护林,减少周边地区沙尘暴对北京的影响。

B. 用"领洁净"洗衬衣的领口和袖口。

C. 提高生产现场的管理水平,把多余的物资从现场清除掉。

D. 把不合格的零件送到计量室进行复测。

E. 把用户退回的水泥进行复检,送回责任部门。

(8)检查效果

①把对策后的数据和小组的目标进行比较,确定改善程度。

②计算经济效益:直接经济效益=活动期内的效益–课题活动的耗费。

③课题效果要得到相应职能部门的认可。

(9)制定巩固措施

①问题解决型 QC 小组制定巩固措施的目的是防止问题的再发生。

②创新型 QC 小组的标准化活动就是把 QC 小组的成果纳入技术或管理标准。

③不要使用"进一步"、"加强"、"努力"等不确定的语言来制定巩固措施。

[思考] 你认为这样的措施能巩固 QC 小组成果吗?

A. 把选择的最佳装配磨机主轴的扭矩纳入工艺文件 ESM-0852。

B. 修改了员工上岗培训标准 PXS-120,增加质量意识教育的内容。

C. 进一步提高操作者的技术水平。

D. 严格经济责任制考核,加强惩罚力度,严格控制程序。

E. 建议技术部门采纳小组意见。

(10)总结和下一步打算

①撰写总结:一是要总结解决了什么问题、同时还解决了哪些相关的问题;二是要总结活动程序和统计方法上有什么成功的经验和不成功的体会;三是要总结无形成果(精神、意识、信心、知识、能力、团结)等。

②下一步打算:一是课题研究继续上台阶;二是选择新的课题开展研究。

创新型课题与问题解决型课题的区别,见表1-10。

表1-10 创新型课题与问题解决型课题的区别

项 目	创新型课题	问题解决型课题
立意不同	研制没有的东西	在原有基础上改进或提高
过程不同	没有历史可参考,所以没有现状调查、没有原因分析和确定主要原因	有历史资料可供参考,有现场调查、分析原因和确定原因
结果不同	从无到有,创新以前不存在的事件或产品,达到增值、增效的目的	在原有的基础上增加或减少
统计方法不同	新七种工具,非数据分析方法较多	旧七种工具,数据分析的统计方法较多

(11) QC 小组成果报告

①成果类型。

a. 有形成果——可以用物质或价值表现出来,能直接计算经济效益的成果。

b. 无形成果——不能用物质或价值表现出来,不能直接计算经济效益的成果。

②成果报告的整理

a. 整理的一般步骤:(a)小组开会,回顾活动的过程;(b)按小组分工整理原始记录和资料;(c)选出成果整理,执笔人按活动程序整理成果报告;(d)全体讨论,补充修改。

b. 成果报告书:《成果报告书》是 QC 小组活动的真实写照,是小组成果的书面表达方式。整理成果报告时应注意的问题有:

（a）要按活动程序进行表述。

（b）把在活动中下的工夫、努力克服困难、科学判断的情况写进去。

（c）以图、表和数据为主线,配加少量的文字说明。

（d）不要用专业性太强的名词和术语,语言要通俗易懂。

（e）报告前面要对小组进行简单介绍。

（12）QC 小组成果发表、发布

QC 小组经过全体人员的努力,经过一个 P、D、C、A 循环,无论是否达到预期目标,都要进行总结。对于达到预期目标的成果,总结后应整理《成果报告》,准备发表,以期交流和表彰。

拓展：好报告是怎样炼成的？

用通俗的语言,写小组自己的故事,按照选择的科学程序,把活动情况表达清楚,越简练越好。

以数据、图、表为主线,配上少量的文字说明。

正确、恰当的使用统计方法,让QC小组的成员大都能看懂。

①发表的作用:一是交流经验,互相启发,共同提高;二是鼓舞士气,满足小组成员自我实现的需要;三是现身说法,吸引更多的人员参加 QC 小组活动;四是评选优秀成果具有广泛的基础;五是提高 QC 小组科学的总结成果的能力。

②成果发表的组织工作:QC 小组要想举办一次成功的成果发布会,一是要确定好发表形式,准备发表材料;二是发表人仪表大方,语言流利、自如,充满自信,像讲故事一样;三是发表后的答疑要有礼貌,态度要谦虚,共同探讨,互相学习;四是发表时使用的"道具"要节约、实用;五是发表形式服从于发表目的;六是掌握会场气氛,组织交流,启发互动,有趣味性;七是要认真倾听成果发表后的专家讲评;八是领导要到会讲话、颁奖;九是有条件或必要时可以考虑按课题类型分会场发表交流。

（13）成果的评审与激励

成果评审就是对成果进行"评价"与"审核"。评审的目的是肯定成绩、总结经验、指出不足、促进提高。基本要求是有利于调动积极性;有利于提高活动水平;有利于交流和启发。

（14）QC 小组活动的推进

①自始至终的抓好质量教育;

②制定年度 QC 小组活动的方针与计划;

③提供开展活动的环境条件;

④对 QC 小组活动给予具体指导;

⑤建立健全企业 QC 小组活动管理办法。

1.6　水泥质量管理举措

为落实《国务院关于化解产能严重过剩矛盾的指导意见》[国发〔2013〕41 号],推进水泥工业结构调整和转型升级,强化环保、能耗、质量、安全等标准约束,更好地发挥行业规范条件在化解过剩产能、激励技术创新、转变发展方式中的作用,国家工业和信息化部对《水泥行业准入条件》进行了修订,形成了《水泥行业规范条件(2015 年本)》。2015 年 1 月 16 日,工业和信息化部发布 2015 年第 5 号公告,自 2015 年 3 月 1 日起正式实施《水泥行业规范条件(2015 年本)》,原《水泥行业准入条件》(工原〔2010〕第 127 号)同时废止。针对水泥行业"质量管理和产品质量",《水泥行业规范条件(2015 年本)》做出如下规定:

(1)建立水泥产品质量保证制度和企业质量管理体系。

(2)按《水泥生产企业质量管理规程》(工原〔2010〕第 129 号)设立专门质量保障机构和合格的化验室,建立水泥产品质量对比验证和内部抽查制度。

(3)开展产品质量检验、化学分析对比验证检验和抽查对比活动,确保质量保证制度和质量管理体系运转有效。

[拓展] 我国水泥质量管控十大措施

1. 颁布实施了《水泥生产企业质量管理规程》。

2. 提出了水泥生产企业化验室"基本条件"与"标准化化验室基本要求",开展了标准化建设。

3. 建立健全了水泥质量监督检验机构。

4. 实行了水泥生产许可制度。

5. 实施了与国际接轨的水泥产品标准与检验标准。

6. 推行了水泥产品质量认证。

7. 推行了环境管理体系认证。

8. 推行了质量管理体系认证。

9. 推行了职业健康安全体系认证。

10. 严格执行了水泥行业准入与规范条件。

[学习思考 1]

1. 什么是狭义的质量?什么是广义的质量?

2. 什么是工作质量?工作质量与产品或服务质量有何区别和联系?

3. 什么是质量管理?质量管理的发展经历了哪三个阶段?

4. 全面质量管理的特点包括哪几方面?

5. ISO 9000 族核心标准有哪些?ISO 9000 族标准的质量管理原则是什么?

6. 何为质量认证?质量认证的特点是怎样的?

7. ISO 9000 族标准与全面质量管理 TQM 有何区别与联系?

8. 在质量管理中常用的统计工具有哪些?

9. 简述因果图的画法与作用。

10. 简述戴明环的原理及作用。

11. 以水泥生产数据为例,写出直方图的绘制步骤。

12. 谈谈控制图的八项判定异常准则是什么?如何快速判定异常?

13. 谈谈水泥厂建立质量管理体系的必要性。

14. QC 小组的特点有哪些?应当如何开展工作?

15. 按照 QC 小组的组建方式,自愿结成 QC 小组,开展 QC 活动,提交一份高质量的《成果报告》或者举办一次 QC 小组成果发布汇报会。

16. 请对 QC 新旧手法(工具)进行一下简要的效能评估。

2　水泥生产常用检测仪器及质检机构的认知

[概要] 本章共分三节。结合当今水泥生产质量控制的实际,重点介绍了生产质量控制中的水泥原燃材料、半成品及成品化学分析仪器、水泥物理性能检验仪器,特别是对离线和在线分析仪器做了较详尽的讲解。此外,对水泥厂质检中心(化验室)管理机构的设置、人员配备及任职要求、化验室的认定与合格评审,以及水泥厂质量管理制度也进行了介绍。

2.1　水泥原燃材料、半成品及成品化学分析仪器的认知

2.1.1　火焰光度计

火焰光度计(flame photometer)是用火焰的热能激发被测元素,以光电系统测量被激发元素所产生的谱线强度确定被测元素含量的分析仪器。由于火焰激发的能量较低,因此只能激发碱金属及碱土金属元素,光谱相对简单,相互干扰也比较少。目前,水泥行业多用 FP-650 火焰光度计测定 K、Na 等元素的氧化物含量,如图 2-1 所示。

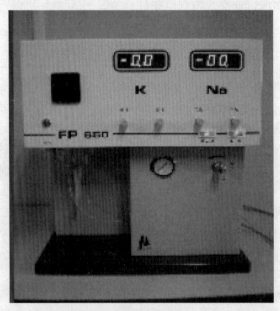

图 2-1　FP-650 火焰光度计

2.1.1.1　仪器特点

(1)K,Na 元素同时测试。

(2)表头可直接读数,为待测元素进行定量分析。

(3)点火可靠,设有专用点火气路。

（4）操作简便,分析速度快。

（5）试样量少,灵敏度高。

（6）稳定性、重现性好,具有线性校正系统。

（7）采用液化石油气作燃料,使用方便,价格便宜。

（8）增设燃气压力监控,避免盲目操作。

2.1.1.2　技术参数

（1）稳定性:用标准溶液连续进样,15s 内仪器示值的相对最大变化量≤3%,每分钟测量 1 次,共测定 6 次,仪器示值的相对最大变化量≤15%。

（2）接受方式:硅光电池。

（3）分光方式:干涉滤色片。

（4）显示方式:3 位 LED 数字显示。

（5）线性误差:≤5%。

（6）重复性:C_v 不大于 3%。

（7）响应时间:<8s。

（8）样品吸喷量:<6mL/min。

（9）线性范围:钾在 0.02~0.07mmol/L;钠在 1.1~1.6mmol/L。

（10）读数范围:钾在 0.0~19.9;钠在 0.0~199。

2.1.1.3　使用条件

（1）环境温度:+10~+35℃。

（2）相对湿度:不大于 85%。

（3）仪器应水平放置于无振动的工作台上,避免强光直接照射,周围无强烈电磁场干扰,无气流影响,无影响使用的振动。

（4）仪器使用现场应配备灭火装置,有良好的通风条件,不应有易燃易爆、腐蚀性气体。

（5）电源电压:(220±22)V;频率:(50±1)Hz,并且有良好的接地,额定功率 250W。

（6）用户备有不含杂质,并燃烧稳定的液化气或丙烷。

2.1.1.4　工作原理

（1）试样溶液经压力为 0.154MPa 的压缩空气,在雾化器内雾化成细微雾滴。

（2）雾化室将吸入的样品与压力为 300Pa 的乙炔气充分混合,送入燃烧室。

（3）在 1900~2300℃的火焰温度中,试样雾滴中的钠盐与钾盐首先被高温火焰蒸发成气态的 $NaCl$、KCl,并进一步被激发分解成钠（钾）原子或钠（钾）离子。

（4）在激发过程中钠元素发射出 589nm 波长,钾元素发射出 766.5nm 波长,分别透过 589nm 波长钠干涉滤色片及 766.5nm 钾干涉滤色片。排除杂散光成为单一波长的光束。

（5）分别测得钠、钾两种元素波长的光量强度。

（6）由硅光电池接受其光能的大小,转换成相应的电流强度。

（7）经放大器放大,由数字显示器显示样品的读数。

（8）在同样测试的条件下,用标准的钠、钾溶液作为参比溶液,测定出试样溶液中 Na_2O、K_2O 的百分含量。

2.1.1.5　结构组成

火焰光度计主要由燃烧系统（光源）、色散系统（单色器）和检测系统三部分组成。仪器尺寸:400mm×250mm×500mm,质量为 12.5kg。其结构示意如图 2-2 所示。

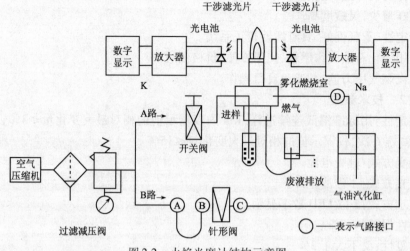

图 2-2　火焰光度计结构示意图

（1）燃烧系统：又叫光源，由喷雾器、燃烧灯、燃料气体和助燃气体的供给等部分组成。所使用的火焰光源应具有良好的稳定性以及足够高的温度，但温度不应过高，以免发生电离。

①喷雾器：利用高速气流将试样溶液制成细雾滴，即形成气溶胶。

②燃烧器：通过火焰的热能将试样雾滴蒸发、干燥、熔化、解离、激发、气化，产生原子光谱。

③燃气和助燃器调节器：提供恒定的燃气及助燃器流量，确保获得稳定的火焰及稳定的试验溶液吸入速度。

④气路系统：仪器后侧面有气源接口接空气压缩机，液化气接口接液化气罐；空气压缩机气源经过滤减压阀流量控制在 0.12~0.20MPa，作为吸样的气源；液化气经过针形阀控制其流量，然后进入雾化室与样品混合后进入燃烧室平稳燃烧。

（2）色散系统：又叫单色器，通常使用滤光片，使被测元素从火焰的复合光中分离出测定用的波长或光束带。

（3）检测系统：样品在燃烧室中发出其元素的特征谱线，透过干涉滤光片后，排除杂散光的影响，成为单一波长的光束，然后由光电池接受其光能的大小，转换成电信号，经放大器放大，由数字系统显示。

2.1.1.6　安装调试

（1）安装：按说明书图示进行（液化气减压阀一定要用仪器生产厂家提供的减压阀）。

（2）调试步骤：

①打开主机电源开关，打开泵启动开关，压力表显示 0.13~0.2MPa。

②把进样管插入蒸馏水中吸入蒸馏水，吸蒸馏水时注意观察废液杯是否有废液匀速排出，如废液排出不匀，可观察雾化器下方的乳胶管中是否有气泡，如有气泡可用手挤压乳胶管将气泡排出，如果还是不行，可吸酒精 3~4min 进行清洗，再吸蒸馏水观察一下，废液排出是否匀速，这时气泡应该已排除（这一步非常重要，如没做好会引起仪器的不稳定）。

③打开液化气钢瓶开关，过 10s 左右用左手按点火开关，右手旋转燃气开关，火点着后通过观察窗察看火焰大小。在吸蒸馏水时火焰应呈锥形纯蓝色，高度约为 2~4cm，使火焰稳定燃烧约 10min（仪器出厂时燃气开关已基本调好位置，只要做适当调整即可）。

④吸入空白溶液,调节钾钠低标旋钮,使钾钠显示值为0.0;吸入15ppm标准液,调节钾钠高标旋钮,使钾钠显示值为15.0;重复这一过程,直至吸入空白溶液仪器显示为0.0;吸入15ppm标准液仪器显示为15.0。

另一种调试方法:

①吸入5ppm标准液,调节钾钠低标旋钮使钾钠显示值为5.0。

②吸入15ppm标准液,调节钾钠高标旋钮使钾钠显示值为15.0。

③重复这一过程直至吸入5ppm标准液仪器显示为5.0。

④吸入15ppm标准液仪器显示为15.0。

⑤吸入被测样品仪器显示数值即为样品读数。

[提醒]在测试若干样品后需用标准液进行校准。

⑥计算:在测试中标准溶液的浓度为15.0μg/mL,测得样品的浓度为c,称样量为m(g),稀释体积为V,则其质量百分数x为:

$$x = \frac{c \cdot V}{m \times 10^6} \times 100 = \frac{c \cdot V}{m \times 10^4}$$

(3)关机:先将液化气钢瓶开关关闭,观察火焰熄灭后,再吸蒸馏水3~5min清洗雾化室后将主机电源关闭。

2.1.1.7 维护保养

(1)电源电压应保持稳定(220V)。

(2)燃气及助燃空气必须干燥、纯净、无污染物。

(3)保持仪器室清洁、通风。

(4)保持雾化室、燃烧头清洁,如果测试高盐浓度样品,蒸馏水喷洗时间适当加长。

(5)做完实验将吸样管放入装蒸馏水的烧杯中,盖上表面皿,以免被灰尘杂物堵塞。

(6)每次完成测试工作后,再连续进样蒸馏水5min,使雾化器腔体内得到充分的清洗。

(7)空气压缩机工作时,将空气中的水分压缩凝聚在过滤减压阀内,长期积水,会影响仪器的正常使用。为此,在使用一个阶段后(数月),可抬高仪器,旋动仪器正下方的过滤减压阀,在压缩空气的推动下,积水会自动排放,积水排空后反方向旋紧即可。

(8)FP-650火焰光度计常见故障及解决办法见表2-1。

表2-1 FP-650火焰光度计常见故障及解决办法表

故障现象	原　　因	排除方法
火焰点不着	1. 燃气不足; 2. 室温低,汽油气化困难; 3. 电子点火器无放电现象	1. 调换或补充燃料; 2. 采用保温措施,或更换易挥发的燃料; 3. 检查放电尖端与喷雾头的间距
读数不稳	1. 燃气不足,汽油质量差; 2. 雾化室堵塞,吸样管(塑料)扭曲,进样不畅通; 3. 燃料喷口有杂物,有闪烁的杂光; 4. 火焰太大	1. 更新燃料; 2. 检修雾化室,更换样管; 3. 清除杂物; 4. 适当关小燃气阀
灵敏度下降	1. 滤光片霉变; 2. 光电池老化; 3. 玻璃筒污染影响透光; 4. 雾化效率低	1. 调换; 2. 调换; 3. 擦洗; 4. 检修雾化室

2.1.2 原子吸收分光光度计

原子吸收光谱分析用的仪器被称为原子吸收分光光度计或原子吸收光谱仪,英文名称为 atomic absorption spectrophotometer。用它检测的元素主要是微量、痕量的金属元素及少量的非金属元素。

2.1.2.1 主要部件

原子吸收分光光度计主要由光源(单色锐线辐射源)、试样原子化器(原子化系统)、单色器(仪)和数据处理系统(包括光电转换器及相应的检测装置)等四部分组成,如图 2-3 所示。

图 2-3　原子吸收分光光度计结构组成示意图

(1)光源:指单色锐线辐射源。其作用是发射待测元素的特征光谱,供测量用。

(2)原子化系统:又叫试样原子化器。一般将试样中待测元素变成气态的基态原子的过程称为试样的"原子化",完成试样的原子化所用的设备称为原子化器或原子化系统。原子化系统的作用是将试样中的待测元素转化为原子蒸气。

(3)单色器:又叫单色仪。由入射狭缝、出射狭缝和色散元件(棱镜或光栅)组成。单色器的作用是将待测元素的吸收线与邻近谱线分开。

(4)数据处理系统:包括光电转换器及相应的检测装置,由光电元件、放大器和显示装置等组成。

①光电元件:一般采用光电倍增管。其作用是将经过原子蒸气吸收和单色器分光后的微弱信号转换为电信号。

②放大器:它的作用是将光电倍增管输出的电压信号放大后送入显示器。目前广泛采用的是交流选频放大器和相敏放大器。

③显示装置:放大器放大后的信号经对数转换器转换成吸光度信号,再采用微安表或检流计(目前几乎不再使用)直接指示读数,或用数字显示器显示,或记录仪打印进行读数。

现在国内外商品化的原子吸收分光光度计几乎都配备了微处理机系统,具有自动调零、曲线校直、浓度直读、标尺扩展、自动增益等性能,并附有记录器、打印机、自动进样器、阴极射线管荧光屏及计算机等装置,大大提高了仪器的自动化和半自动化程度。

2.1.2.2 原子吸收光谱仪的选择

(1)火焰原子吸收分光光度计

利用空气-乙炔火焰测定的元素可达 30 多种;使用氧化亚氮-乙炔火焰测定的元素可达70 多种。但后者安全性较差,应用不普遍。

(2)带石墨炉的原子吸收分光光度计

主要用于检测高熔点元素和元素的痕量分析。

石墨炉原子化器的优点是:原子化效率高,在可调的高温下试样利用率达 100%,灵敏度高,试样用量少,适用于难熔元素的测定。缺点是:试样组成不均匀性的影响较大,测定精度较低,共存化合物的干扰比火焰原子化法大,干扰背景比较严重,一般都需要校正背景。

[**选择技巧**] 如果需要检测的样品的含量在 ppm 级别(10^{-6},mg/L)上,且不含高熔点元素,则选配标准配置/单火焰型即可,如 AA2600/AA2610/AA2631;如果需要检测的样品的含量在 ppb 级别(10^{-9},μg/L)上,甚至 ppt 级别(10^{-12},ng/L),则需要选配带石墨炉的型号,如 AA2630 型。需要强调的是,除了砷、硒、汞等个别的低熔点元素以外,其他的元素(也包含普通火焰法检测的元素)也都可以用石墨炉来检测。

2.1.2.3　水泥专用原子吸收光谱仪

GB/T 176《水泥化学分析方法》中将原子吸收法列为测定方法以后,该方法已在水泥质检部门和许多水泥厂推广应用。目前使用最多的是 AA2600 型水泥专用原子吸收光谱仪,如图 2-4 所示。

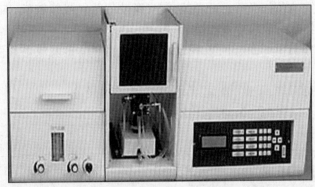

图 2-4　AA2600 型水泥专用原子吸收光谱仪

(1)主要特点

①内置式专用微机系统,智能化程度高,可实现对增益、灯电流、光谱带宽的自动控制,波长自动扫描寻峰、曲线自动拟合和非线性校正。

②数据处理能力强,自动计算平均值、标准偏差、相对标准偏差,还可重置斜率。

③多种分析功能。除做火焰原子吸收外,还可做氢化物法。

④具有燃气泄漏自动报警系统及自动切断气路的保护措施。

⑤用原子吸收技术进行水泥(熟料)及其原材料中氧化镁分析的仪器。根据水泥行业特点及氧化镁范围研制而成,具有程序控制、智能直读、结果打印、性能价格比高等优点。同时还能进行碱含量(氧化钾和氧化钠)的测定。

(2)主要技术指标

①波长范围:190～900nm。

②波长示值误差:≤ ±0.5nm。

③波长重复性:±0.3nm。

④分辨率:能分开锰双线 279.5nm 与 279.8nm,分辨率优于 40%。

⑤基线稳定性:30min 内零点漂移量不大于 0.006Abs。

⑥代表元素的特征浓度、检出限与精密度,见表 2-2。

表 2-2　铜元素的特征浓度与检出限

元素	测定波长	特征浓度	检出限	精密度	使用火焰
Cu	324.7nm	0.05μg/mL	0.008μg/mL	1%	空气-乙炔

(3)工作原理

利用光源发出被测元素的特征光谱辐射、被火焰等原子化器产生的样品蒸气中的待测元素基态原子所吸收,通过测定特征辐射被吸收的大小来求待测元素的含量。

(4)原子吸收实验室的特殊要求

①在进行某些元素分析时,会排出有害气体,因此房间内要有排风设备,抽风口应装置在仪器的原子化器的上方,排风量大小应设计成以一张纸贴在抽风口处,能被轻轻吸住为宜。

②实验室内供电系统,主机与打印机应单独接到一个大于 1kVA 的稳压电源上,其余如空压机、台灯之类的220V 供电不通过稳压电源。

③仪器工作时需用多种气体,对贮存各种气体的钢瓶或气体发生装置,应妥善安置,禁止靠近火源。

④工作台应结实、牢固、平整,台面铺防震耐腐蚀的塑料或橡胶板,四周留有空间,以便从仪器背后连接气体管路或检修设备。

⑤与化学实验室分开,以防止酸、碱及其他腐蚀性气体蒸发或烟雾侵蚀仪器的光学和精密机械零件。

⑥实验室应保持清洁、干燥、恒温、无尘,应安装空调设备。

⑦实验室附近不应有剧烈振动的设备和装置。

(5)结构与功能

①主机外形,如图 2-5 所示。仪器左上部为光源室,空心阴极灯、聚光镜位于其内,中部为样品室,置放原子化系统,右上部为分光系统,单色器及波长扫描机构位于其中,右下部为主机电子系统,左下部为主机气路系统。

②光学系统,如图 2-6 所示。空心阴极灯发出的光,经聚光镜 L1 成像在原子化器中

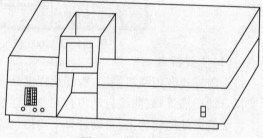

图 2-5 主机外形图

心(对波长250nm 而言),又经聚光镜 L2 聚焦在入射狭缝 S1 上,通过 S1 进入单色器,单色器是采用平面复制光栅作色散元件的 C－T 型单色器,进入单色器的复合光由球面反射镜 M1 准直,以平行光入射到光栅 G 上,经光栅色散后,不同波长的光沿不同衍射角传播,球面反射镜 M2 将各单色光聚焦在出射狭缝 S2 上,最后入射到光电倍增管 P、M 上,并转换成电信号。

光学系统性能由技术指标中的波长范围、波长示值误差、波长重复性来衡量。

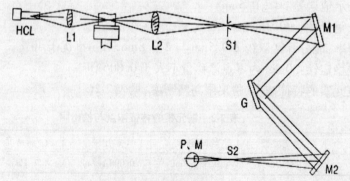

图 2-6 光学系统图

HCL—空心阴极灯;L1、L2—聚光镜;S1—入射狭缝;S2—出射狭缝;
G—光栅;M1、M2—球面反射镜;P、M—光电倍增管

③空心阴极灯架,如图 2-7 所示。它位于光源室内,将空心阴极灯插入灯座上的弹簧卡座 5 内,将灯电源插头插入光源底板上的灯电源插座即可点燃该灯,更换只需通过弹簧卡座内完成插拔即可。灯架上 1、2、3 个旋钮用以调节灯的位置,以便将空心阴极灯发出的光对入光路,旋钮 2 调节灯的高度,旋钮 1 调节灯的前后位置,旋钮 3 调节灯的角度并由它锁紧。此灯架可同时安装两只灯,当一灯完成工作后,推动(或拉出)旋钮 1,使另一只灯进入工作位置,用同样的方法调节灯的位置,使其发出的光进入光路。

空心阴极灯是一种锐线光源,用作原子吸收分光光度计的主光源。

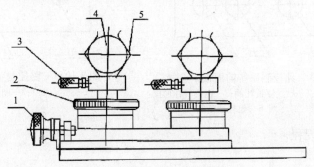

图 2-7 空心阴极灯架
1—前后调节旋钮;2—升降调节旋钮;3—旋转调节旋钮;4—空心阴极灯;5—灯弹簧卡座

④原子化器系统。其功能是使样品中的待测元素转化为基态自由原子,以便参与原子吸收。雾化燃烧器是火焰法原子吸收使用的原子化器。本仪器采用预混合型雾化燃烧器,它由雾室-喷雾器、燃烧器及位置调节机构等三个主要部分组成,如图 2-8 所示。

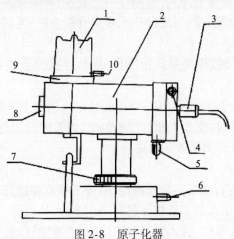

图 2-8 原子化器
1—燃烧器;2—雾室-喷雾器;3—燃气进气嘴;4—废液嘴;5—水平位置调节旋钮;
6—高度位置调节旋钮;7—防爆垫;8—角度指示盘;9—锁紧螺钉

⑤气路控制系统。它是用来控制供给雾化燃烧器的燃气、助燃气流量大小的。气路控制系统分为前后面板,位于仪器主机左下部分。图 2-9 是气路控制系统前面板,助燃气针形阀 3 是控制空气流量的,量程是 1.5 ~ 15L/min;燃气针形阀 4 是控制乙炔流量的,量程是 0.8 ~ 8 L/min;燃气通断阀 5 控制燃气通断,以保证操作安全。图 2-10 是气路控制系统的后面板,1、2 分别是燃气及助燃气入口。气路箱内除装有燃气及助燃气管路外,还装有漏气报警及自动关闭燃气气路的电器系统及电磁阀。

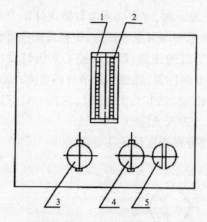

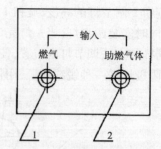

图 2-9 气路控制系统前面板图

1—助燃气流量;2—燃气流量计阀;3—助燃气针形阀;
4—燃气针形阀;5—燃气通断阀

图 2-10　气路控制系统后面板

1—燃气入口;2—助燃气入口

（6）仪器操作规程

①主机调整操作

a. 确认电器面板上的电源开关于断的位置,燃烧器未挡光。

b. 接通电源,连接打印机,开启打印机电源开关。

c. 打开仪器电源开关,进入仪器参数设置菜单。

d. 打开仪器左上部光源活门,选用所需的空心阴极灯,插入插座并连接电源插座,空心阴极灯亮。

e. 将点亮的灯放入灯架橡胶座内,粗调灯的位置,用肉眼观察,使光斑对入光栏上。

f. 按仪器"仪器参数设置"键,设置分析元素及分析波长、光谱带宽、灯 1 电流值、灯 2 电流值、积分时间、重复次数。

g. 按"光谱扫描定位"键,按菜单指示操作,自动寻找测量波长峰值及将能量调到 100 左右。

h. 仪器经上述操作程序后,预热 10 ~ 15min,可进入测定工作状态。

i. 工作完毕,关闭仪器时,应先关断打印机电源,再关闭仪器总电源。

j. 原子化系统关闭,应在主机关闭前进行。

②火焰法规定的操作

主机调整操作完毕,进行火焰法分析测定,应按下列规程进行。

a. 应按仪器说明书要求安装和连接火焰原子化系统。

b. 用杆径 1.5mm 钟表改锥,插入燃烧器缝口中,沿缝隙移动,采用下述方法粗调燃烧器缝口与光轴方向平行:转动雾化燃烧器水平位置调节手钮,使燃烧器缝口能垂直光轴前后水平移动,并配合转动,以达到当改锥直立于燃烧器缝口中央时能量被挡至近于零,而改锥直立于缝口两端时,能量被挡去 50% ~ 70%。

c. 接通空气机电源,出口压力表指示为 0.2MPa。转动助燃器的针形阀旋钮,调节空气流量至最大值。

d. 开启乙炔钢瓶开关,使燃气输出压力表指示为 0.05 ~ 0.07MPa,开启主机上燃气通断阀(逆时针方向旋转)至开位置,转动燃气流量计针形阀旋钮,调节燃气流量至适当值(1L/min)。

e. 用点火枪点火。

f. 吸入空白溶液后,按能量键,使能量显示值位于 85~95 区域内,然后按自动调零。

g. 按"标准样品参数键",按程序设置标样个数和标样浓度。

h. 进行标样测量,测定一组标准溶液,建立工作曲线,打印出参数及曲线方程。

i. 按"未知样品测量键",测定待测试样溶液浓度,打印测试结果值。

j. 测试完毕后,吸去离子水数分钟冲洗雾室。

k. 继续保持火焰数分钟后,先关断乙炔钢瓶的总阀门气源,待乙炔余气燃烧完毕再关断气泵电源。

(7)仪器维护保养

①仪器维修注意事项

a. 维修前如需打开仪器某个盖板、检查某个部件时一定要拔掉仪器电源线。

b. 维修前,要切断原子化系统的乙炔气源及空气气源,关闭各种气源总阀门。

c. 检查和维修单色器内部时,一定注意不要碰到光学元件表面,在打开单色器盖板前一定要断掉光电倍增管的负高压电源。

d. 在维修中注意不要将螺钉、螺母、垫圈等零件散落在仪器内部。

②易损件及消耗品的更换及调整

a. 空心阴极灯的更换及调整。空心阴极灯是本仪器工作时的光源,其工作寿命约 $5000mA \cdot h$,当发现元素灯达到寿命周期迹象时,要及时更换新灯。换灯方法与步骤:

(a)将新灯的发光窗口用酒精棉球擦洗干净并且不要再用手触摸窗口。

(b)将旧灯拔下,新灯插入插座。插时注意管锁位置对正插座相应部位,不要用力过度,以免将灯损坏。

(c)点亮新灯观察发光是否正常,并调节灯电流为 3mA。

(d)调节光斑灯架位置,使光斑对正光栏中心。

b. 喷雾器的更换。

(a)将喷雾器前面的手钉卸下来。

(b)轻轻将喷头前面的喷嘴取下来。

(c)按住喷头后部的金属座,慢慢取出喷头,若要清洗可将喷雾器的玻璃部分放入酸中浸泡。

(d)清洗后或新的喷雾器,按上述方法从(c)至(a)的顺序轻轻地装好后再插入插座中。

[注意] 安装喷嘴时,要将连接撞击球的拐脖部分转至下方否则会影响仪器的稳定性。

③仪器日常维护

a. 空心阴极灯。一是装、卸时加倍小心,防止打碎碰裂,通光窗口要干净,若沾上油污或手印,应及时用酒精乙醚混合液(比例为1:3)擦净污迹,拔插元素灯时应拿住灯的管座;二是空心阴极灯不能长期搁置不用,存放时间过长,会因漏气、气体吸附、释放等原因而使灯不能点燃或不能正常使用,因此每隔 3~4 个月应将不常用的灯取出点燃 2~3h,建议工作中暂时不用的灯不要过早购买,否则可能会造成成批报废;三是灯打碎后,阴极物质暴露在外,某些元素对人体健康有害,故不应随便乱丢,应按标准实验室对有毒物质的处理方法进行处理。

b. 光学系统。一是灯室里面的透镜及燃烧室中裸露的透镜及光敏探头顶部均不要用手摸,要保持清洁;二是灯室中任何光学件不能用手摸也不能用任何东西擦;三是透镜表面落有灰尘,可用吹气球吹,或者用清洁的擦镜纸轻擦;四是弄上手印或其他油污,应用脱脂棉沾上酒精、乙醚混合液仔细擦,但不要在表面擦出伤痕;五是单色器罩一般轻易不要打开,若不得已,首选要将光电倍增管的负高压输为零,单色器中的光栅及准直镜绝对不能用手触其表面,也不能用擦镜纸或脱脂棉去擦;六是不得对着光栅讲话、呵气,防止唾液溅到光栅上,如发现光栅上有灰尘,可用干净的橡皮吹气球吹掉。

c. 雾化燃烧器系统。

(a)全系统维护。分析任务完成后,应继续点火,喷入去离子水约10min,以清除雾化燃烧系统中的任何微量样品、溢出的溶液,特别是有机溶液滴,应予以清除,废液应及时倒掉。每周应对雾化燃烧器系统清洗一次,若分析样品浓度较高,则每天分析完毕后都应清洗一次。若使用有机溶液喷雾或在空气–乙炔焰中喷入高浓度的 Cu、Ag、Hg 盐溶液,则工作后应立即清洗,防止这些盐类可能会生成不稳定的乙炔化合物,易引起爆炸。有机溶液的清洗方法是先喷入与样品互溶的有机溶液 5min,再喷入丙酮 5min,然后再喷入 1% HNO$_3$ 5min,最后再喷入去离子水 5min。

(b)喷雾器维护。如发现进样量过小,则可能是毛细管被堵塞,若毛细管被气泡堵塞,可把它从溶液中取出,继续通压缩空气,并用手指轻弹即可。对有机溶剂堵塞物则自喷雾气座内取下喷雾器,将前端插入重铬酸钾洗液中溶去堵塞物。塑料吸液管如弯曲到不便使用,可取下用开水泡软后,拉直冷却后再用。若仍然不通,则应更换毛细管。

(c)雾化室维护。雾化室必须定期清洗,清洗时可先取下燃烧器,每次用 50mL 去离子水从雾化室上口灌入,让水从废液管排走。若喷过浓酸、碱溶液及含有大量有机物的试样后,应马上清洗。[注意]检查排液管下水封是否有水,排液管口不要插入废液中防止二次水封导致排液不畅。

(d)燃烧器维护。燃烧器的长缝点燃后应呈现均匀的火焰,若火焰不均匀,长时间出现明显的不规则变化——缺口或锯齿形,说明缝被碳或无机盐沉积物或溶液液滴堵塞,需清除。可把火焰熄灭后,先用滤纸插入擦拭。如不起作用可吹入空气,同时用单面刀片沿缝细心刮除,让压缩空气将刮下的沉积物吹掉,但不要把缝刮伤。必要时可以卸下燃烧器,拆开清洗。

(8)仪器常见故障分析及处理

①电源指示灯不亮故障及处理,见表2-3。

表2-3 电源指示灯故障原因及处理

现象及其原因	处理
指示灯损坏	更换指示灯
保险管损坏	更换保险管
电源输入线路有断路	用万用表检查

②元素灯故障分析与处理,见表2-4。

表2-4 元素灯故障原因及处理

现象	原因	处置
元素灯不亮	灯电源印制板故障	检查灯板或更换它
	灯漏气	更换新灯
只在阴极口外发光	灯内充气压力下降	更换新灯
阴极内发生跳动的火花状放电	阴极表面氧化物或杂质所致	通过十几毫安的电流直到火花放电停止,若无效则更换新灯

现象	原因	处置
发光正常但能量低	灯的使用寿命已到致使发光强度下降	更换新灯
发光强度过大,灯电流很大且不可调	灯电源电路故障	1. 灯电源板上该路功率放大管(BU508)击穿可更换该管 2. 可检查该印制板 ±15V、+5V 是否正常
灯阴极辉光颜色异常	灯内惰性气体不纯	在工作电流或大电流(80mA,150mA)下反向通电处理

③寻不到峰。一是波长选择不对,会造成寻不到峰值,应检查所测元素的波长值是否选对;二是仪器波长准确度超标,应该在更宽的波长内寻找峰值,具体方法可向厂家咨询;三是供给光电倍增管用负高压电源失效,应检查是否有负高压输出;四是元素灯的光未进入入射光栏口处,应调节元素灯位置使光斑进入光路。

④仪器报警并关闭乙炔气源。一是气路出现乙炔气泄漏,应及时关机,用肥皂水检查气路管道有无泄漏现象;二是报警电路出现故障,应检查处于气路箱中的 PC6 印制板是否工作正常。

⑤灵敏度偏低。一是分析波长不对,应调节波长使之处于分析波长位置;二是火焰性质不对,应查看分析手册,选择合适火焰;三是火焰位置不对,应调节燃烧头位置使之处于最佳状态;四是雾化器情况不好,应调节雾化器撞击球位置;五是光谱带宽过大,尽量选择小的光谱带宽工作。

⑥起始波长偏移。一是当用户发现波长正偏移时,可以对起始波长的修改来重新校正仪器波长的精准。以铜元素为例:铜元素的波长为 324.7nm,如果用户发现铜元素波长变更为 324.9nm,可以修改起始波长让它回到原来的准确波长值,用定位出的波长减去规定波长,即 324.9 – 324.7 = 0.2nm,用结果乘以电机步数的系数可得仪器所需要的步数,即0.2 × 5 = 1.0,在软件安装的文件夹内找到名为 STEPM 的文件夹,用文件夹内的数字减去刚刚算出的10,即为修改正确的起始波长。二是当用户发现波长负偏移时,可以对起始波长的修改来重新校正仪器波长的精准。仍以铜元素举例:铜元素的波长为 324.7nm,如果用户发现铜元素波长变更为 324.5nm,可以修改起始波长让它回到原来的准确波长值,用定位出的波长减去规定波长,即 324.5 – 324.7 = – 0.2nm,用结果乘以电机步数的系数可得仪器所需要的步数,即 – 0.2 × 5 = – 1.0,在软件安装的文件夹内找到名为 STEPM 的文件夹,用文件夹内的数字加上刚刚算出的" – 10",即为修改正确的起始波长。

[注意] AA2600 型的电机步数的系数为 5。

⑦仪器没有能量。

a. 软件问题,即计算机通信问题导致没有能量。

(a)软件重新安装后,没有设定起始波长导致没有能量。起始波长设定:AA2600 仪器在"我的电脑→C 盘→sdadir→stepm 文件内设定"。

(b)计算机在应用中出现联网和与其他设备共用的情况,影响主机,出现无能量。

(c)软件出现假死情况,也是无法定位出能量的情况之一。

b. 主机电气系统问题导致仪器无法定位能量。

(a)光电倍增管信号线或负高压模块线断开造成没有能量。

(b)光电倍增管座焊接的 150kΩ 精密电阻损坏造成没有能量。

（c）负高压模块本身无高压输出造成没有能量。

（d）元素灯发光不正常,灯板或电源板问题造成没有能量。

（e）变压器输出不正常,无法正常供电造成仪器没有能量。

（f）仪器主板芯片问题造成没有能量,主要有 89C2051、27C64、80C51、82C55、前置板芯片等。

c. 单色器内部问题导致没有能量。

（a）打开单色器后首先检查光栅和反光镜表面是否光洁、有无异物。

（b）检查大、小两种电机是否转动正常。如果电机卡死也会出现没有能量的情况。

（c）光耦出现问题也会导致电机卡死丢步,从而使主机没有能量。

d. 各种连线问题导致仪器没有能量。如 DB9 串口通信连线、DB25 单色器数据线、DB20 数据线损坏导致没有能量。

2.1.3 X 射线荧光分析仪

2.1.3.1 X 射线与物质的相互作用

X 射线于 1895 年被德国科学家伦琴发现,故又称伦琴射线。它是具有一定波长的电磁波或具有一定能量的光子束。X 射线的波长和能量介于 γ 射线和紫外光之间,其波长范围为 0.01 ~ 10nm;对应的能量范围为:0.124 ~ 124keV。

X 射线与物质的相互作用有三种主要类型:荧光、康普顿散射和瑞利散射。当 X 射线与物质相遇时,一部分射线穿过样品;一部分被样品吸收产生荧光辐射;另一部分被散射回来。散射可能伴随能量损失,也可能没有能量损失,前者称康普顿散射,后者称瑞利散射,荧光与散射取决于物质的厚度、密度、组成及 X 射线的能量。

2.1.3.2 X 射线荧光分析基本原理

用 X 射线管辐照样品,是产生荧光 X 射线光谱的常用方法。X 射线管产生的 X 射线光谱,被称作原级 X 射线谱,它是由连续谱和特征谱组成。X 射线管发出一次 X 射线(高能),照射样品,激发其中的化学元素;发出二次 X 射线,也叫 X 射线荧光,其波长是相应元素的标识——特征波长(定性分析基础)。一种元素的特征 X 射线,是由该元素原子内层电子跃迁而产生的。当某元素的原子内层轨道电子被逐出,外层轨道电子落入这一空穴时,便产生该元素的特征 X 射线。特征 X 射线是由一系列表示发射元素特征的、不连续的独立谱线波所组成,特征谱线的强度与该元素的含量有关,依据谱线强度与元素含量的比例关系进行定量分析,这就是 X 射线荧光分析的基本原理。换句话说,X 射线荧光分析是利用元素内层电子跃迁产生的荧光光谱,应用于元素的定性和定量分析、固体表面薄层成分分析。X 射线光谱的用途如图 2-11 所示。荧光分析的样品有效厚度一般不大于 0.1mm(树脂样品厚度≤3mm)。这里的有效厚度并非初级线束穿透的深度,而是由分析线能够射出的深度决定的。

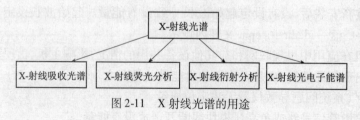

图 2-11　X 射线光谱的用途

2.1.3.3 X 射线荧光分析仪(XRF)的结构组成

X 射线荧光分析仪可分为能量色散(EDXRF)和波长色散(WDXRF)。两者的主要区别在检测系统。它主要由激发系统、分光系统、探测系统和记录系统四大部分组成,如图 2-12 所示。

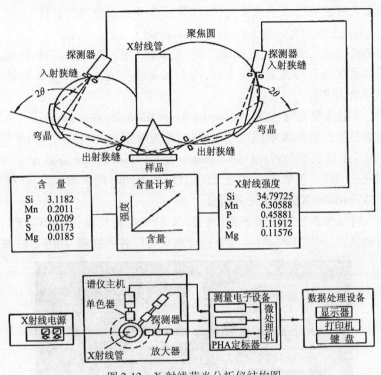

图 2-12　X 射线荧光分析仪结构图

(1)激发系统

一般采用 X 射线管产生的初级 X 射线为激发源,X 射线管是带有阴阳极的高压真空管,阴极用钨丝制成,被加热到白炽状态,发射电子,电子在高压作用下,以极高速轰击阳极(靶),产生连续 X 射线和靶材元素的特征 X 射线,即为一次 X 射线,以一定角度照射到试样表面,使试样中各种元素发出各自特征的荧光 X 射线。

(2)分光系统

分光系统一般由准直器、色散元件等组成。主要作用是将试样中各种元素发出的混合荧光 X 射线分成各种元素的单色荧光 X 射线,以便对其分别进行测量。

(3)探测系统

是将 X 射线辐射能变为电脉冲信号的能量转换装置,常用的有流气正比计数器(FPC)和闪烁计数器(SC)。FPC 是通过氖或氩气在入射 X 射线光子的作用下发生电离,并瞬间产生"雪崩"现象,而形成电脉冲的计数器。SC 是由闪烁晶体和光电倍增管组成,当闪烁晶体吸收 X 射线后,放出可见光的光子,可见光被光电倍增管接受,转换成电讯号。

(4)记录系统

将探测器转换成的电信号放大并且显示或打印出来,现代仪器多配备电子计算机进行结果的运算。

2.1.3.4 水泥用 X 射线荧光分析仪

随着水泥技术的进步,X 射线荧光分析仪在水泥厂得到普遍应用。建材行业标准 JC/T

1085—2008《水泥用 X 射线荧光分析仪》为该仪器的计量检定和质量评价提供了基础,为新购仪器验收提供了依据。本标准将 X 射线荧光分析仪分为四种:

(1)元素 X 射线荧光分析仪(elementary X-ray fluorescence analyzer)

仅可用于分析样品中二氧化硅、三氧化二铁、三氧化二铝、氧化钙、三氧化硫或其中的某一种成分或某几种成分的 X 射线荧光仪;称为元素 X 射线荧光分析仪。

(2)X 射线荧光分析仪(X-ray fluorescence analyzer)

可用于分析样品中二氧化硅、三氧化二铁、三氧化二铝、氧化钙、三氧化硫、氯、氧化钾、氧化钠等成分或更多成分的 X 射线荧光仪,称为 X 射线荧光光谱仪或 X 射线荧光能谱仪,统称为 X 射线荧光分析仪。

(3)顺序式 X 射线荧光分析仪(sequential X-ray fluorescence analyzer)

具有扫描道的波长色散 X 射线荧光光谱仪,称为顺序式 X 射线荧光分析仪。

(4)同时式 X 射线荧光分析仪(simultaneous X-ray fluorescence analyzer)

仅具有固定道的波长色散 X 射线荧光光谱仪,称为同时式 X 射线荧光分析仪。

2.1.3.5　Venus200 X射线荧光分析仪

Venus200 X射线荧光分析仪属于波长色散 X 射线荧光光谱仪(WDXRF),是水泥生产控制的大型精密仪器,可用来在线、离线分析检测水泥厂各种物料,如图 2-13 所示。

图 2-13　Venus200 X 射线荧光分析仪

(1)重要技术参数

①元素范围:$F_9 \sim U_{92}$。

②光管功率:200W(透射靶)。

③固定通道:F, Na , Mg。

④测角仪:Sc ~ U。

⑤转盘通道:Na ,Mg, Al, Si, P, S, Ca, K, Cl ,Ti, Fe 等元素。

⑥结构:固定道 + 转盘道 + 扫描道。

(2)主要技术特点

①采用低功率透射靶光管(200W),相当于高功率仪器的激发效率(1kW)。

②采用 Cr(24)靶材,对水泥行业需要分析的轻元素(F、Na、Mg、Al、Si、S、P 等)的激发效率要优于 Rh(45)靶材。

③采用流气探测器,可以准确测量 F – U(全元素顶级型配置为 C – U),Na 的分析水平可以满足美国 ASTMC114 –00 标准。

④分析速度快。采用固定元素道同时测量的原理,几部分一起测量,使分析速度大大提高。

⑤仪器稳定性好。两个各含轻重元素的样品连续进出分析测量 350 次,其强度的相对统计误差小于 0.05% 。

⑥可进行遥控诊断。标配仪器一般无需到现场即可进行仪器维护、故障诊断和故障排除。

(3)Venus200 日常操作

①开机过程

a. 打开 P10 气体钢瓶主阀门,并将二次压力调整至 700 ~ 800mBar(0. 7 ~ 0. 8bar)。

b. 如果配置了冲氦系统,打开 He 气钢瓶,设定二次压力为 0. 8bar。

c. 打开稳压器电源开关。

d. 按下主机前面板上的"Power On/Off"开关,使主机处于"开机"状态。

e. 运行 Venus200 软件。

f. 打开图 2-14 手动控制窗口,将介质切换到 Vacuum(真空)。

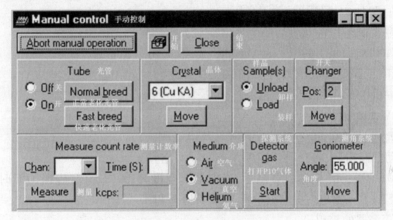

图 2-14 手动控制窗口

g. 在图 2-15 所示 Venus online 窗口,观察 5 个条件:介质为 Vacuum(真空),真空度(< 100Pa),P10 气体流量(1L/h 左右),仪器恒温(37℃),冷却水流量(>1L/min),满足以上 5 个条件可开高压。

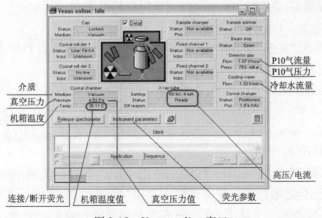

图 2-15 Venus online 窗口

h. 顺时针转动"HT On/Off"钥匙,打开高压,仪器自动设定高压为 50kV/4mA,同时启动循环水。

i. 在手动控制窗口点"Normal breed"正常老化光管。老化结束后即可开始日常分析。

[注意事项] P10 气体与真空连锁。如果气体未打开,则真空泵不能启动。室温不能低于 15℃,否则气体自动锁死。

②关机过程

a. 在 Manual control 里点 Tube Off(图 2-14),光管高压将自动逐步降低直到关闭。

b. 当顶灯熄灭后,逆时针转动高压开关"HT On/Off" 90°,关闭高压。

c. 关闭电脑。

d. 按下主机前面板上的"Power On/Off"开关,关闭主机电源。

e. 关闭稳压器电源。

f. 如长时间关机,可将 P10 气关闭。

③更换 P10 气体

a. 在 Manual control 里点"Tube Off"(图 2-14)。

b. 转动"HT On/Off"钥匙,关闭高压。

c. 在手动控制窗口将介质切换至 Air(空气)。

d. 按下主机前面板上的"Power On/Off"开关,关闭主机电源。

e. 更换钢瓶,设定二次压力为 0.75bar。

f. 打开主机电源。

g. 运行 Venus 软件。

h. 在手动控制窗口,单击"Start"打开气体电磁阀。

i. 在手动控制窗口,将介质切换到 Vacuum(真空)。

j. 转动"HT On/Off"钥匙打开高压,当仪器真空度 <100Pa,恒温达到 37℃时,在 Manual control 里点 Fast Breed,出现提示,点 OK。2h 后检查 PHD。

④流气探测器的校正

a. 放入"Monitor K"样品在装样位置. 然后点图 2-14 中的 Load(装样)。

b. 选择 Venus 软件"Test"菜单下的"Recalibrate detectors"(探测器校正)。

c. 在弹出的"Recalibrate detector HT"窗口内,按顺序完成探测器的校正。如有 2 个探测器,可在探测器校正窗口先选择 1 号探测器(Crystal mill detector 1),点"start recal"键,完成后再选择 2 号探测器,点"start recal"键,完成后校正结束。

⑤PHD 检查

a. 在出现数据不稳定或"Recalibrate detector"后,需要对通道的 PHD 进行检查。

b. 在 Venus 窗口内选择"Test"菜单下的"Measure PHD"。

c. 找出原来检查 PHD 的样品(或需要测试的样品)放在装样位置。在图 2-16 中选择"load"(装样)。

d. 先选择"Pulse shift correction",然后选择你要检查的通道,比如"Cu1",最后点"Measure"。图 2-17 是 PHD 检查的实际图。

e. 如果 Lower Level 和 Upper Level 不对,可把光标放在图 2-17 两条竖线上,按住鼠标左键不放,然后移动到合适的位置。放开鼠标。选择"Accept",就完成了该通道的检查。

f. 然后按顺序检查下一个通道,直到完成所有通道的检查。一般地,Lower Level:25 左右,Upper Level:75 左右。在水泥行业,Na、Mg 两元素是(35/65)。

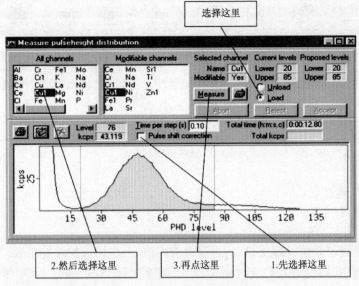

图 2-16   PHD 检查装样窗口

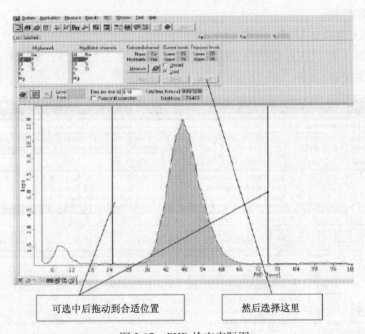

图 2-17   PHD 检查实际图

g. 完成后选择"Unload"（卸样），退出样品。

h. PHD 检查时，如需要采用不同的样品，可用"load"、"Unload"更换样品。

⑥数据库备份

a. 每个应用都在 Venus 目录下生成一个独立的文件夹，例如当你建立了生料的应用后，在 C：\\Venus 会有一个文件夹"Raw mix"。

b. 每个文件夹都包含 11 个文件。

c. 用光盘将所有应用的文件夹刻录出来，作为备份即可。

Venus 200 目录如图 2-18 所示。

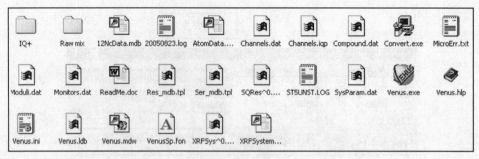

图 2-18　Venus200 目录

⑦口令保护

a. 系统管理员口令。

b. 应用口令。

c. 只有先设置了系统管理员口令,再设置应用口令,应用保护才能生效。

d. 当口令遗忘时,可进入 C:\\Venus 目录,删除文件"SysParam. dat",即恢复到无口令状态。

⑧删除过期数据

a. 进入 Open results 窗口。

b. 通过 Search 方式或直接选中要删除的记录,然后单击"回收站" 即可。

⑨测试结果窗口,如图 2-19 所示。

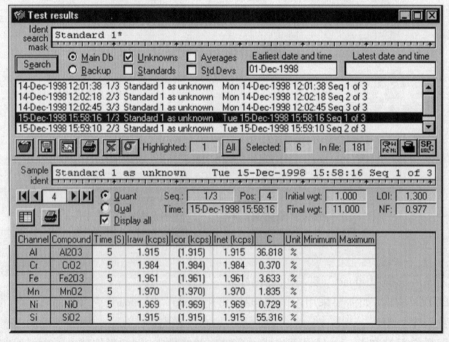

图 2-19　测试结果窗口

(4) Venus 200 在水泥生产控制中的具体应用

①制样

a. 烘样前用小样勺将样品搅拌均匀。

b. 烘样:生料及其他原材料在制样前需在快速烘干箱内烘样 10min,烘样量约 30g。

c. 将烘过的样品(熟料不用烘样)倒入规定的磨盘内,加入 2 ~ 3 滴三乙醇胺或 5 ~ 10 滴无水酒精,盖上盖子。

d. 将磨盘放入磨机的磨盘底座上,将其卡紧。

e. 检查粉碎机时间继电器在 120s 的位置上(粉磨时间根据各种物料易磨性试验确定),然后开机。

f. 粉磨 120s 后,取出磨盘,将磨内样粉全部清扫出来倒在干净纸上,用小样勺搅拌均匀。

g. 称样:生料(10 ± 0.1)g;熟料(12 ± 0.1)g;其他原材料根据试验确定称样量。添加一定量(试验确定)粘结剂,如硬脂酸,搅拌均匀。

h. 将钢环座板用棉纱或软布擦拭干净,放上钢环,将样粉倒入压模内,用搅拌翅将样面刮平,放上压片头,然后移入压片机中心。

i. 开动压片机,在 20MPa 的压力下保压 20s,自动停机。

j. 用洗耳球吹净或吸尘器吸净压模内的样粉。

k. 将样片放入荧光仪待测。

②测量操作

a. 放入样品后,在所选择的程序中打开测量窗口,按照放入的样品输入样品名称(标识样品);点测量键,开始测量。

b. 结果出来后自动发送至 QCS,在录入数据后,如不在指标范围内可改变配比并发送到中控室。

c. 测量结束,取出样品。

备注:在线控制采用自动压片机时,要密切注意监控压片机的工作情况。

拓展:可控中子活化在线物料分析仪与近红外光谱法(NIR)技术

近年来,国内部分水泥厂对在线控制做了一些有益的探索,主要有 PGNAA 和 NIR。

(1)中子活化法(PGNAA)。如可控中子活化在线物料分析仪,采用电可控中子管,根据快中子非弹性散射、热中子俘获原理,对产生 γ 射线进行分析,从而对物料进行全元素测量,具有全元素、全流量、实时在线等特点。在水泥行业中的应用是通过对物中 S、Si、Al、Fe、Ca、Ti、Na、K、Mn、Cl、H 等元素的测量,计量金属氧化物、LSF、C_3S、C_2S、C_3A、硅率、铁率、水分等,对减少原料波动性、提高熟料质量、保证生料质量、降低煤耗具有重要的指导意义。

(2)近红外光谱法(NIR)。全球知名企业瑞士 ABB 公司于 2006 年开始研发 Spectra-Flow 在线分析仪,2009 年安装应用于斯洛伐克某水泥厂的皮带检测,2012 年安装应用于瑞士和巴西某水泥厂的原料磨后的空气斜槽。该仪器不含放射源,将照明灯泡安装在皮带或空气斜槽上方,对物料照射,物料反射光被 FTIR 光谱仪捕捉,经过分析比对特征光谱,并与工厂网络及 DCS 系统进行集成,实现了在线分析与控制。据悉,该仪器可以对任何固体材料提供实时在线分析,测量深度可达微米至纳米级,测量时间只需几秒钟。2014 年 NIR 技术进入我国,并在某水泥厂进行了生产试验。

2.1.4 钙铁硫元素测量仪

BM2009 型钙铁硫元素测量仪,是一种专门用于水泥生产控制的定量分析仪器,如图 2-20所示。

图 2-20　BM2009 型钙铁硫元素测量仪

2.1.4.1　仪器用途

（1）主要用于水泥生料、熟料和水泥等物料中 CaO、Fe_2O_3、SO_3 的含量分析，并通过测量生料中 CaO、Fe_2O_3 的含量为调整原料配比提供依据。

（2）测量水泥熟料中 CaO、Fe_2O_3 的含量用来监督生料配料是否符合目标值要求。

（3）通过测量水泥中 CaO、Fe_2O_3、SO_3，用 CaO 元素含量控制熟料的掺入量（当水泥配料中加入石灰石时，不仅要看 CaO 的变化量，还要看 Fe_2O_3 的变化量），用 SO_3 元素含量控制石膏的掺入量从而间接地了解混合材的掺入量，对水泥强度预测有一定的帮助作用。

（4）同时测量出厂水泥中 CaO、Fe_2O_3、SO_3（同一编号的 10 个不同点），看其测量结果的标准偏差大小，了解水泥均匀性。标准偏差越小，水泥均质越好；反之，相反。

（5）本仪器可替代原来的钙铁元素测量仪和硫元素测量仪。

2.1.4.2　仪器特点

BM2009 型钙铁硫元素测量仪采用物理分析方法，具有分析速度快、精度高、分析范围宽度大、重复性好、人为误差小、操作工劳动强度低、无污染等特点，不需要任何化学试剂，符合环保、节能。同时符合 GB/T 176—2008《水泥化学分析方法》及 JC/T 1085—2008《水泥用 X 射线荧光分析仪》标准要求。

2.1.4.3　仪器操作

（1）接通电源后将滑板拉出，仪器显示硬标样，预热 40min 后，选择相应的工作曲线；

（2）把压好的样饼推进仪器里面，仪器显示待测样，然后按启动键；

（3）等待 90s，测量结束后，拉出滑板，使仪器显示硬标样，再进行数据记录。

2.1.4.4　仪器注意事项

（1）放置样饼必须水平，不能有任意一边翘起；当送样滑板放样位置洒落样品时，要及时用毛刷清理，不能用吸耳球吹，以免灰尘进入仪器，造成测量偏差。

（2）仪器测量结束 8s 内滑板还没拉出到位，仪器会自动报警，这时及时拉出滑板仪器显示硬标样后，报警声自动停止。

（3）仪器断电后重新开机，程序默认工作曲线 1，如果不对应请重新选择。

（4）仪器显示屏下方显示采样或预热时不能进行测量。

（5）仪器按键无反应时，可按一下仪器后的复位键即可恢复工作。

（6）每天要检测一次标定中间样，防止仪器出问题。

（7）仪器要放在环境温度（25±3）℃、没有振动、避开阳光直射的水平台上。

2.1.5 水泥游离氧化钙快速测定仪

Ca-5 型水泥游离氧化钙快速测定仪是采用乙二醇萃取苯甲酸直接滴定法，在特定的条件下，只需 3min，快速准确测定出游离氧化钙含量，如图 2-21 所示。

2.1.5.1 技术参数

（1）准确度：标准偏差为 0.064%。

（2）萃取时间：3min。

（3）电源电压：220V，50Hz。

（4）功率：300W。

（5）电机：无级调速。

（6）平均升温速度：60℃/min。

2.1.5.2 工作原理

水泥游离氧化钙快速测定仪利用乙二醇与水泥熟料中的游离氧化钙反应后，溶液的电导率与游离氧化钙含量成一定的比例关系，通过电导率的测量间接反映出水泥熟料中游离氧化钙含量。

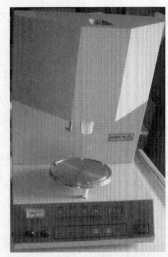

图 2-21 Ca-5 型 水泥游离氧化钙快速测定仪

乙二醇在高温下与水泥熟料中的游离氧化钙反应生成乙二醇钙：

$$(CH_2OH)_2 + CaO \longrightarrow (CH_2O)_2Ca + H_2O$$

乙二醇钙在乙二醇中离解成离子形式：

$$(CH_2O)_2Ca \longrightarrow (CH_2O)_2{}^{2-} + Ca^{2+}$$

乙二醇离子和钙离子在溶液中导电，导电程度与游离氧化钙含量存在一定的关系。通过对溶液导电率的测量可间接测量出水泥熟料中的游离氧化钙的含量。

本仪器需通过标定才能达到精确测量的目的。在使用中，电极的清洁度对测量结果的准确性具有较大的影响。因此，应保持电导电极的清洁。

2.1.5.3 结构及工作流程

（1）仪器的结构组成。①电导电极。②恒温槽搅拌电机。③恒温槽电加热器。④50mL 三角反应瓶。⑤反应瓶搅拌子。⑥反应瓶搅拌电机。⑦电机支架。⑧恒温槽。⑨恒温槽温度传感器。⑩仪器控制面板。

（2）具体工作流程。

①温度设置。打开 Ca-5 型水泥游离氧化钙测定仪电源，仪器即进入到待机工作状态，此时温度显示屏显示恒温槽内温度。此时按［▲］、［▼］即可观察或修改温度设置（按［▲］、［▼］后温度显示屏显示设置的温度），按一次［▲］、［▼］相应的温度设置进行 +1、-1 的操作，若按住［▲］或［▼］达 0.5s 时，即进入连加或连减状态，此时加或减的操作为 5 次/s。若 2s 不按键，仪器将自动记忆此时的温度设定值，温度显示屏恢复到正常恒温槽温度显示。

②加热。选择好恒温槽温度后，按［加热］键，此时加热键上的灯亮，仪器自动加热到达设定温度后自动停止加热，控制恒温槽温度在设置温度附近，左侧有加热指示灯指示电加热器是否工作，第一次达到设定温度后，报警响起同时报警指示灯闪烁，提示操作人员可进

行下一步操作。

③样品测定。准确称取 0.5g 水泥熟料粉末样品,放入 50mL 干燥的反应瓶中,准确加入 25mL 乙二醇,放入搅拌子,摇匀,使样品充分分散,将盛有水泥熟料样品和乙二醇的三角反应瓶放入已控温 80℃ 的恒温槽支架中,启动搅拌,调整好搅拌速度,将电导电极放入三角反应瓶,按下[测量]键,约 4min 报警响,即可读取显示屏上的数值并记录下来。

2.1.5.4　标定

(1)将恒温槽温度设为 80℃,启动加热,到恒温报警时。

(2)将装有 25mL 乙二醇溶液的 50mL 三角反应瓶放入恒温槽支架中。

(3)启动搅拌,调节搅拌速度至合适的速度。

(4)将标定电位器顺时针旋转至最大。

(5)将电极放入三角反应瓶。

(6)调整零点电位器使显示屏有数字显示,然后逆时针旋转至刚好显示零,在仪器报警前始终跟踪调整。

(7)准确称取 0.5g 已知游离氧化钙含量的样品,加入 25mL 乙二醇。在恒温槽已恒温的状态下,放入恒温槽支架,启动[搅拌],调整搅拌旋钮,使搅拌速度合适。

(8)将电极放入反应瓶,调整标定电位器,使显示屏显示值为已知的游离氧化钙的含量,直至报警。

(9)此时零点及标定值已调整完毕,在以后的测量中均不可再调整零点及标定两个电位器。

2.1.5.5　注意事项

(1)待测的水泥熟料样品一定是研磨至全部通过孔径为 0.008mm 的筛子的粉末,否则影响反应速度,导致测量结果偏低。

(2)所用的 50mL 反应瓶一定是干燥的,测定过程中不能带进水。否则影响反应速度,导致测量结果偏低。

(3)电导电极在测量过程中可浸泡在纯乙二醇溶液中,并应经常更换乙二醇溶液,电极使用中可能在铂电极表面沾有水泥样品,因而影响测量结果,因此需用稀盐酸和蒸馏水清洗,一般 1~2 次/周。

2.2　水泥物理性能检验仪器的认知

2.2.1　水泥胶砂搅拌机

2.2.1.1　用途和适用范围

JJ-5 型水泥胶砂搅拌机是制备 ISO 法水泥胶砂强度试验用胶砂的统一标准设备,如图 2-22 所示。

2.2.1.2　主要结构及工作原理

(1)结构

主要有双速电机、加砂箱、传动箱、主轴、偏心座、搅拌叶、搅拌锅、底座、立柱、支座、程控器等组成,如图 2-23 所示。

图 2-22　JJ-5 水泥胶砂搅拌机

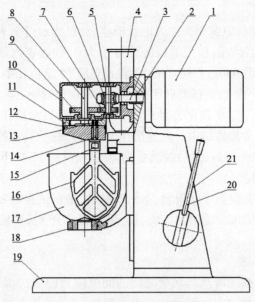

图 2-23　水泥胶砂搅拌机主体结构图
1—电机；2—联轴套；3—蜗杆；4—砂罐；5—传动箱盖；6—蜗轮；
7—齿轮Ⅰ；8—主轴；9—齿轮Ⅱ；10—传动箱；11—内齿轮；12—偏心座；
13—行星齿轮；14—搅拌叶轴；15—调节螺母；16—搅拌叶；17—搅拌锅；
18—支座；19—底座；20—手柄；21—立柱

（2）工作原理

双速电动机 1 通过联轴套 2 将动力传给传动箱 10 内的蜗杆 3，再经蜗轮 6 及一对齿轮 7 和 9 传给主轴 8 并减速。主轴带动偏心座 12 同步旋转，使固定在偏心座 12 上的搅拌叶 16 进行公转。同时搅拌叶通过搅拌叶轴 14 上端的行星齿轮 13 围绕固定的内齿轮 11 完成自转运动。搅拌锅 17 与支座 18 用偏心槽旋转锁紧、砂罐 4 内加砂子后，可在规定时间自动加砂或手动加砂，手柄 20 用于升降和定位搅拌锅位置用。

2.2.1.3　主要规格及技术参数

（1）搅拌叶转速，列于表 2-5。

表 2-5　水泥胶砂搅拌机搅拌叶片的转速

速度档	自转 r/min	公转 r/min
低速	140 ± 5	62 ± 5
高速	285 ± 10	125 ± 10

（2）搅拌叶在搅拌锅内的运动轨迹同 ISO 679 – 1989（E）规定。

（3）搅拌叶宽度为 135mm。

（4）搅拌叶与搅拌叶轴连接螺纹为 M18 × 1.5（mm）。

（5）搅拌锅容积 5L，壁厚 1.5mm。

（6）搅拌叶与搅拌锅之间的工作间隙为（3 ± 1）mm。

（7）电动机为立式分马力双速电动机，功率为 0.55/0.37kW。

（8）外形尺寸为 600mm × 320mm × 660mm。

（9）净重为 70kg。

2.2.1.4　操作规程

（1）将水泥胶砂搅拌机电源插头插入电源插座,红色指示灯亮表示电源已接通,再将程控器插头插入本机程控器插座,程控器数码管显示为0,砂罐4内装入1350g标准砂,搅拌锅17内装入水225g、水泥450g,将搅拌锅17装入支座18定位孔中,顺时针转动锅至锁紧,再扳动手柄20使搅拌锅17向上移动处于搅拌工作定位位置。

（2）自动:将钮子开关1K拨至自动位置按下程控器启动按钮,即自动完成一次低速30s—再低速30s同时自动加砂结束—高速搅拌30s—停90s—高速搅拌60s—停止转动的工作程序。整个过程需（240±1）s,然后扳动手柄20使搅拌锅17向下移,逆时针转搅拌锅17至松开位置,取下搅拌锅。

（3）手动:将钮子开关拨至手动位置,本机即转动,根据试验需要,可任意控制低速和高速的转动时间,任意控制加砂时间的早、晚、长、短。钮子开关2K控制低速和高速,钮子开关3K控制加砂和停止。

2.2.1.5　调整与保养

（1）调整:用测量规检测叶片与锅壁之间的间隙应为（3±1）mm。若间隙超差时,可松开调节螺母15转动叶片使之上下移动到正确间隙后,再旋紧调节螺母15即可（间隙用随机的检测杆进行测量）。

（2）保养:

①每次使用后对搅拌叶、锅应及时清理干净,并把机器周围工作台等清扫干净。

②传动箱内蜗轮副、齿轮副及轴承等运动部件,每季度加黄油一次。加油时,打开传动箱盖即可,支座与立柱导轨之间、升降机构之间应经常滴入机油润滑,每年保养一次,将本机全部清洗并加注润滑油和润滑脂。

③机器运转时,遇有金属撞击噪声,应首先检查搅拌叶与搅拌锅之间的间隙是否正确。

④使用搅拌锅时要轻拿轻放,不可随意碰撞,以免造成搅拌锅变形。

⑤应经常检查电气绝缘情况,在（20±5）℃、相对湿度50%~70%时的冷态绝缘电阻≥5MΩ。

2.2.2　水泥净浆搅拌机

2.2.2.1　用途和适用范围

NJ-160A型水泥净浆搅拌机是制备水泥胶砂流动度、凝结时间和安定性试验用水泥净浆的统一标准设备,如图2-24所示。

图2-24　NJ-160A型水泥净浆搅拌机

2.2.2.2　主要规格及技术参数

（1）搅拌叶片转速及时间,列于表2-6。

表2-6　水泥净浆搅拌机搅拌叶片的转速与时间

搅拌速度	公转/（r/min）	自转/（r/min）	一次自动控制程序时间/s	电机功率/W
慢	62±5	140±5	120±3	170
停	—	—	15	—
快	125±10	285±10	120±3	370

(2)搅拌叶片宽度:111mm。

(3)搅拌叶片与叶片轴连接螺纹:M16×1(mm)。

(4)搅拌锅内径×最大深度:ϕ160×139(mm)。

(5)搅拌锅壁厚:1mm。

(6)搅拌叶片与搅拌锅之间工作间隙:(2±1)mm。

(7)外形尺寸:472mm×280mm×466mm。

(8)净重:45kg。

2.2.2.3 主要结构及工作原理

(1)结构

主要由双速电动机、传动箱、主轴、偏心座、搅拌叶、搅拌锅、底座、立柱、支座、外罩、程控器等组成,如图2-25所示。

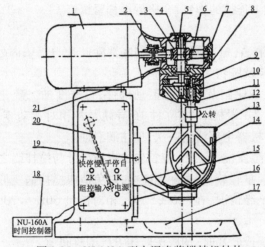

图2-25 NJ-160A型水泥净浆搅拌机结构

1—双速电动机;2—连接法兰;3—蜗轮;4—轴承盖;5—蜗轮轴;6—蜗杆轴;
7—轴承盖;8—内齿圈;9—行星齿轮;10—行星定位套;11—叶片轴;
12—调节螺母;13—搅拌锅;14—搅拌叶片;15—滑板;16—立柱;17—底座;
18—时间程控器;19—定位螺钉(背面);20—手柄(背面);21—减速箱

(2)工作原理

双速电动机通过联轴器将动力传给传动箱内的蜗杆,再经蜗轮及一对齿轮传给主轴并减速。主轴带动偏心座同步旋转,使固定在偏心座上的搅拌叶进行公转。同时,搅拌叶通过搅拌叶轴上端的行星齿轮围绕固定的内齿轮完成自转运动。双速电机经时间程控器控制自动完成一次慢→停→快的规定工作程序。搅拌锅与滑板用偏心槽旋转锁紧。

2.2.2.4 操作方法

扳动手柄20可使滑板15带动搅拌锅13沿立柱16的导轨上下移动。上移到位后旋紧定位螺钉19即可搅拌,卸下搅拌锅13与之相反。自上方往下看叶片自转方向顺时针,公转方向相反。先把三位开关(1K、2K)都置于停,再将时间程控器插头插入面板的"程控输入"插座,然后方可接通电源。可分为自动搅拌操作与手动搅拌操作。

(1)自动搅拌操作:把1K开关置于自动位置,即完成慢搅120s、停10s后报警5s共停15s、快搅120s的动作,然后自动停止。当一次自动程序结束后,若将1K开关置于停,再将1K开关至于自动,又开始执行下一次自动程序。

[注意]每次自动程序结束后,必须将1K开关置于停,以防停电后程控器误动作。

（2）手动搅拌操作：把1K开关置于手动位置，再将三位开关2K置于慢、停、快、停，则分别完成各个动作，人工计时。

2.2.2.5　操作规程

（1）在搅拌前，搅拌锅和搅拌叶先用湿布擦净。

（2）将拌和水倒入搅拌锅内，再将称好的试样倒入搅拌锅内。

（3）将搅拌锅放在搅拌机锅座上，升至搅拌位置。

（4）开动机器，慢速搅拌120s，停拌15s，接着快速搅拌120s后停机，断开电源。

（5）待操作结束后，应及时清洗搅拌叶和搅拌锅。

2.2.2.6　调整与保养

（1）调整：用间隙量针检测叶片与锅壁之间的间隙应为（2±1）mm。若间隙超差时，可松开调节螺母12，旋转搅拌叶片14，合格后再旋紧调节螺母12；或松开电机与立柱16，减速箱21法兰与双速电动机1连接的螺钉，合格后再拧紧螺钉。

（2）保养：

①应保持工作场地清洁，每次使用后应彻底清除叶片与锅壁内外残余净浆，并清扫散落和飞溅在机器上的灰浆及脏物。

②传动箱内蜗轮副、齿轮副及轴承等运动部件，每季度加二硫化钼润滑脂一次，加油时，可分别打开轴承盖4、7。滑板15与立柱16导轨及各相对运动零件的表面之间应经常滴入机油润滑，每年应将机器全部清洗一次，加注润滑油。

③机器运转时，遇有金属撞击噪声，应首先检查搅拌叶与搅拌锅之间的间隙是否正确。

④使用搅拌锅时要轻拿轻放，不可随意碰撞，以免造成搅拌锅变形。

⑤应经常检查电气绝缘情况，在（20±5）℃、相对湿度50%~70%时的冷态绝缘电阻≥5MΩ。

⑥当更换新的搅拌锅或叶片时，均应按前述方法调整间隙。

2.2.3　水泥细度负压筛析仪

2.2.3.1　用途

FSY-150B型水泥细度负压筛析仪是按GB/T 1345《水泥细度检验方法——筛析法》进行筛析检验的专用仪器，广泛用于水泥细度检验和水泥生产控制，如图2-26所示。

图2-26　FSY-150B型水泥细度负压筛析仪

2.2.3.2　技术参数

（1）筛析测试细度：80μm（筛网目孔边长0.080mm）；（2）负压筛内径：φ150mm；（3）筛析时间自动控制可调范围：0～599s；（4）工作负压：-6000Pa～-4000Pa；（5）喷气嘴转速：30r/min；（6）电源电压：220V，50Hz；（7）负压源功率：900W；（8）加料：25g；（9）噪声：<75dB；（10）质量：23kg。

2.2.3.3　工作原理

FSY-150B型水泥细度负压筛析仪利用气流作为筛分的动力介质。工作时，整个系统保持负压状态，筛网里的待测精粉末物料在旋转的喷气嘴喷出的气流作用下呈流态状，并随气流一起运动，其中粒径小于筛网孔径的细颗粒由气流带动通过筛网被抽走，而粒径大于筛网孔径的粗颗粒则留在筛网里从而达到筛分的目的，若筛分系统中联用一只小型旋风收尘筒，则可把通过筛网的细颗粒从气流中收集，收集率可达90%以上，从而减少了吸尘器清灰次数。

2.2.3.4　基本结构

FSY-150B型水泥细度负压筛析仪，主要由筛析仪和工业吸尘器两大部分组成，真空压力表可测负压、收尘桶用来收集灰尘。其结构如图2-27所示。

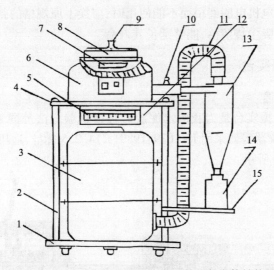

图 2-27　FSY-150B型水泥细度负压筛析仪主体结构图

1—底座；2—立柱；3—吸尘器；4—壳体；5—面板；6—筛座；
7—喷嘴；8—试验筛；　9—筛盖；10—气压接头；11—吸尘软管；
12—气压调节阀；13—收尘筒；14—收集容器；15—把座

2.2.3.5　使用说明

将试验筛置于筛析仪上，检查密封性能，然后将样品按要求数称量，倒入试验筛内，盖上筛盖，插头插入电源座（注意：电源座必须接地），按所需筛分时间开启开关，筛析仪开始工作，自动停机后，将试验筛内的筛余物称量，就可得出筛分测试结果。

2.2.3.6　维护保养

（1）筛析仪

①筛析仪工作时应保持其水平位置，避免受外力振动和冲击。

②每次使用后，应及时清扫。清洁外壳时，可用沾有肥皂水的软布擦，不可用汽油、酒精等擦，但一定要注意避免时间指示器等装置受潮。

③若橡胶密封圈老化、损坏,应及时调换,以保证应有的密封程度。

（2）试验筛

每次使用后,应对筛网进行清洗,及时清除堵塞现象,堵塞现象可由筛网对着阳光或灯光照看。筛网清洗、保养的具体方法如下:

①平时每次使用后,应用刷子从筛网正反两面轻刷及时清除积灰,并将筛网保存在干燥的容器或塑料袋内。

②筛网有堵塞现象时,可将筛网反置在筛析仪上,盖上筛盖进行反吸,空筛一段时间再用刷子轻刷,也可用真空源的吸管直接放在筛网正反面进行抽吸,同时用刷子刷。

③筛网堵塞现象严重时,可先将筛网在水中浸一段时间再进行刷洗。

（3）工业吸尘器

①吸尘器也可配用随机的清洁工具,作一般的吸尘清扫之用,但不能吸取能损坏软管及收尘袋的金属屑。

②收尘袋破损时应立即更换,以免灰尘进入电机而损坏吸尘器。

③使用过程中,进风口、出风口等处不能受阻塞,一旦阻塞,吸尘量减少,电机因过热容易损坏。

④长期使用后,如电机电刷磨损而不能使用时,应换上原规格的新电刷。

⑤经常倒灰,保持吸尘袋清洁,能够延长其寿命。

2.2.4 水泥胶砂振实台

2.2.4.1 主要用途

ZS-15 型水泥胶砂振实台是为我国水泥胶砂强度检验方法等同采用 ISO679:1989（E）国际标准而设计。该仪器等效采用 ISO 679:1989（E）4.2.5 标准,适用于水泥强度检验所用试样的制备,如图 2-28 所示。

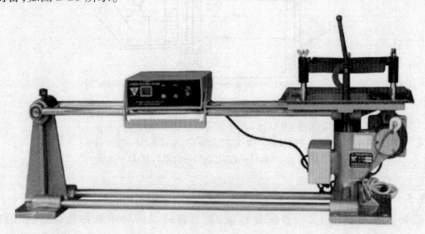

图 2-28　ZS-15 型水泥胶砂振实台

2.2.4.2 技术参数

（1）振动部分总质量(20 ± 0.5)kg;（2）落距(振幅):(15 ± 0.3)mm;（3）振动频率:60次/(60 ± 2)s;（4）电动机型号:90TDY4;（5）电动机转速:60r/min;（6）电动机功率:70W;（7）电源电压:220V。

2.2.4.3　工作原理

该仪器主要由振动部件、机架部件和接近开关控制系统组成(图2-29)。工作时由同步电动机带动凸轮转动,使振动部件上升运动,升到定值后自由落下,其产生的振动使水泥胶砂在力的作用下振实,该仪器采用接近开关计数自动控制,60次后自动停止,使用方便,计数准确。

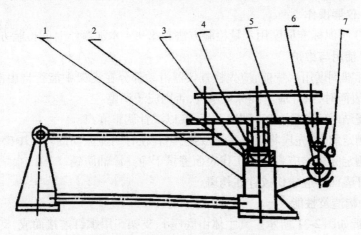

图2-29　水泥胶砂振实台主体结构图
1—固定螺钉;2—定位套;3—止动器;4—凸面;
5—台面;6—凸轮;7—接近开关技术装置

2.2.4.4　使用与维护

(1)操作前应拿掉定位套,检查各运动部件是否运动自如,电控部分是否正常,加注润滑油后开机空转,检查一切正常方可使用。每次使用前必须拿掉定位套。

(2)接通电源前,带锁开关SW处于闭关状态(即按钮弹出位置)。按下开关并锁住,电机运转,电子计数器从零计数,当到60次时停转。再次操作,可按放两次SW,即能重复执行。

(3)设备外壳必须安全可靠接地(认真检查电源插头座的PE黄绿线是否安全接地,而不是接电源零线)。

(4)有油杯的地方加注润滑油,凸轮表面涂薄机油以减少磨损。

(5)使用后应清扫仪器上的各种杂物,保持清洁,并将定位套放于原位,以免台面受力而影响中心位置。

(6)仪器经过一段时间使用后,如振幅变大超差,可用随机所附垫圈进行调整。具体方法是将止动器固定螺钉松开,取出止动器,将垫圈放入下面重新将固定螺钉上紧。

(7)振幅检验:①将随机所附14.7mm检验块放入凸面与止动器之间,用手拨动凸轮,凸轮应与轴承相接触。②同样方法用15.3mm检验块放入,则凸轮与轴承不应接触,满足以上两个条件即仪器振幅为合格,方可进行工作。

2.2.5　水泥净浆标准稠度及凝结时间测定仪

2.2.5.1　主要用途

本仪器主要用于测定水泥净浆的标准稠度用水量及凝结时间,如图2-30所示。

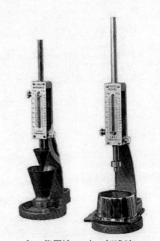

左:代用法　右:标准法
图2-30　水泥净浆标准稠度
及凝结时间测定仪

2.2.5.2 技术参数

（1）滑动部分总质量：$(300 \pm 1)g$；（2）滑动部分最大行程：70mm；（3）净重：约3.8kg；（4）试针直径：$\phi(1.13 \pm 0.05)mm$；（5）稠度试杆直径：$\phi(10 \pm 0.05)mm$；（6）外形尺寸（长×宽×高）：170mm×110mm×300mm。

2.2.5.3 仪器操作

参见5.9.3水泥标准稠度用水量检验方法和5.9.4水泥凝结时间检验方法。

2.2.5.4 使用与维护

（1）测定标准稠度用水量前，应先检查仪器滑动部分在支架中能否自由滑动，同时检查试杆降至净浆表面时，指针应对准标尺零点，否则应予调整。

（2）测定凝结时间前，应卸下稠度试杆，换以试针调整零点。

（3）每次测定前，首先应将仪器垂直放稳，不宜在有明显振动的环境中操作。

（4）每次测定完毕均应将仪器工作表面擦拭干净并涂油防锈。

（5）滑动杆表面不应碰伤或存在锈斑。

2.2.5.5 构造及性能

仪器的构造如图2-31所示。其主体由底座1、支架5用螺钉连接而成，支架上部加工有两个直径为12mm的同心光滑孔，以保证滑动部分在测试过程中能垂直下降。滑动部分的下降和固定由紧定螺栓6直接控制。圆锥模3及玻璃板2放在底座1上面。当测定标准稠度时，滑动部分由滑动杆7、固定圈10、固定螺栓11、指针9、连接杆12、稠度试杆4组成，其总质量为$(300 \pm 1)g$；当测定初凝时间时，将稠度试杆4换成初凝试针13，其总质量仍为$(300 \pm 1)g$；当测定终凝时间时，则换为终凝试针14，其总质量仍为$(300 \pm 1)g$。示值板8刻有两项刻度S和P，S项刻度每一格为1mm；P项刻度为标准稠度用水量，以水泥质量百分数（%）计。

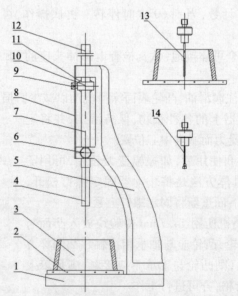

图2-31 水泥净浆标准稠度及凝结时间测定仪结构图

1—底座；2—玻璃板；3—圆锥模；4—稠度试杆；5—支架；6—紧定螺栓；
7—滑杆；8—示值板；9—指针；10—固定圈；11—固定螺栓；
12—连接杆；13—初凝试针；14—终凝试针

2.2.6　水泥安定性检测仪器

2.2.6.1　雷氏夹膨胀测定仪

（1）主要用途

雷氏夹膨胀测定仪如图 2-32 所示。它用于检测雷氏夹质量是否符合要求，也用于测量沸煮前后水泥试件在雷氏夹两指针间距离的增值来判定水泥的安定性。产品符合 GB/T 1346、ISO 9597 标准要求。

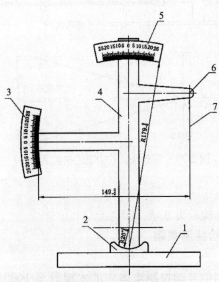

图 2-32　雷氏夹膨胀测定仪
1—底座；2—模子座；3—测弹性标尺；4—立柱；
5—测膨胀值标尺；6—悬壁；7—悬丝

（2）主要技术参数

①专用砝码质量 300g。②标尺最小刻度 0.5mm。③净重约为 1.65kg。

2.2.6.2　雷氏夹

（1）主要内容

雷氏夹是标准法进行水泥安定性试验的必备试验器具，由一个环模和两个指针组成，如图 2-33 所示。根据 GB/T 1346—2011《水泥标准稠度用水量、凝结时间、安定性检验方法》标准要求，环模直径 30mm，高度 30mm，指针长度 150mm。当一根指针的根部先悬挂在一根金属丝或尼龙丝上，另一根指针的根部再挂上 300g 砝码时，两根指针针尖的距离增加在（17.5±2.5）mm 范围内，当去掉砝码后针尖的距离能恢复至挂砝码前的状态。由铜质材料制成，质量约 30g。

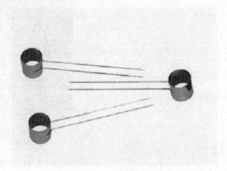

图 2-33　雷氏夹

（2）主要技术参数

①在 300g 负荷下两针尖距离的最大膨胀值≤（17.5±2.5）mm。

②去负荷后要求恢复正常状态 10mm。

（3）主要结构及受力状态

雷式夹的受力状态如图 2-34 所示。

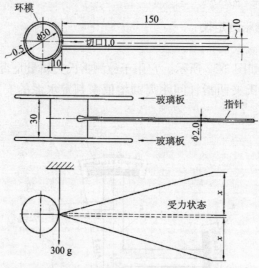

图 2-34　雷氏夹受力状态(单位为 mm)

(4)安定性测定方法

参见 5.9.5 水泥安定性检验方法。

2.2.6.3　水泥安定性检验沸煮箱

(1)主要用途

水泥安定性检验沸煮箱能自动控制箱体内的水温升至 100℃ 的速率和保持 100℃ 的时间,主要用于沸煮在湿气养护箱养护(24±2)h 后的雷氏夹试件(或试饼),是建材行业生产、施工、科研、试验的专用设备,如图 2-35 所示。

图 2-35　CF-B 型水泥安定性检验沸煮箱

(2)主要技术参数

①有效容积:410mm×240mm×310mm;②试验容量:雷氏法 25 组,试饼法 30~40 只;③加热时间:(30±5)min;④恒温时间:(180±5)min;⑤加热功率:4000W;⑥恒温功率:1000W;⑦电源电压:交流 220V;⑧净重:约 20kg;⑨接线:一根火线一根零线,箱体接地;⑩时间控制精度:误差 <1s。

（3）结构

该沸煮箱在结构设计上既能做试饼法，亦能做雷氏法试验，两种方法同时做也可以。

该沸煮箱由控制器和箱体两部分组成。箱体由内外两层组成，中间填充保温材料。此型号沸煮箱有两种：一种是内箱体采用不锈钢板，用气体保护焊接，外箱体采用 A3 冷轧钢板焊接而成；箱盖与箱体密封采用水封槽形式水封；箱内安有大、小两支加热管以及试架等，箱的底部安有排水阀。另一种是内外箱体均采用不锈钢板焊接而成。其他部分相同。

（4）操作方法

①将箱体水平放置，水封槽加满水（加至 4/5 处即可）再向箱内加水。其加水量从内箱底往上至 180mm，初始水温 20℃；然后将试架、试件等放入箱中。

②将控制器与箱体相连接。同时接通电源、打开电源开关，（辅助升温开关置于关闭状态）此时控制面板上的两个指示灯均亮，箱内两支加热管开始升温。当工作到（30±5）min 时，（箱内水温已沸腾）升温指示灯灭即 3000W 加热管已停止加热，由 1000W 加热管继续工作 3h 后。沸煮灯灭，整个沸煮工作完成。

③本控制器升温时间定为 30min，如用户地区电压偏低或其他原因造成箱内水温在 30min 内未达到沸腾（3000W 加热管此时已停止工作），此时可打开辅助升温开关，使 3000W 加热管再行工作，水沸后关掉即可（此时 1000W 加热管始终按编定的程序工作）。

④试架由两块篦板和一个试架组成。做雷氏法试验时只需试架。做试饼法试验时将两块篦板置于试架中层；如两种方法同时做可在试架中层任意一侧放一块篦板即可。

（5）注意事项

①控制器正常工作时，辅助升温开关一定置于断开状态，如需使用辅助升温开关，再行加热至达到要求后，应立即关掉。

②箱内未加水时仪器不得工作。

③仪器工作时，请勿打开箱盖，以免烫伤。

④使用时应将仪器做可靠接地。

2.2.7 水泥电动抗折试验机

2.2.7.1 主要用途

DKZ-5000 型水泥电动抗折试验机符合 GB/T 17671、GB 3350、ISO 679 标准要求，适用于检验水泥胶砂 40mm×40mm×160mm 棱柱试体抗折强度，主要用于检验水泥胶砂抗折强度，并可用作其他非金属脆性材料的抗折强度检验，如图 2-36 所示。本试验机使用单杠杆时最大试验力为 1000N，使用双杠杆时最大试验力为 5000N，试验机标尺有专为水泥胶砂抗折强度与抗力的换算刻度，最大试验力为 1000N 时，读出值精确到 0.4N 及 0.001MPa，最大试验力为 5000N 时读出值精确到 1N 及 0.005MPa。

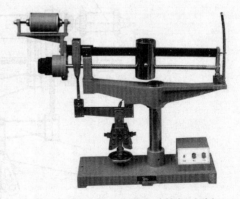

图 2-36　DKZ-5000 型水泥电动抗折试验机

2.2.7.2 主要技术参数

DKZ-5000 主要技术参数列于表 2-7。

表 2-7　DKZ-5000 型水泥电动抗折试验机技术参数

序号	项目		技术参数
1	最大力值	单杠杆时	1000N
2		双杠杆时	5000N
3	示值精度		±1%
4	单杠杆试验力比（上梁臂距比）（最大）		10/1
5	双杠杆试验力比（下梁臂距比）（最大）		50/1
6	加载速率（双杠杆）		50N/s
7	加荷速度	单杠杆	(10±1)N/s
8		双杠杆	(50±5)N/s
9	抗折夹具	加荷辊及支撑辊直径	φ10mm
10		支撑辊距	100mm
11		拉架板间距	46mm
12	示值相对误差		< ±1%
13	感量	双杠杆时校正杠杆平衡，在杠杆水平离支点500mm处加荷1g杠杆倾角	>1/50
14	尺寸	包装尺寸	1280mm×480mm×840mm
15		外形尺寸	1075mm×250mm×760mm
16	毛重/净重		150/85kg
17	电压功率		220V/15W
18	电动机型号		SD-75

2.2.7.3　机器的构造

抗折机为双臂杠杆式,主要由机架、可逆电机、传动丝杠、标尺、抗折夹具等组成。工作时游砣沿着杠杆移动逐渐增加负荷。抗折机最大负荷不低于5000 N。其结构如图 2-37 所示。

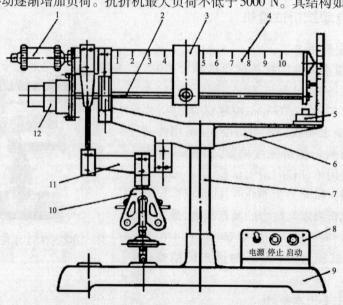

图 2-37　水泥电动抗折强度试验机结构图

1—平衡锤;2—传动丝杠;3—游砣;4—主杠杆;5—微动开关;6—机架;7—立柱;
8—电器控制箱;9—底座;10—抗折夹具;11—下杠杆;12—可逆电机

2.2.7.4 注意事项

（1）保持杠杆平衡，在使用中要经常注意杠杆平衡，检查锁紧螺钉是否松动并紧固好。

（2）检查上下卡具是否在一中心线上，支撑圆柱是否干净、磨损、转动自由，下卡具是否运动自由。

（3）在将试块放入抗折夹具时要把水泥挡板放正，并调整夹具使杠杆有一个在试体折断时接近平衡状态的仰角。

（4）试验：按上述几点检查后，卡好试块即可开始试验，按启动电钮，电机带动丝杠转动，游砣从"0"开始移动加荷，当加到一定数值时试体折断，主尺一端定位触杆压开微动开关，电机停转，游砣停止，此时记下数值，就完成一次试验过程。

2.2.7.5 仪器操作

（1）操作室温：(20 ± 2)℃，相对湿度不低于50%。

（2）接通电源，调整零点（调整配重砣，使游砣在"0"位上，主杠杆处于水平）。

（3）清除夹具上杂物，将试体放入抗折夹具内，调整夹具将试件夹紧，使主杠杆产生一仰角。

（4）启动按钮，试件折断后读取抗折强度数值。

（5）按压游砣上的按钮，并推动游砣回到"0"位。

（6）保持仪器清洁、干燥。

2.2.7.6 仪器维护

（1）不应在有腐蚀气体和强磁场的环境中使用。

（2）试验机备有防尘罩，用毕盖好，防止灰尘侵入。

（3）各刀刃和刀刃承要防止生锈，以免降低灵敏度与精确度。各刀刃和刀刃承不得有任何润滑油，以免粘住灰尘，阻滞杠杆运动，影响灵敏度。

2.2.7.7 故障排除

水泥电动抗折试验机常见故障的排除见表2-8。

表 2-8　水泥电动抗折试验机常见故障的排除

故障现象	原因	排除方法
试块断裂后不能自动停止加荷	1. 右端行程开关损坏 2. 左端镗块未压下行程开关	1. 更换行程开关 2. 调整镗块位置
试块断裂后游动砣码前冲一段距离	游动砣码内半螺母磨损	更换半螺母
大杠杆失去平衡	1. 平衡砣位置走动 2. 游动砣码未回到原有零位	1. 重新调整后锁紧 2. 转动丝杠，调整到零位
游动砣码上按钮不回复	1. 按钮孔内有脏物或毛刺 2. 复回弹簧失效	1. 清洗，除毛刺 2. 更换弹簧
游动砣码移动时出现停滞	丝杠和大杠杆上平面或砣码内滚动轴承有脏物	清洗丝杠和大杠杆及砣码内轴承
电机不能启动	1. 丝杠转动部分卡死 2. 电机及电器元件损坏	1. 清洗，去毛刺 2. 更换元件
大杠杆摆动一下即停	1. 大杠杆支承刀刃损坏 2. 刀刃承间有脏物卡住	1. 更换修理刀刃 2. 清理刀刃承

2.2.8 水泥胶砂流动度测定仪

NLD-3 型水泥胶砂流动度测定仪用于 GB/T 2419—2005《水泥胶砂流动度测定方法》的流动度试验。适用于火山灰质硅酸盐水泥、复合硅酸盐水泥和掺有火山灰质混合材料的普通硅酸盐水泥、矿渣硅酸盐水泥等的流动度试验,如图 2-38 所示。

图 2-38 NLD-3 型水泥胶砂流动度测定仪

2.2.8.1 主要参数

(1)振动部分总质量:(4.35±0.15)kg;(2)振动落距:(10±0.2)mm;(3)振动频率:1Hz;(4)振动次数:25 次;(5)桌面参数:材料为铸钢,工作面镀硬铬;(6)直径:ϕ(300±1)mm。

2.2.8.2 安装调试

(1)仪器必须可靠接地。

(2)仪器用膨胀螺栓固定在基座上。

(3)仪器基座由混凝土浇筑而成(或砖混基础),底面尺寸约为 400mm×400mm,高约690mm。在基座和仪器机架之间应填垫圈(图 2-39),可通过调整垫圈高度调节桌面水平。

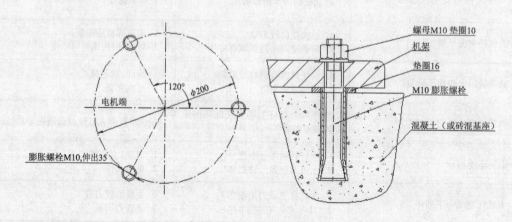

图 2-39 基础安装图

(4)仪器安装后,其桌面沿彼此成直角的两个直径方向测量时均应成水平。

(5)跳桌安装好后,采用流动度标准样(JBW01—1—1)进行检定,测得的流动度值如与给定的标样流动度值相差在规定范围内,则该跳桌的安装及使用性能合格。

2.2.8.3 使用方法

试样的制作与填装方法按 GB/T 2419—2005 和 GB/T 17671—1999 的有关规定。

(1)使用前,先用检规检查落距。

(2)将插头接入计数器后对应孔内,将计数器接通电源。

(3)如跳桌在 24h 内未被使用,先空跳一个周期 25 次。

2.2.8.4 维护与保养

使用完毕后,应擦净仪器,清除仪器周围残留胶砂,用轻油稍稍润滑推杆、桌面和凸轮表面。长期不用,仪器应防尘保护,控制器放置在包装盒内。

如仪器不计数,请检查接近开关是否松动、与凸轮间隙是否为 1～2mm,如有偏离或松动,应调整间隙后紧固。

2.2.8.5 结构简图(图 2-40)

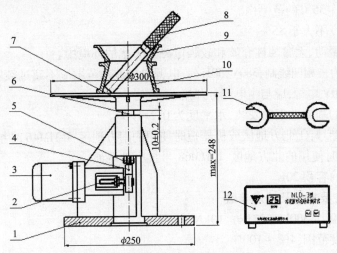

图 2-40　水泥胶砂流动度测定仪结构简图
1—机架;2—接近开关;3—电动机;4—凸轮;5—轴承;6—推杆;7—圆盘桌面;
8—捣棒;9—模套;10—截锥圆模;11—检规;12—控制器

2.2.8.6 试验操作

参见 5.9.2 水泥胶砂流动度测定方法。

2.2.9 微机控制水泥全自动抗压抗折试验机

2.2.9.1 主要用途及适用范围

YAW—300C 型微机控制全自动水泥抗压抗折试验机,符合 GB/T 3159—2008《液压式压力试验机》和 GB/T 17671—1999《水泥胶砂强度检验方法 ISO 法》的有关要求,主要用于水泥胶砂试体抗折、抗压强度的检验,如图 2-41 所示。它具有以下功能:①计算机控制检验过程及对检验数据的采集和处理;②等速加荷;③恒应力控制;④显示试验力即时值和试件破坏时荷载;⑤显示加荷速度曲线;⑥自动调整零点;⑦成组试体检验数据的统计;⑧长期储存试验结果;⑨随时查看试验结果;⑩通过外接打印机打印试验报告。

图 2-41　YAW-300C 型微机控制全自动水泥抗压抗折试验机

2.2.9.2　试验机正常工作条件

(1)室温 10 ~35℃ 的范围内。

(2)相对湿度不大于85%。

(3)周围无振动、无腐蚀性介质和较强电磁场干扰的环境中。

(4)主电源为三相四线制,380V,50HZ。电源电压波动范围应不超过额定电压的 ±10%,计算机为单相220V 电源,应与主电源分开接入。

(5)在稳固的基础上正确安装,水平度为 0.2/1000。

(6)液压油型号:①北方地区或机器短时使用的南方地区:L-HM46 号抗磨液压油;②南方地区或机器长时使用的北方地区:L-HM68 号抗磨液压油。

(7)需液压油容积 20L。

2.2.9.3　主要规格及技术参数

(1)最大试验力:300kN(抗压)、10kN(抗折)。

(2)测量精度范围:4% ~100%。

(3)示值精度:±1%。

(4)加荷速率:0.3kN/s ~10kN/s(抗压),50kN/s(抗折)。

(5)加荷速率精度:±5%。

(6)上下压板间距离:170mm(抗压),200mm(抗折)。

(7)承压板尺寸:φ155mm(抗压),80mm×150mm(抗折)。

(8)活塞最大量程:80mm(抗压),50mm(抗折)。

(9)活塞直径:φ140mm(抗压),φ50mm(抗折)。

(10)油液最高压力:25MPa。

(11)油泵额定流量:1.25L/min。

(12)电机功率:0.75kW。

(13)外形尺寸:长×宽×高为 840mm×420mm×1410mm。

(14)净重:约350kg。

2.2.9.4　主要结构及工作原理

(1)主机结构与原理

试验机由油源主机架、液压集成块、传感器及 PC 机控制测力系统组成。采用两根立柱将上梁与台板连在一起,工作油缸安放在台面板上,构成试验机主机架。工作油缸的内壁上都嵌有复合密封圈来达到密封。这种结构可以使工作油缸与活塞之间的摩擦减少到最低限度,从而保证试验机的精度。采用柱塞高压的油泵,电机和油泵直接连接,工作平稳噪声低。液压集成块上有数字伺服阀和电磁换向阀,整体安装于油箱边,抗压通道传感器采用压强传感器,安装于油缸底部,抗折通道负荷传感器安装在横梁底部。PC机控制测力系统安放在试验机侧边。

（2）液压系统

如图2-42所示,液压系统采用定量轴向柱塞泵,通过比例阀调节进入油缸油量的大小并实现加荷卸载,通过系统中的粗滤油器和精密滤油器可防止杂质进入系统中,对液压元件起保护作用。压力传感器可将油缸内工作油的压力值通过电信号传给计算机,由计算机对数据进行采集、处理并对主机实行控制。

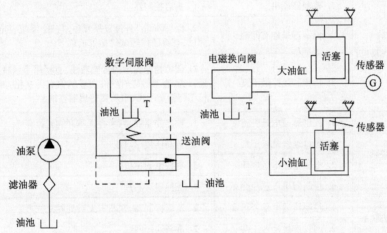

图2-42　YAW-300C型微机控制水泥全自动抗折抗压试验机液压原理图

2.2.9.5　维护和保养

（1）应经常擦拭试验机,非涂漆表面应涂抹适量机油以防生锈。

（2）每年更换一次工作油。根据使用情况可适当延长或缩短换油周期。更换工作油同时更换滤油器油芯。

（3）操作结束后用塑料罩罩上,以防灰尘侵入。

（4）长期不用时,应每月开机一次,每次不少于20min。

（5）操作人员应进行培训,禁止非操作人员操作、非专业人员维修。

2.2.9.6　系统硬件常见故障及排除方法（表2-9）

表2-9　YAW-300C型微机控制水泥全自动抗折抗压试验机常见硬件故障及排除方法

故障	原因	排除方法
1. 力值波动	1. 液压系统中有空气	1. 使用说明书进行
	2. 液压系统管路有渗漏	2. 排除
2. 达不到最大试验力	1. 油面过低	1. 加满油
	2. 管滤油器堵塞	2. 洗进油管、滤油器排除堵塞物
	3. 黏度过高	3. 按说明书换油
	4. 接头漏油	4. 查找漏油处重新紧固或更换新密封垫

续表

故障	原因	排除方法
3. 试块破型数据与经验值相差较大	1. 夹具倾斜或接触面有沙粒	1. 调整夹具、清除沙粒
	2. 制作、养护不标准，造成气泡过多或过大	2. 更换试块
	3. 仪器漂移过大	3. 重新标定（详细操作见精度标定试验）
4. 试块破型后没有回油	1. 试块太软造成计算机无法判定破型	1. 更换试块
	2. 计算机通讯不正常	2. 检查通讯线接触是否良好

2.2.9.7 系统软件常见问题的原因分析与处理（表2-10）

表2-10　YAW-300C型微机控制水泥全自动抗折抗压试验机软件常见故障及处理

现象	原因	判断及处理
1. 加压力值无反应	1. 控制器死机	1. 重启控制器
	2. 控制器采样有问题	2. 以"Admin"身份登录程序，打开"系统设定"下面的硬件测试，查看硬件测试码是否正常
	3. 传感器线接触不良	3. 拔掉控制器后的传感器线，直接用手触碰控制器端传感器接头，查看触碰时软件力显示值有无变化，如有变化，则为传感器接触不良，重新接传感器连线
2. 串口无法联系	1. 控制器通电是否正常	1. 重启控制器，判断有无听到阀复位声
	2. 串口连线是否正常	2. 重新连接串口线
	3. 电脑主板串口烧坏	3. 更换电脑主机
	4. 控制器串口芯片烧坏	4. 更换串口芯片
3. 以太网无法联系	1. 控制器通电是否正常	1. 重启控制器，判断有无听到阀复位声
	2. 网线连接是否正常	2. 重新连接网线
4. 没有加压，力值不稳定	传感器线接触不良	以"Admin"身份登录程序，打开"系统设定"下面的硬件测试，分别插上、拔掉传感器线查看硬件测试码是否正常
5. 活塞不上升	1. 阀口初始开度太小	1. 以"Admin"身份登录程序，打开"系统设定"下面的高级参数，调整阀口初始开度
	2. 数字阀卡死	2. 点击"复位"有无听到复位所发出的咔咔声，再点击运行，判断所发出的声音和复位时是否相同
	3. 驱动器有问题	3. 拆下数字阀的步进电机，转动阀芯是否流畅
	4. 减压阀卡死	4. 减压阀芯能否推动
6. 活塞上升速度过快	1. 阀口初始开度太大	1. 调小数字阀初始开度
	2. 数字阀卡死	2. 拆下数字阀的步进电机，转动阀芯是否流畅
7. 加载速度不稳	1. 减压阀芯有异物	1. 清洗减压阀
	2. 油泵脉动太大	2. 查看加载速度不稳时减压阀溢流口出油是否稳定
8. 高压加载不上	1. 减压阀卡死	1. 清洗减压阀
	2. 油泵压力供应不上	2. 查看加载速度不稳时减压阀溢流口出油是否稳定
	3. 液压油太稀	3. 更换更高号液压油
9. 打开控制器无阀口复位声	1. 驱动器有问题	1. 更换驱动器
	2. 数字阀卡死	2. 更换数字阀

2.2.10 水泥比表面积测定仪

2.2.10.1 主要用途

如图 2-43 为 FBT-9 型勃氏比表面积测定仪。

FBT-9 型液晶勃氏透气比表面积仪是根据国家标准 GB/T 8074—2008《水泥比表面积测定方法》的有关规定,并参照美国 ASTMC204-75 透气法改进制成,主要用于测定水泥的比表面积,也可用作测定陶瓷、磨料、金属、煤炭、食品、火药等粉状物料的比表面积。基本原理是采用一定量的空气,透过具有一定空隙率和一定厚度的压实粉层时所受的阻力不同而引起流速的变化来测定水泥的比表面积。

图 2-43 FBT-9 勃氏比表面积测定仪

2.2.10.2 技术特点

(1)采用高可靠单片机和集成电路,自动适应不同温度,自动检测仪器工作状态,保证测量结果准确可靠。

(2)自动检测水位,自动计时,自动测温,自动计算并显示结果。

(3)除人工装料外,整个试验过程自动完成,避免人为误差。

(4)按一次测量键,出一次测量结果,操作十分简单。

2.2.10.3 技术参数

(1)测量精度:相对误差 <1% ;(2)计时范围:0.1～999.9s;(3)计时精度: <0.2s;(4)温度范围: 8～34℃;(5)电源电压:AC220V±10%、50Hz;(6)比表面积值 S:0.1～9999.9cm^2/g;(7)透气圆筒内腔直径:ϕ12.7mm;(8)透气圆筒内腔试料高度:15mm;(9)穿孔板孔数:35 个;(10)穿孔板厚度1mm;(11)包装尺寸:47cm×26cm×63cm;(12)毛重/净重:5kg。

2.2.10.4 操作规程

比表面积 U 型压力计结构图见5.7.3.3 勃氏法测定水泥比表面积。

(1)检测前的准备工作

①被测试样先通过 0.9mm 方孔筛,再在(110±5)℃下烘干 1h,并在干燥器中冷却备用。

②预先测定好被测试样的密度。

③分度值为 0.001g 的分析天平一台。

④少许黄油,符合 GB/T 1914 的中速定量滤纸。

⑤将仪器放平稳,接通电源,打开仪器左侧的电源开关。此时仪器显示 1 区显示"Err1",表示压力计内的水位未达到最低刻度线。用滴定管从压力计左侧一滴一滴地滴入清水,直到显示"good",此时仪器处于待机状态。如水超过最低刻度线,要倒出水,然后按上述操作使仪器处于待机状态,再进行测量。

(2)操作步骤

参见本书5.7.3.3 勃氏法测定水泥比表面积。

(3)故障现象及处理方法(表2-11)

表 2-11　FBT-9 型液晶勃氏透气比表面积仪常见故障及处理方法

故障现象	故障说明		处理方法
显示"Err1"	光电开关 1 液位未到		用滴管从 U 型管左端一滴滴注水,直到显示"good"
显示"Err2"	光电开关 2 被挡光	压力计壁有异物	定期对压力计内外壁、光电开关导槽进行清理
显示"Err3"	光电开关 3 被挡光		
显示"Err4"	光电开关 4 被挡光		
显示"Err5"	试验温度 >34℃		改变测量环境,在温度合适的环境中测量
显示"Err6"	试验温度 <8℃		
显示"Err7"	计算结果为零		重新装料进行测量
显示"Err8"	计算结果 >9999		
显示"Err9"	计算结果 <0.001		
仪器显示的温度与实际的温度相差太大	温度传感器周围过热		检查热源恢复温度
抽气泵进水	抽气泵速度过快		先将抽气泵、电磁阀里的水清理掉,晾干,然后调节抽气泵的速度
电磁阀进水			清理电磁阀弹簧和滑柱并抹上黄油
电磁阀锈蚀	电磁阀长期大量进水		

2.2.10.5　维护和保养

(1)对仪器要经常擦拭,保持清洁,不用时装入仪器箱内。

(2)气压计体中液面应保持规定高度。

(3)试验结束后将圆筒及穿孔板擦净,放入附件盒内备用。

(4)试验前应注意检查电磁泵运转是否正常,负压要事先调整,防止误将液体吸入电磁泵内(试验过程中若发现液面不能上升至最上面一条刻线,或者液面上升太快,升至玻璃管圆球中间泵及阀仍未停止动作,可按"确认"键立即停止试验,打开机箱后盖通过调整带接头节流阀来调整负压变化速率)。

(5)仪器使用时应避免强光直接照射在光电管上或在光线亮度频繁变化的场合。

2.2.11　李氏瓶(密度瓶)

李氏瓶也叫密度瓶、比重瓶,如图 2-44 所示。

2.2.11.1　仪器结构

(1)横截面形状为圆形,外形尺寸如图 2-45 所示,应严格遵守关于公差、符号、长度、间距以及均匀刻度的要求;最高刻度标记与磨口玻璃塞最低点之间的间距至少为 10mm。

①李氏瓶的结构材料是优质玻璃,透明无条纹,有抗化学侵蚀性且热滞后性小,要有足够的厚度以确保良好的耐裂性。

②瓶颈刻度由 0~1mL 和 18~24mL 两段刻度组成,且 0~1mL 和 18~24mL 应以 0.1mL 为分度值,任何标明的容量误差都不大于 0.05mL。

(2)恒温水槽,如图 2-46 所示。

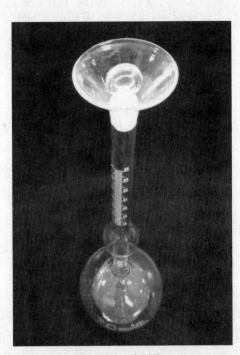

图 2-44　李氏瓶

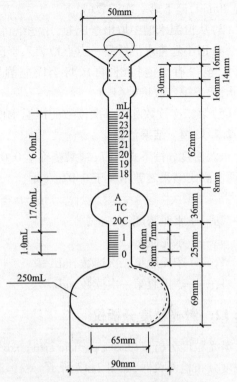

图 2-45　李氏瓶仪器结构图

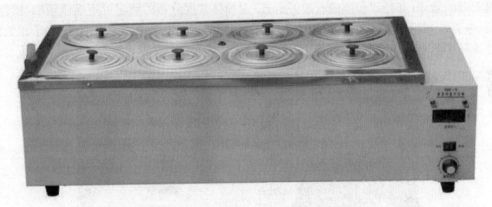

图 2-46　恒温水槽

2.2.11.2　方法原理

将一定质量的水泥倒入装有一定量液体介质的李氏瓶内,并使液体介质充分地浸透水泥颗粒。根据阿基米德定律,水泥的体积等于它所排开的液体体积,从而算出水泥单位体积的质量即为密度。为使测定的水泥不产生水化反应,液体介质采用无水煤油或不与水泥发生反应的其他液体。

2.2.11.3　测定步骤

(1)水泥试样应预先通过0.90mm方孔筛,在(110±5)℃温度下干燥1h,并在干燥器内冷却至室温。称取水泥60g,精确至0.01g。

(2)将无水煤油注入李氏瓶中至"0mL"到"1mL"之间刻度线后(选用磁力搅拌此时应加入磁力棒),盖上瓶塞放入恒温水槽内,使刻度部分浸入水中,水温应控制在(20±1)℃,

恒温 30min，记下第一次读数（V_1）。

（3）从恒温水槽中取出李氏瓶，用滤纸将李氏瓶细长颈内没有煤油的部分仔细擦干净。

（4）用小匙将水泥样品一点点地装入李氏瓶中，反复摇动（亦可用超声波振动或磁力搅拌等），至没有气泡排出，再次将李氏瓶静置于恒温水槽中，使刻度部分浸入水中恒温 30min，记下第二次读数（V_2）。

（5）第二次读数和第一次读数的恒温水槽温度差不大于 0.2℃。

2.2.11.4　结果计算

水泥密度 ρ 按下式计算，结果精确至 0.01g/cm³，试验结果取两次测定结果的算术平均值，两次测定结果之差不大于 0.02g/cm³。

$$\rho = m/(V_2 - V_1)$$

式中　ρ——水泥密度，g/cm³；

　　　m——水泥质量，g；

　　　V_2——李氏瓶第二次读数，mL；

　　　V_1——李氏瓶第一次读数，mL。

2.2.12　激光粒度分析仪

激光粒度分析仪（Laser particle size analyzer）是近年来在水泥厂得到广泛应用的一种粉体粒度分布检测仪器，如图 2-47 所示。粉体测定的目的可划分为三类：①研究物性测定值；②从物性测定值中预测粉体的流动性和分散性；③通过测定粉体的物性，可对产品的质量实施有效的管理（如粉碎程度的有效评价）。对粉体粒度分布的测定可用显微镜法、图像解析法、电流检知法、沉降法（光通过法、X 光通过法、吸管法）、激光衍射散射法、光子相关法。现在流行的激光法粒度测试分为干法和湿法两种，其中湿法检测手段占有相当的比重。

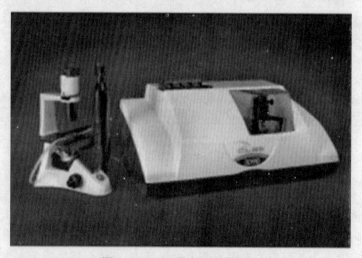

图 2-47　Cilas 激光粒度分析仪

2.2.12.1　特点

激光法粒度测试仪集成了激光技术、现代光电技术、电子技术、精密机械和计算机技术，具有测量速度快、动态范围大、操作简便、重复性好等优点。缺点是结果受分布模型影响较大，仪器造价较高。

2.2.12.2 仪器结构组成与测试原理

（1）结构组成

激光粒度仪一般是由激光器、富氏透镜、光电接收器阵列、信号转换与传输系统、样品分散系统、数据处理系统等组成。

（2）测试原理

激光粒度仪是根据颗粒能使激光产生散射这一物理现象来测试粒度分布的。激光器发出的激光束，经滤波、扩束、准值后变成一束平行光，在该平行光束没有照射到颗粒的情况下，光束经过富氏透镜后将汇聚到焦点上，如图 2-48 所示。

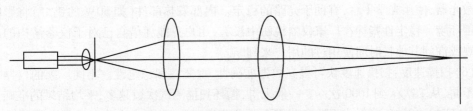

图 2-48　激光粒度仪的测试原理（1）

当通过某种特定的方式把颗粒均匀地放置到平行光束中时，激光将发生衍射和散射现象，一部分光将与光轴成一定的角度向外扩散。米氏散射理论证明，大颗粒引发的散射光与光轴之间的散射角小，小颗粒引发的散射光与光轴之间的散射角大。这些不同角度的散射光通过富氏透镜后汇聚到焦平面上将形成半径不同明暗交替的光环，不同半径上光环都代表着粒度和含量信息。这样在焦平面的不同半径上安装一系列光的电接收器，将光信号转换成电信号并传输到计算机中，再用专用软件进行分析和识别这些信号，就可以得出粒度分布，如图 2-49 所示。

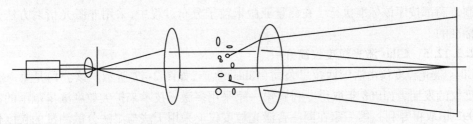

图 2-49　激光粒度仪的测试原理（2）

2.2.12.3 仪器品种

激光粒度分析仪依据分散系统分为湿法测试仪器、干法测试仪器、干湿一体测试仪器，另有专用型仪器，例如喷雾激光粒度仪、在线激光粒度仪等。目前，国产激光粒度仪有珠海"欧美克"、济南"微纳"、成都"精新"、丹东"百特"等。进口激光粒度仪主要有法国的 Cilas、英国的 Malvern、德国的 Sympatec 和 Fritsch、日本的 Horiba 和导津及セイシン、美国的 Beckman Coulter 和 Brookhaven 等公司产品。

2.2.12.4 激光粒度分析仪的优劣判断

判断激光粒度分析仪的优劣，主要有以下几个方面：

（1）粒度测量范围：不仅要看其仪器所报出的范围，而且要看超出主检测器面积的小粒子散射（0.5μm）如何检测，最好的途径是全范围直接检测。不同方法的混合测试，再用计算机拟合成一张图谱，肯定会带来误差。

（2）激光光源：一般选用 2mW 激光器，功率太小则散射光能量低，造成灵敏度低；另外，气体光源波长短，稳定性优于固体光源。检测器因为激光衍射光环半径越大，光强越弱，极易造成小粒子信噪比降低而漏检，所以对小粒子的分布检测能体现仪器的好坏。

（3）是否使用完全的米氏理论：因为米氏光散理论非常复杂，数据处理量大，所以有些厂家忽略颗粒本身折光和吸收等光学性质，采用近似的米氏理论，造成适用范围受限制，漏检几率增大等问题。

（4）准确性和重复性指标：越高越好，可采用 NIST 标准粒子检测。

（5）稳定性：包括光路的稳定性、分散系统的稳定性和周围环境的影响。一般来讲选用气体激光器，使用光学平台，有助于光路的稳定。内部发热部件（如 50W 的钨灯）将影响光路周围环境。稳定性指标在厂家仪器说明中没有，用户只能凭借自己对于仪器结构的判断和参观或询问其他长时间使用过的用户来判断。

（6）扫描速度：扫描速度快可提高数据准确性、重复性和稳定性。不同厂家的仪器扫描速度不同，从 1 次/s 到 1000 次/s。一般来讲，循环扫描测试次数越多，平均结果的准确性越好，故速度越快越好；喷射式干法和喷雾更要求速度越快越好；自由降落式干法虽然速度不快，但由于粒子只通过样品区一次，速度也是快一些好。用户每天需要处理的样品量，也是考虑速度的因素。可自动对中，无需更换镜头，可自动校正的仪器自然受欢迎。

（7）使用和维护的简便性：在仪器购买前往往忽视这一点，但实际上直接决定了仪器使用效率和寿命。了解的方法是对仪器结构的了解和其他已有用户的反映。拆卸、清洗是否方便：粒度仪分为主机和分散器两部分。而样品流动池总是需要定期清洗的，清洗间隔视样品性质而定。将主机和分散器合二为一的仪器往往将样品池深置于仪器内部，取出和拆卸均很繁琐，且极易碰坏光路系统。

（8）是否符合国际标准。ISO 13320 标准是对激光粒度分析仪的基本要求。但并不是所有制造商都按照该标准执行。在测量亚微米粒子分布过程中，采用非激光衍射方法是不符合标准的。

2.2.12.5 Cilas 激光粒度仪简介

Cilas 激光粒度仪由法国西拉思公司（Cilas）生产，如图 2-47 所示。该公司是第一台激光粒度仪的发明者（1968 年取得专利）、第一家采用多激光技术来扩大粒度测量范围的制造商（1992 年取得专利）、第一家在同一台激光粒度仪上采用干法与湿法分散测试的粒度仪制造商（1997 年取得专利）、第一家在同一台激光粒度仪上同时进行粒度测试与形态分析的粒度仪制造商（2004 年批量生产）。

（1）技术参数

①型号：1190；②干法测量范围（μm）：0.1～2500；③湿法测量范围（μm）0.04～2500；④干法分散：文丘里管/自由下落；⑤湿法分散：蠕动泵/超声波/搅拌器；⑥重复性：误差 < 1%；⑦准确率：误差 < 3%；⑧激光数：3；⑨电源：110～240V，50/60Hz，< 100VA。

（2）主要特点

①集激光粒度分析和形态分析于一体，颗粒分析和图像分析同时进行，颗粒分散状态一目了然，测试结果具有可比性。

②软件功能强大：Cilas1190 激光粒度仪软件采用可视化技术，只轻点鼠标就可以实现测量。还可以设定标准操作步骤，使每次测试都会按照相同的条件进行，提高工作效率。

③经久耐用，安全可靠。一体化的设计确保测试结果的准确性及再现性。可应用于恶劣工业环境中的高强度连续测试。

④光学系统永久校正。所有光学部件都固定于铸铁底座上。在数据采集期间,无须像其他厂家的仪器那样重新校正系统或更换透镜。该结构保证粒度测量准确,再现性好。

⑤内置分散系统干湿转换快捷。干湿转换时点击鼠标即可。

2.3　水泥厂质检中心(化验室)认知与实训

2.3.1　质量管理机构的设置

企业的最高管理者是法人代表。企业法定代表人是本企业产品质量第一责任人。企业最高管理者可以任命质量负责人全权负责企业质量管理,化验室主任在企业法人或质量负责人领导下对产品质量具体负责。企业应确立以最高管理者或质量负责人负责的质量管理组织和设立符合《水泥生产企业化验室基本条件》要求的化验室。

企业质量管理组织应设置相关机构和人员负责质量管理工作。企业化验室内设控制组、分析组、物检组等,分别负责原燃材料、半成品、成品质量的检验、控制、监督与管理工作,岗位设置和人员配备应满足相应工作要求。

2.3.2　质量管理机构的职责

2.3.2.1　质量管理机构的职责

(1)编制适合本企业的质量管理体系文件。

(2)组织制定企业的质量方针和质量目标。

(3)负责和监督企业质量管理体系的有效运行。

(4)制定质量奖惩制度,负责协调各部门的质量责任,并考核工作质量。

(5)组织企业内部质量审核。

(6)负责重大质量事故的分析处理。

(7)组织开展群众性质量活动。

2.3.2.2　各车间和职能部门的职责

(1)保证质量管理体系在本单位得到有效运行。

(2)组织开展质量管理活动。

(3)执行质量管理组织和化验室的指令。

(4)完成本单位涉及的质量指标或质量目标。

2.3.2.3　化验室的职责和权限

(1)质量检验

按照有关标准和规定,对原燃材料、半成品、成品进行检验。按规定做好质量记录和标识,及时提供准确可靠的检验数据,掌握质量动态,保证产品检验的可追溯性。

(2)质量控制

根据产品质量要求,制定原燃材料、半成品和成品的企业内控质量指标,组织实施过程质量控制,运用数理统计方法掌握质量波动规律,不断提高预见性与预防能力,并及时采取纠正措施、预防措施,使生产全过程处于受控状态。

(3)出厂水泥和水泥熟料的合格确认和验证

按照相关产品标准和企业制定的出厂水泥和水泥熟料合格确认程序进行确认和验证,杜绝不合格水泥和水泥熟料的出厂。

（4）质量统计和分析

利用数理统计方法，及时进行质量统计，做好分析和改进工作。

（5）试验研究

根据原燃材料、助磨剂、混合材等材料的变更情况及用户需求，及时进行产品试验研究，提高水泥和熟料质量，改善产品使用性能。

（6）出厂决定权

化验室具有水泥和水泥熟料出厂决定权。

2.3.3 水泥生产企业标准化化验室

水泥生产企业应建立满足生产控制和产品质量检验需求的试验室、样品存放室、药品试剂库等检验基础设施。周围环境的粉尘、噪声、振动、电磁辐射等均不得影响检验工作。化验室的面积、采光、通风、温度、湿度、水、电等均应满足检验试验需求及国家、行业标准规定的要求。化学分析用天平和氧弹热量计、氯离子测定仪（蒸馏法）及高温设备（高温炉、烘干箱等）要与分析试验室隔开。化验室标准小磨等制样设备及压蒸釜、沸煮箱、快速强度养护箱等应单独放置。化验室内仪器设备应摆布合理，方便操作，保证安全。试验室内应保持清洁，与检验试验无关的物品不准带入。化学分析试验室应有通风柜（罩），供排除有害气体用。仪器分析使用易燃易爆气体时，应有安全防护设施。同时应有安全应急处理、处置有毒有害物质的设施和措施。

水泥生产企业标准化化验室的建设内容主要包括：机构设置、人员、化验室质量管理手册、仪器设备、试验及环境条件、检验工作和质量控制等方面。标准化化验室的基本要求见表2-12。

表 2-12　水泥生产企业标准化化验室基本要求

序号	建设内容		基本要求
1	机构设置	1.1 组织	化验室应为企业最高管理者或质量负责人直接领导的质量检验部门。
		1.2 化验室构成	化验室内应设分析、物检、控制和质量管理等机构。
		1.3 组织机构图	有化验室组织机构设置图，表明化验室在企业及内部班组的相互关系及其负责人姓名。
2	人员	2.1 人员配备	企业化验室应配备主任、工艺、质量调度、统计及检验等人员。企业可根据具体情况配备满足检验工作需要的检验人员和科研人员。化验室人员要相对稳定，化验室业务骨干的任用和调动应征求化验室主任的意见。
		2.2 人员素质	（1）化验室主任 具备中级及以上技术职称或本科及以上文化水平，从事水泥企业质量管理工作5年以上，具备较丰富的质量管理经验和良好职业道德，有一定的组织能力和分析处理问题的能力，熟知生产工艺、相关标准和质量法规，经培训考核合格后上岗。 （2）工艺、质量调度人员 具备初级及以上技术职称或具有大专及以上文化水平，具有良好职业道德，经过专业训练，掌握水泥生产理论知识和检验技术，熟知有关标准和规章制度，经培训考核合格后上岗。 （3）质量统计人员 具备初级及以上技术职称或具有大专及以上文化水平，具有良好职业道德，经过专业训练，掌握水泥生产理论知识和相关统计技术，熟知有关标准和规章制度，经培训考核合格后上岗。 （4）检验人员 具备初级及以上技术职称或具有大专及以上文化水平，熟知本岗位的操作规程、控制项目、指标范围及检验方法，经培训考核合格后上岗。

序号	建设内容		基本要求
2	人员	2.3 人员培训	(1)化验室应有年度培训考核计划; (2)培训计划的实施应有记录; (3)化验室人员应建立技术档案,其内容包括:从事技术工作经历、资格证书(复印件)、培训考核记录等。
3	化验室质量管理手册	3.1 手册内容齐全、适用	化验室应建立适合本企业的质量管理手册。
		3.2 管理制度内容齐全、合理	(1)各组职责范围、岗位责任制和作业指导书; (2)质量事故报告制度; (3)对比验证制度; (4)检验和试验仪器设备、化学试剂的管理制度; (5)标准溶液配制和专人管理制度; (6)标准样品/标准物质采购和管理制度; (7)文件管理制度; (8)样品管理制度; (9)人员训练和考核制度; (10)检验原始记录、台账和检验报告的填写、编制、审批制度; (11)质量统计管理制度; (12)出厂水泥、水泥熟料的合格确认制度; (13)应急处理制度。
		3.3 手册宣贯	通过宣贯使化验室工作人员了解本化验室的质量目标、职责权限、规章制度及与本岗位有关的要求,宣贯要有记录。
		3.4 手册执行情况检查	化验室应按管理制度要求进行检查并建立记录。
4	仪器设备	4.1 仪器设备一览表	应有仪器设备一览表,内容包括:编号、仪器设备名称、规格型号、主要技术指标、购置日期、制造单位、检验项目、使用地点。
		4.2 仪器设备的配备与数量	(1)进货检验、过程检验以及最终检验所需仪器设备配备率100%; (2)仪器设备数量能保证满足正常生产检测的需要; (3)常用易损的仪器设备应有备品备件。
		4.3 仪器设备主要技术条件	符合现行标准中的技术条件、《水泥生产企业化验室仪器设备技术要求、检定(校准)周期一览表》及其他有关规定的要求。
		4.4 计量仪器设备的检定与校准	(1)计量仪器设备应按规定进行计量检定或校准; (2)建立本企业化验室计量检验仪器设备检定周期表; (3)自行校准的仪器应有负责自校的单位编写并经批准的自校方法,自校要有记录; (4)在用的计量仪器设备应有有效的检定校准合格证,并有明显的标识。
		4.5 仪器设备作业指导书	每台仪器设备均有操作规程。操作规程的内容要齐全,包括:检验准备、操作程序、维修保养。
		4.6 仪器设备的使用维护和维修	(1)对所有仪器设备应建立仪器设备维护计划,进行维护,并建立维护记录; (2)出现误操作或过载、显示数据可疑,通过检定等方式确认仪器有缺陷时,立即停止使用,修复后要经检定(校准)合格才能使用。对仪器缺陷所造成的影响要予以纠正,并对已检测的结果重新评价,并建立相关记录; (3)大型或精密的仪器设备应有使用记录,并如实填写。
		4.7 仪器设备档案	建立仪器设备档案,内容应包括:仪器设备名称、规格、型号、编号、生产厂家、出厂日期、出厂合格证、使用说明书、验收记录、存放地点及使用过程中维修、检定、校验等记录及证书等。

序号	建设内容		基本要求
4	仪器设备	4.8 标准样品/标准物质	(1)抽查和考核时所用标准样品/标准物质,应是有证标准样品/标准物质;标定仪器或绘制工作曲线用的标准样品/标准物质应确保量值准确; (2)化学分析试剂应按类别分别有效,剧毒试剂需要安全有效,正在使用的试剂及标准溶液标签内容应齐全。
5	试验及环境条件	5.1 试验技术条件	(1)试验各环节(包括养护)的温度、湿度符合现行标准的规定要求,并有必要的监控设施及记录; (2)小磨等制样设备及压蒸釜、沸煮箱、快速强度养护箱等应单独放置; (3)分析用天平、氧弹热量计、氯离子测定仪及高温设备(高温炉、烘干箱等)要与分析试验室隔开; (4)有停电、停水、防火等应急设施或措施,以保证检验质量。
		5.2 环境条件	(1)化验室通风、采光、照明良好,仪器设备、管道、电气线路布局合理,便于安全操作; (2)化验室清洁整齐,不存放与检验无关的物品; (3)化验室内外环境的粉尘、烟雾、振动、噪声、电磁辐射等均不得影响检验工作; (4)分析室设有通风柜(罩); (5)应有安全作业、处置有毒有害物质的设施和措施。
6	检验工作	6.1 检测能力	现行标准和本标准规定的控制项目,均能按要求检测。型式检验中的特性指标允许分包给有条件的化验室。
		6.2 检测项目	对标准规定的产品各项质量指标及本标准规定的过程质量控制项目要做到全项检测、无漏项、无漏检。
		6.3 检测方法	(1)与企业生产产品有关的标准、规定等技术文件应齐全; (2)用于质量检验、质量控制的技术标准应现行有效; (3)当技术标准所规定的检验方法操作性不强时,应根据有关标准、规定详细的作业指导书。
		6.4 检验质量	(1)按规定按时送水泥样与指定的质检机构进行对比检验。12 个月(新建厂 6 个月)综合对比合格率不小于 80%,其中强度对比合格率不小于 90%; (2)按本标准要求定期进行内部密码抽查。12 个月(新建厂 6 个月)抽查合格率不小于 90%; (3)按标准要求参加国家或省级建材质检机构组织的物理检验与化学分析大对比,其最近一次对比中物理检验试验允许误差项不得多于 30%,化学分析试验允许误差项不得多于 20%; (4)应对内部抽查和大对比的数据进行分析,当发现超差时应采取措施予以纠正。
		6.5 原始记录、台账、报告、报表	(1)每一个检验岗位都有原始记录。原始记录、台账、检验报告有统一格式,设计合理,信息量充分; (2)各类原燃材料、半成品、成品建立分类台账; (3)出厂检验报告需有化验室负责人或其授权签字人签字; (4)各类原始记录、台账及出厂检验报告、报表如实正确填写。原始记录、台账的更改按规定进行; (5)原始记录与各分类台账、报表按期装订成册,专门保管,期限三年,其中出厂水泥(熟料)台账按期存放,长期保存。
		6.6 样品管理	(1)出厂水泥封存样品有能满足贮存要求的单独样品室。各检测室设有相应的样品贮存设施,样品摆放整齐; (2)样品贮存及出厂水泥样品的封样、标识、保管有专人负责; (3)样品有明显标识。出厂水泥样品的封存符合要求,并有完整的封存样品记录。

序号	建设内容		基本要求
7	质量控制	7.1 原燃材料质量控制	（1）化验室应参与原燃材料采购技术标准的制定,并监督、检查实施情况,应参与对供方的评价和重新评价,并有相应的记录; （2）进厂原燃材料应按质分别存放,化验室对其品种、产地、进厂日期、检验状态进行标识,并按规定取样检验,根据检验结果确定使用方案; （3）原燃材料初次使用时,应检验放射性,确认符合相关的标准要求后方可使用; （4）对企业初次使用的混合材、水泥助磨剂、石膏、工业副产石膏等,化验室应按照标准要求进行检验,确认其符合相关的标准要求后再使用,相关记录应予保存; （5）有矿山的企业,化验室应参与矿山开采计划的制定,并及时取样检验,确定矿石进厂搭配比例。
		7.2 半成品质量控制	（1）化验室应会同有关部门按照标准要求,确定过程质量控制点,制定过程质量内部控制指标和其他重要的质量控制方案,并监督检查实施情况; （2）化验室应根据配料方案及生料成分波动情况及时调整生料的控制参数,确定出磨生料的出入库号,并监督检查实施情况。出磨生料不得直接入窑; （3）化验室应根据熟料质量指定存放储库（部位）,并下达不同熟料搭配使用的配比通知; （4）化验室应根据熟料、石膏和各种混合材的质量,按生产计划的品种、强度等级等下达书面水泥配比通知,并监督实施; （5）化验室应根据生产水泥的质量状况,正确、及时下达入库、倒库、出库、清库等通知。应避免上入下出或无均化功能的单库水泥出厂; （6）对过程质量事故,化验室应及时通知相关部门,协助制定纠正措施,并跟踪验证; （7）化验室应将过程质量控制点的检测结果及时通知相关的人员、部门。
		7.3 出厂水泥（熟料）质量控制	（1）化验室应有水泥出厂的决定权。化验室应配备专业人员负责出厂水泥的质量管理; （2）化验室应有本企业的出厂水泥（熟料）质量控制指标和确认程序,确保出厂水泥（熟料）的质量; （3）化验室应下达书面包装（散装）通知,内容包括:水泥品种、强度等级、编号、包装日期、数量、水泥库号、存放位置等,并严格执行产品标准对编号数量的规定; （4）化验室应按编号对袋装水泥包装质量进行抽查,并有记录; （5）化验室应按产品标准取样检验,在确认出厂水泥各项质量指标合格后方可下达水泥出厂通知单,并按产品标准留样封存; （6）成品在检验合格后存放一个月以后的袋装水泥,化验室应发出停止该批水泥出厂通知,并现场标识。经重新取样检验,确认符合标准规定后方能重新签发水泥出厂通知单; （7）当用户需要时,化验室及时提供检验报告。

2.3.4　水泥生产企业产品质量的对比验证检验

2.3.4.1　管理规定

（1）有能力的国家水泥质量监督检验中心每年应与国际水泥实验室进行对比验证检验,省级对比验证检验承检单位每两个月与国家水泥质量监督检验中心进行一次对比验证检验,确保对比验证检验的量值溯源。国家水泥质量监督检验中心负责定期对省级对比验证检验承检单位的技术能力进行评审考核。日产熟料4000吨及以上规模的企业以及生产特种（特性）水泥企业宜与国家水泥质量监督检验中心进行对比验证检验;其他水泥和水泥熟料生产企业可与所在地省级对比验证检验承检单位进行对比验证检验。

（2）各对比单位要按照本规定送对比验证检验样品到相应的水泥质检机构进行对比验

证检验。企业有权拒绝非授权或超职责范围的质检机构提出的对比验证送样要求。

（3）对比验证检验以水泥质检机构的结果为准，其结果作为企业进行内外部质量考核评审的依据。

（4）水泥质检机构收到对比验证检验样品后应及时进行检验，最终检验报告应于收样后45d内（在收到企业自检报告前提下）发出，并对检验结果负责。

（5）为保证对比验证检验工作的质量，承担对比验证检验工作的水泥质检机构可以对水泥企业化验室的仪器设备、环境条件、检测过程、检验记录、管理制度等进行检查。

（6）水泥质检机构工作人员和检验人员应定期进行内部抽查对比，积极参加实验室能力验证和全国水泥检验大对比，不断提高检测水平。

2.3.4.2 具体规定

（1）比验证检验频次要求如下：①通用水泥按品种每两个月送样1个；②特种水泥按品种每月送样1个；③非常年生产的品种，可在生产期内按规定均衡送样；④每个企业全年送样不少于6个；⑤具有对比验证检验资格的水泥质检机构履行国家或省级质量监督抽查时，抽取的监督抽查样可等量代替对比验证检验样。

（2）对比验证检验程序要求，对比验证检验项目为对应水泥产品标准中的全部技术要求，具体对比验证程序如下：①企业应有专人负责对比验证检验工作，并制定相应的管理办法；②所送样品应是本企业按规定随机抽取的出厂水泥样（只生产熟料的企业选取同编号熟料样），并且在一年内涵盖所生产的所有品种和强度等级的水泥；③所送对比验证检验样品应通过0.9mm方孔筛，去除杂质并混合均匀，分成送检样、自检样、封存样。送检样品应在取样后3d内寄（送）出；④样品量应满足检验需要，送样单按水泥质检机构要求的统一格式填写，样品包装适宜，以防受潮破损；⑤企业应及时向水泥质检机构寄报对比验证检验自检报告，质检机构收到企业自检报告后应及时发出该企业的对比验证检验报告。

2.3.4.3 试验允许误差（表2-13）

水泥生产企业化验室主要试验的允许误差见表2-13，其他试验项目的允许差按有关标准要求执行。

表2-13 试验允许误差表

序号	试验项目		同一试验室允许差	不同试验室允许差	类别
1	水泥密度/(g/cm³)		±0.02	±0.02	绝对误差
2	水泥比表面积/%		±2.0	±5.0	相对误差
3	水泥45μm筛筛余/%	筛余≤20.0	±1	±1.5	绝对误差
		筛余>20.0	±2	±2.5	绝对误差
4	水泥80μm筛筛余/%	筛余≤20.0	±0.5	±1.0	绝对误差
		筛余>20.0	±1.0	±1.5	绝对误差
5	标准稠度用水量/%		±3.0	±5.0	相对误差
6	凝结时间/min	初凝时间	±20	±25	绝对误差
		终凝时间	±30	±45	绝对误差
7	抗折强度/%		±7.0	±9.0	相对误差
8	抗压强度/%		±5.0	±7.0	相对误差
9	水化热/(J/g)		±12	±18	绝对误差

续表

序号	试验项目		同一试验室允许差	不同试验室允许差	类别
10	白度/%		±0.5	±1.5	绝对误差
11	油井水泥稠化时间/min		±5	±8	绝对误差
12	胶砂流动度/mm		±5	±8	绝对误差
13	生料细度/%	80μm 筛余	±1.0	—	绝对误差
		200μm 筛余	±0.5	—	绝对误差

[学习思考2]

1. 简述火焰光度计的工作原理。

2. 简述原子吸收分光光度计的测定原理与操作注意事项。

3. 概述 X 射线荧光分析仪的原理及日常操作过程。

4. 钙铁硫元素测定仪是怎样工作的?

5. 水泥游离氧化钙快速测定仪"快"在何处?

6. 水泥物理性能检验主要有哪些项目? 试验室用哪几种仪器?

7. 利用各种检索工具查阅资料,阐述当前水泥厂在线分析控制技术的最新进展情况。

8. 用李氏瓶测定水泥密度经常会出现什么问题? 谈谈应如何避免?

9. 使用水泥电动抗折试验机应注意哪些事项?

10. 怎样维护保养水泥细度负压筛析仪?

11. 简述水泥胶砂搅拌机与水泥净浆搅拌机在结构上有何区别?

12. 概述水泥胶砂振实台的用途。

13. 如何安装调试水泥胶砂流动度测定仪?

14. 简述水泥净浆标准稠度及凝结时间测定仪的构造。

15. 概述微机控制全自动水泥抗压抗折试验机系统硬件常见故障及排除方法。

16. 勃氏比表面积测定仪是怎样维护保养的?

17. 谈谈水泥厂化验室的职责和权限。

18. 水泥企业化验室评审考核是怎么回事? 满足什么条件时评审结果为"通过"?

3 样本的采取与平均试样的制备

[概要] 本章共分五节,从水泥质量控制具体岗位出发,介绍了水泥生产过程中原燃材料、半成品和成品试样的采集、制备与保管等技术,并基于实际工作的需要,讲述了水泥质量控制数理统计基础知识,以及试样的代表性、采样点的设置、样品采集量的计算与确定、生产过程中的取样方法、制样工序与注意事项等。

3.1 水泥质量控制数理统计基础

水泥生产和质量检验数据是最客观的第一手材料,这些生产数据、质量检验数据往往是大量的,包括每天的生产记录、设备运转及质量检验数据可达几百乃至上万个。对管理者来说,每天都拿出大量时间来了解这些数据既不必要,又无可能。而将这些数据交由统计人员进行整理、计算,而后进行综合分析,则可以"见微知著",发现态势。既可以使管理者从大量数据中解脱出来,为决策提供科学依据;也可以使质检人员"剔除异况",找出规律,提高质量检验水平。所以,掌握一些数理统计方法是非常必要的。

3.1.1 总体、样本、样本容量、子样

3.1.1.1 四个基本概念的内涵

(1)总体:又称母体、文本。指研究或统计分析对象的全体。

(2)样本:是总体的一部分,这一部分相对总体而言,数量很小,但又能在很大程度上代表总体各方面的特征。

(3)样本容量:即为研究评价推断总体的状况所抽出的样本的大小,即子样数的多少。

(4)子样:即样品。

3.1.1.2 四个基本概念之间的关系

以上四个基本概念关系非常密切。举例来说,某质量监督机构检查评价一水泥厂某季度的袋装水泥的袋重合格情况,以该季度生产的 60 万吨水泥为总体,到现场抽取一个样本,这个样本是从任意一个编号的袋装水泥中抽取,样本容量为 20 包,即子样数为 20 个,计算合格包数占总数 20 包的百分比,即代表该季度的袋重抽查合格率。

根据数理统计的原理,每个样本的容量越大,即包含的子样数(样品数目)越多,则反映总体的特征的能力越强,做概率推断和预测的准确性就会越高。对水泥厂来说,每月、每班做某项检测的次数越多,得到的检测数据就越有价值。因此,重要的工序指标,如出磨生料和入窑生料的氧化钙含量要求每小时测定一次,其他指标可以 2 小时测定一次。

3.1.2 随机性、随机变量、随机事件

检测或观察到的一些客观量值,个别表现为不确定性,既可以是这个值,也可以是附近或较远的另外的值,没有一定之规。但连续观察、检测到的大量数据,虽然仍呈现一定的波

动,甚至在较大范围内变化,但经过整理计算,可以分析出它们内在的统计规律,数据的这些性质,称作随机性。具有以上特点的量值称为随机变量。表现以上特点的试验和观察的结果,称为随机事件。

水泥生产中的每袋水泥质量、每小时测定的生料成分,每天熟料强度和 f-CaO 含量、每编号取样做的出厂水泥的各项性能指标数据等都是随机变量。

3.1.3 度量中心趋势的几个量值

3.1.3.1 算术平均值 $\bar{x}$

也称均值。它是最常用的一种平均值。设有 n 个试验值:$x_1,x_2,\cdots,x_n$,则其算术平均值为:

$$\bar{x} = \frac{x_1 + x_2 + \cdots + x_i}{n} = \frac{\sum\limits_{i=1}^{n} x_i}{n} \tag{3-1}$$

式中　n——样本的容量;

　　x_i——单个试验值,下同;

　　$\sum\limits_{i=1}^{n}$—— 在数理统计中,大写希腊字母 $\sum$ 表示加和。$\sum$ 下方的 $i=1$,表示从第一个数据开始加和,一直加和到 $\sum$ 上方所表示的第 n 个数据。

它的特点是以一个单独的数代表全部数据。因它通俗易懂,又使人一目了然,因此用途很广。如评价一个厂熟料质量的高低,一般用熟料平均强度和熟料游离氧化钙平均含量;测定水泥强度时,用 3 块试体的平均破坏荷重;做正态分布的计算分析时,要经常用到均值或称平均数 μ。这些都是指的算术平均值。

3.1.3.2 加权平均值 $\bar{x}_w$

如果某组试验值是用不同的方法获得的或由不同的试验人员得到的,则这组数据中不同值的精度或可靠性就会不一致,为了突出可靠性高的数值,则可采用加权平均值。设有 n 个试验值:$x_1,x_2,\cdots,x_n$,则它们的加权平均值为:

$$\bar{x}_w = \frac{w_1 x_1 + w_2 x_2 + \cdots + w_n x_n}{w_1 + w_2 + \cdots + w_n} = \frac{\sum\limits_{i=1}^{n} w_i x_i}{\sum\limits_{i=1}^{n} w_i} \tag{3-2}$$

式中　w_1、w_2、$\cdots$、w_n——单个试验值对应的权(weight)。如果某试验值精度较高,则可给之较大的权数,加重它在平均值中的分量。

[例1] 某水泥厂某月共生产 42.5 级普通水泥 200000t,52.5 级普通水泥 60000t,问其该月生产的水泥的平均质量等级是多少?

[解] (1)用加权平均值计算,即:

$$\bar{x}_w = \frac{42.5 \times 200000 + 52.5 \times 60000}{2000000 + 60000} = 44.8$$

因为 42.5 < 44.8 < 52.5

所以该厂某月生产的绝大部分是 42.5 级普通水泥。

(2)此处若用算术平均值计算,则:

$$\bar{x} = \frac{42.5 + 52.5}{2} = 47.5$$

虽然这两个计算得出的结论相同,但两者相差 1.7MPa;还有采用算术平均值计算,给人的错觉是该厂该月生产两种等级水泥各占一半。

3.1.3.3　中位数

即把测定(观察)到的一组若干个数据,按大小顺序排列,如果这组数据为奇数时,则数列中心的一个数即为中位数。如果这组数据的个数为偶数时,则数列中心的两个数据的算术平均值就是这组数据的中位数。中位数在做数量统计计算时经常用到。

3.1.3.4　众数

在一组测量数据中,出现次数最多的那个数,被称为众数。例如:某水泥厂控制生料细度范围 (8.5±1.0)%,实测一个班的数据为:9.9、9.0、8.5、9.0、9.0、8.5、7.5、9.0。9.0 在这组数据中出现了 4 次,多于其他任何数,所以 9.0 就是这组数据的众数。

3.1.4　度量随机变量的变异程度的几个量值

3.1.4.1　极差 R

极差即一组测定数据中,最大值和最小值之间的差值,用 R 表示。它常被用来检查产品质量的离散程度。一批产品的质量,即使是平均水平符合要求,甚至合格率较高,但若主要指标波动太大,即极差太大,这批产品也是不能令人满意的。过去,有的水泥厂评价一个班的生料质量,常用碳酸钙滴定值的极差估计离散程度,因它比标准偏差的计算方便。但普及计算机后,这个优势相对不那么突出了。由于它没有充分利用所有的数据,又很容易受异常值的左右,所以它的应用受到一定限制。

3.1.4.2　平均绝对偏差 MAD

一组有若干测定数据,各测定数据与该组数据的平均值之差的绝对值,称为平均绝对偏差,用 MAD 表示。其计算公式为:

$$\text{MAD} = \frac{\sum_{i=1}^{n} |(x_i - \bar{x})|}{n} \tag{3-3}$$

平均绝对偏差是衡量数列离散程度大小的方法之一,比较适合处理小样本,且不需精密分析的情况。与极差比较,平均绝对偏差能充分利用提供的信息,更好地度量一组数据的分散程度。与标准偏差比较,它反映测量数据离散性的灵敏度不如标准偏差。

3.1.4.3　方差 σ^2

方差与平均绝对偏差类似,它省去了平均绝对偏差的取绝对值,但增加了求平方的计算。它表示各测定的数据与该组数据平均值之差的平方的平均值,用 σ^2 表示。其计算公式为:

$$\sigma^2 = \frac{\sum (x_i - \bar{x})^2}{n-1} \tag{3-4}$$

式中　x_i——样本中每个测量值(变量);

　　　$\bar{x}$——样本平均值;

　　　n——样本容量。

利用方差这一特征值可比较平均值大致相同而离散度不同的几组测量值的离散情况。

3.1.4.4　标准偏差

标准偏差又称标准差或均方根差,总体标准偏差、样本标准偏差分别用 σ 和 S 表示。在描述测量值离散程度的各特征值中,标准偏差是一项最重要的特征值,一般将算术平均值和标准偏差结合起来就能全面表明一组测量值的分布情况。

总体标准偏差 σ 计算公式如下：

$$\sigma = \sqrt{\frac{\sum (x_i - \mu)^2}{N}} \tag{3-5}$$

式中 x_i——单个变量(测量值)；

μ——总体平均值；

σ——总体标准偏差；

N——总体变量数。N 应趋向于无穷大($N \to \infty$)，至少要 ≥ 20。

以样本标准偏差估计总体标准偏差时，公式 3-5 中的总体标准偏差 σ 将被样本标准 S 取代，总体平均值 μ 被样本平均值 $\bar{x}$ 取代，总体变量数 N 被样本自由度 $n-1$ 取代。标准偏差是估计离散程度最重要的特征值，对数据分布的离散程度反映得灵敏而客观。标准偏差恒取正值，不取负值。它是有度量单位的特征值。

用标准偏差可精确算出，落在一组随机变量均值两侧某个范围内的比例是多少。前苏联数学家切比雪夫证明：不管这些数据呈什么分布形状，至少有 75% 落在均值加减 $2S$ 的范围内；至少有 89% 落在均值加减 $3S$ 的范围内。《水泥生产企业质量管理规程》规定，出厂水泥 28d 抗压强度控制值是目标值 $\pm 3S$，即目标值 $\geq$ 水泥标准规定值 + 富裕强度值 + $3S$ 等。

3.1.4.5 变异系数

变异系数又称相对标准偏差、不匀率、离散系数等，用 C_v 表示。它是衡量一组测定数据相对分散程度的一个特征数。它表示一组测定数据的标准偏差与该组测定数据算术平均值的比，用百分率表示：

$$C_V = \frac{S}{\bar{x}} \times 100\% \tag{3-6}$$

它更适合用于比较两组及两组以上测定数据的分散程度的大小。

GB/T 17671—1999《水泥胶砂强度检验方法(ISO 法)》中对重复性和再现性均以变异系数 C_v 表示。对于 28d 抗压强度的测定，一个合格的试验室的重复性以变异系数表示，可要求在 1%~3% 之间；在合格试验室之间的再现性以变异系数表示，可要求不超过 6%。

[例2] 某水泥厂元月生产 42.5 级矿渣水泥的 28d 抗压强度平均值为 50MPa，标准偏差为 1.6MPa，2 月生产的 42.5 级矿渣水泥的 28d 抗压强度平均值为 48.5MPa，标准偏差为 1.50 MPa，问该厂矿渣水泥 28d 抗压强度稳定均匀性是进步了还是退步了？

[解] 比较两个月的 28d 抗压强度变异系数即可。

$$C_{V-1月} = \frac{S_{1月}}{\bar{x}_{1月}} \times 100\% = \frac{1.6}{50} \times 100\% = 3.20\%$$

$$C_{V-2月} = \frac{S_{2月}}{\bar{x}_{2月}} \times 100\% = \frac{1.5}{48.5} \times 100\% = 3.09\%$$

因为 $C_{V-1月} > C_{V-2月}$

所以该厂元月份出厂水泥 28d 抗压强度稳定均匀性不如 2 月份。

[答]该厂水泥 28d 抗压强度稳定均匀性 2 月比元月有进步。

3.1.5 频数、频率、组距、组中值

3.1.5.1 频数

所谓频数是指一组数据中，某个数据反复出现的次数。当一组数据划分为若干区间时，某个区间的频数是指数据出现在该区间的次数。

3.1.5.2 频率

频率是指一组数据中,某个数据反复出现的次数占全组数据反复出现的总次数的比率。同理,当一组数据划分为若干区间时,某个区间的频率则指数据出现在该区间的次数占该组数据反复出现在各区间的总次数的比率。

3.1.5.3 组距

做直方图时,须将一组数据均匀地分为几个小组,相邻小组之间的数值差即为组距,具体计算时,指相邻小组的组中值之差。为便于计算和作图,往往近似取组距的值为测量单位的整数倍。

3.1.5.4 组中值

组中值是指小组中各数据的值,也是在做直方图时用。

3.1.6 绝对误差、相对误差、允许差

3.1.6.1 绝对误差

绝对误差是测得的值与其真值之差。即:

$$测量误差 = 测得值 - 真值 \tag{3-7}$$

此误差是最为普遍和常见的误差。它可能是正值,也可能是负值,其符号取决于测得值的大小。显然测量误差的大小决定了测量的准确程度。测量误差越小,说明测量越准确。

3.1.6.2 相对误差

绝对误差表示法有它不足之处,不能确切地反映测量的精确度。为能确切地反映测量的准确度,提出了相对误差的概念。相对误差等于绝对误差与真值的比值,用百分数表示。即:

$$相对误差 = [绝对误差值/真值] \times 100\%$$
$$\approx [绝对误差值/测得值] \times 100\% \tag{3-8}$$

相对误差是只有大小和符号而无量纲的量。它不仅可反映测量结果的准确度,而且也便于对不同测量方法进行比较。

3.1.6.3 允许差

允许差可分为室内允许差、室间允许差和标样允许误差三种。

(1)室内允许差。在同一试验室内,用同一分析方法,对同一试样独立地进行两次分析,所得两个分析结果 x、y 之间,在95%置信水平下可允许的最大差值,叫做室内允许差,记为 r。如果两个分析结果之差的绝对值不超过相应的 r,则认为室内的分析精度达到了要求,可取两个分析结果的平均值报出;否则即为超差,认为其中至少有一个分析结果不准确。

(2)室间允许差。两个试验室,用同一分析方法,对同一试样各自独立进行分析,所得两个平均值 $\bar{x}_1$、$\bar{x}_2$ 之间,在95%置信水平下可允许的最大差值,叫做室间允许差,记为 R。如果两个平均值 $\bar{x}_1$、$\bar{x}_2$ 之差的绝对值不超过 R,即认为两个试验室的分析精度达到了要求;否则就叫做超差,认为其中至少有一个平均值不准确。

(3)标样允许误差。任一试验室对标样进行一次分析,所得分析值 x 与标样标准值 μ 之差值,在95%置信水平下,可允许的最大差值,叫做标样允许误差。法定标样制备部门考虑到分析水平现状和生产的要求,在标准证书上载明各种成分具体的允许误差,作为判断分析结果正误的依据。任一试验室对标样进行一次分析,如果分析值与标样标准值之差不超过标样允许误差,则认为分析准确;否则就叫做超差,这时,则认为分析不准确。近年来在标样证书上以95%置信水平下的"置信区间"取代"标样允许误差"。前者可以更好地反

映参加定值的各试验室之间的系统误差和分析方法的偶然误差。

3.1.7　数据、样本与总体的关系

研究分析总体情况,通常需要抽取样本来获得样本信息。在水泥质量控制中,常用研究样本去估计、预测总体的数理统计方法,以达到保证产品质量、提高产品质量的目的。当然,运用样本来估计、推断总体,会存在一定的误差和判断失误。但可以采取一定措施,让这种误差和失误尽量减少,如图 3-1 所示。

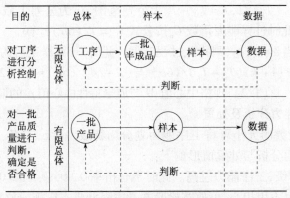

图 3-1　数据、样本和总体的关系

从图 3-1 可知,如果需要对生产过程中的某道工序进行分析控制,就应该搜集该道工序的数据作为研究对象,在生产加工过程中或从已加工出的产品中,随机抽取样本进行检测,将得到的数据进行整理、分析和判断,用以说明这道工序的状况和加工产品的质量趋势。

如果需要判断一批产品是否合格,就应该搜集该批产品作为研究对象,从中随机抽取一部分产品为样本进行测试,将所得到的质量数据与规定的判定标准进行比较,从而判定该批产品的质量状况。

3.1.8　工序能力、工序能力指数与工序能力分析

3.1.8.1　工序能力

又称过程能力。它是指在过程的对象、手段、方法、场所、时间等要素已经充分标准化(即受控)的条件下,实现过程目标的能力。所谓处于标准化条件下的过程(或工序)是指:

(1)原材料或上一道工序半成品按照标准要求供应。

(2)本工序按作业标准实施,且影响工序质量的主要因素无异常情况。

(3)工序完成后,产品的检查按标准进行。

工序能力的测定必须在工序符合上述三条,即工序实施过程均应标准化的前提下进行,否则测得的能力是没有任何意义的。

在定量描述过程能力时,以过程实际的质量特性值的分散程度即总体标准偏差 σ 的 6 倍来表示,即:过程能力 $B = 6\sigma$。在正常生产的条件下,每道工序的实际加工能力是以该工序所加工产品的质量特性值的分散程度来衡量的。如果产品质量特性值的分散程度小,则工序能力高;如果产品质量特性值的分散程度大,则工序能力低。根据数理统计知识,在正常生产的条件下,产品质量特性值的分布服从正态分布 $N(\mu, \sigma^2)$。为了将工序能力定量化,用 3σ 原则衡量产品质量特性值的分散程度。按照 3σ 原则,当生产处于正常状态时,在区间 $(\mu - 3\sigma, \mu + 3\sigma)$ 内的产品应占全部产品的 99.73%,因此,通常取这个区间的长度 6σ

即($\mu \pm 3\sigma$)衡量产品质量特性值的分散程度,或者说用6σ衡量工序能力的大小。

3.1.8.2 工序能力指数(Process Capability Index)

也称过程能力指数或工艺能力指数,用C_p或C_{pk}表示,当分布中心与公差中心重合时,过程能力指数记为C_p。当分布中心与公差中心有偏离时,过程能力指数记为C_{pk}。它是技术规格要求和工序能力的比值,即过程能力指数=技术规格要求/过程能力。过程能力指数的计算可分为以下两种情形:

(1)过程无偏。设样本的质量特性值$X \sim N(\mu, \sigma^2)$,又设X的规格要求为(T_L, T_U),则规格中心值$T_m = (T_U + T_L)/2$,$T = T_U - T_L$为公差范围,T_U为公差上限,T_L为公差下限。当$\mu = T_m$时,过程无偏,此时过程能力指数C_p按公式$C_p = T/(6\sigma)$计算。

(2)过程有偏。当$\mu \neq T_m$时,则称此过程有偏。此时,计算修正后的过程能力指数C_{pk}按公式$C_{pk} = (1-k)C_p = (1-k)(T_U - T_L)/(6\sigma) = (T-2\varepsilon)/(6\sigma) \approx (T-2\varepsilon)/(6S)$计算。式中平均偏离度$k = |\mu - T_m|/(T/2)$;规格中心值$M$与质量特性中心值$\mu$的偏离量$\varepsilon = |\mu - M|$。

3.1.8.3 工序能力分析及处置

根据工序能力指数的大小可将工序能力划分为特级、一级、二级、三级、四级等五个等级,各级别的工序能力分析与处置情形如下:

(1)$C_p > 1.67$,特级,工序能力过高。此时不合格率$0.006\% > p \geq 0.00006\%$,即使有部分不大的外来波动,也不用担心,可放宽检验并考虑降低成本措施或放宽些管理。

(2)$1.67 \geq C_p > 1.33$,一级,工序能力充分。此时不合格率$p < 0.00006\%$,允许小的外来波动,如果不是重要过程,可放宽检查,过程控制抽样可放宽些。

(3)$1.33 \geq C_p > 1$,二级,工序能力尚可。此时不合格率$0.006\% \leq p < 0.27\%$,过程需要严格控制,否则易产生较多的不合格品,检查不能放宽。

(4)$1 \geq C_p > 0.67$,三级,工序能力不足。此时不合格率$0.27\% \leq p < 4.55\%$,必须采取措施提高工序能力,已出现一些不合格品,需要加强检查,必要时全检。

(5)$C_p \leq 0.67$,四级,工序能力严重不足。此时不合格率$p \geq 4.55\%$,应当立即追查原因,采取措施,出现较多的不合格品,要加强检查,最好全检。

一般工业产品的工序能力指数要求为1.0,在水泥质量控制中,规定出厂水泥28d抗压强度的标准偏差$S \leq 1.65$MPa。

3.2 样品的代表性

水泥生产质量控制面对的是大批粉状、块状物料,多的无法单个计数,无法对整批材料逐一进行检查。只能从"总体"中抽取一定数量的产品作为"样品",再从"样品"缩分为分析"试样",用"试样"的检测结果来推断整批材料的质量。为此,拿去检测的"试样"必须能够代表"总体"的质量情况,也就是说样本要有代表性。

3.2.1 样本代表性的内涵及评价方法

3.2.1.1 样本代表性的内涵

(1)样本代表性(representativeness of samples):是指样本(由若干样品组成)的观测结果与取样对象或取样总体的实际情况的符合程度。从理论上讲,任何地质体(包括矿体)、任何产品及其形成过程中的物料都不是绝对均质的。这样,通过抽取若干样品所得结果与取样对象(或取样总体)的真实情况肯定是有差异的。差异越小,越能正确反映取样对象的实际特点,则样品的代表性越大。因此,样本的代表性实际是指样本与整批产品或某工序产品质量一致性程度的高低。

(2)样本具有代表性的意义。因为,如果样本没有代表性,就不能反映整批产品或某道工序的真实质量状况。在生产质量控制中,如果依据没有代表性的样本的检测结果做出判断,就会得到不正确的判断结果,从而失去控制的作用。从质量一致的产品中所抽取的样本,其代表性是不成问题的,但在水泥生产过程中,从原料、燃料到半成品、成品都不是绝对匀质的,其成分及性能是有波动的。因此,对于抽样检测来说,样本具有代表性至关重要。

3.2.1.2　样本代表性的评价方法

根据数理统计原理:评价样本代表性的度量值是抽样误差,它是指样本指标与相应总体参数之差,如样本的均数与总体均数之差,样本比率与总体比率之差等。抽样误差越小,用样本推断总体的精确度就越高;反之亦然。

评价样本质量状况与所代表的整批产品或某道工序产品的平均质量状况一致性程度的度量值是均数抽样误差。

样本标准偏差是衡量各样品检测值分散程度的度量值,用 S 表示。其计算公式为:

$$S = \sqrt{\frac{1}{n-1} \sum_{i=1}^{n} (x_i - \bar{x})^2} \qquad (3\text{-}9)$$

式中　S——总体标准偏差估计值,简称样本标准偏差;

　　　$\bar{x}$——样本平均值;

　$n-1$——样本自由度(记为 f),n 为样本容量。

S 值越大,说明各样品检测值之间的差异越大,反之亦然。标准偏差用于水泥行业时,一般表示产品均匀性或某项指标的波动大小,S 值越小,说明产品均匀性好或某项指标波动小。

3.2.2　样本代表性的保证措施

保证样本的代表性,就是要保证样品取样和检测试样制备的工作质量。为了样本的代表性,必须保证做到以下几点:

(1)保证抽取样品数量足够。由式 3-1 可知抽样误差与样本容量成反比。样本容量越大,即抽样的样品数量越多,则抽样误差就越小;反之,则抽样误差就越大。均匀性差的产品(物料),所取的样品要多一些;均匀性好的产品(物料),所取的样品可少一些。

(2)保证样品抽取的随机性。要采取科学合理的取样方法,不能带有主观倾向。取样方法依据 GB 12573—2008《水泥取样方法》和本书 3.3 样品的采取。

(3)取样前应设计好取样方案,确定取样点的分布和取样点的数量,按照预订方案取样。

(4)抽取样品和制备平均试样的人员应有高度的责任心和熟练的操作技能。

(5)制备平均试样时应严格按照制样程序进行,以防止任何因人为因素而造成样本失真现象的发生。

3.2.3　试样分类

试样的分类。按照取样及制备过程,一般将试样分为实验室样品、分析试样和试料三类:

(1)实验室样品(laboratory sample):按照科学方法选取少量能代表整批物料或某一矿山几个采样点平均组成的样品。

（2）分析试样（test sample）：由实验室样品制得的质量为数 10g 供分析用的样品。

（3）试料（test portion）：为某次分析测定而定量称取的少量样品。一般为几克或零点几克。

3.2.4 取样量的确定

3.2.4.1 一般物料样本最低质量的确定

应采取的样本物料数量与物料的性质、均匀程度、颗粒大小和被测组分含量等有关。其关系可用下列经验公式（又叫缩分公式）表示：

$$Q = kd^2 \tag{3-10}$$

式中　Q——样本物料的最低可靠质量，kg；

　　　k——经验系数。较均匀的物料 k 值取 0.1～0.3；不均匀的物料 k 值取 0.4～0.6；很不均匀的物料 k 值取 0.7～1.0；

　　　d——样本物料的最大颗粒直径，mm。

[练一练] 采取石灰石样本时，k 值可取 0.2，最大颗粒直径为 20mm，则应采取的样本矿石最小质量为多少？

缩分公式的意义在于，缩分（采集）后试料的最小质量（kg）应大致与试样中大颗粒的直径（mm）平方成正比。由缩分公式可知，矿石的颗粒越大，应采取的样本物料越多；样本物料越不均匀，应采取的样本物料也越多。因此，块状物料应在破碎后再采取。

3.2.4.2 煤炭采样数目及样本最低质量的确定

（1）煤炭采样数目的确定。水泥厂大多在煤堆上采样。采样数目据三种情况而定。

①每堆煤总量为 1000t 时，采样数目按表 3-1 确定。

表 3-1　1000t 煤采样数目表

煤炭品种	原煤	筛选煤	炼焦用精煤	其他洗煤（包括中煤）
	灰分 ≤20%	灰分 >20%		
样品数目（个）	30	60	15	20

②当每堆煤总量不足 1000t 时，样品数目按比例递减。由于在煤堆采取的商品煤样的代表性很差，所以样品数目不能少于表 3-1 规定数目的一半。

③当每堆煤总量大于 1000t 时采取样品数目按下列公式计算得出：

$$n = n_{1000}\sqrt{\frac{M}{1000}} \tag{3-11}$$

式中　n——实际应采取的样品数目（个）；

　　n_{1000}——1000t 煤应采取的样品数目（个）；

　　　M——实际煤量（t）。

（2）煤炭样本最低质量的确定。对煤炭的取样，要求取样点要分布均匀，取样的质量与煤炭最大粒度有关，可从表 3-2 中查得。

表 3-2　煤炭最大粒度与取样最低质量表

煤炭最大粒度（mm）	原煤	<100	<50	<25	<13	<6	<3	<2	<1	0.15～0.2
煤样最低质量（kg）	400	250	100	60	15	6	3	2	1	0.1～0.3

[例1] 某水泥厂新进原煤1600t,其最大粒径为25mm,则应采取的样品数目为多少?样本最低质量为多少?

[解] ①已知:$M = 1600t, n_{1000} = 30$个,按式3-11计算可得应采样品数目为:

$$n = n_{1000} \sqrt{\frac{M}{1000}} = 30 \sqrt{\frac{1600}{1000}} \approx 38(个)$$

②应采取的样品质量,通过查表3-2可知为60kg。

[答] 应采取的样品数目约38个,总共应采取60kg样品。

3.3　样品的采取

样品的采取,简称取样,又称采样,是任何类型检验的第一步。它不仅关系到检验结果代表的样本的大小,而且影响结果的准确性。取样的目的是使检验结果能够代表某批产品或物料,而不是代表其中的一部分。采样方法一般有随机抽样、矿山采样、在生产过程中取样和在产品库取样等四种。

3.3.1　随机抽样

随机抽样有简单随机抽样法、系统抽样法、分层抽样法和整群抽样法四种。

3.3.1.1　简单随机抽样法,又叫随机抽样法。一般地,设一个总体含有 N 个个体,从中逐个抽取 n 个个体作为样本($n \leq N$),如果每次抽取时总体内的各个个体被抽到的机会都相等,就把这种抽样方法叫做简单随机抽样法。要实现抽样的随机化,可采取抽签(或抓阄)、查随机数值表,或掷随机数骰子等办法。例如,要从100件产品中随机抽取10件组成样本,可把这100件产品从1到100编号,然后用抽签(或抓阄)的办法,任意抽出10张。假如抽到编号是3、7、15、18、23、35、46、51、72、89等10个,于是就把这10个编号的产品拿出来组成样本。这就是简单随机抽样法。这个办法的优点是抽样误差小,缺点是抽样手续比较繁杂。在实际工作中,真正做到总体中每个个体被抽到的机会均等是不容易的,往往受到客观条件、主观心理等许多因素综合影响。

3.3.1.2　系统抽样法,又叫等距抽样法或机械抽样法。就是将总体中的各单元先按一定的顺序排列、编号,然后决定一个间隔,并在此间隔基础上选择被调查的单位个体。例如,要从100件产品中抽取10件组成样本,首先应将100件产品按1、2、3、…、100顺序编号;然后用抽签或查随机数表的方法确定1~10号中的哪一件产品入选样本(此处假定是3号);第三,其余依次入选样本的产品编号是:13号、23号、33号、43号、53号、63号、73号、83号、93号;最后由编号为3、13、23、33、43、53、63、73、83、93的10件产品组成样本。由于系统抽样法操作简单,实施起来不易出差错,因而在生产质量控制中常使用这种方法。如:水泥厂控制生料烧失量,就是每两个小时去取一次样品进行检测,可以看做是系统抽样。值得注意的是,在总体发生周期性变化的情况下,不宜使用这种方法。

3.3.1.3　分层抽样法,也叫类型抽样法。是指将调查总体按照一定标准进行分层,然后在每一层中用简单随机抽样方式抽取样本进行调查。比如,在水泥厂机修车间,甲、乙、丙三个工人在同一台车床上倒班车削磨机螺栓,他们车削好的螺栓分别放在三个地方,如果现在要求抽取9个螺栓组成样本,采用分层抽样法,应从三人分别车削的磨机螺栓中各随机抽取3个,合起来共9个组成样本。这种抽样方法的优点是样本的代表性比较好,抽样误差比较小;缺点是抽样手续繁杂。这个方法常用于产品质量验收。

3.3.1.4 整群抽样法，又叫集团抽样法。这种方法是将总体分成许多群,然后随机地抽取若干群,并由这些群体中的所有个体组成样本。这种抽样法的背景是:有时为了实施上的方便,常以群体(公司、工厂、车间、班组、工序或一段时间内生产的一批产品等)为单位进行抽样,凡抽到的群体就全面检测,仔细研究。这种抽样方法的优点是抽样实施方便;缺点是由于样本只来自个别几个群体,而不能均匀地分布在总体中,因而代表性差,抽样误差大。这种方法常用在工序控制中,如熟料全分析就采取此方法抽样,每班做一个样品。散装水泥和袋装水泥的检测属于整群抽样法,但因水泥出厂前一般都经过了均化处理,规避了这种方法的弊端,结果的可信度还是较高的。

(1)散装水泥。①对于水泥厂而言,当所取水泥深度不超过 2m 时,每一编号内采用散装水泥取样器随机取样。通过转动取样器内管控制开关,在适当位置插入水泥一定深度,关闭后小心抽出,将所取样品放入容器中,每次抽取的试样量应尽量一致。②对于混凝土搅拌站或建筑企业见证取样而言,取样方法是同厂同期同品种同强度的同一出厂编号 500t 为一批,随机从不少于 3 个车罐中,用槽型管在适应位置插入水泥一定深度(不超过 2m),取样搅拌均匀后从中取出不少于 12kg 作为试样放入标准的干燥密封容器中,同时另取一份封样保存。

(2)袋装水泥。①对于水泥厂而言,每一编号内随机抽取不少于 20 袋,采用袋装水泥取样器取样,将取样器沿对角线方向插入水泥包装袋中,用大拇指按住气孔,小心抽出,将所取样品放入容器中,每次抽取的试样量应尽量一致。②对于混凝土搅拌站或建筑企业见证取样而言,同一厂家、同期、同品种、同强度等级,以一次进场的同一出厂编号的水泥 200t 为一批,先进行包装质量检查,每袋质量允许偏差 1kg,取样方法是随机从 20 袋中采取等量的水泥,经搅拌后取 12kg 分两份密封好,一份送检,一份封样保存。

[案例 3-1] 怎样运用随机抽样 4 种方法?

某水泥厂仓库新进一批零件,分别装在 20 个零件箱中,每箱各装 50 个,总共是 1000 个。如果想从中取 100 个零件作为样本进行检测,运用 4 种抽样方法的做法是不同的:

(1)将 20 箱零件倒在一起,混合均匀,并将零件从 1~1000 逐个编号,然后用查随机数表或抽签的办法从中抽出编号毫无规律的 100 个零件组成样本,这就是简单随机抽样。

(2)将 20 箱零件倒在一起混合均匀,并将零件从 1~1000 逐个编号,然后用查随机数表或抽签的办法先决定起始编号,比如 16 号,那么零件编号依次为 6、26、36、46、56、…、976、986、996 的零件和 16 号零件,这 100 个零件组成样本。这就是系统抽样。

(3)对 20 箱零件,每箱都随机抽出 5 个零件,共 100 件组成样本。这就是分层抽样。

(4)先从 20 箱零件随机抽出 2 箱,然后对这 2 箱零件进行全数检测,即把 2 箱零件看成是"整群",由它们组成样本,这就是整群抽样。

3.3.2 矿山采样

水泥生产使用的原料大多数是从矿山开采的矿物原料。这些矿物原料的化学成分、物理性质等通常都不均匀,特别是大块、小块和粉末共存时,更是如此。对矿物原料的采样不能直接应用上述随机抽样的方法。但为了保证样本的代表性,在采样过程和使用的方法中,仍要体现随机性。矿山采样主要有拣块取样、方格取样、刻槽取样和钻孔取样等方法。

3.3.2.1 拣块取样。就是在掌子面爆破堆上或矿体适当部位,拣矿块(整体矿要把表面风化层去掉)作为样品,这种方法简单易行,但有相当的主观性。取样人员对矿山资源质量情况相当了解,经验丰富,取样才有代表性。

3.3.2.2 方格取样。指有规律地布置取样点,在矿体上划定方格或菱形网格。在格子的各角采取相等矿块(样品),合成样本。样块大小由需要原始样品的质量而定。格子的大小根据矿体确定。采样前,需将采样处弄平扫净。

3.3.2.3 刻槽取样。就是在矿体不同部位刻上规则的槽,刻槽时凿下的碎屑碎粉就作为样品。槽的断面一般是长方形,也有半圆形或三角形,在一般情况下,断面为 3cm × 2cm ~ 10cm × 5cm,深度 1 ~ 10cm。刻槽前,要将矿体表面弄平扫净。

3.3.2.4 炮眼取样。就是采取在矿山打眼时凿出的碎屑细粉组合成样本。

上述采样方法适用于水泥生产中使用的各种原料,如石灰石、煤、黏土等矿山的采样。若矿山各部位矿体质量差异较大时,可将矿山分成若干层,然后在各层分别取样分析。矿山采样的这些取样检测分析,主要目的是:一是为了指导矿山的开采作业,使矿山资源得以充分利用;二是可根据取样检测分析数据,对品质质量不同的原料进行合理搭配使用,保证生产中使用的原料质量稳定,产品质量稳定。

3.3.3 在生产过程中取样

3.3.3.1 生产原料、燃料的取样

(1)在料堆上取样

水泥厂依据自己的生产规模设置原料和燃料预均化堆场。凡是进厂的原料和燃料都分批、分堆、按质存放,每批都要取样化验,先化验后使用,并尽可能均化。

取样时先在原、燃料堆的周围从地面起每隔 0.5m 用铁铲划一根横线,然后每隔 1 ~ 2m 从上到下划一根竖线,以横、竖线的交点作为取样点(图 3-2),在取样点处深入 0.3 ~ 0.5m 用铁铲挖取 50g 左右样品。如遇块状物料可用铁锤取一小块,将各点取的样品混合而成样本。

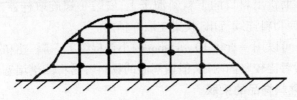

图 3-2 取样点示意图

(2)在输送设备上取样

在水泥生产企业的生产过程中,各种原料和燃料是由输送设备,如皮带输送机(螺旋输送机)输送运行而成为流动物料。对流动物料的取样采用横向截取法,即每隔一定时间,在垂直于物料流动的方向上截取一定量的物料作为样品。

①若在输送设备上取样,要把输送设备上整个横截面的所有物料都取下来作为样品。

②若在喂料设备上取样,要把喂料设备在取样时间内所给出的物料全部接取作为样品,而不能只接取其中的一部分物料,这样才能确保样品具有代表性。

(3)运输车上取样(图 3-3)

①当车皮容量为 30t 以下时,沿斜线方向,三点采样。

②当车皮容量为 30 ~ 50t,四点采样。

③当车皮容量为 50t 以上时,五点采样。

取样完毕,封口,贴好样品标签,记录原料名称、产地、批号、车号、取样地点、采样日期和具体时间等相关信息。

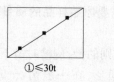

①≤30t   ②30~50t   ③>50t

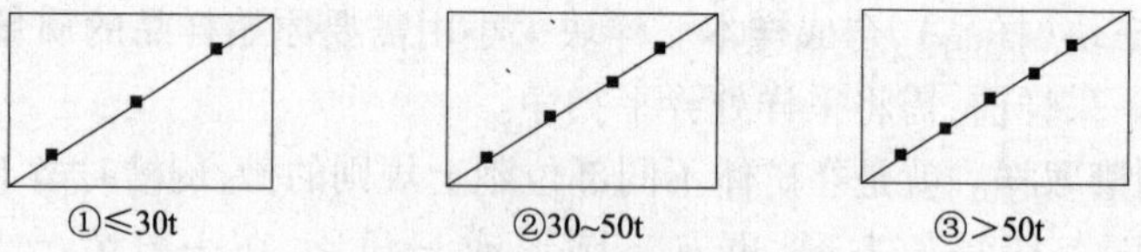

图3-3 运输车上取样示意图

（4）燃煤取样

煤是非常不均匀的物料，只在煤堆上的一个面上进行采样是没有代表性的，最好在卸煤过程中分面分层进行采样。在采样前，首先要根据煤的数量计算一下采样点是不是够，再根据煤的标称最大粒度计算每点采样量是否符合要求。

3.3.3.2 出磨生料、出磨水泥样品的采取

出磨生料和出磨水泥均为混合均匀的粉状物料，又是连续生产连续运送的，一般采取一定时间间隔的样品（如每天、每班、每小时等）。可采用人工定时取样和自动连续取样两种采样方法。

（1）人工取样。可根据生产质量控制的具体要求，规定在一定的时间间隔随机采取。

（2）自动连续取样。

①螺旋输送机。在螺旋输送机（绞刀）的外壳上，钻一个 1~1.5cm 的小圆孔，放入一用钢丝做的弹簧，利用螺旋输送机的转动使弹簧将物料弹出，流入取样桶内。

②皮带输送机。在皮带输送机上可有两种取样方法：其一，在皮带的托轮旁安装一刮片，刮取的物料收集在取样桶内；其二，在皮带输送机上的计量器旁取样。

③水泥磨机。在磨机出料口的下料斜溜子上，安装一螺旋取样器，利用磨机传动轴的转动带动螺旋转动，使物料连续流出，收集在取样桶内。

④螺旋取样机。可以用一直径 10~15mm 的小铁棍缠上一圈一圈的 8 号铁丝制成。也可制作一螺旋杆。后者比较坚固耐用，但遇潮湿的物料容易将凹槽堵塞。

3.3.3.3 水泥熟料样品的采取

（1）出窑熟料样品的采取及制备。出窑熟料取样点设在拉链机链斗处，样品每 1h 取样一次，分析一次，人工用取样铲取样，取样工每次取样最少重复 5 遍，每次间隔最少 10s，取样量不少于 10kg。取适量熟料于振动筛上，按"立升重检测方法"检测熟料立升重。将剩下熟料混合，用颚式破碎机破碎，经充分混合后，取出所需的样品，称取 50g，在密封制样机上粉磨 3min，取 20g 样品装入样品瓶，作为留样和抽查样，如果 $f\text{-}CaO$ 出现异常，应增加其检测频次，直至合格后再恢复原来检验频次，每组的最后一个熟料样做容重试验。将每次破碎后的熟料样品，约 0.5kg，留于每天相应的留样桶中，每天将取出的出窑熟料样品合并在一起，经充分混合（每桶 7kg 左右），供物检小磨实验用。

（2）商品熟料样品的采取及制备。商品熟料按要求进行多车采样，按 2000t 为一编号，多车取样合并后约 10kg，破碎混合后缩分制样，熟料样 6kg 小磨粉磨试验，粉磨后的熟料粉缩分成两桶，一桶封存，贴上封条，编号识别；另一桶用于熟料物理检验。用称样勺取出所需适量熟料粉样品，约取 50g 在密封制样机上粉磨 3min，取 20g 留样，其余送熟料岗位做游离钙后，由熟料岗位送荧光分析做分析。

3.3.3.4 水泥成品样品的抽取

（1）自动取样器取样。采用取样装置（图3-4）取样，一般将取样器安装在尽量接近于水

泥包装机的管路中,从流动的水泥中取出样品,然后将样品放入洁净、干燥、不易受污染的容器中。

(2)取样管取样。主要用于袋装水泥取样,如图3-5所示。使用方法是随机选择20个以上不同的部位,将取样管插入水泥适当的深度,用大拇指按住气孔,小心抽出取样管。将所取样品放入洁净、干燥、不易受污染的容器中。

(3)槽形管状取样器取样。主要用于散装水泥取样,所取水泥深度不超过2m,如图3-6所示。使用方法是转动取样器内管控制开关,在适当位置插入水泥一定深度,关闭后小心抽出。将所取样品放入洁净、干燥、不易受污染的容器中。

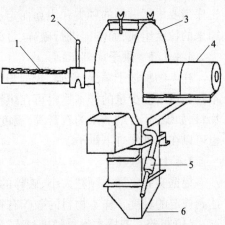

图3-4　自动连续取样器
1—入料处;2—调节手柄;3—混料筒;
4—电机;5—配重锤;6—出料口

采取水泥混合样时,取样数量应符合各种水泥产品标准的规定。采取水泥分割样时的取样数量,对袋装水泥,每1/10编号从一袋中取至少6kg。对散装水泥,每1/10编号在5min内取至少6kg。

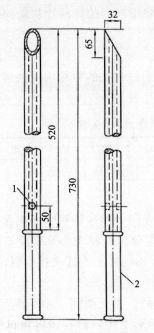

图3-5　袋装水泥取样管(单位:mm)
1—气孔;2—手柄材质:黄铜

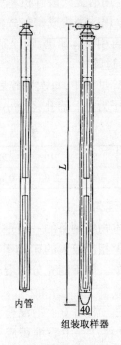

图3-6　散装水泥取样管(单位:mm)
$L = 1000 \sim 2000$;气孔和壁厚尺寸自定

3.4　平均试样的制备与保管

3.4.1　平均试样的制备

采集的样本物料特别是块状物料,数量一般较大,且不均匀,而供化学分析用的分析试样一般为几克或几十克,所以采集的样品必须按照科学的方法制成均匀的、有代表性的分析试样。对样本物料的处理加工过程就是平均试样的制备。

平均试样的制备一般要经过"烘干→破碎→过筛→混匀→缩分"五道工序。具体加工工序需要根据试样的种类和用途而定。如果试样是要进行筛分分析测定粒度,则必须保持原来的粒度组成,而不能进行破碎、过筛,而只需将样本物料混匀与缩分即可。

3.4.1.1 烘干

样本物料过于潮湿,粉碎、研细与过筛有困难时(如发生湿粘或堵塞现象),必须先将样本物料烘干。少量的样本物料可在烘箱中烘干,温度保持在 105~110℃。对易分解的样本物料,如煤粉、含结晶水的石膏等,温度应低一些,一般可在 60~65℃下进行。没有烘箱时,也可以在红外线灯下烘干。

3.4.1.2 破碎

根据实验室样本颗粒大小、破碎的难易程度,可采用人工或机械的方法逐级破碎,直到达到规定的粒度。样本物料的破碎有粗碎、中碎、细碎和粉碎四种方法。

(1)粗碎。若样本物料粒度过大,可先用大锤敲碎至最大颗粒直径小于 50mm,然后用颚式破碎机破碎至 4mm 以下。

(2)中碎。用磨盘式破碎机或辊式破碎机将粗碎后的样本物料破碎至 0.82mm 以下。

(3)细碎。用磨盘式破碎机将中碎后的样本物料破碎至 0.18mm 以下。

(4)粉碎。用球磨机或密封式实验用碎样机将细碎后的样品物料粉碎至粒径 0.08mm以下。必要时再用研钵研磨,直至达到规定的粒度。

3.4.1.3 过筛

在试样破碎过程中,每次磨碎后均需过筛,未通过筛孔的粗粒再次磨碎,直至样品全部通过指定的筛子为止。筛孔径大小与筛号的关系见表 3-3。

表 3-3 筛号(网目)与孔径大小的关系

筛号/网目	5	10	20	40	60	80	100	120	170	200
筛孔/mm	4.00	2.00	0.83	0.42	0.25	0.177	0.149	0.125	0.088	0.074

3.4.1.4 混匀

混匀是样本物料制备的一道重要工序。因为在同一样本物料中往往含有几种密度、硬度等物理性质上相差较大的矿物组分,各种矿物组分因颗粒大小及密度不同,会使样本物料产生分层现象。如不能充分的混合均匀,将严重影响样品的代表性。混匀样本物料常用以下几种方法。

(1)移堆法。常用于手工混合大量实验室样品。在光滑而干净的混凝土或木制平台上,用铁铲将物料往一中心堆积成一圆锥形,然后从锥底一铲一铲将物料铲起,重新堆成另一个圆锥,来回翻倒 3~5 次。操作时物料必须从锥堆顶部自然撒落,使样品充分混合均匀。

(2)环锥法。先将样本物料用铲子堆成一个规则的圆锥体,然后用木板或金属板从锥顶的中心插入,以锥体轴为中心将板转动。把圆锥体变成一个环形,环形直径要比锥体直径大约两倍。然后再用铲子沿环的外圆或内圆将样本物料重新堆成圆锥体。如此反复进行 2~3 次以上,可将物料混匀。操作时应注意每一铲物料都必须准确地撒在锥体的顶部。这种方法也适用大批量样本物料混匀,如图 3-7 所示(从左向右第一排 1→5,第二排 6→8,反复操作直至样品充分混合均匀)。

(3)机械法。在实验室,对少量的样本物料可用分样器混匀,即将样本物料反复倒入分样器中,达到混匀样本物料的目的。另外,实验室的球磨机在磨细物料的过程中,本身就是很好的混匀样本物料的过程。

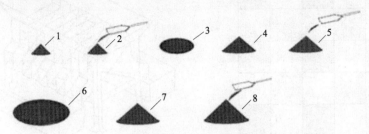

图 3-7 移堆法或环锥法示意图

1—堆堆儿;2—料从锥顶倾斜撒落;3—摊平;4—再次堆堆儿;5—料从锥顶倾斜撒落;
6—摊平;7—再次堆堆儿;8—料从锥顶倾斜撒落

(4)掀角法。常用于少量细样品的混匀,将样品倒在干净光滑的塑料布上,提起塑料布的两个对角,使样品在水平面上沿塑料布的对角线来回翻滚,第二次提起塑料布的另外两个对角进行翻滚,如此调换翻覆多次,直至样品混合均匀。

3.4.1.5 缩分

采集的样本物料往往很多,需要将样本物料缩分来制备平均试样。缩分是在样本物料充分混匀之后进行的,是在不改变物料的平均组成的情况下,逐步缩小试样量的过程。缩分是整个平均试样制备过程中非常重要的一环。缩分通常采用锥形四分法、正方形法(挖取法)和分样器缩分法三种。

(1)锥形四分法。将混匀的样本物料堆成圆锥体。然后用铲子或木板将锥体顶部压平,使其成为圆锥台。通过圆心将圆锥台分为四等份。去掉任意的相对两等份,剩下的两等份再混匀堆成圆锥体。如此反复进行,直至达到规定的试样数量为止,如图 3-8 所示。

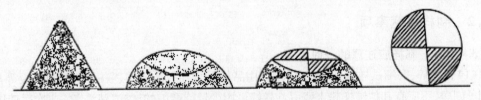

图 3-8 锥形四分法示意图

(2)正方形法,又叫挖取法。将混合均匀的样本物料铺成正方形的均匀薄层,用小铲子划成若干个小正方形。按照"隔一取一"的办法,将图 3-9 中阴影或无阴影部分小正方形中的物料全部取出,放在一起混合均匀,其余部分弃去或留作副样保管。此方法适用于少量样品的缩分或缩分至最后选取分析试样时使用。

(3)分样器缩分法。分样器的种类很多,最简单的是槽形分样器,如图 3-10 所示。分样器中有数个左右交替的用隔板分开的小槽(一般不少于 10 个且为偶数),在下面两侧分别放有承接试样的样槽。当试样倒入分样器后,即从两侧流入两边的样槽内。于是把物料均匀地分成两个等份,其中的一份弃去,另一份再进一步磨碎、过筛和缩分。用分样器缩分,可不必预先将样本物料混匀而直接进行缩分。但样本物料的最大直径不应大于格槽宽度的 1/2 ~ 1/3。

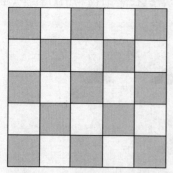

图 3-9　正方形法（挖取法）示意图

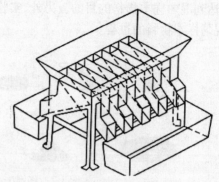

图 3-10　槽形分样器

3.4.1.6　研磨

对分析试样粒度的要求与试样分解的难易程度等因素有关。经最后缩分得到的试样一般为 20~30g（可根据需要确定），还需要在玛瑙研钵中充分研细，使样品最终全部通过170目（0.088mm）或200目（0.074mm）筛。也可用手感检验粒度是否合格：将手洗净擦干，取少许样品于手指轻捻，感到滑腻无颗粒感即可。充分混合后，一部分保存于带盖的称样瓶中，注明样品名称、取样时间等信息。另一部分放在样品袋中，作为副样，注明样品详细信息。

平均试样的制备过程可以归纳到一张流程图上，如图 3-11 所示。

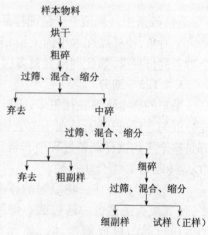

图 3-11　平均试样的制备过程

3.4.2　制样注意事项

3.4.2.1　制样应注意的一般事项

（1）在破碎、磨细试样前，对每一件设备用品如碾子、磨盘、研钵、颚板、铁锤和钢板等都需用刷子刷净，不应有其他试样粉末残留。最好再用少量待磨细的试样"清洗"2~3次后使用。

（2）应尽量防止试样小块和粉末飞溅。

（3）磨细过筛后的筛余一律不许弃去，须继续进行粉碎，直至全部试样都通过筛子为止。

（4）要避免试样在制备过程中被沾污，因此要避免机械、器皿污染，试样和试样之间的交叉污染。

（5）制备好的合格试样应及时封存保管，要贴上试样标签，以便识别。标签应注明试样名称，检验项目，取样日期，制样人等项目。试样交实验者时应有签收手续。

3.4.2.2　制备分析试样的要求

供化学分析用的试样必须要求颗粒细而均匀。在制样过程中，除一般注意事项外，还必须做到以下几点。

（1）试样必须全部通过 0.085mm 孔径的筛网，必要时全部通过 0.063mm 孔径的筛网。

（2）在分析前试样需在 105～110℃的电热烘干箱烘烤 1～1.5h（石膏除外），以去掉附着水分。

（3）采用锰钢磨盘研磨的试样，必须用磁铁将其引入的铁尽量吸掉，以减少污染，据报道用锰钢磨盘将试样研磨至 0.105～0.15mm，可以引入 0.1% 左右的金属铁。这种污染的程度视试样的硬度而异。

3.4.2.3　制备煤样时需注意的事项

制备供测试化学成分及工业分析用的煤样时应注意下列事项：

（1）严格按采样方法进行采样。

（2）将在 70～80℃ 温度下测定外在水分的煤样磨碎至全部通过筛孔为 0.2mm 筛。

（3）过筛的试样应放在浅盘中置于 40～45℃ 烘箱中烘干。

3.4.3　样品的保管

3.4.3.1　保存试样的目的

主要是为了试验有误差时再次检验、抽查，或发生质量纠纷时进行仲裁，或用来配制组合试样，因此留样要妥善保管，标签要详细清楚，水泥、熟料等易受潮的试样应用封口铁桶和带盖磨口瓶保存。

3.4.3.2　试样保存期

除出厂水泥需要保存三个月外，其他试样各水泥生产企业可根据情况自定，一般应保存一周左右。

3.4.3.3　留样室管理要求

（1）留样室要通风、避光、防火、防爆、专用。

（2）留样瓶、袋要封好口，标识清楚、齐全。

（3）样品要分类、分品种有序摆放。

（4）样品室设专人管理，严格保持卫生清洁。

（5）样品超过保存期限后，按"三废"管理制度进行处理。

3.4.3.4　对出厂水泥检验样品的制样与留样要求

（1）水泥试样通过 0.9mm 方孔筛，并混合均匀，注意记录筛余物。

（2）每一取样单位的水泥试样，应充分拌匀后分成两等份，一份供本厂做全套物理化学检验，一份按规定要求用双层食品塑料袋装好（即两个塑料袋套装），放入密封的留样桶内，密封保存期为 3 个月（保管日期从该编号水泥最后出厂之日起计算），以便需要时，送水泥质量监督检验机构复验或仲裁。

（3）检验样品应于试验前 8h 送入试验室，以保持与试验室相同的温度。

（4）留样应有留样条，留样条注明品种、标号、编号、包装日期及留样人。

3.4.3.5　对水泥封存样的包装要求

为了防止水泥吸潮、风化，水泥留样时要求用食品塑料薄膜袋装好，并扎紧袋口，放入留样铁桶中密封存放 3 个月。食品塑料薄膜袋不同于非食品塑料薄膜袋。非食品塑料薄膜袋上有一层增塑剂，它们大都是挥发性很强的脂类化合物。若将它用于水泥留样包装，这种可挥发性的有机物就会吸在水泥颗粒表面上，形成一层难透水的薄膜，阻隔水泥颗粒与水的接触，降低水泥的水化反应能力，使水泥强度下降。而食品塑料薄膜袋上则没有这种带挥发性的增塑剂。所以要求水泥留样应用食品塑料薄膜包装，而不能用非食品塑料薄膜袋。

3.5 向质检机构送检样品的要求

水泥送检样分委托、监督、报优、抽查、对比、复验、仲裁检验等七类,水泥厂送检样品时,具体要求如下:

(1)凡是监督检验样必须与厂自检样、封存样同时抽取,随机取样18kg,均匀混合为三等份,一份供自检使用;一份为封存样;另一份为监督样,该样品必须在该编号水泥出厂后3d内寄(送)出。

(2)送样时必须使用统一的送样单,详细填写送样单位、样品名称、品种、标号、编号、混合材名称及掺加量、出厂日期、检验项目和送样类别(指监检、对比、代检或复验等),凡不按规定填写品种、标号、编号等,监检机构不予受理。

(3)样品质量至少应有6kg,以便遇到特殊情况时(如试验过程中突然停电、机械故障或人为事故造成试件损坏)或对试验结果有异议需要重检时有足够的样品。

(4)样品用双层食品塑料袋装好,送样单用信封装好放在双层食品塑料袋之内,外用水泥纸袋包捆结实(不宜用木箱),以防寄送途中破损、受潮、风化,影响检验结果的准确性。

(5)企业应及时向质检机构报送本厂检验结果,以便对企业的产品质量和检验水平进行全面的考核和综合评定。凡监督样和对比样在未收到企业检验报告单前,质检机构不发28d检验报告单。

(6)凡监督检验机构抽检样品,必须在封样之日起3d内寄(送)指定的检验机构(寄样以邮戳为准),无特殊情况不按时寄送抽检样品者以不合格品论处。

(7)凡是委托样、对比样、代检样,均只对来样负责。

(8)凡复验、仲裁样必须符合有关规定,否则质检机构一律不予受理。

[学习思考3]

1. 什么是总体? 什么是样本? 总体、样本和样品间有何联系?

2. 什么是样本的代表性? 为保证样本的代表性应采取哪些措施?

3. 随机抽样有几种方法? 各种方法有哪些优缺点?

4. 矿山采样有哪几种方法?

5. 假设某厂原料堆的底部直径约5m,高约2m,其中原料最大粒径约30mm,均匀程度很差。试根据料堆采样和样本原料最低质量要求设计取样方案(包括取样点、每个采样点样品质量和样本原料最低质量)。

6. 平均试样制备有哪几道工序? 样本物料缩分有哪几种方法?

7. 制备平均试样时应注意哪些问题?

8. 若要采取某一较均匀的矿石样本,最大颗粒直径约30mm,K取值为0.1。问原始样本应采取多少千克?若送化验室的试样约需60g,问此试样最粗颗粒的直径应不超过多少毫米?

9. 绘制几种典型的取样方法。

10. 绝对误差、相对误差和允许差各有什么意义?

11. 为什么水泥封存样要用食品塑料薄膜袋而不用非食品塑料薄膜袋?

4　水泥生产质量控制图表的确定

[**概要**]　本章共分四节,重点介绍了水泥生产质量控制图表的确定,包括质量控制点的确定、取样控制、控制指标的确定及水泥生产质量控制图表实例。要求了解质量控制点的确定原则,掌握水泥工艺流程中的常见控制点;熟悉《水泥企业质量管理规程》的质量控制指标;理解水泥生产质量控制图表的意义,能看懂并绘制生产质量控制图表。

　　水泥生产是连续生产工艺过程,每道工序的质量都会影响最终产品的质量。为了提高产品质量,保证水泥生产的正常进行,以便在水泥生产过程中科学地、经常地、系统地对各工序质量进行严格控制,使水泥生产的每个工序都处于受控状态,用各工序的工作质量来确保最终产品质量,必须把质量控制工作做到水泥生产的全过程中去。质量控制是对某一工序产品的实际检验结果与控制指标进行对比并对差异采取措施所进行的调节管理过程。

　　水泥生产过程的质量管理和控制可通过水泥生产过程质量控制图表予以清晰表示。水泥生产流程控制图是将生产过程中的质量控制情况集中在一张平面图上,将生产过程的各控制点按生产流程顺序列成一张表格,即水泥生产流程控制表。生产过程质量控制图表,要根据本厂的工艺流程和控制点的设置情况而定。通过生产流程质量控制图表,可以清楚地知道水泥厂的生产流程质量控制情况。

4.1　质量控制点的确定

4.1.1　质量控制点的定义

　　我们把从矿山到水泥出厂各主要环节设置的控制点,称为质量控制点。

4.1.2　质量控制点的确定原则

　　质量控制点的确定,要做到能及时、准确地反映生产的真实质量情况,并能够体现"事先控制,把关堵口"的原则。

　　(1)如果是为了检验某工序的产品质量是否满足要求,质量控制点应确定在该工序的终止地点或设备的出口处,即工艺流程转换衔接、并能及时和准确地反映产品状况和质量的关键部位。

　　(2)如果是为了提供某工艺过程的操作依据,则应在物料进入设备前取样。

4.1.3　水泥工艺流程中的质量控制点

　　主要包括:①进厂原材料;②入磨物料;③出磨物料;④入窑生料;⑤入窑煤粉;⑥出窑熟料;⑦出磨水泥;⑧出厂水泥。每一控制点上的控制项目及控制指标,应根据国家标准、水泥企业质量管理规程等管理文件来考虑,但这些文件仅规定了控制产品质量的最低限度,而在实际生产中,工厂为了严格控制各工序的产品质量,还必须制定切合本厂实际来确定有利于产品质量的控制项目及相应的控制指标。因此,在生产中工厂应根据水泥品种、等级的变化调整和制定相应的控制项目及控制指标,使产品质量更加稳定。

4.2 取样控制

4.2.1 取样点的确定和取样方法

正确的取样具有重要意义。取样点的选取必须具备以下原则:

(1)所选取样点的样品要具有代表性,能真实正确地反映生产产品质量。如果取的样品没有代表性,不仅不能正确反映生产实际情况,还会造成人力、物力的浪费,给生产带来损失。

(2)所选取样点要安全可靠,有取样的可能性。

(3)所选的取样点要根据试验的目的不同而定。

取样方法有连续取样法、瞬时取样法两种。在一个随机时间,从一个部位取出规定量的样品称为瞬时样;不间断取出的水泥样品为连续样。综合样则是指从一个时间段内取出的瞬时样或连续样,经充分混合均匀后制得的样品。

取样方法的选择,应使所取样品具有实际生产的代表性和取样的可能性。如要检验某一阶段内产品的质量,则可在一段时间内取平均样,即连续取样法。如每天的生料、水泥、出窑熟料等。如要控制某工序的操作稳定性,或取平均样困难,应取瞬时样,但取样应该有代表性。如出窑熟料的 f-CaO 含量以及原燃材料的取样等。

4.2.2 取样次数和检验次数

取样次数与检验次数对于质量控制的准确性关系极大。因此,应根据实际生产中的技术要求和质量波动情况来确定。

控制项目对产品质量影响很大时,应增加检验次数。如 $CaCO_3$ 滴定值对熟料的煅烧和质量都有很大影响,因此,检验次数较多,一般一小时一次,也有的水泥厂半小时一次。如原、燃材料成分波动较大时,取样与检验次数相应要增加,反之则可减少。

4.2.3 检验方法

检验方法的选择应遵循简单、迅速、准确的原则。但在实际生产的检验工作中,化学分析方法很难全部满足上述要求,只有采用自动仪器分析方法才能很好地达到要求。如钙铁煤分析仪,X 射线荧光分析仪,多元素分析仪,激光颗粒分析仪等。

4.3 水泥质量控制指标的确定

原燃料、半成品和成品的技术指标,是指企业为完成生产品种、内定标准及组织合理经营而对这些物料在技术管理方面的具体技术要求,也是把质量管理制度中的一些指标具体化。制定技术指标的目的是为了便于考核与检查。其内容包括物料名称、检查项目、检查规格、合格率、指标的上下限、检查的次数与时间、负责单位、取样地点和考核办法等。

4.3.1　质量控制的内容

质量控制是有组织、有计划的系统活动,既有专业技术问题,又有管理问题,必须把两者结合起来,才能达到控制质量的目标。

4.3.1.1　制订质量控制计划和控制标准

根据本厂实际,制定合适的控制指标;正确选择取样点、取样方法、检验次数、检验方法,准确、及时地提供原燃料、半成品、成品从进厂到出厂的各道工序、各种工况下真实的质量数据。

4.3.1.2　处置和纠正措施

根据大量质量数据反映出的各种物料、各道工序的质量状况,分析异常的原因并及时采取各种有效的调整措施,保证各控制指标的实现,以最终保证出厂水泥各项技术指标符合国家标准及有关规定。在确保达标的前提下,满足用户某些特殊要求,将"符合性质量"转向"适应性质量",同时要考虑最有效的节能、减排、降耗,增加产量,提高效益,生产出适应市场需求、竞争力强的优质水泥。

4.3.2　质量控制的对象

生产过程的质量控制应包括生产过程的各工序以及影响工序质量的工艺、装备、材料和人的因素等。根据水泥工业的实际,质量控制的重点对象是原燃料的控制及可追溯性、设备的控制、关键工序的控制、工艺参数更改的控制、不合格的控制。

4.3.2.1　原燃料的控制及可追溯性

进厂的原燃料必须符合有关技术指标,进厂后合理堆放,严格隔离,清晰标记。坚持先检验后使用,万一有不合格的原燃料进厂,必须经过处置后方可使用。

4.3.2.2　设备的控制

要按照设备管理规程的要求,用好设备、管好设备,坚持定期检查、定期维修的制度,使设备技术状况处于完好状态。

4.3.2.3　关键工序的控制

生料的制备、均化,熟料的烧成,水泥的制成、均化与出厂等都是水泥生产的关键工序,都要重点控制。重点岗位要配备技术素质较高的工人,对重要工艺参数加大检验频次并加强监督。

4.3.2.4　工艺参数更改的控制

由于工艺条件或原燃料发生重大变化,或改变生产品种,质量控制指标必须及时更改。更改必须遵循一定的程序报领导批准,并在技术文件上注明,及时通知有关部门和生产岗位。

4.3.2.5　不合格的控制

不合格是指"未满足规定的要求"。原燃料、半成品、成品中都有可能出现"不合格品",因此,在生产过程中要对不合格品进行有效的控制,制定出控制不合格品的有关制度和处置办法。出厂水泥不合格时应按重大质量事故处理。

4.3.3　质量控制指标的确定

水泥质量控制指标的确定,要根据国家标准和水泥企业质量管理规范等管理文件来考虑,这些文件规定了控制产品质量的最低限度。为了保证产品质量,企业通常制定严于国家标准的企业内控指标。《水泥生产企业质量管理规程》对水泥生产过程质量控制指标要求见表4-1。

表 4-1　水泥生产过程质量控制指标一览表

序号	类别	物料	控制项目	指标	合格率	检验频次	取样方式	备注
1	进厂原材料	钙质原料	CaO、MgO	自定	≥80%	自定	瞬时	每月统计1次
			粒度					
			水分					
		硅铝质原料	SiO_2、Al_2O_3					
		铁质原料	Fe_2O_3					
		混合材料	物理化学性能	符合相应产品标准规定	100%	1次/(年·品种)	瞬时或综合	
			放射性					
			水分	根据设备要求自定		1次/批		
		原煤	水分	自定	≥80%	1次/批	瞬时	
			工业分析	自定				
			全硫	≤2.5%				
			发热量	自定				
		石膏	粒度	≤30mm(立磨自定)		自定或1次/批		
			SO_3	自定				
			结晶水	自定				
2	入磨物料	钙质原料	CaO	自定	≥80%	自定	瞬时	每月统计1次
			粒度	自定				
			水分	自定				
		硅铝质原料	SiO_2、Al_2O_3	自定				
		铁质原料	Fe_2O_3	自定				
		混合材料	品种和掺量	符合相应产品标准规定	100%	1次/月	瞬时或综合	
			水分	根据设备要求自定		1次/批		
		原煤	水分	自定	≥80%		瞬时	
			工业分析	自定				
			发热量	自定				
		熟料	粒度	≤30mm		自定		
			MgO①	≤5.0%	100%	1次/24h		
		石膏	粒度	≤30mm(立磨自定)	≥80%	自定		
			SO_3	自定		1次/月		
3	出磨生料	生料	CaO(T_{CaCO_3})	控制值±0.3%(±0.5%)	≥70%	分磨1次/h	瞬时或连续	每月统计1次
			Fe_2O_3	控制值±0.2%	≥80%	分磨1次/2h		
			KH或LSF	控制值±0.02(KH)控制值±2(LSF)	≥70%	分磨1次/h～1次/24h		
			SM、IM	控制值±0.10	≥85%	分磨1次/h～1次/24h		
			$80\mu m$筛余	控制值±2.0%	≥90%	分磨1次/h～1次/2h		

续表

序号	类别	物料	控制项目	指标	合格率	检验频次	取样方式	备注
3	出磨生料	生料	0.2mm 筛余	≤2.0%	≥90%	分磨1次/24h	瞬时或连续	每月统计1次
			水分	≤1.0%	≥90%	1次/周		
4	入窑生料	生料	CaO(T_{CaCO_3})	控制值±0.3%（±0.5%）	≥80%	分窑1次/h	瞬时或连续	每季度统计1次
			分解率	控制值±3%	≥90%	分窑1次/周	瞬时	每季度统计1次
			KH 或 LSF	控制值±0.02（KH）控制值±2（LSF）	≥90%	分窑1次/4h~1次/24h		
			SM、IM	控制值±0.10	≥95%			
			全分析	根据设备、工艺要求决定	—	分窑1次/24h	连续	
5	入窑煤粉	煤粉	水分	自定（褐煤和高挥发分煤的水分不宜过低）	≥90%	1次/4h	瞬时或连续	每月统计1次
			80μm 筛余	根据设备要求和煤质自定	≥85%	1次/2h~1次/4h		
			工业分析（灰分和挥发分）	相邻两次±2.0%	≥85%	1次/24h		
			煤灰化学成分	自定	—	1次/堆		
6	出窑熟料	熟料	立升重	控制值±75g/L	≥85%	分窑1次/8h	瞬时	每月统计1次
			ƒ-CaO	≤1.5%	≥85%	自定	瞬时或综合	
			全分析	自定	—	分窑1次/24h	瞬时或综合	
			KH	控制值±0.02	≥80%	分窑1次/8h~1次/24h	综合样	
			SM、IM	控制值±0.1	≥85%		综合样	
			28d 抗压强度	≥50MPa	—	分窑1次/24h	综合样	
			全套物理检验	相应标准各项指标				
7	出磨水泥	水泥	45μm 筛余	控制值±3.0%	≥85%	分磨1次/2h	瞬时或连续	45μm筛余、80μm筛余、比表面积可以任选一种。每月统计一次
			80μm 筛余	控制值±1.5%		分磨1次/2h		
			比表面积	控制值±15m²/kg		分磨1次/2h		
			混合材掺量	控制值±2.0%	100%	分磨1次/8h		
			MgO②	≤5.0%		分磨1次/24h	连续	
			SO₃	控制值±0.2%	≥75%	分磨1次/4h	瞬时或连续	
			Cl⁻	<0.06%	100%	分磨1次/24h	瞬时或连续	
			全套物理检验	符合产品标准规定，其中28d抗压富裕强度按本表"8 出厂水泥"规定	100%	分磨1次/24h	连续	

续表

序号	类别	物料	控制项目	指标	合格率	检验频次	取样方式	备注
8	出厂水泥	水泥	物理性能	符合产品标准规定	100%	分品种和强度等级1次/编号	综合样	
			28d抗压富裕强度	≥2.0MPa	100%			通用硅酸盐水泥
				≥1.0MPa				白色硅酸盐水泥
				≥1.0MPa				中热硅酸盐水泥
				≥1.0MPa				低热矿渣硅酸盐水泥
				≥2.5MPa				道路硅酸盐水泥
				≥2.5MPa				钢渣水泥
			28d抗压强度控制值	目标值±3S③ 目标值≥水泥标准规定值+富裕强度值+3S③		分品种和强度等级1次/编号	综合样	每季度统计一次
			28d抗压强度月（或一统计期）平均变异系数	$C_{V1}^{④}$≤4.5%（强度等级32.5） $C_{V1}^{④}$≤3.5%（强度等级42.5） $C_{V1}^{④}$≤3.0%（强度等级52.5及以上）	100%			
			均匀性试验的28d抗压强度变异系数	C_{V2}≤3.0%	100%	分品种和强度等级1次/季度	综合样	
			化学性能	符合相应标准规定	100%	分品种和强度等级1次/编号	综合样	每月统计一次
			混合材掺量	控制值±2.0%	100%	分品种和强度等级1次/编号		
			水泥包装袋品质	符合GB 9774规定	100%	分品种1次/批		每季度统计一次
			袋装水泥袋重	每袋净含量≥49.5kg，随机抽取20袋总质量（含包装袋）≥1000kg	100%	每班每台包装机至少抽查20袋	随机	

注:1. 当检验结果的合格率低于规定值时,应该增加检验频次,直到合格率符合要求。

2. 表中允许误差均为绝对值。

①入磨物料中熟料的 MgO 含量 >5.0% 时,经压蒸安定性检验合格,可以放宽到 6.0%。

②出磨水泥中的 MgO 含量 >5.0% 时,经压蒸安定性检验合格,可以放宽到 6.0%。

③ $$S = \sqrt{\frac{\sum (R_i - \overline{R})^2}{n - 1}}$$

式中　S——月(或一统计期)平均 28d 抗压强度标准偏差;

　　　　R_i——试样 28d 抗压强度值,MPa;

　　　　$\overline{R}$——全月(或全统计期)样品 28d 抗压强度平均值,MPa;

　　　　n——样品数,n 不小于 20,当小于 20 时与下月合并计算。

④
$$C_{Vi} = \frac{S}{\overline{R}} \times 100\% \quad i = 1,2$$

式中　C_{V_1}——28d 抗压强度月(或一统计期)平均变异系数;

　　　　C_{V_2}——均匀性试验的 28d 抗压强度变异系数;

　　　　S——月(或一统计期)平均 28d 抗压强度标准偏差;

　　　　$\overline{R}$——全月(或全统计期)样品 28d 抗压强度平均值,MPa。

在实际生产过程中,为了严格控制各工序的产品质量,使产品质量更加稳定,各水泥企业往往会根据本厂实际来确定有利于产品质量的控制项目及相应的控制指标。表 4-2 为某水泥有限公司制订的水泥质量控制指标。

表 4-2　某水泥有限公司质量控制指标一览表

序号	名称	控制项目	质量控制指标	合格率	取样点	检验频次	备注
1	矿山石灰石	CaO、SiO_2、MgO			爆堆	每次放炮后	每批荧光分析
2	破碎石灰石	CaO	≥51.5%	85%	均化堆场	1 次/2h	每 2h 一次荧光分析,必要时人工全分析(与荧光分析对比)
		SiO_2	≤5.0%	85%			
		MgO	≤1.2%	85%			
		粒度	75mm 筛余≤10%	85%			
		水分	≤1%	85%			
3	粉砂岩	Al_2O_3	≥14%	85%	破碎机口	1 次/批	每批一次荧光分析,必要时人工全分析(与荧光分析对比)
		水分	≤10%	85%	堆场		
		粒度	原矿 max≤600mm		破碎机口		
4	砂岩	SiO_2	(85.0±5.0)%	85%	矿口、破碎机口	1 次/批	每批一次荧光分析,必要时人工全分析(与荧光分析对比)
		水分	≤8%	85%	破碎机口		
		粒度	原矿 max≤600mm				
5	进厂铁质原料	Fe_2O_3	硫酸渣≥50%	85%	铁粉堆场	1 次/批	每批一次荧光分析,必要时人工全分析(与荧光分析对比)
			硫铁矿渣≥38%	85%			
		粒度	30mm 筛余≤10% max≤50mm	85%			
		水分	硫酸渣≤15% 铁粉≤20%	85%			
			硫铁矿渣≤12%	85%			
		SO_3	≤5%	85%			

序号	名称	控制项目	质量控制指标	合格率	取样点	检验频次	备注
6	二水石膏	SO_3	≥35%	85%	堆棚	1次/批	每批一次人工全分析
		附着水	≤4%	85%			
		结晶水	≥10%	85%			
		粒度	原矿 max≤400mm	85%			
7	脱硫石膏	SO_3	≥40%	85%	堆棚	1次/批	每批一次人工全分析
		水分	≤15%	85%			
8	硬石膏	SO_3	≥40%	85%	堆棚	1次/批	每批一次人工全分析
		水分	≤1%	85%			
9	磷肥渣	SO_3	≥37%	85%	堆棚	1次/批	每批一次人工全分析
		水分	≤12%	85%			
10	水泥用石子	CaO	≥50.0%	85%	堆棚	1次/批	每批一次荧光分析,必要时人工全分析(与荧光分析对比)
		Al_2O_3	≤2.5%	85%			
		粒度	原矿 max≤75mm	85%			
11	粉煤灰	烧失量	≤3%	85%	散装车	1次/批	每批一次人工分析
		游离钙	≤1%	85%			
		水分	≤1%	85%			
		SO_3	≤3%	85%			必要时做
12	矿渣	水分	≤10%	85%	堆棚	1次/批	每批一次荧光分析,必要时人工全分析(与荧光分析对比)
		质量系数	≥1.7	85%			
13	超细矿渣粉	比表面积	≥400m^2/kg	85%	堆棚	1次/批	每批一次荧光分析,必要时人工全分析(与荧光分析对比)
		水分	≤1%	85%			
		质量系数	≥1.7	85%			
14	氧化铝赤泥	水分	≤15%	85%	堆棚	1次/批	每批一次荧光分析,必要时人工全分析(与荧光分析对比)
		活性指标	≥65%	100%		1次/每月	
15	转炉渣	水分	≤20%	85%	堆棚	1次/批	每批一次荧光分析,必要时人工全分析(与荧光分析对比)
		烧失量	≤4%	85%			
		SO_3	≤3.5%	85%			
		水泥强度比	≥65%	100%		1次/每月	
16	进厂原煤	水分	≤8%	90%	煤堆场	1次/批	每批一次煤的工业分析
		应用基发热量	≥20.90MJ/kg	90%			
		挥发分	≥25%且≤35%	90%			
		灰分	≤28%	90%			
		全硫	≤1%	90%			
17	入磨煤	灰分	相邻班组 ±2.0%	90%	入磨煤秤	1次/4h	每天一次合并样检测
		挥发分		90%			

序号	名称	控制项目	质量控制指标	合格率	取样点	检验频次	备注
18	煤粉	水分	≤1.5%	90%	FU下料口	1次/4h	每周全分析一次合并样,每天一次入磨合并样检测
		细度	≤8%	90%			
		灰分	相邻班组±2.0%	90%			
		挥发分		90%			
19	出磨生料	水分	≤1.0%	90%	空气斜槽至提升机下料口	1次/2h	每日综合样人工全分析一次(与荧光分析对比)
		细度	0.08mm筛余≤23.0%	90%		1次/1h	
		荧光分析	KH	65%			
		CaO(备用)	$K\pm0.3\%$	85%			
		Fe_2O_3(备用)	$K\pm0.2\%$	85%			
20	均化库	料位	最低≥40%,月均≥60%	90%		1次/8h	
21	入窑生料	荧光分析	KH	90%	库底空气斜槽至提升机下料口	1次/2h	
		CaO(备用)	$K\pm0.3\%$	90%			
		Fe_2O_3(备用)	$K\pm0.2\%$	90%			
		分解率	92%~96%	90%	C5下料管	随机安排	
22	出窑熟料	KH	$K\pm0.02$	85%	拉链机	分窑1次/2h	每日综合样人工全分析一次(与荧光分析对比)
		SM	$K\pm0.1$	85%			
		IM	$K\pm0.1$	85%			
		f-CaO	≤1.5%	85%		1次/2h(f-CaO、立升重交叉检测)	
		立升重	$(1250\pm75)g/L$	85%			
		荧光分析				每月统计一次	
		抗压强度	3d≥30MPa	月平均			分窑每日全套物理检验一次合并样
			28d≥58MPa				
23	出磨水泥	比表面积	$K\pm10m^2/kg$	85%	水泥输送斜槽	分磨1次/h	
		细度	(0.08mm筛余)$K\pm1.0\%$	85%		分磨1次/h	
			(0.45mm筛余)$K\pm3.0\%$	85%		分磨1次/2h	
		混合材掺量	$K\pm2.0\%$	85%		分磨1次/8h	
		SO_3	$K\pm0.2\%$	85%		分磨1次/h	
		全套物理检验	企业标准	月平均		分磨1次/24h	
24	出厂水泥	物理性能指标	符合产品标准规定	100%		每一编号	分品种和强度等级
		28d抗压富裕强度	≥2.0MPa	100%		月平均	
		化学性能	符合相应标准	100%		每一编号	

续表

序号	名称	控制项目	质量控制指标	合格率	取样点	检验频次	备注
24	出厂水泥	28d 抗压强度控制值	目标值 ±3S 目标值 ≥ 水泥强度等级 + 富裕强度 + 3S	100%	水泥输送斜槽	月平均	每月统计一次
		28d 强度月平均变异系数 C_v	≤4.5%(32.5 等级) ≤3.5%(42.5 等级) ≤3.0%(52.5 及以上等级)				
		均匀性试验	C_v ≤3.0%				
		袋重合格率	单包净重≥49.5kg, 20 包总重≥1000kg, 班平均≤50.2kg			每班每台包装机至少抽查 20 包	
		混合材掺量	K ±2.0%			月平均	
		水泥包装袋品质	符合 GB 9774 规定			1 次/批	分品种
25	出厂熟料	强度标准偏差	≤1.55MPa	每月	出库皮带	1 次/编号	每编号一次荧光全分析、全套物理检验及简易分析
		品质指标	符合企业标准	100%			

注:按生产线分别进行检验。

[说明] 取样:规定时间 ±10min;

全分析:烧失量、SiO_2、Al_2O_3、Fe_2O_3、CaO、MgO(化学分析)。

荧光分析:SiO_2、Al_2O_3、Fe_2O_3、CaO、MgO、SO_3、碱含量。

工业分析:煤的水分、灰分、挥发分、固定碳、发热量。

简易分析:不溶物、SO_3、烧失量。

4.4 水泥生产质量控制图表

控制图表是企业技术条件的细化和形象化。生产流程控制图要根据各企业实际情况,绘出工艺流程中的控制点,将生产流程质量控制点情况集中表示在一张平面图上。生产流程控制表是将各控制点的控制项目、取样地点、取样方法、检验项目、控制指标、合格率要求等按控制点的顺序列成一张表。生产流程控制图表以简明的形式,集中反映出企业的生产工艺流程及其控制情况;也可以将生产流程控制图表输入计算机,以有利于实现水泥生产过程的自动控制。

图 4-1 为预分解窑生产工艺流程质量控制示意图。表 4-3 为预分解窑生产流程质量控制表。

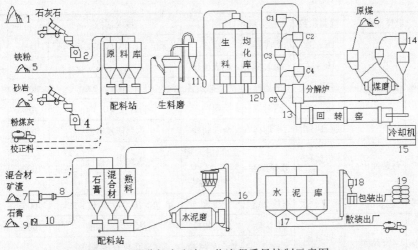

图4-1　预分解窑生产工艺流程质量控制示意图

1—石灰石矿山;2—入库石灰石;3—砂岩堆场;4—入库砂岩;5—铁粉堆场;
6—原煤堆场;7—矿渣堆场;8—入库矿渣;9—石膏堆场;10—入库石膏;
11—出磨生料;12—入预热器生料;13—入窑生料;14—入窑入炉煤粉;
15—出窑熟料;16—出磨水泥;17—散装水泥;18—包装水泥;19—水泥成品库

表4-3　预分解窑生产流程质量控制表

物料名称		取样地点	检测次数	取样方法	检测项目	技术指标	合格率	备注
石灰石	1	矿山或堆场	每批一次	平均样	全分析	$CaO \geqslant 48\%$，$MgO < 3.0\%$	100%	储存量>15d
	2	破碎机出口	每日一次	瞬时样	粒度	粒度<25mm	90%	
砂岩	3	砂岩堆场	每批一次	平均样	全分析，水分	符合配料要求，水分<15%	100%	储存量>10d
	4	破碎机出口	每日一次	瞬时样	水分	水分<1.5%	90%	
铁粉	5	铁粉堆场	每批一次	平均样	全分析	$Fe_2O_3 > 45\%$		储存量>20d
煤	6	煤堆场	每批一次	平均样	工业全分析 煤灰全分析 水分	$A_{ad} < 25\%$；$V_{ad} < 10\%$； $Q_{net,ad} > 22000kJ/kg$； 水分<10%		储存量>10d
矿渣	7	矿渣堆场	每批一次	平均样	全分析	质量系数≥1.2		储存量>20d
	8	烘干机出口	1h一次	瞬时样	水分	水分	90%	
石膏	9	石膏堆场	每批一次	平均样	全分析	$SO_3 > 30\%$		储存量>20d
	10	破碎机出口	每日一次	瞬时样	粒度	粒度<30mm	90%	
出磨生料	11	选粉机出口	1h一次	瞬时样	细度	目标值±2.0%(0.080mm筛)	90%	储存量>7d
			1h一次	瞬时样	全分析	3个率值,4种化学成分	70%	
入预热器生料	12	均化库底	1h一次	瞬时样	细度		90%	
			1h一次	瞬时样	全分析	3个率值,4种化学成分	80%	
入窑生料	13	旋风筒出口	4h一次	瞬时样	分解率	分解率>90%		
煤粉	14	入煤粉仓前	4h一次	瞬时样	细度 水分	目标值±2.0%(0.080mm筛)， 水分<1.0%	70%	4h用量
熟料	15	冷却机出口	1h一次	平均样	容积密度	容积密度>1300g/L	90%	储存量>5d
			2h一次	平均样	f-CaO	f-CaO<1.0%	90%	
			每天一个 综合样	瞬时样	全套物检 全分析	强度>58MPa,安定性一次 合格率,3个率值	100%	

续表

物料名称		取样地点	检测次数	取样方法	检测项目	技术指标	合格率	备注
出磨水泥	16	选粉机出口	1h一次	瞬时样	细度	目标值±1.0%（0.080mm筛）	100%	
			1h一次	瞬时样	比表面积	目标值±10m²/kg	90%	
			每班一次	平均样	矿渣掺入量	目标值±2.0%	80%	
			1h一次	瞬时样	SO_3	目标值±0.3%	70%	
			每日一次	平均样	全套物检	达到国家标准	100%	
散装水泥	17	散装库出口	每编号一次	连续取样	全套物检,烧失量,$f\text{-}CaO$,SO_3,MgO	达到国家标准符合要求	100%	
包装水泥	18	包装机下	每班一次	连接20包	袋重	20包>1000kg,单包≥50kg	100%	
成品水泥	19	产品库	每编号一次	平均样	全套物检	达到国家标准	100%	包装标志齐全
				取20包	均匀性试验袋重	变异系数C_v≤3.0%,20包>1000kg,单包≥50kg	100%	编号吨位符合规定

[学习思考4]

1. 控制点、控制项目、控制指标确定的依据是什么？
2. 编制生产过程质量控制图表的意义是什么？
3. 进厂钙质原料的主要控制项目有哪些？
4. 进厂硅铝质原料的主要控制项目有哪些？
5. 入窑生料的控制项目有哪些？具体控制指标是多少？
6. 出窑熟料需要控制哪些项目？为什么用熟料岩相分析结果控制生产更为准确？
7. 结合预分解窑生产工艺流程质量控制示意图（图4-1），请指出其主要控制点及其具体控制项目。

5　水泥生产各环节的质量控制

[概要] 本章共分九节,主要包括:水泥原料、燃料的质量控制,混合材的质量控制,水泥生产过程中的均化,生料的质量控制与管理,熟料的质量控制与管理,硅酸盐水泥熟料的岩相分拌,水泥制成的质量控制与管理,出厂水泥的质量控制与管理等内容,涵盖了水泥生产全过程的质量要求、控制项目与控制指标以及质量控制分析与检验方法等。特别是对水泥生产管理与质量控制的基础检测方法、最新技术手段如在线控制技术、岩相分析技术进行了较详尽的介绍。

水泥生产是连续性很强的工艺过程,各生产工序之间关系密切,每道工序的质量都与最终的产品质量有关。只有控制好生产过程中每道工序的"产品"质量,把质量控制工作贯穿到水泥生产的全过程,一环扣一环,环环相扣,才能保证出厂水泥的质量符合国家标准中规定的品质指标,全面达到国家规定的《水泥生产企业质量管理规程》的各项要求。水泥生产管理与质量控制主要应做好两方面的工作:一是控制好窑磨在指标控制范围内的正常运转;二是控制好原料、燃料、混合材料、生料、熟料及水泥的质量,以保证水泥生产按要求进行,保证出厂水泥质量的优质和稳定,实现优质高产、低消耗和节能减排,朝着水泥工业可持续发展"四零一负"的奋斗目标迈进("四零一负"——生态环境零污染、外界电能零消耗、废料废渣废水零排放、天然矿物燃料零消耗和全社会废渣废料负增长。由我国知名水泥专家高长明于 1996 年正式提出)。

5.1　水泥原料、燃料的质量控制

硅酸盐水泥生产的主要原料为钙质原料和硅铝质原料。根据原燃材料的品质和生产水泥的品种,掺加适量的校正原料以补充某些成分的不足。为了消纳固体废弃物,保护生态环境,通常还将工业废渣、城市污泥、生活垃圾等作为水泥的原料或混合材料进行生产。

原料质量好坏是制备成分合适且稳定的生料的先决条件,燃料的质量不仅影响熟料的煅烧也影响熟料的质量。因此,要生产符合国家标准要求的水泥,必须保证原料、燃料的质量能够满足生产工艺要求。为了使原燃材料的质量满足工艺技术条件的要求,水泥企业应当建立预均化库或预均化堆场,保证原燃材料均化后再使用,使用前应先检验。对于同库存放多种原料时,应按原料种类分区存放,存放现场应有标识,避免混杂。原燃材料初次使用或更换产地时,必须检验放射性,确认能保证水泥和水泥熟料产品放射性合格后方可使用。

5.1.1　水泥生产对钙质原料的质量要求

凡以碳酸钙为主要成分的原料都属于钙质原料。钙质原料是制造硅酸盐水泥的主要原料,主要提供水泥矿物中的氧化钙。常用的钙质原料有石灰石、泥灰岩、白垩、大理石、贝壳等。我国大部分水泥企业使用石灰石原料,每生产1t熟料,大约需要1.3t石灰石。

5.1.1.1 钙质原料的种类和性质

(1)石灰石。石灰石是指由碳酸钙所组成的化学与生物化学沉积岩,主要矿物是方解石($CaCO_3$),并含有白云石($MgCO_3 \cdot CaCO_3$)、石英(结晶SiO_2)、燧石(结晶SiO_2比石英少)、含铁矿物和黏土杂质,具有微晶或隐晶结构的致密岩石。纯的石灰石含有56% CaO和44% CO_2,为白色。在自然界中,因其所含杂质不同而呈青灰色、灰白色,水分随气候不同而异,通常小于1.0%。

(2)泥灰岩。泥灰岩是由碳酸钙和黏土物质同时沉积所形成的均匀混合的沉积岩,是一种由石灰岩向黏土过渡的岩石,其化学成分和性质随黏土含量不同而变化。泥灰岩的颜色为从青灰色、土黄色到灰黑色,其硬度低于石灰石,黏土含量越高,硬度越低,耐压强度通常小于100MPa。如泥灰岩中CaO含量在43%~45%时,可直接用来烧制水泥。

(3)白垩。白垩是海生生物外壳与贝壳堆积而成,主要由隐晶或无定型碳酸钙所组成的石灰岩,主要成分是碳酸钙,含量80%~90%,有的碳酸钙含量高达90%以上。白垩一般呈黄白色、乳白色,有的因风化及含不同杂质而呈浅灰、浅黄、浅褐色等。白垩结构疏松,碳酸钙含量高,易于粉磨和煅烧,是生产水泥的最佳原料,但因分布不均衡,加上存量有限,难以广泛应用。

(4)贝壳、珊瑚类。主要有贝壳、蛎壳和珊瑚石,含碳酸钙90%左右。

我国水泥企业中,由于受钙质原料矿山的限制,白垩类,贝壳类、珊瑚类只有在很少地区使用。此外,有许多工业废渣,如电石渣、糖滤渣、碱渣、白泥等都可以作为水泥生产的钙质原料。

5.1.1.2 钙质原料的质量要求

石灰石是使用最广泛的钙质原料,其主要成分为$CaCO_3$,其品位高低主要由CaO含量来确定。用于水泥生产的石灰石其CaO含量并不是越高越好,还要看它的酸性氧化物的含量,如SiO_2、Al_2O_3、Fe_2O_3等是否满足配料要求。石灰石要注意其有害成分如MgO、R_2O(Na_2O、K_2O)、游离SiO_2、SO_3等的控制。钙质原料的一般质量要求见表5-1。

表5-1 钙质原料的质量要求(%)

名称品位		CaO	MgO	R_2O	SO_3	石英或燧石	Cl^-
石灰石	一级品	>48	<2.5	<1.0	<1.0	<4.0	—
	二级品	45~48	<3.0	<1.0	<1.0	<4.0	—
泥灰岩		35~45	<3.0	<1.2	<1.0	<4.0	—
GB 50295—2016《水泥工厂设计规范》		>48.00	<3.00	<0.60	<0.50	<8.00(石英质) <4.00(燧石质)	<0.03

石灰石二级品和泥灰岩在一般情况下,都需与石灰石一级品搭配使用,当用煤作燃料时,搭配后CaO含量要求达到48%以上。如采用白云石($MgCO_3 \cdot CaCO_3$)作钙质原料,为了不使煅烧后的熟料中MgO超标(超标后影响水泥安定性),应严格控制钙质原料中MgO含量小于3.0%。

燧石或石英含量较高的石灰岩,表面通常有褐色的凸出或呈结核状的夹杂物,其质地坚硬,难磨难烧,应控制f-$SiO_2 \leqslant 4.0\%$。预分解窑水泥生产中,考虑到K_2O、Na_2O、SO_3、Cl^-等微量组分对水泥质量的影响,在原料质量指标中都做了限制。

5.1.1.3 钙质原料的质量管理

钙质原料在生料中配比约占80%,所以石灰石的质量控制尤为重要。石灰石的质量控制包括矿山的质量管理、外购石灰石质量控制和进厂石灰石质量控制三部分。

（1）石灰石矿山的质量管理：计划开采，搭配使用。

①根据石灰石质量变化规律，在矿山开采的掌子面上，根据实际开采的使用情况，定期按一定的间距、纵向、横向布置检测点，测定石灰石的主要化学成分。如果矿山质量稳定，可1~2年测定一次，检测点间的距离也可适当放大；如果矿山构造复杂，成分波动大，应半年甚至一季度测定一次。通过对矿山质量检测的全面判定，工厂就可以全面掌握石灰石矿山质量变化规律，预测开采情况和进厂石灰石的质量情况，更加主动地充分合理利用矿山资源。原料的开采与输送如图5-1所示。

②根据所掌握的石灰石矿山质量变化规律，编制出季度、年度开采计划，按计划进行开采。对低品位的石灰石矿床也应考虑如何搭配使用，充分利用矿山资源，降低生产成本，提高经济效益。

③做好不同质量石灰石的搭配使用工作，及时掌握石灰石矿各开采区的质量情况，爆破前在钻孔中取样，爆破后在石灰石料堆上取样、检验，确定适当的搭配比例和调整采矿计划。还可以在矿车上取样，每车取几个点，多个点合成一个平均样，用这种方法了解进厂石灰石的质量情况。

④为加强矿山管理，应制订本厂矿山管理规程，遵循"采剥并举、剥离先行"的原则。应控制石灰石矿山的表层土夹层杂质掺入石灰石的数量，如果它们掺入不均匀，将直接影响配料成分的准确性；在雨季因土质的黏性较大，还会影响运输、破碎、粉磨等工序的正常进行。因此，要及时做好矿山剥离和开采准备工作，除掉表层土质和清除夹层杂质，对维护生产的正常进行和保证生料质量很重要。特别是新建矿山和新采区，更应提前做好剥离和开采准备工作。

图5-1 原料的开采与输送

（2）外购石灰石的质量控制：制作标本，明确规则。

①外购石灰石的企业在签订供货合同前，化验室应先了解该矿山的质量情况，同时按不同的外观特征取样检验，制成不同质量品位的矿石标本。

②化验室根据本厂生产水泥熟料的配料要求，判定出石灰石的质量指标，并由企业领导批准后，交供销部门组织订货，在签订供货合同时，应同时签订质量指标及验收规则，以保证进厂石灰石的质量。

（3）进厂石灰石的质量控制：分批存放，预先均化。

①外购大块石灰石进厂后要按指定地点分批分堆存放，检验后搭配使用。

②有矿山的企业，石灰石在矿山破碎后进厂或进厂后直接进破碎机破碎并贮入石灰石库，如果进厂石灰石的成分波动大，应考虑石灰石的预均化。

5.1.2　水泥生产对硅铝质原料的质量要求

硅铝质原料，又叫黏土质原料，是含水铝硅酸盐原料的总称。硅铝质原料的主要化学成分是 SiO_2，其次是 Al_2O_3，还含有 Fe_2O_3 和 CaO。它提供水泥熟料中的 SiO_2、Al_2O_3 及少量 Fe_2O_3，是生产硅酸盐水泥熟料的第二大原料。一般生产 1t 熟料需要 0.3～0.4t 硅铝质原料。我国水泥企业采用的天然硅铝质原料种类很多，有黄土、黏土、页岩、粉砂岩、河泥等，其中黄土和黏土用得最为广泛。预分解窑水泥生产工艺占据我国水泥工业主流后，特别是国家保护土地资源、综合利用废渣废料，砂岩和一些工业废渣、尾矿已逐步取代黏土成为硅铝质原料的首选。

5.1.2.1　硅铝质原料的种类与性质

（1）砂岩，又称砂粒岩或粉砂岩。是地壳运动时砂粒与胶结物（硅质物、碳酸钙、黏土、氧化铁、硫酸钙等）经长期巨大压力压缩粘结而形成的一种碎屑沉积岩。砂岩的主要矿物是石英、长石、云母、方解石以及其他岩石碎屑，其硅酸率较高，一般大于3.0，铝氧率一般为2.4～3.0，含碱量为2%～4%，颜色呈淡黄、淡红、淡棕、紫红、淡褐、灰色和白色等。我国是世界三大砂岩产地之一，储量丰富，分布广泛，主要集中在四川、云南和山东，还遍布河北、河南、山西、陕西等省市。砂岩的主要类型有石英砂岩、长石砂岩和岩屑砂岩。砂岩的化学成分变化极大，它决定于碎屑和填隙物的成分。砂岩的化学成分以 SiO_2 和 Al_2O_3 为主，而且 SiO_2/Al_2O_3 的含量比值是区别成熟的和未成熟砂岩的标志。砂岩是使用最广泛的一种建筑用石材，近年来才被广泛用于水泥生产。

（2）工业废渣与尾矿。用作硅铝质原料的工业废渣很多，如煤矿开采中的煤矸石、发电厂排出的粉煤灰、液态渣及开采白土矿的尾矿——白土贫矿等。水泥生产主要利用尾矿的硅铝铁钙等化学组分，以及尾矿中含有的金属元素和硫化物、氟化物等具有矿化剂作用的成分。一般来说，化学成分以 SiO_2 或 Al_2O_3 为主的金属尾矿均可作为硅铝质替代原料。高钙硅酸盐型、钙铝硅酸盐型尾矿，适合用于制造硅酸盐水泥熟料的原料；高铝硅酸盐型，适合生产铝酸盐水泥熟料；硅质岩型尾矿、磷酸盐型尾矿，可作为配料组分和校正原料。而镁铁型、长英岩型和碱性型尾矿，不适合用于生产水泥。

（3）黏土。是多种微细的呈疏松或胶状密实的含水硅酸盐矿物的混合体，主要由钾长石（$K_2O \cdot Al_2O_3 \cdot 6SiO_2$）、钠长石（$Na_2O \cdot Al_2O_3 \cdot 6SiO_2$）或各种云母石的风化物等组成。水泥生产采用的黏土由于其形成和产地不同，成分差别较大，加之所含杂质不同，颜色不一，多呈黄色、褐色或红色。

（4）黄土。是没有层理的黏土和微粒矿物的天然混合物。黄土的化学成分以 SiO_2、Al_2O_3 为主，其次还有 Fe_2O_3、MgO、CaO 以及 R_2O，R_2O 主要由云母、长石带入，含量可高达3.5%～4.5%；黄土的硅酸率较高，在3.5～4.5之间，铝氧率在2.3～2.8之间，颜色以黄褐色为主。

（5）页岩。是黏土经长期胶结而成的黏土岩。页岩的主要成分是 SiO_2、Al_2O_3，还有少量的 Fe_2O_3、R_2O 等。页岩可作为黏土使用，但其硅酸率较低，一般为2.1～2.8，颜色一般为灰黄、灰绿、黑色及紫红等。

（6）河泥、湖泥类。江河、湖泊由于水流速度分布不同，使夹带的泥沙有规律地分级沉积。可利用挖泥船在合适的固定区域内进行采掘。这一类原料储量丰富,化学成分稳定,颗粒级配均匀,生产成本低且不占农田。缺点是此类物料量不大,且物料含水量大。

5.1.2.2　硅铝质原料的质量要求

硅铝质原料主要提供水泥熟料所需的 SiO_2、Al_2O_3 和 Fe_2O_3。衡量硅铝质原料的质量主要看其化学成分(硅酸率、铝氧率)、含砂量、含碱量、含硫量等工艺性能,水泥生产方法不同,对硅铝质原料的质量要求也不尽相同。水泥生产对硅铝质原料的一般要求见表5-2。

表5-2　硅铝质原料的质量要求(%)

品位	硅酸率 SM	铝氧率 IM	MgO	R_2O	SO_3	Cl^-
一级品	2.7~3.5	1.5~3.5	<3.0	<4.0	<2.0	—
二级品	2.0~2.7 或 3.5~4.0	不限	<3.0	<4.0	<2.0	—
GB 50295—2016《水泥工厂设计规范》	3.00~4.00	1.50~3.00	<3.00	<4.00	<1.00	<0.03

5.1.2.3　硅铝质原料的质量控制管理

(1)进厂前的质量控制。硅铝质原料的形成较为复杂,成分稳定性相对较差,因此,对硅铝质原料矿床也应采取分区分层取样测定硅铝质原料的化学成分,全面制订矿山质量管理办法。应按不同品位,分区分层开采。先剥离,后开采。有矿山的企业,最好在硅铝质原料进厂前先搭配开采和装运。无矿山的企业,进厂后要按指定地点分批堆放,检验后搭配使用。

(2)进厂后的质量控制。

①为保证生产的连续进行和有利于质量控制,硅铝质原料应有10d以上的储量。

②进厂后的砂岩或黏土按时取样,每批进行一次全分析,主要控制其硅酸率(SM 或 n)和铝氧率(IM 或 p)。水泥生产用硅铝质原料,硅酸率最好为2.7~3.1,铝氧率为1.5~3.0,此时二氧化硅含量相应为55%~72%(一般二氧化硅含量都大于60%)。如果黏土硅酸率过高,大于3.5时,则可能是含粗砂(粒径大于0.1mm)过多的砂质土;如硅酸率过小,小于2.3,配料时除非钙质原料含有较多的 SiO_2,否则就要添加难磨难烧的硅质校正原料(在实际生产中,硅质校正原料尽量少加,否则会使得磨、窑产量降低,能耗增加)。砂岩或黏土的铝氧率不符合要求时,也要加校正原料。

③黏土中应尽量不含碎石、卵石,粗砂含量应小于5.0%。这是因为粗砂为难磨的结晶状态的游离 SiO_2,未磨细的结晶 SiO_2 会影响生料的易烧性,不利于窑、磨的产量提高。

④预分解窑生产由于无需成球,故对黏土的可塑性不做要求。

⑤为保证生料中碱含量(记作 R_2O,即 $Na_2O+0.658K_2O$)小于1.0%,应控制硅铝质原料中碱含量小于4.0%,以防止窑内结皮堵塞。当生产低碱硅酸盐水泥时,要求碱含量 R_2O 不得大于0.60%。

⑥氯离子(Cl^-)易引起预分解窑的结皮,为此应限制氯离子的含量,一般要求生料中 Cl^- 含量不超过0.015%。

⑦为保证水泥的安定性,硅铝质原料中氧化镁(MgO)含量应小于3.0%。

5.1.3　水泥生产对校正原料的质量要求

5.1.3.1　校正原料的种类

当钙质原料和硅铝质原料配合所得生料成分不符合生产相应质量等级水泥的配料方

案时,必须根据所缺少的组分掺加相应的原料。这种以补充水泥生产原料中某些成分不足的原料称为校正原料,主要有以下三种。

（1）铁质校正原料

①生料中三氧化二铁含量不足时,应掺加三氧化二铁含量大于40%的铁质校正原料,常用的有硫铁矿渣（即铁粉），主要成分为Fe_2O_3,其中的Fe_2O_3含量一般大于50%,为红褐色粉末,含水量较大。其他还有低品位铁矿石、铅矿渣、铜矿渣等。

②配制生料的铁质原料一般用量不多,且成分波动不大,进厂后应分批存放,每批进行一次全分析,先检验后分批使用。

③铁质校正原料一般应有10d以上的储量。

（2）硅质校正原料

当生料中二氧化硅含量不足时,应掺加二氧化硅含量在70%~90%的硅质校正原料。常用的有石英砂、砂岩、河砂、粉砂岩等。

（3）铝质校正原料

当生料中三氧化二铝含量不足时,应掺加三氧化二铝含量大于30%的铝质校正原料。常用的有煤渣、煤矸石、铝矾土等。

5.1.3.2　校正原料的质量要求

对校正原料的一般质量要求见表5-3。

表5-3　校正原料的质量要求

校正原料	SM	SiO_2/%	R_2O/%	GB 50295—2016《水泥工厂设计规范》
硅质校正原料	>4.0	70~90	<4.0	SiO_2>80.00% 或 SM>4.00；MgO<3.00%；R_2O<2.00%
铝质校正原料		Al_2O_3>30%		Al_2O_3>25%；MgO<3.00%；R_2O<2.00%
铁质校正原料		Fe_2O_3>40%		Fe_2O_3>40.00%；MgO<3.00%；R_2O<2.00%

5.1.4　水泥生产对燃料的质量要求

5.1.4.1　燃料的种类与性质

水泥生产需要消耗大量的燃料。燃料分为气体燃料、液体燃料和固体燃料三种,我国水泥工业基本上采用煤来煅烧水泥熟料。常用的有烟煤、无烟煤、褐煤和焦炭。但煤除了供给熟料烧成所需的热量外,由于煤燃烧后产生的灰分绝大部分落入熟料中,从而影响水泥熟料的性质,所以,煤又是水泥生产的一种"特殊原料"。因此,对于水泥企业用煤,进行质量控制是非常必要的。

（1）烟煤。是一种碳化程度较高、干燥无灰基挥发分含量为15%~40%的煤。其收到基低热值一般为20900~31400kJ/kg（5000~7500kcal/kg）,结构致密,较为坚硬,密度较大,着火温度为400~500℃,是回转窑煅烧熟料的主要燃料。煤燃烧时,挥发分低的煤不易着火,火焰短,高温集中；挥发分高的煤着火快,火焰长。为使回转窑火焰长些,煅烧均匀些,一般要求煤的挥发分在22%~32%。因此,回转窑煅烧熟料最好使用发热量和挥发分适中的烟煤。回转窑用煤,需将煤磨成煤粉再入窑。煤粉太粗,则煤燃烧不完全,增加煤耗；煤粉过细,虽然燃烧快,但会降低磨机产量,增加磨机电耗,一般控制细度（80μm 方孔筛筛余百分数)在8%~15%。

(2)无烟煤,又称硬煤、白煤。是一种碳化程度最高、干燥无灰基挥发分含量小于10%的煤。其收到基低热值一般为20900~29700kJ/kg(5000~7000kcal/kg),结构致密坚硬,有金属光泽,密度较大,含碳量高,着火温度为600~700℃,燃烧火焰短,曾经是立窑煅烧熟料的主要燃料,现已有水泥厂用无烟煤部分取代烟煤用于预分解窑煅烧熟料。

(3)褐煤。是一种碳化程度较浅的煤,有时可清楚地看出原来木质的痕迹。其挥发分含量较高,可燃基挥发分可达40%~60%,灰分为20%~40%,热值为8374~1884lkJ/kg。褐煤中自然水分含量较大,性质不稳定,易风化或粉碎。

(4)替代燃料。可用作水泥窑炉"替代燃料"的工业废渣、废料可分为气体替代燃料、液体替代燃料和固体替代燃料三类,其中气体替代燃料主要有沼气、热解气体;液体替代燃料主要有焦油、酸渣、废油、石化废料、废溶剂、沥青渣、油泥、蜡悬胶液、墨油残渣等;固体替代燃料主要有废纸类、废纺织品、煤矸石、废塑料、废橡胶、废木屑、生活垃圾、污泥、农业废弃物等。

5.1.4.2 预分解窑水泥生产工艺对燃料的质量要求

预分解窑水泥生产采用了多风道燃烧器、充气梁篦冷机(篦式冷却机)等,提高了二次风温度,对燃料要求相对较低,目前预分解窑用低品质煤煅烧熟料技术已日臻成熟。

(1)热值。燃料热值高,可以提高发热能力和煅烧温度;热值低,使煅烧熟料的单位煤耗增加,窑的单位产量降低。一般要求燃料的低位热值大于21000kJ/kg。

(2)挥发分。挥发分和固定碳是可燃成分。挥发分低,着火温度高,黑火头长,热力不集中。一般要求煤的挥发分在18%以上。但随着能源紧张和燃烧器的改进,低挥发分煤在回转窑上的应用越来越普遍。如福建普遍采用挥发分在3%~5%的无烟煤,也能正常生产。

(3)细度。煤粉太粗,燃烧不完全,增加能耗,同时煤灰落在熟料表面,降低熟料质量。煤粉细度要求控制在$80\mu m$方孔筛筛余量小于15%。煤粉细度主要取决于燃煤种类和质量。煤种不同,煤粉质量不同,煤粉的燃烧温度、燃烧所产生的废气量也不同。对正常运行的回转窑,在燃烧温度和系统通风量基本稳定的情况下,煤粉的燃烧速度与煤粉的细度、灰分、挥发分和水分含量有关。绝大多数水泥厂,水分一般都控制在1.0%以下。所以挥发分含量越高,细度越细,煤粉越容易燃烧。当水泥厂选定某矿点的原煤作为烧成用煤时,挥发分和灰分基本固定,只有改变煤粉细度才能满足燃烧工艺要求。但煤粉磨得过细,既增加能耗,又容易引起煤粉自燃和爆炸。因此确定符合本厂需要的煤粉细度,对稳定烧成系统的热工制度,提高熟料产量、质量和降低热耗都是非常重要的。

(4)水分。必须指出,许多水泥厂对煤粉水分控制不够重视,认为煤粉中的水分能增加火焰的亮度,有利于烧成带的辐射传热。但是,煤粉水分高,煤粉松散度就差,煤粉颗粒易黏结使其细度变大,影响煤粉的燃烧速度和燃尽率;煤粉仓也容易起拱,影响喂煤的均匀性。生产实践证明,控制入窑煤粉水分不超过1.0%对水泥生产和操作都是有利的。

(5)综合品质。水泥生产对原煤品质的技术要求见表5-4。

表5-4 原煤的质量要求

项目	灰分 $A_{ad}/\%$	挥发分 $V_{ad}/\%$	全硫 $S_{t,ad}/\%$	发热量 $Q_{net,ad}/(kJ/kg)$	水分 $M_{ad}/\%$
烟煤	<30	20~35	<2	>21000	<15
无烟煤	<30	<10	<5	>21000	—

项目	灰分 A_{ad}/%	挥发分 V_{ad}/%	全硫 $S_{t,ad}$/%	发热量 $Q_{net,ad}$/(kJ/kg)	水分 M_{ad}/%
GB 50295—2016 《水泥工厂设计规范》	≤28.00	≤35.00	≤2.00	≥23000	≤15.00

5.1.5　水泥生产对其他原料(石膏)的质量要求

5.1.5.1　石膏的分类、定义与作用

(1)分类。石膏分为天然石膏和工业副产石膏两大类。天然石膏分为石膏、硬石膏和混合石膏三种;工业副产石膏包括磷石膏、钛石膏、氟石膏、盐石膏、柠檬酸渣、硼石膏、模型石膏、脱硫石膏等。

(2)定义。在形式上主要以二水硫酸钙($CaSO_4 \cdot 2H_2O$)存在的叫做石膏。在形式上主要以无水硫酸钙($CaSO_4$)存在的,且无水硫酸钙的质量分数与二水硫酸钙和无水硫酸钙的质量分数之和的比不小于80%叫做硬石膏。在形式上主要以二水硫酸钙和无水硫酸钙存在的,且无水硫酸钙的质量分数与二水硫酸钙和无水硫酸钙的质量分数之和的比小于80%叫做混合石膏。工业生产排出的以硫酸钙为主要成分的副产品总称为工业副产石膏,又称化学石膏或合成石膏。

(3)作用。石膏在水泥工业中既可作为缓凝剂,调节水泥的凝结时间,也可作为矿化剂,对提高熟料质量和产量有明显效果。在矿渣水泥中,它还是矿渣的活性激发剂,可以增加矿渣水泥的强度,改善矿渣水泥的一些性能。

5.1.5.2　石膏的质量要求

依据 GB/T 5483—2008《天然石膏》和 GB/T 21371—2008《用于水泥中的工业副产石膏》,结合生产实际,对石膏、硬石膏、混合石膏和工业副产石膏的质量控制要求是:

(1)附着水。天然石膏的附着水含量(质量分数)不得超过 4%;工业副产石膏的附着水含量由买卖双方协商确定。

(2)块度尺寸。天然石膏的块度不大于 400mm;工业副产石膏的粒度不大于 300mm。如有特殊要求,由供需双方商定。

(3)品位分级。各类石膏产品按其品位分级,并应符合表 5-5 的技术要求。

表 5-5　石膏、硬石膏和混合石膏的技术要求　　　　单位:%(质量分数)

品名	成分	特级	一级	二级	三级	四级	品位计算
石膏(G)	$CaSO_4 \cdot 2H_2O$	≥95	≥85	≥75	≥65	≥55	G 类:$C\bar{S}H_2 = 4.7785H_2O^+$
硬石膏(A)	$CaSO_4 + CaSO_4 \cdot 2H_2O$ 且 $K \geq 0.8$	—	≥85	≥75	≥65	≥55	A 类/M 类: $C\bar{S} + C\bar{S}H_2 = 1.7005\bar{S} + H_2O^+$, $C\bar{S} = 1.7005\bar{S} - 3.7785H_2O^+$
混合石膏(M)	$CaSO_4 + CaSO_4 \cdot 2H_2O$ 且 $K < 0.8$	≥95	≥85	≥75	≥65	≥55	$K = \dfrac{C\bar{S}}{C\bar{S} + C\bar{S}H_2}$
工业副产石膏	以 $CaSO_4$ 为主		不分级,$CaSO_4 \geq 75\%$				磷石膏、钛石膏、硼石膏、盐石膏、柠檬酸渣:$C\bar{S}H_2 = 4.7785H_2O^+$ 氟石膏:$C\bar{S} = 1.7005\bar{S} - 3.7785H_2O^+$ 脱硫石膏:$C\bar{S} + C\bar{S}H_2 = H_2O^+ + 1.7\bar{S}$

注:H_2O^+—结晶水含量,%;$\bar{S}$—SO_3 含量,%;$C\bar{S}$—$CaSO_4$ 含量,%;$C\bar{S}H_2$—$CaSO_4 \cdot 2H_2O$ 含量,%。

（4）石膏产品的验收和供货按批量进行。天然石膏以同一次交货的同类别同等级产品300t为一批，不足300t时亦按一批计。

（5）天然石膏进厂一批取样化验一次，基本测定成分是附着水、结晶水和三氧化硫，其他项目由供需双方商定。

（6）工业副产石膏对水泥性能的影响（与比对水泥相比）应当符合：①凝结时间延长时间小于2h；②标准稠度需水量绝对增加幅度小于1%；③沸煮安定性结论不变；④水泥胶砂流动度相对降低幅度小于5%；⑤水泥胶砂抗压强度3d、28d降低幅度不大于5%；⑥钢筋锈蚀结论不变；⑦水泥与减水剂相容性初始流动性降低幅度小于10%，经时损失率绝对增加幅度小于5%。

（7）抽样方法：①采用方格法，根据矿石质量、块度均匀性和矿堆体积大小确定方格间距，取样时应在不同深度上取样，每次取样量大致相等；②散装交货时，每批量抽取点数不得少于10点，每次取样量不应少于10kg，由此组成总样品；包装交货时，每批量抽取袋数不得少于20袋，每次取样量不应少于5kg，由此组成总样品。

（8）根据规定，供方应在发货7d之内向需方提供产品基本分析检验单。

（9）入磨石膏的粒度≤30mm。

（10）石膏应有20d以上的储存量。

5.1.6　水泥厂原燃材料的质量管理

当今新建水泥厂，一般规模都很大，厂部下设矿山分厂、熟料制造分厂、水泥制造分厂（水泥粉磨站）等，分厂下设车间工段，水泥生产管理与质量控制主要由生产副总经理统筹总工程师办公室、质量管理部、供应部、营销部、中央控制室（中心）、化验室（质检中心）和各分厂车间工段等机构来完成。

所有原燃材料进厂时，必须由质量管理部门取样，经质量管理部门同意后方可卸车，堆放位置由质量管理部门确定，熟料制造分厂做好现场的堆存管理；凡出现进厂检验结果达不到标准要求，质量管理部门应及时电话通知供应部门，并做好标识；供应部门应及时通知供应商采取纠正措施并按合同规定对该批原燃材料进行处理。

进厂原燃材料的质量按技术标准要求控制，质量管理部门严格按照有关标准及规定进行取样、制样与检验。

5.1.6.1　石灰石的管理

（1）矿山分厂应将开采计划、剥离计划及钻孔样结果、搭配情况书面报送质量管理部门备案，质量管理部门对实施情况进行监督检查。

（2）进厂石灰石由熟料制造分厂在运输皮带上每小时取样一次，每天合并后送质量管理部门做氧化钙及氧化镁含量检验；质量管理部门每天对出破碎机石灰石进行粒度检验。

（3）按照均化标准规定，熟料制造分厂必须保证进厂石灰石布料实行行走布料，严禁定点布料；石灰石取料时，必须由取料机进行取料，严禁在紧急下料口喂料；若确实需要在紧急下料口喂料时，需征得质量管理部门同意，方可执行。

5.1.6.2　硅质原料的管理

（1）进厂硅质原料取每天合并样，进行二氧化硅含量测定；批合并进行硅质原料全分析。

（2）进厂硅质原料布料必须实行行走布料，严禁定点布料；往配料站硅质原料库送料时应在保证皮带无料且确认已正确改库后方能送料,以免与铁粉混料。

5.1.6.3　铁粉的管理

(1)进厂铁粉应每批取样,合并进行三氧化二铁含量测定。

(2)每天白班从配料站皮带取铁粉进行水分测定并留样,半个月合并进行化学全分析。

(3)往配料站铁粉库送料时应在保证皮带无料且确认已正确改库后方能送料,以免与硅质原料混料。

(4)为确保铁粉水分符合标准,利于铁粉的下料,熟料制造分厂应在雨雪天气做好苫盖防雨工作。

5.1.6.4　硅铝质原料的管理

进厂硅铝质原料每天分矿点取样进行二氧化硅和三氧化二铝含量测定,半月合并进行全分析。

5.1.6.5　石膏的管理

(1)进厂石膏分矿点每天合并进行三氧化硫的分析。

(2)石膏进厂一批取样化验一次,测定附着水、结晶水和三氧化硫含量,其他项目由供需双方商定。

(3)供方应在发货7d之内向需方提供产品基本分析检验单。

(4)入磨石膏的粒度≤30mm。

(5)石膏应有20d以上的储存期。

5.1.6.6　煤的管理

(1)进厂煤必须每车取样,分矿点每日合并进行工业分析,同时要求上大堆取样;在烟煤预均化堆场取料时,必须按指定位置和规定的比例进行喂料。

(2)烟煤每个堆场的数量必须确保大于3000t/堆。

(3)入窑煤粉的质量控制,按表5-6执行。

表5-6　水泥厂入窑(炉)煤粉过程质量控制指标要求

控制项目	控制指标	合格率	检验频次	取样方式	备注
水分	自定(褐煤和高挥发分的水分不宜过低)	≥90%	1次/4h	瞬时或连续	每月统计1次
80μm筛余	根据设备要求、煤质自定	≥85%	1次/2h~1次/4h		
工业分析(灰分和挥发分)	相邻两次灰分±2.0%	≥85%	1次/24h		
煤灰化学成分	自定		1次/堆		

5.1.7　原燃材料的质量管理规定

根据现行《水泥生产企业质量管理规程》的要求,水泥厂原燃材料的质量管理应遵循下列规定:

(1)企业应根据质量控制要求选择合格的供方,以保证所采购的原燃材料符合规定要求,供应部门应严格按照原燃材料质量标准均衡组织进货。企业应建立所有合格供方名录,保存供方档案,并每年至少对合格供方评价1次,评价内容至少包括以下内容:①供方的资质;②供方质量保证能力;③供方的信誉、服务;④供方的产品质量、性价比等。

原燃材料质量控制指标应符合《过程质量控制指标要求》,见表5-7。

表5-7　水泥厂进厂原燃材料过程质量控制指标要求

序号	物料	控制项目	指标	合格率	检验频次	取样方式	备注
1	钙质原料	CaO、MgO	自定	≥80%	自定	瞬时	每月统计1次
		粒度					
		水分					
2	硅铝质原料	SiO_2、Al_2O_3					
3	铁质原料	Fe_2O_3					
4	混合材料	物理化学性能	符合相应产品标准规定	100%	1次/(年·品种)	瞬时或综合	
		放射性					
		水分	根据设备要求自定		1次/批		
5	原煤	水分	自定		1次/批	瞬时	
		工业分析	自定				
		全硫	≤2.5%				
		发热量	自定				
6	石膏	粒度	≤30mm	≥80%	自定或1次/批		
		SO_3	自定				
		结晶水	自定				

(2)原燃材料的质量应能满足工艺技术条件的要求,建立预均化库或预均化堆场,保证原燃材料均化后再使用,使用前应先检验。对于同库存放多种原料时,应按原料种类分区存放,存放现场应有标识,避免混杂。原燃材料初次使用或更换产地时,必须检验放射性,确认能保证水泥和水泥熟料产品放射性合格后方可使用。

(3)混合材、石膏、水泥助磨剂、水泥包装袋等质量应符合相关的标准要求。

①企业在初次使用时,必须按相关标准进行检验,确认能保证产品质量后方可使用。

②供方应按品种和批次随货提供货物出厂检验报告或型式检验报告。

③水泥企业应按相关标准进行验收。

④对质量波动大的材料应及时记录,并在生产时注意搭配使用。对验收不合格的材料,应及时通知供方,可采取退货或让步接收的办法处理;当采取让步接收的办法处理时,应不影响下道工序产品的质量;当双方发生纠纷时,可委托省级或省级以上建材质检机构进行型式检验或仲裁检验。

⑤混合材的品种和掺量必须符合相应产品标准的要求。

(4)原燃材料应保持合理的贮存量,其最低贮存量为:石灰石质原料5d(外购10d);黏土质原料、燃料、混合材10d;铁质校正原料、铝质校正原料、石膏20d。企业根据原燃材料供应的难易程度,在保证正常生产的前提下,可以适当调整其最低贮存量。当低于最低贮存量时,企业应组织有关部门采取措施,限期补足。

(5)矿山开采应执行国家相关规定。制订开采计划和质量指标时,首先要满足配料要求,不同品位的矿石应分别开采,按化验室规定的比例搭配进厂。企业自备矿山外包开采时,应对分包方进行能力评定,签订外包协议书,并进行有效的控制。

5.1.8 水泥厂生产过程质量管理考核实施细则举例

某水泥厂生产过程质量管理考核实施细则参见表5-8。

表5-8 某水泥厂生产过程质量管理考核实施细则简表

序号	考核项目	被考核部门	扣罚金额（元）
1	均化库布料未按标准布料	熟料制造分厂	450
2	未经同意，入配料站石灰石在紧急下料口喂料	熟料制造分厂	450
3	进厂原煤未取样卸车	供应部	6000
4	未按质量管理部规定的位置和比例进行原煤喂料	熟料制造分厂	1000
5	未按规定对进厂原材料进行苫盖的	熟料制造分厂	1000
6	均化库烟煤每堆低于3000t	生产调度	450
7	生料均化库存量低于5000t	熟料制造分厂	450
8	配料站石灰石库料位上空大于5m	熟料制造分厂	100
9	窑检修耐火砖等杂物混入熟料库	熟料制造分厂	200
10	未按质量管理部要求比例进行外放熟料使用的	熟料制造分厂	100
11	未按质量管理部通知的放库阀放料的	水泥制造分厂	500
12	未按质量管理部给定范围进行水泥配比调整的	水泥制造分厂	800
13	更改配比未及时通知质量管理部质量调度的	水泥制造分厂	200
14	未按质量管理部通知进行出入库的	水泥制造分厂	4000
15	不同强度等级水泥在货台混放	营销部	5000
16	未按规定进行回灰的	水泥制造分厂	1000
17	未按规定对改库阀门进行固定的	水泥制造分厂	1000
18	未按规定出具化验单的	责任人	500
19	低强度等级水泥改高强度等级水泥，未按要求冲系统的	水泥制造分厂	500
20	进厂石灰石未按规定取样的	熟料制造分厂	100
21	未按质量管理部规定进行熟料出库的	水泥制造分厂	500

5.2 混合材的质量控制

5.2.1 混合材的定义与分类

5.2.1.1 混合材的定义

在粉磨水泥时，与熟料和石膏一起入磨，用以改善水泥性能、调节水泥强度、减少环境污染、降低生产成本、增加水泥产量的矿物质材料，统称为水泥混合材料，简称混合材。

5.2.1.2 混合材的分类

水泥生产中所使用的混合材品种繁多，通常按其性质可分为两大类：活性混合材和非活性混合材。

（1）活性混合材料：凡是天然的或人工制成的矿物质材料，磨成细粉，加水后本身不硬化，但与石灰等激发剂混合并加水调和成胶泥状态，不仅能在空气中硬化，而且能在水中继续硬化，这类材料被称为活性混合材料。换句话说，具有火山灰性或潜在水硬性，或兼具火山灰性和水硬性的矿物质材料，被称为活性混合材料。按照其成分和特性的不同，活性混合材可分为各种工业炉渣（如粒化高炉矿渣、钢渣、化铁炉渣、磷渣等）、火山灰质混合材（如沸石、煤矸石、火山灰等）、粉煤灰三大类，它们的活性指标均需符合有关国家标准或行业标准。国家标准 GB 175—2007《通用硅酸盐水泥》规定，符合 GB/T 203、GB/T 18046、GB/T 1596、GB/T 2847 标准要求的粒化高炉矿渣、粒化高炉矿渣粉、粉煤灰、火山灰质混合材料均为活性混合材料。

（2）非活性混合材料：非活性混合材料是指活性指标达不到活性混合材要求、对水泥性能无害、主要起填充作用的矿物质材料。换句话说，在水泥中主要起填充作用而又不损害水泥性能的矿物质材料被称为非活性混合材料。GB 175—2007《通用硅酸盐水泥》规定，活性指标分别低于 GB/T 203、GB/T 18046、GB/T 1596、GB/T 2847 标准要求的粒化高炉矿渣、粒化高炉矿渣粉、粉煤灰、火山灰质混合材料、石灰石和砂岩，其中石灰石中的三氧化二铝含量应不大于 2.5%。一般情况下，只有在生产普通水泥、混合水泥时才使用非活性混合材。只有当三氧化二铝（Al_2O_3）含量不超过 2.5% 时，才可用石灰石和矿渣生产双掺水泥。

5.2.2　混合材的质量要求

5.2.2.1　粒化高炉矿渣（矿渣）

（1）矿渣的定义。在高炉冶炼生铁时，所得以硅铝酸盐为主要成分的熔融物，经淬冷成粒后，具有潜在水硬性材料，即为粒化高炉矿渣，简称矿渣。矿渣是一种优质水泥混合材，用矿渣磨细制成的矿粉则更是直接被掺入水泥中或在预拌砂浆和混凝土搅拌站作为主要原料掺入。

（2）矿渣的质量要求。GB/T 203—2008《用于水泥中的粒化高炉矿渣》规定，作为水泥混合材料，矿渣中放射性应符合 GB 6566 的规定，矿渣中不得混有外来夹杂物，如含铁尘泥、未经充分淬冷矿渣等。矿渣的性能应符合表 5-9 要求。

表 5-9　矿渣的性能要求

项目	技术指标
质量系数 $K = (CaO + MgO + Al_2O_3)/(SiO_2 + TiO_2 + MnO)$	≤1.2
二氧化钛的质量分数/%	≤2.0[①]
氧化亚锰的质量分数/%	≤2.0[②]
氟化物的质量分数（以 F 计）/%	≤2.0
硫化物的质量分数（以 S 计）/%	≤3.0
堆积密度/（kg/m³）	≤1.2×10³
最大粒度/mm	≤50
大于 10mm 颗粒的质量分数/%	≤8
玻璃体质量分数/%	≥70

① 以钒钛磁铁矿为原料在高炉冶炼生铁时所得的矿渣，二氧化钛的质量分数可以放宽到 10%；
② 在高炉冶炼锰铁时所得的矿渣，氧化亚锰的质量分数可以放宽到 15%。

（3）矿渣的检验项目。矿渣出厂前按接收等级编号并取样。每一编号为一个取样单位。编号按钢铁厂年产矿渣量规定。供矿渣单位应在矿渣发出 7d 内,寄发矿渣检验报告,内容包括:厂名和编号;合格证编号及日期;矿渣的数量;检验结果。矿渣的检验项目包括:出厂检验和型式检验两种形式。出厂检验项目有质量系数、二氧化钛、氧化亚锰、氟化物、硫化物、堆积密度、最大粒度、大于 10mm 颗粒的含量和杂物。型式检验项目有矿渣的性能、放射性和杂物。有下列情况之一时,应进行型式检验:一是原材料、生产工艺发生变化;二是正常生产时每年进行一次。

（4）矿渣质量优劣的判定规则。出厂检验和型式检验符合 GB/T 203 技术要求中规定的矿渣,作为活性矿渣用于水泥中的活性混合材料;当质量系数、玻璃体含量不符合技术要求的矿渣为非活性矿渣。水泥厂以接收每一编号矿渣为一取样单位。取样应有代表性,可连续取,亦可从 20 个以上不同部位取等量试样(从堆场取样时应将外表层除去)约 20kg,混合后用四分法进行缩分至约 5kg,供检验用。

5.2.2.2　粒化高炉矿渣粉(矿粉)

（1）矿粉的定义。用于水泥和混凝土中的粒化高炉矿渣粉,是指以粒化高炉矿渣为主要原料,可掺加少量石膏磨制成一定细度的粉体,简称矿渣粉、矿粉。这里的"石膏"是符合 GB/T 5483 中规定的 G 类或 M 类二级以上的石膏或混合石膏;粉磨矿渣粉时使用的助磨剂必须符合 JC/T 667 的规定,其加入量不应超过矿渣粉质量的 0.5%。

（2）矿粉的质量要求。根据 GB/T 18046—2008《用于水泥和混凝土中的粒化高炉矿渣粉》规定,矿渣粉的性能应符合表 5-10 要求。

表 5-10　矿渣粉的质量要求

项目		级别		
		S105	S95	S75
活性指数/%,不小于	7d	95	75	55
	28d	105	95	75
比表面积/(m²/kg),不小于		500	400	300
密度/(g/cm³),不小于		2.8		
流动度比/%,不小于		95		
含水量(质量分数/%),不大于		1.0		
三氧化硫(质量分数/%),不大于		4.0		
氯离子(质量分数/%),不大于		0.06		
烧失量(质量分数/%),不大于		3.0		
玻璃体含量(质量分数/%),不小于		85		
放射性		合格		

（3）矿粉的检验项目。矿渣粉出厂前按同级别进行编号和取样。每一编号为一个取样单位。矿渣粉出厂编号按矿渣粉单线年生产能力规定。矿渣粉的检验项目同样包括出厂检验和型式检验两种形式。出厂检验项目有密度、比表面积、活性指数、流动度比、含水量、三氧化硫等技术要求,如掺有石膏则还应增加烧失量检验。型式检验项目有密度、比表面积、活性指数、流动度比、含水量、三氧化硫、氯离子、烧失量、玻璃体含量和放射性。检验报告应包括出厂检验项目、石膏和助磨剂的品种和掺量及合同约定的其他技术要求。当用户需要时,生产厂应在矿渣粉发出之日起 11d 内寄发除 28d 活性指数以外的各项试验结果。

28d 活性指数应在矿渣粉发出之日起 32d 内补报。有下列情况之一时,应进行型式检验:一是原料、工艺有较大改变,可能影响产品性能时;二是正常生产时每年检验一次;三是产品长期停产后,恢复生产时;四是出厂检验结果与上次型式检验有较大差异时;五是国家质量监督机构提出型式检验要求时。

(4)矿渣粉合格与否的判定规则。检验结果符合 GB/T 18046 中密度、比表面积、活性指数、流动度比、含水量、三氧化硫等技术要求的矿渣粉为合格品;不合要求的为不合格品。型式检验结果不符合表 5-10 中任一项要求的为型式检验不合格。不管是出厂检验,还是型式检验,若其中任何一项不符合要求,应重新加倍取样,对不合格的项目进行复验,评定时以复验结果为准。

5.2.2.3 火山灰质混合材料(火山灰)

(1)火山灰的定义。具有火山灰性的天然的或人工的矿物质材料,统称为火山灰质混合材料,简称火山灰。

(2)火山灰的分类。按其成因分为天然火山灰质混合材料和人工火山灰质混合材料两类。天然火山灰质混合材料主要有火山灰、凝灰岩、沸石岩、浮石、硅藻土或硅藻石等;人工火山灰质混合材料主要有煤矸石、烧页岩、烧黏土、煤渣、硅质渣等。

(3)火山灰的质量要求。GB/T 2847—2005《用于水泥中的火山灰质混合材料》中规定,火山灰的技术要求如下:①烧失量:人工火山灰质混合材料不大于 10.0%;②三氧化硫:不大于 3.5%;③火山灰性:合格;④水泥胶砂 28d 抗压强度比:不小于 65%;⑤放射性:符合 GB 6566 规定。

(4)火山灰的质量检验规则。

①取样。在堆场(不少于 200t)或采掘面不少于 15 个不同部位取样,每个部位取代表性样品 1~3kg,将样品破碎后混合均匀,按四分法缩取出比试验需要量大一倍的试样。

②检验项目。包括出厂检验和型式检验两种形式。出厂检验项目有:烧失量、三氧化硫、火山灰性、水泥胶砂 28d 抗压强度比等。型式检验项目有:烧失量、三氧化硫、火山灰性、水泥胶砂 28d 抗压强度比和放射性。有下列情况之一时,应进行型式检验:一是原料、工艺有较大改变,可能影响产品性能时;二是正常生产时每半年检验一次;三是产品长期停产后,恢复生产时;四是出厂检验结果与上次型式检验有较大差异时;四是国家质量监督机构提出型式检验要求时。

(5)火山灰的质量判定规则。

①出厂检验结果符合 GB/T 2847 技术要求时,判为出厂检验合格。

②型式检验结果符合 GB/T 2847 技术要求时,判为型式检验合格。

③不管是出厂检验,还是型式检验,若其中任何一项不符合要求,允许在同一取样点中重新加倍取样进行全部项目的复检,以复检结果判定。

④仅符合烧失量、三氧化硫和放射性要求的火山灰质混合材料为非活性混合材料,烧失量、三氧化硫和放射性中任何一项不符合要求的火山灰质混合材料不能作为水泥混合材料使用。

5.2.2.4 粉煤灰

粉煤灰是水泥、预拌砂浆和混凝土生产最常用的原材料之一。既可以用作混合材,在磨制水泥或配制砂浆、混凝土时使用,又可以部分取代黏土作为硅铝质原料参与配料。

(1)粉煤灰的定义。电厂煤粉炉烟道气体中收集的粉末称为粉煤灰。

(2)粉煤灰的分类。用于水泥和混凝土中的粉煤灰,按煤种分为 F 类和 C 类:①F 类粉煤灰：是指由无烟煤或烟煤煅烧收集的粉煤灰；②C 类粉煤灰：是指由褐煤或次烟煤煅烧收集的粉煤灰，其氧化钙含量一般大于 10% 。

（3）粉煤灰的等级。拌制混凝土和砂浆用粉煤灰分为三个等级：Ⅰ级、Ⅱ级、Ⅲ级。

（4）粉煤灰的质量要求。根据国家标准 GB/T 1596—2005《用于水泥和混凝土中的粉煤灰》，在水泥生产中应遵循下列质量要求：

①拌制混凝土和砂浆用粉煤灰：应符合表 5-11 中技术要求。

表 5-11　拌制混凝土和砂浆用粉煤灰技术要求

项目		技术要求		
		Ⅰ级	Ⅱ级	Ⅲ级
细度（45μm 方孔筛筛余/%），不大于	F 类/C 类粉煤灰	12.0	25.0	45.0
需水量比/%，不大于	F 类/C 类粉煤灰	95	105	115
烧失量/%，不大于	F 类/C 类粉煤灰	5.0	8.0	15.0
含水量/%，不大于	F 类/C 类粉煤灰		1.0	
三氧化硫/%，不大于	F 类/C 类粉煤灰		3.0	
游离氧化钙/%，不大于	F 类粉煤灰		1.0	
	C 类粉煤灰		4.0	
安定性（雷氏夹沸煮后增加距离/mm），不大于	C 类粉煤灰		5.0	

②水泥活性混合材料用粉煤灰：应符合表 5-12 中技术要求。

表 5-12　水泥活性混合材料用粉煤灰技术要求

项目		技术要求
烧失量/%，不大于	F 类/C 类粉煤灰	8.0
含水量/%，不大于	F 类/C 类粉煤灰	1.0
三氧化硫/%，不大于	F 类/C 类粉煤灰	3.5
游离氧化钙/%，不大于	F 类粉煤灰	1.0
	C 类粉煤灰	4.0
安定性（雷氏夹沸煮后增加距离/mm），不大于	C 类粉煤灰	5.0
强度活性指数/%，不小于	F 类/C 类粉煤灰	70.0

③放射性：合格。

④碱含量：粉煤灰中的碱含量按 $Na_2O + 0.658K_2O$ 计算值表示，当粉煤灰用于活性集料混凝土，要限制掺合料的碱含量时，由买卖双方协商确定。

⑤均匀性：以细度（45μm 方孔筛筛余）为考核依据，单一样品的细度不应超过前 10 个样品细度平均值的最大偏差，最大偏差范围由买卖双方协商确定。

（5）粉煤灰的质量检验规则。

①编号：以连续供应的 200t 相同等级、相同种类的粉煤灰为一编号；不足 200t 按一个编号论，粉煤灰质量按干灰（含水量小于 1%）的质量计算。

②取样：每一编号为一取样单位，当散装粉煤灰运输工具的容量超过该厂规定出厂编号吨数时，允许该编号的数量超过取样规定吨数。取样方法按 GB 12573《水泥取样方法》进行。取样应有代表性，可连续取，也可从 10 个以上不同部位取等量样品，总量至少 3kg。

③拌制混凝土和砂浆用粉煤灰：必要时，买方可对粉煤灰的技术要求进行随机抽样

检验。

④检验项目：包括出厂检验和型式检验两种形式。拌制混凝土和砂浆用粉煤灰的出厂检验项目为细度、需水量比、烧失量、含水量、三氧化硫、游离氧化钙和安定性，其型式检验项目为细度、需水量比、烧失量、含水量、三氧化硫、游离氧化钙、安定性和放射性；水泥活性混合材料用粉煤灰的出厂检验项目为烧失量、含水量、三氧化硫、游离氧化钙、安定性，其型式检验项目为烧失量、含水量、三氧化硫、游离氧化钙、安定性、强度活性指数和放射性。有下列情况之一时，应进行型式检验：一是原料、工艺有较大改变，可能影响产品性能时；二是正常生产时每半年检验一次（放射性除外）；三是产品长期停产后，恢复生产时；四是出厂检验结果与上次型式检验有较大差异时。

（6）粉煤灰的质量判定规则。

①拌制混凝土和砂浆用粉煤灰：试验结果符合细度、需水量比、烧失量、含水量、三氧化硫、游离氧化钙和安定性的技术要求时为等级品。若其中任何一项不符合要求，允许在同一编号中重新加倍取样进行全部项目的复检，以复检结果判定，复检不合格可降级处理。凡低于最低级别要求的为不合格品。

②水泥活性混合材料用粉煤灰：出厂检验结果符合烧失量、含水量、三氧化硫、游离氧化钙、安定性、强度活性指数的技术要求时，判为出厂检验合格。若其中任何一项不符合要求，允许在同一编号中重新加倍取样进行全部项目的复检，以复检结果判定。型式检验结果符合烧失量、含水量、三氧化硫、游离氧化钙、安定性、强度活性指数的技术要求时，判为型式检验合格。若其中任何一项不符合要求，允许在同一编号中重新加倍取样进行全部项目的复检，以复检结果判定。只有当活性指数小于70.0%时，该粉煤灰可作为水泥生产中的非活性混合材料。

5.2.3 混合材的质量控制指标及检测方法

5.2.3.1 矿渣的质量控制

用于水泥生产的矿渣，应完全符合国家标准 GB/T 203—2008《用于水泥中的粒化高炉矿渣》有关规定，必须按标准要求进行质量控制检验。矿渣在未经烘干前的储存期限自淬冷成粒时算起，不宜超过3个月。矿渣应按不同的等级分别储存和运输，且在储存和运输时不得与其他材料混装，车皮或车厢必须清除干净，以免混入杂质。水泥厂矿渣的储存量应在 10d 以上。

5.2.3.2 火山灰质混合材料的质量控制

用于水泥生产的火山灰质混合材料，应当完全符合国家标准 GB/T 2847—2005《用于水泥中的火山灰质混合材料》有关规定，必须按标准要求进行质量控制检验。一般地，水泥厂每月应对质量要求中的烧失量和三氧化硫进行检验，每季度应对火山灰性和胶砂强度比进行检验。火山灰质混合材在运输和储存时不得与其他材料混杂。水泥厂火山灰的储存量应在 10d 以上。

5.2.3.3 粉煤灰的质量控制

用于水泥生产的粉煤灰，应当完全符合国家标准 GB/T 1596—2005《用于水泥和混凝土中的粉煤灰》有关规定，必须按标准要求进行质量控制检验。粉煤灰在运输和储存时不得受潮、混入杂物，同时应防止污染环境。水泥厂粉煤灰的储存量应在 10d 以上。

5.2.3.4 矿渣粉的质量控制

用于水泥生产的矿渣粉，应当完全符合国家标准 GB/T 18046—2008《用于水泥和混凝土中的粒化高炉矿渣粉》有关规定,必须按标准要求进行质量控制检验。水泥厂矿渣粉的储存量根据各厂掺入水泥中的具体情况确定。

5.2.4　混合材料的质量管理

参见 5.1.7 原燃材料的质量管理规定。

5.3　水泥生产过程中的均化

5.3.1　均化的基本概念

原料经过破碎后,有一个储存、再取用的过程。如果在这个过程中采用不同的储取方法,使储入时成分波动较大的原料至取出时成为比较均匀的原料,这个过程称为预均化。

粉磨后的生料在储存过程中利用多库搭配、机械倒库和气力搅拌三种方法,使生料成分趋于一致,这就是生料的均化。预分解窑生产入窑生料的均化多用气力搅拌均化法。

5.3.1.1　生料制备的均化链

水泥生产过程是一个连续的过程,整个生产过程就是一个不断均化的过程,每经过一个过程都会使原料或半成品进一步得到均化。生料入窑前的一系列制备工作就是生料均化工作的一条完整的均化链,如图5-2 所示

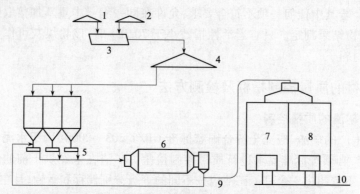

图 5-2　生料制备及其均化工艺流程

1—石灰石堆场;2—第二种原料;3—破碎;4—预均化堆场;5—配料;
6—粉磨;7—空气搅拌;8—备用贮库;9—取样;10—均化后入窑生料

从图 5-2 中可知,为制备成分均匀的生料,从原料的矿山开采直至生料入窑前的生料制备的全过程中可分为四个均化环节(矿山初均化→原料预均化→粉磨中均化→生料库均化):

(1)矿山初均化。采掘时,按原料质量变化情况搭配开采,使矿石在采运过程中得到初步均化,以减小原料成分的波动,此环节均化效果约占总量 10% ～20%。

(2)原料预均化。原料预均化堆场及储库内的预均化,此环节均化效果约占总量 30%～40%。

(3)粉磨中均化。生料在粉磨过程中的配料与调节,粉磨与混匀,此环节均化效果约占总量 0%～10%。

(4)生料库均化。生料入窑前在均化库内的均化,此环节均化效果约占总量 40% 左右。

这四个均化环节组成一条完整的均化链,以保证入窑生料成分的稳定。在这条均化链中,最重要也是均化效果最好的是"原料预均化"和"生料库均化"两个环节,它们担负着均化链全部均化任务80%左右的工作量,见表5-13。

表5-13 生料均化链中各环节的均化效果

环节名称	完成均化工作量的任务/%
矿山初均化	10 ~ 20
原料预均化	30 ~ 40
粉磨中均化	0 ~ 10
生料库均化	40

5.3.1.2 均化效果的评价

经过均化后的生料,物料的成分是否均匀,可用标准偏差、变异系数、均化效果等参数来进行评价。

(1)标准偏差和算术平均值

标准偏差参照3.2.1.2内容。

算术平均值参照3.1.3.1内容。

目前,国内很多水泥企业采用计算合格率的方法来评价物料的均匀性。合格率虽然可以反映物料成分的均匀性,但它并不反映全部样品的波动幅度及其成分分布特性。

[**案例**] 有两组石灰石样品,其 $CaCO_3$ 含量介于 90% ~ 95% 的合格率为 60%,每组10个样品的 $CaCO_3$ 含量见表5-14,试分析其成分均匀性。

表5-14 样品的 $CaCO_3$ 含量

样品编号	1	2	3	4	5	6	7	8	9	10	平均值
第一组	99.5	93.8	94.0	90.2	93.5	86.2	94.0	90.3	98.9	85.4	92.58
第二组	94.1	93.9	92.5	93.5	90.2	94.8	90.5	89.5	91.5	89.9	92.03

[**分析**] 第一组样品 $CaCO_3$ 的平均含量为 92.58%,第二组样品 $CaCO_3$ 的平均含量为 92.03%,两者基本接近,合格率也都为 60%,但可以看出,两组样品的波动幅度相差很大。第一组波动幅度在平均值的 ±7% 左右,第二组样品的波动幅度要小得多。如果用标准偏差去衡量两组样品的波动幅度,计算可得,第一组的标准偏差 $S_1 = 4.68$,第二组的标准偏差 $S_2 = 1.96$。显然,用合格率来衡量物料成分的均匀性是很不准确的,最好还是用标准偏差来衡量物料成分的均匀性比较科学。

(2)变异系数

变异系数参照3.1.4.5内容。

(3)均化效果

均化效果亦称均化倍数或均化系数,是指均化前物料的标准偏差与均化后物料的标准差的比值。H 值越大,表示均化效果越好。即:

$$H = \frac{S_{\text{进}}}{S_{\text{出}}}$$

(5-1)

式中 H——均化效果;

$S_{\text{进}}$——均化前物料的标准偏差;

$S_{\text{出}}$——均化后物料的标准偏差。

5.3.2 原燃料的预均化

5.3.2.1 原燃料预均化的目的

降低原燃料成分波动,保证生料配料、粉磨及熟料煅烧的正常、高效,提高熟料产质量,降低消耗。

5.3.2.2 原燃料预均化的作用

(1)缩短进厂原燃料成分的波动周期,为准确配料、生料粉磨提供良好的条件。

(2)显著降低原燃料成分波动的振幅,缩小标准偏差,提高生料成分的均匀性,稳定熟料煅烧时的热工制度。

(3)有利于扩大原燃料资源,利用低品位原燃料,降低生产消耗与成本,提高经济效益,增强企业的市场竞争力。

5.3.2.3 原燃料预均化的设施

主要采用预均化堆场,它是一种机械化、自动化程度高的预均化设施。预均化技术的基本原理可简单地概括为"平铺直取"。送入堆场的原燃料,通过采用堆料机连续以薄层叠堆,形成 $200 \sim 500$ 层的具有一定长度比的料堆;取料机则按垂直于料堆的纵向对各料层同时切取,实现各层物料的混合,达到均化的目的(均化效果 $H = 7 \sim 10$)。堆放的料层越多,出料成分就越均匀。原燃料预均化堆场有矩形与圆形两种。

(1)矩形预均化堆场

设两个料堆,一个堆料,一个同时取料,交替进行,每个料堆的储量通常可使用 $5 \sim 7d$。矩形预均化堆场工艺布置图及常用堆取料机械如图 5-3 所示。

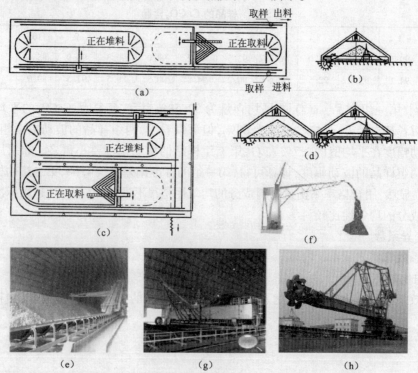

图 5-3　矩形预均化堆场工艺布置图及常用堆取料机械

(a)两个纵向排列的料堆图(直线布置形式);(b)直线布置形式侧面图;
(c)两个平行排列的料堆图(平行布置形式);(d)平行布置形式侧面图;
(e)现场堆料图;(f)堆料机工作图;(g)取料机工作图;(h)斗轮堆取料机

（2）圆形预均化堆场

料堆为圆环状，在料堆的开口处，一端连续堆料，另一端连续取料。整个料堆的储量一般可使用4～7d。与矩形相比，圆形预均化堆场占地面积小，投资少，操作简便，有利于自动控制。但圆环形料堆的物料分布对称性与均匀性较差，若作为预配料堆场时，总是在堆料端布料，难以及时调整，且受厂房直径限制，容量比矩形堆场小，不易扩建。圆形预均化堆场工艺布置及常用堆取料机械如图5-4所示。

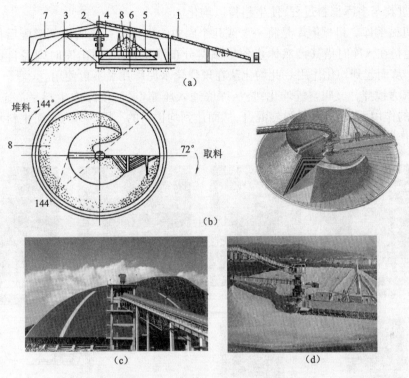

图5-4　圆形预均化堆场工艺布置及常用堆取料机
（a）正在堆取料图；（b）俯视作业图；（c）堆取料机图；（d）圆形预均化堆场外观
1—进料胶带机；2—固定溜子；3—堆料机；4—中心柱；
5—取料机；6—接料胶带机；7—厂房；8—料堆

原料是否采用预均化，取决于其成分波动情况。一般可用原料的变异系数 C_v 来判断。

①当 C_v <5% 时，说明原料的均匀性良好，不需要采用预均化。

②当 C_v =5% ～10% 时，说明原料的成分有一定的波动。如果其他原料包括燃料的质量稳定，生料配料准确及生料均化设施的均化效果好，可以不考虑原料的预均化。反之，则应考虑该原料的预均化。

③当 C_v >10% 时，说明原料的均匀性很差，成分波动大，必须进行预均化。当进厂煤的灰分波动大于 ±5% 时，也应同时考虑煤的预均化。

5.3.3　生料的均化

5.3.3.1　生料均化的意义

原料的预均化，可使原料成分波动缩小10%～15%。但是，即使均化得十分均匀，由于在配料过程中的设备误差、操作误差及物料在输送过程中物料离析现象的存在，出磨的生料仍会有一定的波动。因此，生料的均化是一个非常重要、必须的环节。

出磨生料的均化是通过采用一定的工艺措施,以达到降低生料化学成分波动幅度,使生料成分趋于均匀一致。

5.3.3.2 均化方式

(1)多库搭配。多库搭配均化,即出磨生料通过输送设备向各库层层布料,生料在库内进行自然堆积,并以正人字形进行分布,堆积到一定高度后,生料由库底均匀卸出,卸出的物料自下而上从中心部位流出,使库内的堆积状况逐步由正人字形变成倒人字形的漏斗形状。通过进料与多库出料过程,使生料得以均化。

(2)机械倒库。机械倒库是将一个或几个库内的生料按一定的比例搭配后再倒入另一个库内,生料在入库时借其自然休止角呈倾斜分布堆积状态,而出库时则经自重作用切割料层卸料,从而起到均化作用。此均化法在现代化水泥厂几乎不再使用。

(3)气力搅拌。又叫空气均化,是从库底通入压缩空气,使库内生料呈流态化,生料在压缩空气的作用下,上下翻腾激烈混合,从而达到均化目的。图5-5为水泥生料均化库现场照片和工作原理示意图。

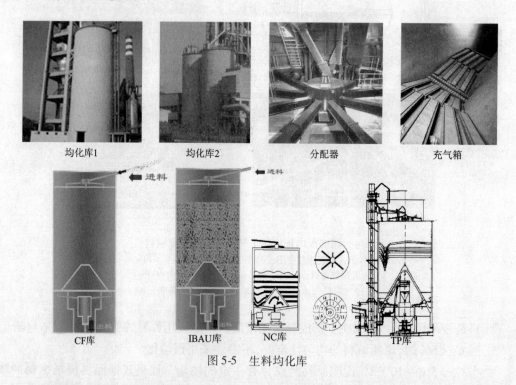

图 5-5　生料均化库

空气均化分间歇式和连续式两种形式,通过不同类型的均化库完成生料均化任务。

①间歇式均化库。一般设两个以上搅拌库和一个大容积的储存库,"进料→搅拌→卸料"间歇完成。生料在均化库内堆积到一定的高度(约占库高70%),压缩空气从库底通入充气箱,经透气层进入料层,使库内粉料体积膨胀,呈流态化,再按一定规律改变各区进气压力或进气量,则流态化粉料在库内也按同样规律产生上下翻滚的对流运动。经 1~2h 的混合均化,可以使全库粉料得到充分混合的机会,最终达到成分均匀的目的。其均化效果 $H=10~15$,主要适用于中小企业。为了保证在空气搅拌下生料能够相互混合,一般采用分区搅拌的方法。库底分区方法有扇形、条形和环形等几种,如图5-6所示。

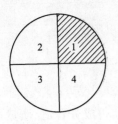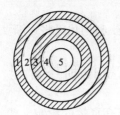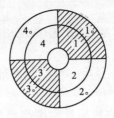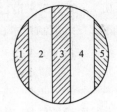

图 5-6 搅拌库底充气装置的形式

②连续式均化库。"加料→搅拌→卸料"同时完成;可以只设一个库,也可由几个库串联或并联;可用压缩空气,也可用罗茨鼓风机供气。连续式空气搅拌使得生料均化过程连续化。它既是均化装置又是生料磨和窑之间缓冲、储存装置。出磨生料通过进料装置从库顶周围的各个区域依次进料,同时在库底使生料进入混合室,通过压缩空气作用在混合室内激烈搅拌而达到均化生料的目的,使得生料进库、均化、出库同时实现。这种均化方式要求原料成分波动小,适合于现代化大型水泥企业。图 5-7 为某厂使用的连续式均化库示意图。

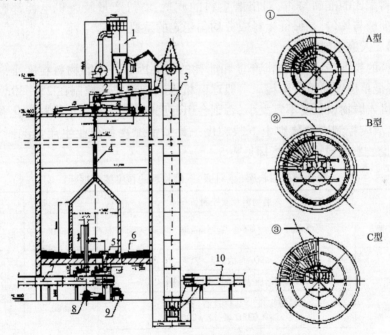

图 5-7 连续式均化库

1—气箱式脉冲袋式收尘器;2—库顶进料系统;3—TGD 型斗式提升机;
4—中心室排风管;5—卸料装置;6—库内充气箱及管路系统;7—FU 链式输送机;
8—四八嘴空气分配阀;9—罗茨风机;10—FU 链式输送机

连续式均化库一般采用多料流式,目前市场上应用最广的有:IBAU 中心室库、伯力休斯 MF 库、史密斯 CF 控制流式库、中国 TJ－TP 型库、中国 NC 型库等。图 5-7 所示的某厂连续式均化库的工作原理,是生料从库顶连续进料,经过充气搅拌的同时连续出料,库在中心位置设一个圆柱形混合室,以降低库内卸料压力,消除漏斗流,在混合室周围有 6 ~ 12 个卸料孔,在混合室与库壁之间有 6 ~ 12 个充气区,卸料时轮流向中心室进料,进入混合室的物料因混合室连续充气而进一步混合,使合格的生料从高位溢流管卸出,多余气体则由排气管排至外环区,并抽至收尘器净化,但要求生料制备系统连续稳定可靠,具有投资省、电耗低、工艺布置灵活、结构紧凑、操作简单等特点。其均化效果 $H = 5 ~ 9$,

电耗 $0.1 \sim 0.2 kW \cdot h/t$。

随着在线控制技术在水泥生产中的应用,生料均化库将逐渐淡出历史舞台。

5.4 生料的质量控制与管理

生料质量的好坏,对熟料质量和煅烧操作有直接的影响。要获得成分合适、质量稳定的生料,必须加强生料制备过程的质量控制,以确保配料方案的实现。

5.4.1 生料制备过程中的质量控制

生料制备过程是将原料按比例配合,经过一系列加工之后,制成具有一定细度、适当化学成分、均匀的生料,以满足煅烧的要求。生料制备过程的质量控制项目主要有入磨物料配比、粒度、水分等。

5.4.1.1 入磨物料配比

入磨物料配比的准确与否,对出磨生料的质量、磨机产量及磨机电耗都有较大影响。保证喂料的准确与均匀,是保证生料成分均匀稳定的重要环节。

5.4.1.2 入磨物料粒度

入磨物料的粒度,是影响磨机产量和能耗的重要因素。入磨物料粒度小,可显著提高磨机产量,降低单位产品粉磨电耗。一般球磨机入磨物料粒度控制在 $25 \sim 30mm$ 之间。立式磨和辊压机入磨物料粒度不宜太小,否则会引起磨机震动,不利于物料均化和除尘,不利于降低成本,故应控制入磨物料上下限粒度。具体情况视各企业生产情况而定。原料磨(生料磨)入磨物料的粒度控制指标见表5-15。

表5-15 原料磨(生料磨)入磨物料的粒度控制指标

粉磨设备	入磨物料粒度控制值/mm	合格率/%	备注
管球磨、烘干磨	>25mm 者,应 <5% ;≤25mm 者,应 ≥95%	≥80	实际合格率应为 85% ~90%
辊式磨(立磨)	≤90mm 者,应 >95%	≥80	D 为辊径,实际可控制在 $0.05D$;例如辊径为 2000mm,则允许最大喂料粒度应 ≤100mm
	>0.05D 者,应为 0;<0.01D 者,应 <10%		
	易磨物料:>0.06D 者,应 <4% ;>0.025D 者,应 <20%		
	难磨物料:>0.06D 者,应为 0 ;>0.015D 者,应 <20%		
辊压机	>0.05D 者,为 0	≥80	

5.4.1.3 入磨物料水分

(1)入磨物料水分控制指标

根据磨机型式的不同,采用不同的控制参数。普通干法球磨机,入磨物料水分对磨机产量有较大影响,如果入磨物料平均水分达 4.0%,会使磨机产量下降 20%,严重时会堵塞隔仓板,使粉磨难以进行;入磨物料过于干燥,则会增加烘干电耗,磨内还会产生静电效应,降低粉磨效率。为此,普通干法球磨机入磨物料的平均水分应控制在 1.0% ~2.0% 为宜;烘干兼粉磨的生料磨系统,入磨物料平均水分一般控制小于 6.0% 即可;立式磨(辊式磨)入磨物料平均水分可放宽到 10.0%,如采用热风炉供热风,入磨物料水分甚至可高达 15% ~20%。

综上所述,原料磨(生料磨)入磨物料的水分控制指标列于表5-16。

表5-16 原料磨(生料磨)入磨物料的水分控制指标

粉磨设备/入磨物料	入磨物料水分控制值/%	合格率/%	备注
管球磨	≤1.0~2.0	≥80	不带烘干功能
烘干磨	≤6.0	≥80	烘干兼球磨
辊式磨	≤10.0	≥80	不带热风炉
辊式磨	≤15.0	≥80	带热风炉
黏土	≤2.0	≥80	
煤	≤4.0	≥80	

(2)物料水分的检测方法

入厂物料一般都含有一定的水分,物料水分的测定主要是测定物料附着水分的百分含量。物料水分对其化学分析结果及配料的准确性影响较大,在实际生产中,必须加强检测和控制。水泥厂通常对矿渣、黏土、煤、生料球、石膏、铁粉等物料的水分进行控制,水分的检测方法如下。

①用干燥箱测定水分:用1/10的天平准确称取50g试样,倒入小盘内,放于105~110℃的恒温控制干燥箱中烘干1h,取出冷却后称量。

物料中水分的质量分数 w 按下式计算:

$$w = \frac{m - m_1}{m} \times 100\% \tag{5-2}$$

式中 m ——烘干前试样质量,g;

   m_1 ——烘干后试样质量,g。

②用红外线干燥测定水分:用1/10的天平称取50g试样,置于已知质量的小盘内,放在250W红外线灯下3cm处烘干10min左右(湿物料需20~30min)。取下,冷却后称量,计算公式同上。

用红外线烘干水分时,严防冷物触灯,以免引起灯泡爆裂。

③检测注意事项:a. 石膏附着水分测定时烘干温度应为55~60℃;b. 不得使用红外线灯;c. 大块样品应先破碎到2cm以下再测定。

5.4.2 出磨生料的质量控制

5.4.2.1 出磨生料的控制项目

出磨生料如果各项技术指标都符合入窑煅烧条件,则可以将它直接入窑煅烧,这样就省去了"生料均化库"这个生产环节。在水泥技术发达的国家,出磨生料直接入窑煅烧的成功案例屡见不鲜。国内也曾有个别水泥厂做过一些尝试,但还处于起步阶段,绝大多数企业依然是出磨生料入均化库进行均化,并将此作为生料入窑前一个必不可少的生产环节。

根据《水泥生产企业质量管理规程》的要求,出磨生料的控制项目主要有:氧化钙(CaO)或碳酸钙滴定值(T_{CaCO_3})、氧化铁(Fe_2O_3)、三个率值(KH 或 LSF、SM、IM)、细度(80μm 筛余和 0.2mm 筛余)和水分等。如采用立窑生产,不必控制水分,但需控制含煤量。

5.4.2.2 出磨生料的过程控制指标

出磨生料的过程质量控制指标见表5-17。

表5-17　出磨生料的过程质量控制指标要求

序号	控制项目	控制指标	合格率	检验频次	取样方式	备注
1	CaO(T_{CaCO_3})	控制值 ±0.3%（±0.5%）	≥70%	分磨 1 次/h	瞬时或连续	每月统计1次
2	Fe_2O_3	控制值 ±0.2%	≥80%	分磨 1 次/2h		
3	KH 或 LSF	控制值 ±0.02(KH) 控制值 ±2(LSF)	≥70%	分磨 1 次/h ~ 1 次/24h		
4	SM、IM	控制值 ±0.10	≥85%			
5	80μm 筛余	控制值 ±2.0%		分磨 1 次/h ~ 1 次/2h		
6	0.2mm 筛余	≤2.0%	≥90%	分磨 1 次/24h		
7	水分	≤1.0%		1 次/周		

5.4.2.3　出磨生料的质量控制方法

出磨生料的质量控制经历了钙铁控制、离线率值控制和在线率值控制三个阶段。目前,这三个阶段的生料质量控制方法共存于我国水泥生料质量控制中。

（1）钙铁控制。就是每小时对生料取样后用人工快速分析法或钙铁仪测定生料中的 CaO 和 Fe_2O_3 成分,然后根据实测 CaO 和 Fe_2O_3 值与目标值的偏差调整原料配比。

这种控制方法必须事先根据所需要的率值制定出合适的 CaO、Fe_2O_3 目标值。一旦原料成分发生变化,必须重新给出 CaO、Fe_2O_3 目标值。如果 CaO、Fe_2O_3 目标值不准确或原料变化后目标值调整不及时,生料 CaO、Fe_2O_3 合格率再高,也不能得到率值合格的生料。这是因为生料的率值主要由 SiO_2、Al_2O_3、Fe_2O_3、CaO 四种元素之间的比例关系决定,只有在原料中的 SiO_2 和 Al_2O_3 含量比较稳定的前提下,才可保证出磨生料的率值合格稳定。如果原料中的 SiO_2 和 Al_2O_3 含量波动较大,即使出磨生料的钙、铁百分之百合格,也难保出磨生料率值的合格。也就是说,钙铁控制只能保证出磨生料 CaO、Fe_2O_3 在控制范围内,只要原料成分稍有波动,生料率值就会有很大的波动,从而导致熟料质量发生很大的变化。

（2）离线率值控制。就是从现场取回出磨生料样品后,借助元素分析仪、能谱仪、波谱仪等仪器,快速分析出磨生料中的 SiO_2、Al_2O_3、Fe_2O_3、CaO 和烧失量等几个数据,然后与给定的三个率值和烧失量等控制指标相比较,形成误差项,在率值控制系统里的计算程序根据这些误差项计算每种原料的变化,再返回到喂料微机中修正生料配比,以达到出磨生料率值的稳定和合格,如图5-8所示。

我国新建的水泥预分解窑生产线,大都配置了多元素分析仪。规模较小的水泥厂选用了价格较低的能量色散型(EDXRF)能谱仪,做出磨入窑的生料控制分析。一些规模大的水泥厂选用 X 射线荧光分析仪,通常指波长色散型(WDXRF)波谱仪,它既可作为化验室分析仪器,做水泥、生料、熟料的全分析,也可像能谱仪一样来做出磨入窑的生料控制分析。它们的共同点是能够快速分析出样品中的 SiO_2、Al_2O_3、Fe_2O_3、CaO 等成分的含量。有的厂没有配备生料质量计算机控制系统,当出磨生料率值与目标率值有偏差时要靠喂料工自己的配料经验来调整。

随着预分解窑生产技术在我国迅速普及,DCS 集散控制系统和 QCS 生料质量控制系统已成为水泥生产线两大重要的自动化系统。QCS(Quality Control System)是专门为提高产品质量、优化工艺参数而设计的控制系统。它包括原料数据管理、配方计算、配料实时控制、统计报表、事件记录、数据库管理与查询、工艺管理、用户管理、趋势曲线等多功能。QCS 生料质量控制系统(以下简称 QCS 系统)与 X 荧光分析仪采用以太网络或者 RS232 串行通讯方式进行可靠的物理连接,X 荧光分析仪在成分分析后,会自动将分析结果及相应标识传送至 QCS 系统。QCS 系统通过标识自动进行数据分类处理。若为出磨生料,则将分析结果存入计算机并自动执行配料控制计算;若为入窑生料或入磨原料等其他成分数据,则将分析结果存入计算机的 Microsoft SQL Server 2000 数据库,以便进行统计分析及报表打印等处理。

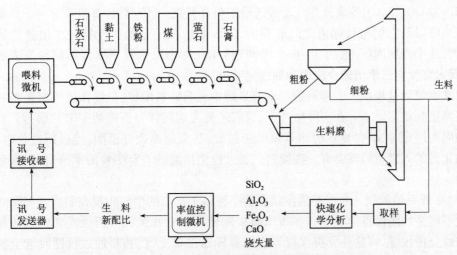

图 5-8　生料率值控制系统示意图

QCS 系统与 DCS 系统采用快速以太网进行物理连接,利用 OPC(OLE for Process Control——用于过程控制的 OLE)工业标准进行数据交换和通讯是两大系统进行数据交换的最好平台。QCS 系统为 DCS 系统提供各原料的配比、出磨和入窑生料的化学成分,以及出磨生料三率值的实时数据,DCS 系统为 QCS 系统提供各原料秤的开停状况、瞬时流量、累计流量及磨机给定产量。其控制流程如图 5-9 所示。

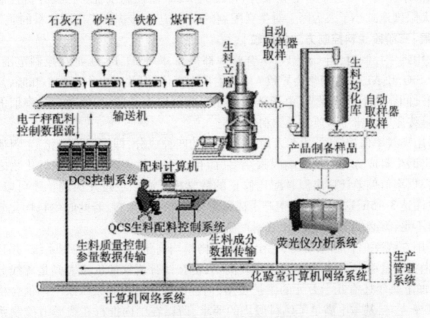

图 5-9　QCS 生料质量控制系统与 DCS 集散控制系统的控制流程

QCS 系统分五步进行工作。①QCS 系统根据各原料化学成分、煤灰的化学成分、煤的工业分析数据、熟料要求的三率值及热耗进行配料计算,求出生料三率值控制目标值和各种原料初始喂料配比。②QCS 系统将各原料的初始配比传送给 DCS 控制系统控制电子喂料皮带秤进行喂料。③由于原料成分的波动,出磨生料三率值和出均化库生料三率值都会与生料三率值目标值之间产生偏差,QCS 配料系统每过一段时间(一般是 1h)从生料取样器中取出具有代表性的出磨生料样品和均化库出口生料样品,通过 X 荧光分析仪分析出它的 CaO、SiO_2、Al_2O_3、Fe_2O_3 等成分并自动传送给配料计算机。④配料计算机算出一个周期内的实测三率值以及它们与目标值之间的偏差,QCS 系统按一定的优化算法求出新的物料配比。⑤在几个周期内(一般为 3～6 个周期)将均化库出口生料三率值控制在要求的范围内,确保入窑生料三率值的合格率达到规定要求。

QCS 系统通过检测出磨生料的三率值来调整入磨物料配比,最终保证入窑生料三率值的合格率达到规定要求。在实际生产中,我们还要考虑制样分析周期带来的偏差。若消除误差的周期过短时,喂料装置的调节幅度会过大,甚至超出允许范围;当周期过长时,经均化库均化后的入窑生料就会有一些偏差。通过检测出磨和入窑生料的率值,可以衡量均化的效果。

(3)在线率值控制。在线率值控制也是一种基于率值的生料质量控制。它与离线控制的最大不同是检测设备的不同。在线率值控制使用了在线荧光分析仪或者中子活化水泥元素在线分析仪等,将这种分析仪放置在物料输送皮带上方,物料通过仪器时就会被测试出来,立即在计算机上显示出生料中各种化学成分的百分比含量及率值。采用离线控制时,由于控制过程的滞后性,使得调整与补救措施往往不及时,以致出现质量波动。而在线分析仪在物料还未入磨时即已知道生料化学成分及率值,在线率值控制系统根据检测结果实时调整物料配比并传送给 DCS 系统,使之按照生料三个率值进行配料。在原料成分波动大、生料均化效果差的情况下,在线率值控制也能保证生料质量的稳定。这也使得新建水泥厂的预均化堆场规模可以减小,甚至可以不建预均化堆场、取消生料均化库。国内已有北京琉璃河水泥厂等使用了带有在线分析仪的在线率值控制系统。在线分析控制系统的应用,最大限度地减小了人为因素对生料配制的干扰,进一步提高了出磨生料的质量。

[拓展:三阶段生料控制方法的比较]

①采用钙铁控制时,当 CaO、Fe_2O_3 合格率都很高,即 CaO、Fe_2O_3 都在控制范围内时,虽然原料中 SiO_2 和 Al_2O_3 的变化会导致 KH 发生很大变化,但此时操作工并不知晓,反而会因钙铁控制没问题而不进行调节,由于硅铝质原料成分发生了变化,使得三个率值的波动很大,就会最终影响入窑生料质量及熟料的煅烧。

②采用离线率值控制时,由于及时知道生料的四种成分,即率值的变化,生料质量要好得多,但出磨生料成分变化的影响因素众多,而且三个率值表示的是四种氧化物之间的比例关系,根据率值偏差计算出原料配比修正的数学模型必须经过几次调整才可以奏效,调整周期往往达 3～5h,这时可能已生产了成百上千吨不合格生料,若此时生料均化效果不理想或库容不足,就必然影响煅烧,使熟料产质量明显下降。

③采用在线率值控制系统时,三个率值合格率均高于离线率值控制系统,并且波动幅度较小,生料质量稳定,熟料强度自然也就高了,但在线分析仪的价格大概是离线分析仪的 4～5 倍,加上每年还有几十万元的维护费用,何况离线率值控制系统三个率值合格率也都达到了 70% 左右,基本上满足了熟料煅烧的要求,所以在国内推行在线率值控制系统还需要有个逐步认知的过程。

出磨生料质量控制是干法水泥生产线实施水泥质量控制和保证窑稳定运转的重要环节,它包含了三方面的内容:原料计量、成分分析、配比调整。生料质量控制应达到的基本目的是控制熟料的三个率值稳定。为达到生料质量控制的基本目的,水泥企业在原料计量、成分分析方面均有设备投入,采用在线计算机控制生料质量就成为了水泥企业生料质量控制的发展方向。

5.4.3 入窑生料的质量控制

5.4.3.1 入窑生料的控制项目

入窑生料质量的好坏,直接影响着熟料的质量和产量,以及燃料的消耗量。根据《水泥生产企业质量管理规程》的要求,入窑生料的过程质量控制项目主要有:氧化钙(CaO)或碳酸钙滴定值(T_{CaCO_3})、分解率、三个率值(KH 或 LSF、SM、IM)、全分析等。与出磨生料相比,入窑生料质量控制增加了碳酸盐分解率、生料全分析,去掉了氧化铁、细度、水分等控制项目。

5.4.3.2 入窑生料的过程控制指标

入窑生料过程的质量控制指标见表5-18。

表 5-18 入窑生料的过程质量控制指标要求

序号	控制项目	控制指标	合格率/%	检验频次	取样方式	备注
1	$CaO(T_{CaCO_3})$	控制值 ±0.3%(±0.5%)	≥80%	分窑 1 次/h	瞬时或连续	每季度统计 1 次
2	分解率	控制值 ±3%	≥90%	分窑 1 次/周		适用旋窑
3	KH 或 LSF	控制值 ±0.02(KH)	≥90%	分磨 1 次/4h ~ 1 次/24h	瞬时	每季度统计 1 次
		控制值 ±2(LSF)				
4	SM、IM	控制值 ±0.10	≥95%	分窑 1 次/24h		
5	全分析	根据设备、工艺要求决定	—		连续	

5.4.4 生料质量控制的检测方法

5.4.4.1 出磨生料碳酸钙滴定值 T_{CaCO_3} 的测定

控制 CaO 或 $CaCO_3$ 含量的主要目的是为了控制生料的石灰饱和系数。通过测定生料 CaO(或 T_{CaCO_3})含量,基本上可以判断生料中石灰石与其他原料的比例。应当指出,T_{CaCO_3} 测定法所测定的,实际上是 $CaCO_3$ 和 $MgCO_3$ 及其他少量耗酸物质的总和。此法测定的结果比全分析方法换算出的滴定值偏低,但方法简单、快速,能及时指导生产,可满足生产控制的需要,因而在生产中应用广泛。尤其是石灰石中 $MgCO_3$ 较稳定时,生料的 T_{CaCO_3} 与生料 KH 相关性较好,控制生料的 T_{CaCO_3} 基本上就可以达到稳定生料的目的。

(1)检测原理。生料试料中加入过量的已知浓度的盐酸标准溶液,加热煮沸使碳酸盐完全分解。剩余的盐酸标准溶液,以酚酞为指示剂,用氢氧化钠标准溶液返滴定,根据氢氧化钠标准溶液的消耗量,计算碳酸盐的含量,以 T_{CaCO_3} 表示,即碳酸钙滴定值。化学反应式如下:

$$CaCO_3 + 2HCl \xrightarrow{\Delta} CaCl_2 + H_2O + CO_2 \uparrow$$

$$MgCO_3 + 2HCl \xrightarrow{\Delta} MgCl_2 + H_2O + CO_2 \uparrow$$

$$HCl（剩余）+ NaOH \longrightarrow NaCl + H_2O$$

（2）检测步骤。准确称取约 0.5g 生料试样，置于 250mL 锥形瓶中，用少量水冲洗瓶壁使试料润湿。用滴定管准确加入 20.00mL、0.5000mol/L HCl 标准滴定溶液，摇荡，使试料分散。置于电炉上加热至沸后，继续保持微沸 2~3min。取下，用少量水冲洗瓶壁，稀释。加 2~3 滴酚酞指示剂（10g/L），用 0.2500mol/L NaOH 标准滴定溶液滴定至微红色，30s 内不褪色为终点。碳酸钙滴定值 T_{CaCO_3}（%）按下式计算：

$$T_{CaCO_3} = \frac{(C_1 V_1 - C_2 V_2) \times 50.0}{m \times 1000} \times 100 \qquad (5-3)$$

式中　C_1——HCl 标准滴定溶液的浓度，mol/L；

　　　V_1——加入 HCl 标准滴定溶液的体积，mL；

　　　C_2——NaOH 标准滴定溶液的浓度，mol/L；

　　　V_2——滴定时消耗 NaOH 标准滴定溶液的体积，mL；

　　　m——试样的质量，g；

　　　50.0——$\frac{1}{2}$CaCO$_3$ 的摩尔质量，g/mol。

当 $C_1 = 0.5000$mol/L、$V_1 = 20.00$mL、$C_2 = 0.2500$mol/L 和 $m = 0.5000$g 固定不变时，计算公式为：

$$T_{CaCO_3} = \frac{(0.5000 \times 20 - 0.2500 \times V_2) \times 50.0}{0.5000 \times 1000} \times 100 = 100 - 2.5 V_2$$

简化得到：

$$T_{CaCO_3} = 100 - 2.5 V_2 \qquad (5-4)$$

这就是一些水泥厂至今使用的 T_{CaCO_3} 滴定对应数据表的制作依据，只要准确观察到滴定时消耗 NaOH 标准滴定溶液的体积数，就能立即查出 T_{CaCO_3}。熟能生巧，有的化验员对 T_{CaCO_3} 滴定对应数据表倒背如流，能在瞬间得出 T_{CaCO_3}。

（3）注意事项。

①加盐酸时应随时摇荡，以防试料粘结瓶底，分解不完全。

②加热温度不宜过高，防止 HCl 标准滴定溶液挥发。加热时间不能少于 1min，否则试料分解不完全，使结果偏低。

③试料若为黑生料，应在明亮处滴定，且近终点时滴定速度应慢些。

④盛装 NaOH 标准滴定溶液的试剂瓶，应使用聚乙烯塑料瓶，且用装有碱石灰干燥管的橡胶塞密封，以防 NaOH 溶液吸收空气中二氧化碳导致浓度发生较大变化。

⑤生料 T_{CaCO_3} 实测值比以生料全分析所得 CaO、MgO 值按 $T_{CaCO_3} = 1.785$CaO $+ 2.48$MgO 计算值偏低。其原因是生料中的石灰石、黏土和煤等或多或少会引入一些非碳酸盐矿物，还有作为矿化剂的萤石带入的 CaF$_2$ 在测 T_{CaCO_3} 时，均不能被稀盐酸分解。而全分析测定 CaO 和 MgO 时，采用强碱高温熔样制备试验溶液，全部矿物均能完全分解，在溶液中以 Ca^{2+}、Mg^{2+} 离子形式存在，当用 EDTA 配位滴定时均可被测出。所以 T_{CaCO_3} 实测值比全分析理论计算值偏低。如有必要，可以结合本厂实际情况，通过配制小样试验确定差值，加以校正。

⑥实际上生料碳酸钙滴定值是 CaCO$_3$、MgCO$_3$ 及其他少量耗酸物质含量的总和。当用 MgCO$_3$ 含量较稳定的石灰石进行配料时，生料碳酸钙滴定值与石灰饱和系数（KH）之间有较好的相关性。

⑦当进厂石灰石中 $MgCO_3$ 含量波动大,或其他原料中 $MgCO_3$ 含量波动大时,本法不适用于生产控制,此时应改为测定生料中 CaO。

5.4.4.2 出磨生料中氧化钙的快速测定

当石灰石中 $MgCO_3$ 的含量波动较大,必须改用测定生料中 CaO 的方法。

(1)检测原理。用盐酸分解试样,试样分解后,用三乙醇胺掩蔽铁、铝等干扰离子,在 pH 值大于 13 的强碱性溶液中,以 CMP 为指示剂,用 EDTA 标准滴定溶液滴定。其反应式如下:

滴定前: $Ca^{2+} + \underset{(红色)}{CMP} == \underset{(绿色荧光)}{Ca - CMP}$

滴定反应: $Ca^{2+} + H_2Y^{2-} == CaY^{2-} + 2H^+$

终点时: $\underset{(绿色荧光)}{Ca - CMP} + H_2Y^{2-}(过量) == CaY^{2-} + \underset{(红色)}{CMP} + 2H^+$

(2)测定步骤。准确称取 0.1g 试样,置于 300mL 烧杯中,加入约 20mL 蒸馏水,摇动烧杯使试样分散。盖上表面皿,慢慢加入 5mL 盐酸(1+1),加入 5mL 氟化钾溶液(20g/L)置于电炉上加热至沸,并保持微沸 2min。取下稍冷,加水稀释至约 200mL,加入 5mL 三乙醇胺(1+2)及少许 CMP 指示剂,在搅拌下加入氢氧化钾溶液(200g/L)至出现绿色荧光后再过量 5~8mL。用 EDTA 指示溶液(0.02mol/L)滴定至绿色荧光消失并呈现红色。

氧化钙的质量分数(%)按下式计算:

$$CaO = \frac{T_{CaO} \times V}{m \times 1000} \times 100 \tag{5-5}$$

式中　T_{CaO}——每毫升 EDTA 标准溶液相当于氧化钙的毫克数,mg/mL;

　　　V——滴定时消耗 EDTA 标准溶液的体积,mL;

　　　m——试样质量,g。

(3)注意事项。

①本方法采用酸溶样,有一定的不溶物未被溶解,测定结果可能稍偏低,但仍然可满足生产控制的要求。

②用盐酸(1+1)直接分解试样,产生部分硅酸,对测定钙有影响,所以加入氟化钾溶液(20g/L)消除干扰。氟化钾溶液(20g/L)加入量视硅酸含量而定,一般采用该方法测定生料中氧化钙,加入 3~5mL 氟化钾溶液(20g/L)。

③称样要准确,因为称取 0.1g 试样直接测定氧化钙含量,称样量少,氧化钙含量高,称样是否准确对测定结果的准确度影响较大。

④石灰石中氧化钙的快速测定也可采用本方法,测定石灰石中氧化钙时,可不加入氟化钾溶液(试样中硅含量少)。

⑤若要同时快速测定氧化钙和氧化镁含量,可称取 0.5g 试样,用盐酸(1+1)分解后转移至 250mL 容量瓶中,分取两份 25mL 溶液,分别用 EDTA 标准溶液滴定氧化钙和钙、镁合量,然后再用差减法求得氧化镁的含量。

5.4.4.3 出磨生料中氧化铁的快速测定

化学分析方法主要有磷酸溶样-重铬酸钾滴定法的铝片还原法、二氯化锡-三氯化钛联合还原法、三氯化钛单独还原法、二氯化锡还原-甲基橙指示剂法。

(1)铝片还原法

①测定步骤。准确称取 0.5g 试样,精确至 0.0001g,置于 300mL 锥形瓶中,用数毫升水冲洗瓶壁,加入数粒固体高锰酸钾及 5mL 磷酸,摇荡锥形瓶,使之与试样混合均匀。将锥形

瓶置于小电炉上于 250～300℃ 的温度下加热至冒白烟时,取下锥形瓶,稍冷,加入 20mL 盐酸(1＋1),摇荡片刻,加入 0.1～0.2g 金属铝片(或铝丝),于 60～70℃ 下还原。待铝片(或铝丝)全部溶解后(此时溶液由黄色变为无色),立即以冷水稀释至约 150mL,加 20mL 硫酸-磷酸混合酸,加 2～3 滴二苯胺磺酸钠指示剂溶液(10g/L),用重铬酸钾标准滴定溶液[$c(1/6K_2Cr_2O_7) = 0.025mol/L$]滴定至呈蓝紫色。

试样中三氧化二铁的质量分数(％)按下式计算:

$$Fe_2O_3 = \frac{c \times V \times 79.85}{m \times 1000} \times 100 \tag{5-6}$$

式中　c——重铬酸钾($\frac{1}{6}K_2Cr_2O_7$)标准溶液的浓度,mol/L;

　　　V——滴定时消耗重铬酸钾标准溶液的体积,mL;

　79.85——$\frac{1}{2}Fe_2O_3$ 的摩尔质量,g/mol;

　　　m——试样的质量,g。

②铝片还原法存在的问题

(a)还原完毕之后冷却时,溶液中已无过量的还原剂存在,被还原生成的二价铁离子仍有被空气氧化为三价铁离子的可能。

(b)铝的还原性很强,不仅能还原三价铁离子,还能还原四价钛离子、二价铜离子等,使结果偏高。

(2)二氯化锡-三氯化钛联合还原法

以二氯化锡进行还原,以无毒的三氯化钛消除过量的二氯化锡,以钨酸钠为指示剂,定量还原三价铁离子。如仅用三氯化钛,当铁含量高时(如铁矿石),溶液中会引入较多的钛氧基离子(TiO^{2+}),在以水稀释试验溶液时,钛氧基离子会发生水解生成大量的钛氧基水合物 $TiO(OH)_2$ 沉淀,影响滴定终点的观察。此时,宜采用二氯化锡－三氯化钛联合还原法。稍过量的钛离子以铜离子为催化剂被空气氧化除去。钛离子被除去后,空气将钨蓝氧化为无色的钨酸根离子,标志着钛离子已被除净。

①测定步骤。准确称取约 0.5g 试样,精确至 0.0001g,置于 300mL 锥形瓶中,用数毫升水冲洗锥形瓶壁。加入数粒固体高锰酸钾(以溶解后溶液显粉红色为宜)及 5mL 磷酸,摇荡锥形瓶使其中混合物混合均匀。将锥形瓶放在小电炉上于 250～300℃ 的温度下加热,使试样充分溶解。开始冒白烟时,取下锥形瓶,稍冷,加 20mL 盐酸(1＋1),摇荡片刻,加热至沸。滴加二氯化锡溶液(50g/L)至呈浅黄色,将溶液稀释至 60mL 左右,加 1mL 钨酸钠溶液(250g/L),再加热至 50℃ 左右,滴加三氯化钛溶液(1＋19)至出现蓝色并过量 1 滴,冷却至室温,加水稀释至约 100mL,加 2 滴硫酸铜溶液(4g/L),待蓝色褪尽后再放置 1～2min。加 20mL 硫酸-磷酸混合酸及 2～3 滴二苯胺磺酸钠指示剂溶液(10g/L),用重铬酸钾标准滴定溶液[$c(1/6K_2Cr_2O_7) = 0.025mol/L$]滴定至蓝紫色为终点。

试样中三氧化二铁的质量分数的计算公式同式(5-6)。

②注意事项。

(a)用二氯化锡还原三价铁离子的反应,需在强盐酸介质中进行。还原反应宜在热溶液中进行,需加热煮沸后再滴加二氯化锡溶液。二氯化锡的加入量使溶液呈浅黄色为宜。

(b)三氯化钛溶液易被空气氧化,在其溶液上部加少量液体石蜡,隔绝空气进行保护。

(c)还原完毕滴定前要加入硫酸-磷酸混合酸。加入硫酸的作用是使溶液呈反应所需要的强酸性。加入磷酸的作用,是使滴定反应的产物三价铁离子与磷酸生成无色的 $[Fe(PO_4)_2]^{3-}$ 配离子,一方面降低了游离三价铁离子的浓度,增大了滴定终点前后的电位突跃,从而使滴定反应进行彻底;另一方面磷酸与三价铁离子生成的配合物无色,掩蔽了三价铁离子的黄色,使终点明显。

(d)铜盐溶液加入1滴即可,不宜过多。铜离子起催化作用。如无铜离子,钨蓝的颜色很难褪去。

(3)三氯化钛单独还原法

水泥生料中三氧化二铁的含量不是很高,单独用三氯化钛进行还原,使用的量不是很大,滴定前用水稀释溶液时不会生成大量的钛氧基水合物 $TiO(OH)_2$ 沉淀而干扰测定,因而可以简化操作步骤。

准确称取约0.5g试样置于300mL锥形瓶中,用数毫升水冲洗锥形瓶壁。加入数粒固体高锰酸钾(以溶解后溶液显粉红色为宜)及5mL磷酸,摇荡锥形瓶使其中混合物混合均匀。将锥形瓶放在小电炉上于 $250 \sim 300℃$ 的温度下加热,使试样充分溶解。开始冒白烟时,取下锥形瓶,稍冷,加入30mL盐酸(1+4),摇荡,加 $5 \sim 8$ 滴钨酸钠溶液(250g/L),边摇动边滴加三氯化钛溶液(1+19)至蓝色出现。用水稀释至 $150 \sim 200mL$,加1滴硫酸铜溶液(5g/L),摇荡直至蓝色褪去。加20mL硫酸-磷酸混合酸及2滴二苯胺磺酸钠指示剂溶液(10g/L),立即用重铬酸钾标准滴定溶液滴定至出现蓝紫色。

试样中三氧化二铁的质量分数的计算公式同式(5-6)。

(4)二氯化锡还原-甲基橙指示剂法

①测定步骤。准确称取约0.5g试样,精确至0.0001g,置于300mL锥形瓶中,用数毫升水冲洗锥形瓶壁。加入数粒固体高锰酸钾(以溶解后溶液显粉红色为宜)及5mL磷酸,摇荡锥形瓶使其中混合物混合均匀。将锥形瓶放在小电炉上于 $250 \sim 300℃$ 的温度下加热,使试样充分溶解。开始冒白烟时,取下锥形瓶,稍冷,加20mL盐酸(1+1),摇荡片刻,加热至沸。滴加二氯化锡溶液(50g/L)至呈浅黄色,加入 $7 \sim 8$ 滴甲基橙指示剂溶液(2g/L),再慢慢滴加二氯化锡溶液至溶液颜色刚刚由红色变为无色。迅速用流水冷却至室温,加水稀释至150mL,加10mL硫酸(1+4)及2滴二苯胺磺酸钠指示剂溶液(10g/L),立即用重铬酸钾标准滴定溶液滴定至出现蓝紫色。

试样中三氧化二铁的质量分数的计算公式同式(5-6)。

②注意事项

(a)用二氯化锡还原三价铁离子时溶液的盐酸酸度以4 mol/L为宜。此时,稍过量的二氯化锡即可使甲基橙还原为氢化甲基橙而褪色,反应灵敏。若盐酸酸度大于6mol/L,二氯化锡不是先还原三价铁离子,而是先将甲基橙还原为无色,则甲基橙无法指示三价铁离子的还原;若盐酸酸度小于2 mol/L,则甲基橙褪色缓慢。

(b)若二氯化锡不慎过量,可滴加高锰酸钾溶液至呈红色,补加2滴甲基橙指示剂溶液后,再用二氯化锡溶液还原至甲基橙溶液恰好变为无色。

5.4.4.4　出磨生料的细度测定

(1)测定出磨生料细度的意义

水泥熟料矿物的形成,主要是通过固相反应来完成的。在生料的物理性质、均化程度、煅烧温度和煅烧时间相同的前提下,固相反应的速度与生料的细度成正比。生料磨得越细,比表面积越大,煅烧时颗粒之间的接触面积越大,熟料越易煅烧,熟料中 $f\text{-}CaO$ 含量越低。从理论上讲,生料磨得越细,对煅烧越有利。但在实际生产中,生料磨得过细,会降低磨机产量,增加电耗。研究表明,生料细度超过一定限度(比表面积大于 $500m^2/kg$)对熟料质量的提高并不明显(这种情况下,要多增加电耗30%左右)。因此在实际生产中应结合熟料质量、磨机产量、电耗等方面进行综合考虑,确定合理的生料细度控制指标。

合理的生料细度应考虑两个方面:一定范围的平均细度及生料细度的均齐性。也就是应尽量避免粗颗粒。有关资料表明,生料 0.2mm 筛余对煅烧的影响比 $80\mu m$ 筛余更大。当生料中 0.2mm 筛余大于 1.4% 时,熟料中的 $f\text{-}CaO$ 含量明显增加。但作为生料粉磨质量控制指标,$80\mu m$ 筛余比 0.2mm 筛余更适宜。在生料粒度分布比较稳定的情况下,两者也有较好的相关性。规定 1 次/24h 的 0.2mm 筛余检验,可以控制生产。所以在水泥企业中,化验室控制组的生料控制项目中,还要强调控制粗颗粒,即控制 0.2mm 方孔筛筛余见表5-19。生料粉磨细度与熟料中 $f\text{-}CaO$ 含量的关系见表5-20 和表5-21。

表 5-19　生料岗位原始记录

时间＼项目	入磨水分 /%	出磨生料/%			入磨生料/%		签字
		水分	$80\mu m$ 筛余	0.2mm 筛余	水分	$80\mu m$ 筛余	
备注							

表 5-20　生料 0.2mm 方孔筛筛余对熟料 $f\text{-}CaO$ 的影响(%)

0.2mm 方孔筛筛余	0.90	1.40	2.42	3.06
熟料中的 $f\text{-}CaO$ 含量	0.76	0.84	1.54	2.24

表 5-21　生料 $80\mu m$ 方孔筛筛余对熟料 $f\text{-}CaO$ 的影响(%)

$80\mu m$ 方孔筛筛余	13.6	13.2	12.5	11.6	10.7	10.4	9.3	5.1
熟料中的 $f\text{-}CaO$ 含量	2.15	1.48	1.08	1.04	0.94	0.74	0.67	0.44

(2)生料细度的测定方法

对细度的表示方法有筛余百分数、比表面积和颗粒级配三种。目前,水泥企业大都采用筛余量和比表面积来表示生料的细度,测定方法多是采用水筛法和负压筛法,具体参见水泥物理检验中水泥细度的测定方法。

5.4.4.5　入窑生料分解率的测定

分解率是指入窑生料中碳酸盐的分解程度,分为表观分解率和真实分解率。实际生产中的分解率一般是指表观分解率,即包括窑内飞灰循环所带入的已分解的部分。

在预分解窑生产线的窑尾塔架系统,安装有预热器和分解炉,入窑生料经提升设备提升,从一级预热器 C1 与二级预热器 C2 之间的连接管道喂入窑尾系统,经前几级预热器的预热,到达分解炉进行碳酸盐分解,之后经由最后一级预热器旋风筒底部下料管喂入回转窑内煅烧成熟料。在水泥生产控制中,一般要对入窑生料的分解率进行控制,通过分解率可以判断窑尾入窑生料的分解效率,以便及时调整生产工艺,提高入窑生料的分解率,增加台时产量,提高水泥熟料质量。所以,对出分解炉生料的分解率进行控制越来越得到重视。入窑生料分解率可以用重量法,通过测定生料试样灼烧前后碳酸盐含量的变化进行测定。具体做法如下:

(1)操作步骤

称取 1g 生料试样,精确至 0.0002g,放入已知质量的瓷坩埚中,盖上盖子,置于 950℃ 的高温炉中,恒温 30min,取出,置于干燥器中,冷却至室温,称量。出分解炉生料的分解率 $\omega_{(\text{分解率})}$ 按下式计算:

$$\omega_{(\text{分解率})} = \frac{\omega_{(\text{LOI})} - \left[1 - \frac{m_2 - m_1}{m}\right]}{\omega_{(\text{LOI})}} \tag{5-7}$$

式中　$\omega_{(\text{分解率})}$——生料的分解率的质量分数;

　　　$\omega_{(\text{LOI})}$——生料均化库中生料平均烧失量的质量分数;

　　　m_2——灼烧后坩埚与试样的质量,g;

　　　m_1——空坩埚的质量,g;

　　　m——试样的质量,g。

(2)注意事项

①均化库生料的均匀性决定了出分解炉生料分解率测定结果的准确性。要定期不间断地对均化库中的生料进行烧失量测定,保证生料分解率测定结果的稳定性和准确性。

②灼烧时间要统一,以减小测量误差。

5.4.5　生料化学成分的多元素 X 射线荧光分析仪检测

5.4.5.1　技术要求

(1)精密度。测定氧化钙时,谱线强度的变异系数小于 0.15%;测定二氧化硅时,谱线强度的变异系数应小于 0.40%;测定三氧化硫时,谱线强度的变异系数应小于 2.0%。

(2)稳定性。测定氧化钙时,谱线强度的极差应小于 0.5%;测定二氧化硅时,谱线强度的极差应小于 1.5%;测定三氧化硫时,谱线强度的极差应小于 5.0%。

(3)线性。①制作氧化钙的工作曲线时,各标准样品中氧化钙含量计算值与标准值之间误差的最大值应小于 0.17%。②制作二氧化硅的工作曲线时,各标准样品中二氧化硅含量计算值与标准值之间误差的最大值应小于 0.25%。③制作三氧化硫的工作曲线时,各标准样品中三氧化硫含量计算值与标准值之间误差的最大值应小于 0.10%。

[注意] 对于不能测定上述某种成分的元素 X 射线荧光分析仪,针对该成分以上三项技术要求不用测量。

(4)灵敏度。当样品中氧化钙、二氧化硅和三氧化硫含量的变化值分别为其 GB/T 19140 规定的室内允许偏差时,各成分谱线强度的变化量应分别小于相应成分谱线强度标准偏差的三倍。

(5)分辨能力。当样品中二氧化硅和氧化镁含量变化 1% 时,对三氧化三铝含量测定的最大影响值应小于 0.2%。

(6)X 射线光管功率。用于顺序式 X 射线荧光仪的光管额定功率应大于 2kW,用于同时式 X 射线荧光仪的光管额定功率应大于 100W。

5.4.5.2　X 射线荧光分析方法

(1)方法提要

当试样中化学元素受到电子、质子、α 粒子和离子等加速粒子的激发或受到 X 射线管、放射性同位素源等发出的高能辐射的激发时,可放射特征 X 射线,称之为元素的荧光 X 射线。当激发条件确定后,均匀样品中某元素的荧光 X 射线强度与样品中该元素质量分数的关系如下式所示:

$$I_i = \frac{Q_i \times C_i}{\mu_s} \tag{5-8}$$

式中　I_i——待测元素的荧光 X 射线强度；

　　　Q_i——比例常数；

　　　C_i——待测元素的质量分数；

　　　μ_s——样品的质量吸收系数。

样品的质量吸收系数与试样的化学组成相关。其对待测元素荧光 X 射线强度的影响可采用下述三种方法之一消除。

①采用与待测试样化学成分相近的标准样品进行补偿校正。

②采用适当的数学公式进行数学校正。

③综合采用标准样品和数学公式进行补偿及数学校正。

样品的颗粒度效应和矿物效应等非均匀性影响可采用与待测样品相近的标准样品进行补偿校正，也可采用将样品熔融制成玻璃片的方法予以消除。

（2）X 射线荧光分析仪工作条件的选择

①仪器工作条件检验的频数。对于新购仪器或对仪器进行维修、更换部件后，应按 JC/T 1085 对仪器进行校验。仪器正常运行时，每隔 6 个月时间，对仪器进行校验。校验合格后，选择仪器的工作条件。

②仪器工作条件的选择方法。参考分析仪器的使用说明书，选择适当的仪器工作条件，并对仪器的漂移按时进行校正。

（3）系列校准样品的配制

①系列校准样品应使用与待测试样相同的物料进行配制，对于质量分数小于 1% 的成分可用纯化学试剂配制。系列校准样品中各成分的质量分数范围应涵盖待测试样中各成分的质量分数。每一系列至少包含 7 个样品。

②系列校准样品的制备应符合 GB/T 15000.3—2008《标准样品工作导则（3）标准样品　定值的一般原则和统计方法》的要求，可参照相应的系列国家标准样品研制方法制备。

③系列校准样品的定值方法可采用本标准化学分析方法进行，但要用国家标准样品或标准物质进行溯源。用于溯源的国家标准样品或标准物质中的主成分的质量分数应尽可能与待定值的校准样品相近。

④用化学分析方法确定校准样品中各成分的质量分数，定值结果的不确定度 u 应小于规定的重复限的 1/3。

⑤校准样品中各成分测定结果的不确定度 u 按下式计算：

$$u = t_{(n-1)} \frac{S}{\sqrt{n}} \tag{5-9}$$

式中　u——测定结果的不确定度；

　　　$t_{(n-1)}$——显著性水平为 0.05、自由度为 $f = n - 1$ 时的 t 值，即 t 分布的置信系数；

　　　S——定值结果的标准偏差；

　　　n——定值时测定次数。

（4）试样片的制备

①玻璃熔片的制备。

a. 试样的称量。按选择的稀释比（R）分别称量试样、熔剂和防浸润剂，精确至 0.0001g。所用试样可用下述两种方法之一进行称量。

（a）称量未灼烧过的试样。用未灼烧过的试样制备玻璃熔片时，应称量试样的质量，按下式计算：

$$m_{49} = \frac{m_{50}}{1 - \dfrac{\omega_{LOI}}{100}}$$ (5-10)

式中 m_{49}——应称量的未灼烧过的试样质量,g;

m_{50}——制备玻璃熔片所需的试样质量,g;

ω_{LOI}——测定的烧失量的质量分数,%。

（b）称量灼烧过的试样

如果试样中含有碳化物、铁或其他金属,应该用灼烧过的试样制备玻璃熔片,灼烧方法按烧失量分析步骤中的灼烧方法进行。

b. 熔样步骤。熔样前,需要把试样、试剂和防浸润剂充分混合,如果使用液体防浸润剂,应先将试样和溶剂进行混合,在低温下加热除去水分,然后再通过微量移液管加入液体防浸润剂,在选定的控制温度的电炉内,喷灯上或使用自动制片设备,在规定的时间内（如10min）熔融该混合物,其间不时地摇动,直至试样全部熔解,得到均匀的熔融物。

应根据试样和被测元素的类型选择适宜的熔融温度。对于要检测的易挥发性元素,如硫酸盐、硫化物、氯化物或碱金属元素化合物,应降低熔融温度,或使用压片技术,以保证达到所需精度,例如测定三氧化硫时,试样的熔融温度应控制在1100℃以下。

c. 玻璃熔片的铸造。将得到的均匀熔融物倒入铸模中,当熔体由红热状态冷却后,将铸模置于空气流上方的水平位置,使空气流能直接吹至铸模底部中心。当熔片已成固体并自动脱模后,关掉空气流,将熔片贮存于密封的聚乙烯袋中,再放入干燥器中,长期贮存后,使用前应用乙醇和丙酮彻底清洗表面。

②用粉末直接压片

a. 一般要求。采用粉末压片时,样品应首先进行粉磨,为防止样品粘磨和改善粉末压片质量,可使用不超过3%的粘合剂。

b. 操作步骤。称取适量的试样（应能够填满模具）及粘合剂,精确至0.0001g,倒入磨盘内混匀后盖上磨盘盖,放入振动磨,按设定好的时间自动粉磨。粉磨完成后,用毛刷把料刷出倒在一张纸上,小心转移到压片机的钢环内,并用直尺拨平,以使压片表面的密度均匀。按照已设定好的压力、保压时间完成压片。压片厚度应大于2.5mm。取出压片,注意观察压片表面是否光洁、无杂物、不开裂。用洗耳球将分析面吹干净,用干布把压片的边缘擦干净。放入荧光分析仪进入检测。把磨盘清洗干净晾干,用毛刷以及洗耳球把压片机上、下压头吹扫干净备用。

（5）校准方程的建立和确认

①校准样品灼烧基浓度。采用玻璃熔片制作校准曲线时,浓度坐标用校准样品的灼烧基浓度,校准样品的灼烧基浓度按下式计算：

$$\omega_{灼烧基} = \omega_{收到基} \times \frac{100}{100 - \omega_{LOI}}$$ (5-11)

式中 $\omega_{灼烧基}$——校准样品的灼烧基中某元素的浓度,%;

$\omega_{收到基}$——校准样品的收到基中某元素的浓度,%;

ω_{LOI}——校准样品中烧失量的质量分数,%。

②校准方程的建立。在一个合理的计数时间内（例如40s或200s）,测量系列校准样品熔片或压片中的每种被测元素的谱线强度。利用回归分析,建立每种被测元素的校准曲

线,例如根据最小二乘法,在测量得到的 X 射线强度与相应的每种被测元素的浓度之间建立回归校准方程。必要时,对谱线重叠和元素之间的影响进行校正,另外,同时测量强度漂移校准熔片的标准强度,确认校准方程的有效性。

③元素间影响的校正。如果存在明显影响校准准确度的元素间效应,例如钾对钙的影响,有必要进行校正。对于每种影响元素的校正,至少制备一个附加的校准熔片或压片。

④校准方程的确认。用未参与校准曲线建立的另一标准样品进行测定。对于所有的被测元素,浓度的测定与标准样品/标准物质的证书值之差应小于重复性限的 0.71 倍时,确认校准曲线有效,否则无效,应重新制作。

(6)测定步骤

按照下述步骤进行试样的分析:①制备分析用熔片或压片;②对仪器进行校准;③在相同测定条件下,测量分析熔片或压片的 X 射线强度,测量的 X 射线强度应当在校准方程的范围内;④根据获得的校准方程,计算被测元素的浓度。

(7)结果的计算与表示

①直接粉末压片法的测定结果以质量分数表示。

②熔融法的测定结果为灼烧基结果,根据未灼烧试样(收到基)中烧失量 ω_{LOI} 的结果,按下式将灼烧基结果换算成收到基结果:

$$\omega_{收到基} = \omega_{灼烧基} \times \frac{100 - \omega_{LOI}}{100} \tag{5-12}$$

式中　$\omega_{收到基}$——试样收到基的测定结果,%;

　　　$\omega_{灼烧基}$——试样灼烧基的测定结果,%;

　　　ω_{LOI}——未灼烧试样中烧失量的质量分数,%。

5.4.5.3　水泥化学分析方法及 X 射线荧光分析方法测定结果的重复性限和再现性限

GB/T 176—2008《水泥化学分析方法》所列重复性限和再现性限为绝对偏差,以质量分数(%)表示。

(1)在重复性条件下,采用标准所列方法分析同一试样时,两次分析结果之差应在所列的重复性限内。如超出重复性限,应在短时间内进行第三次测定,测定结果与前两次或任一次分析结果之差值符合重复性限的规定时,则取其平均值,否则,应查找原因,重新按上述规定进行分析。

(2)在再现性条件下,采用标准所列方法对同一试样各自进行分析时,所得分析结果的平均值之差应在所列的再现性限内。

(3)化学分析方法测定结果的重复性限和再现性限见表 5-22。X 射线荧光分析方法测定结果的重复性限和再现性限见表 5-23。

表 5-22　化学分析方法测定结果的重复性限和再现性限

成分	测定方法	含量范围 /%	重复性限 /%	再现性限 /%
烧失量	灼烧差减法		0.15	0.25
不溶物	盐酸-氢氧化钠处理	≤3	0.10	0.10
		>3	0.15	0.20
三氧化硫(基准法)	硫酸钡重量法		0.15	0.20

续表

成分	测定方法	含量范围 /%	重复性限 /%	再现性限 /%
二氧化硅(基准法)	氯化铵重量法		0.15	0.20
三氧化二铁(基准法)	EDTA 直接滴定法		0.15	0.20
三氧化二铝(基准法)	EDTA 直接滴定法		0.20	0.30
氧化钙(基准法)	EDTA 滴定法		0.25	0.40
氧化镁(基准法)	原子吸收光谱法		0.15	0.25
二氧化钛	二安替吡啉甲烷分光光度法		0.05	0.10
氧化钾(基准法)	火焰光度法		0.10	0.15
氯化钠(基准法)	火焰光度法		0.05	0.10
氯离子(基准法)	硫氰酸铵容量法	≤0.10	0.003	0.005
		>0.10	0.010	0.015
硫化物	碘量法		0.03	0.05
一氧化锰(基准法)	高碘酸钾氧化分光光度法		0.05	0.10
五氧化二磷	磷钼酸铵分光光度法		0.05	0.10
二氧化碳	碱石棉吸收重量法	≤5	0.20	0.35
		>5	0.30	0.45
二氧化硅(代用法)	氟硅酸钾容量法		0.20	0.30
三氧化二铁(代用法)	邻菲罗啉分光光度法		0.15	0.20
三氧化二铁(代用法)	原子吸收光谱法		0.15	0.20
氧化钙(代用法)	氢氧化钠熔样-EDTA 滴定法		0.25	0.40
氧化钙(代用法)	高锰酸钾滴定法		0.25	0.40
氧化镁(代用法)	EDTA 滴定差减法	≤2	0.15	0.25
		>2	0.20	0.30
三氧化硫(代用法)	碘量法		0.15	0.20
三氧化硫(代用法)	离子交换法		0.15	0.20
三氧化硫(代用法)	铬酸钡分光光度法		0.15	0.20
三氧化硫(代用法)	库仑滴定法		0.15	0.20
氧化钾(代用法)	原子吸收光谱法		0.10	0.15
氧化钠(代用法)	原子吸收光谱法		0.05	0.10
氯离子(代用法)	磷酸蒸馏-汞盐滴定法	≤0.10	0.003	0.005
		>0.10	0.010	0.015
一氧化锰(代用法)	原子吸收光谱法		0.05	0.10
氟离子	离子选择电极法		0.05	0.10
游离氧化钙(代用法)	甘油酒精法	≤2	0.10	0.20
		>2	0.20	0.30
游离氧化钙(代用法)	乙二醇法	≤2	0.10	0.20
		>2	0.20	0.30

表 5-23　X 射线荧光分析方法测定结果的重复性限和再现性限

化学成分	SiO_2	Al_2O_3	Fe_2O_3	TiO_2	CaO	MgO	SO_3	K_2O	Na_2O
重复性限/%	0.20	0.20	0.15	0.05	0.25	0.15	0.15	0.10	0.05
再现性限/%	0.25	0.30	0.20	0.10	0.40	0.25	0.20	0.15	0.10

5.4.5.4　出磨生料与入窑生料的质量管理

生料出磨后进入生料库,经过调配均化后入窑。虽然干法生料均化有多库搭配、机械倒库和空气搅拌等几种形式,但预分解窑水泥生产线多采用连续式生料均化库,通常不再需要进行出磨生料的调配,也很少再用机械倒库、多库搭配和间歇式空气搅拌的方法来实现入窑生料的化学成分的均齐和稳定。预分解窑生产线配置的均化库,一般是连续性多料流式生料均化库,用一个库同时对生料进行储存和均化。此时,对入窑生料的质量控制主要是基于生料化学成分均匀稳定的在线或离线率值控制。即利用配置的多元素荧光分析仪,进行入窑生料的全分析,以率值作控制指标,控制其合格率,并检验均化库的均化效果。

根据《水泥生产企业质量管理规程》的要求,出磨生料与入窑生料的质量管理应遵循以下规定。

(1)化验室会同有关部门制定半成品的质量管理和控制方案,经企业质量负责人批准后执行。化验室负责监督、检查方案的实施。

(2)生料质量管理做到以下两点。

①为保证生料质量,应配备精度符合配料需求的计量设备,并建立定期维护和校准制度,生料配料应按化验室下达的通知进行,配料过程应及时调控,确保稳定配料。

②出磨生料要采取必要的均化措施,并保持合理库存。出磨生料和入窑生料的质量控制要求应符合过程质量控制指标要求(表 5-17 和表 5-18)的规定。

5.5　熟料的质量控制与管理

硅酸盐水泥熟料,简称水泥熟料或熟料,是一种由主要含 CaO、SiO_2、Al_2O_3、Fe_2O_3 的原料按适当配比磨成细粉,烧至部分熔融,所得以硅酸钙为主要矿物成分的产物。水泥熟料按用途和特性分为:通用水泥熟料、低碱水泥熟料、中抗硫酸盐水泥熟料、高抗硫酸盐水泥熟料、中热水泥熟料和低热水泥熟料等。

对出窑熟料进行质量控制与管理,是水泥生产中最重要的工作之一。因为熟料质量是保证出厂水泥质量的基础,即强度高、性能好的熟料是水泥质量的保证。因此,在水泥生产中,除了应严格控制生料成分和燃煤的质量以外,还应严格控制熟料的质量。

5.5.1　出窑熟料的控制指标

出窑熟料主要控制项目有:三个率值(KH、SM、IM)、游离氧化钙(f-CaO)、氧化镁(MgO)、容积密度(立升重)及物理性质。熟料质量控制点一般选择在冷却机出口处或熟料入库时的输送机处。检测频次、技术指标及控制范围见表 5-24。

表 5-24 熟料的过程质量控制指标要求

序号	控制项目	指标	合格率	检验频次	取样方式	备注
1	立升重	控制值 ±75g/L	≥85%	分窑 1 次/8h	瞬时	
2	f-CaO	≤1.5%	≥85%	自定	瞬时或综合	
		≤3.0%		1 次/2h		白水泥
		≤1.0%		1 次/2h		中热水泥
		≤1.2%		1 次/2h		低热水泥
3	全分析	自定	—	分窑 1 次/24h	瞬时或综合	
4	KH	控制值 ±0.02	≥80%	分窑 1 次/8h ~ 1 次/24h	综合样	每月统计1次
5	$n(SM)$、$p(IM)$	控制值 ±0.1	≥85%		综合样	
6	全套物理检验	其中 28d 抗压强度 ≥50MPa		分窑 1 次/24h	综合样	

5.5.2 熟料的常规质量控制与检验

5.5.2.1 熟料化学性能的质量控制与检验

水泥熟料的化学性能,包括基本化学性能和特性化学性能。其中基本化学性能包括:f-CaO、MgO、烧失量、不溶物、SO_3、$C_3S + C_2S$(硅酸盐矿物合量)、CaO/SiO_2(钙硅比)等;特性化学性能主要是指:低碱水泥熟料的碱含量($R_2O = Na_2O + 0.658K_2O$);中抗硫酸盐水泥熟料的 C_3A、f-CaO、C_3S;高抗硫酸盐水泥熟料的 C_3A、C_3S;中热水泥熟料的 R_2O、C_3A、f-CaO、C_3S;低热水泥熟料的 R_2O、C_3A、f-CaO、C_2S 含量要求。国家推荐性标准 GB/T 21372—2008《硅酸盐水泥熟料》对其基本化学性能和特性化学性能的要求分别列于表 5-25 和表 5-26。

表 5-25 硅酸盐水泥熟料的基本化学性能要求

f-CaO (质量分数) /%	MgO① (质量分数) /%	烧失量 (质量分数) /%	不溶物 (质量分数) /%	$SO_3$② (质量分数) /%	$(3CaO \cdot SiO_2 + 2CaO \cdot SiO_2)$③ (质量分数)/%	CaO/SiO_2 质量比
≤1.5	≤5.0	≤1.5	≤0.75	≤1.5	≥66	≥2.0

① 当制成 I 型硅酸盐水泥的压蒸安定性合格时,允许放宽到 6.0%。
② 也可以由买卖双方商定。
③ $3CaO \cdot SiO_2$ 和 $2CaO \cdot SO_2$ 按下式计算:
$$3CaO \cdot SiO_2 = 4.07CaO - 7.60SiO_2 - 6.72Al_2O_3 - 1.43Fe_2O_3 - 2.85SO_3 - 4.07f\text{-}CaO$$
$$2CaO \cdot SiO_2 = 2.87SiO_2 - 0.75 \times 3CaO \cdot SiO_2$$

表 5-26 硅酸盐水泥熟料的特性化学性能要求

类型	$(Na_2O + 0.658K_2O)$① (质量分数)/%	$3CaO \cdot Al_2O_3$② (质量分数)/%	f-CaO (质量分数)/%	$3CaO \cdot SiO_2$ (质量分数)/%	$2CaO \cdot SiO_2$ (质量分数)/%
低碱水泥熟料	≤0.60	—	—	—	—
中抗硫酸盐水泥熟料	—	≤5.0	≤1.0	<57.0	—
高抗硫酸盐水泥熟料	—	≤3.0	—	<52.0	—
中热水泥熟料	≤0.60	≤6.0	≤1.0	<55.0	—
低热水泥熟料	≤0.60	≤6.0	≤1.0	—	≥40

① 或由买卖双方协商确定。
② $3CaO \cdot Al_2O_3$ 按下式计算:
$$3CaO \cdot Al_2O_3 = 2.65Al_2O_3 - 1.69Fe_2O_3$$

（1）控制意义及控制指标

水泥中各氧化物含量的不同比例称为率值，我国是以三个率值 n、p、KH 来表示的。

①硅酸率用 SM 或 n 表示：$SM = \dfrac{SiO_2}{Al_2O_3 + Fe_2O_3}$

②铝氧率常用 IM 或 p 表示：$IM = \dfrac{Al_2O_3}{Fe_2O_3}$

③石灰饱和系数用 KH 表示：$KH = \dfrac{CaO - (1.65\,Al_2O_3 + 0.35\,Fe_2O_3 + 0.7\,SO_3)}{2.8SiO_2}$

用预分解窑生产硅酸盐水泥熟料时，建议率值范围如下：

预分解窑熟料三率值优化设计方案：

硅酸率 SM（n）：	1.6～1.8
铝氧率 IM（p）：	2.5～2.8
石灰饱和系数 KH：	0.88～0.92

在窑况和生产控制相对稳定的条件下，熟料的化学成分与熟料强度之间有着密切的关系。因此，要保证熟料具有较高的强度、适宜的性能，必须使熟料的化学成分合理、稳定，减少其波动。而通过对熟料化学成分的控制与检验，特别是对熟料化学成分与矿物组成、矿物形态之间关联度的掌控，就可以掌握熟料三个率值与熟料岩相分析矿物组成是否符合配料设计的要求，进而判断前面工艺状况和熟料质量，并且作为调整前面工艺的依据。

（2）熟料化学成分分析方法

熟料化学成分全分析的方法依据国家标准 GB/T 176—2008《水泥化学分析方法》规定。标准囊括的 33 种化学分析与仪器分析方法及其对应的检测项目分列于下。

01. 烧失量的测定——灼烧差减法

02. 不溶物的测定——盐酸-氢氧化钠处理

03. 三氧化硫的测定——硫酸钡重量法（基准法）

04. 二氧化硅的测定——氯化铵重量法（基准法）

05. 三氧化二铁的测定——EDTA 直接滴定法（基准法）

06. 三氧化二铝的测定——EDTA 直接滴定法（基准法）

07. 氧化钙的测定——EDTA 滴定法（基准法）

08. 氧化镁的测定——原子吸收光谱法（基准法）

09. 二氧化钛的测定——二安替吡啉甲烷分光光度法

10. 氧化钾和氧化钠的测定——火焰光度法（基准法）

11. 氯离子的测定——硫氰酸铵容量法（基准法）

12. 硫化物的测定——碘量法

13. 一氧化锰的测定——高碘酸钾氧化分光光度法（基准法）

14. 五氧化二磷的测定——磷钼酸铵分光光度法

15. 二氧化碳的测定——碱石棉吸收重量法

16. 二氧化硅的测定——氟硅酸钾容量法（代用法）

17. 三氧化二铁的测定——邻菲罗啉分光光度法（代用法）

18. 三氧化二铁的测定——原子吸收光谱法（代用法）

19. 三氧化二铝的测定——硫酸铜返滴定法(代用法)

20. 氧化钙的测定——氢氧化钠熔样 – EDTA 滴定法(代用法)

21. 氧化钙的测定——高锰酸钾滴定法(代用法)

22. 氧化镁的测定——EDTA 滴定差减法(代用法)

23. 三氧化硫的测定——碘量法(代用法)

24. 三氧化硫的测定——离子交换法(代用法)

25. 三氧化硫的测定——铬酸钡分光光度法(代用法)

26. 三氧化硫的测定——库仑滴定法(代用法)

27. 氧化钾和氧化钠的测定——原子吸收光谱法(代用法)

28. 氯离子的测定——磷酸蒸馏-汞盐滴定法(代用法)

29. 一氧化锰的测定——原子吸收光谱法(代用法)

30. 氟离子的测定——离子选择电极法

31. 游离氧化钙的测定——甘油酒精法(代用法)

32. 游离氧化钙的测定——乙二醇法(代用法)

33. X 射线荧光分析方法

5.5.2.2 熟料中游离氧化钙含量的控制与检验

(1)控制意义

游离氧化钙是指熟料中没有参加化学反应而是以游离态存在的氧化钙,其水化速度很慢,要在水泥硬化并形成一定强度后才开始水化,由此引起水泥石体积不均匀膨胀、强度下降、开裂甚至崩溃,最终造成水泥安定性不良。所以控制熟料中 f-CaO 的含量对于保证熟料强度和安定性都是十分重要的。同时通过 f-CaO 含量的变化,可以判断配料和煅烧情况。

(2)控制指标

对于预分解窑生产线来说,如果煅烧硅酸盐水泥熟料,一般控制熟料中 f-CaO 含量小于 1.5% ,白水泥、中热水泥、低热水泥熟料中 f-CaO 含量控制指标参见表 5-24。

(3)熟料中 f-CaO 的含量偏高原因分析及控制措施

从理论上讲,熟料中 f-CaO 越低越好。因为随着 f-CaO 含量的增加,熟料强度会明显下降,安定性合格率也会大幅度下降。所以,在确定 f-CaO 的控制指标时企业应综合考虑本厂的生产工艺、原燃材料、设备、操作水平等因素,确定一个既经济又合理的指标。控制的主要措施如下。

①造成熟料中 f-CaO 的含量偏高有以下原因。

a. 配料不当,KH 过高。

b. 煤与生料配比不均匀、不准确,煤质波动大或煤粒过粗。

c. 入窑生料 T_{CaCO_3} 或 CaO 不稳定,忽高忽低,或生料过粗,窑内煅烧不完全。

d. 热工制度不稳,卸料太快或偏火漏生。

e. 熟料冷却慢,产生二次 f-CaO。

②对 f-CaO 含量过高、安定性不合格的熟料,可采取以下措施尽可能减小 f-CaO 对强度和安定性的影响。

a. 熟料出窑时喷洒少量水。

b. 加入少量的高活性混合材制备水泥。

c. 调整水泥的粉磨细度。

d. 适当延长熟料的堆放时间,使 f-CaO 充分消化。

e. 与质量好的熟料搭配使用。

（4）熟料中 f-CaO 的测定方法

GB/T 176—2008《水泥化学分析方法》规定的游离氧化钙测定有两种代用法：甘油酒精法和乙二醇法。甘油酒精法：在加热搅拌下，以硝酸锶为催化剂，使试样中的游离氧化钙与甘油作用生成弱碱性的甘油钙，以酚酞为指示剂，用苯甲酸—无水乙醇标准滴定溶液滴定；乙二醇法：在加热搅拌下，使试样中的游离氧化钙与乙二醇作用生成弱碱性的乙二醇钙，以酚酞为指示剂，用苯甲酸—无水乙醇标准滴定溶液滴定。

①甘油酒精法

a. 方法提要：该方法属于非水酸碱滴定法。以 $Sr(NO_3)_2$ 为催化剂，在微沸温度下，熟料中的 f-CaO 与丙三醇反应，生成弱碱性的丙三醇钙，并且使酚酞指示剂呈红色。

$$
\begin{array}{l}
CH_2-OH \\
| \\
CH-OH + CaO \\
| \\
CH_2-OH
\end{array}
\longrightarrow
\left.
\begin{array}{l}
CH_2-OH \\
| \\
CH-OH \\
| \\
CH_2-O
\end{array}
\right\} Ca + H_2O
$$

（丙三醇）　　　　　　　　（丙三醇钙）

用苯甲酸—无水乙醇标准滴定溶液滴至试液红色消失。

$$
\left.
\begin{array}{l}
CH_2-O \\
| \\
CH-OH \\
| \\
CH_2-O
\end{array}
\right\} Ca + 2C_6H_5COOH
\longrightarrow
\begin{array}{l}
CH_2-OH \\
| \\
CH-OH \\
| \\
CH_2-OH
\end{array}
+ Ca(C_6H_5COO)_2
$$

（丙三醇钙）　　（苯甲酸）　　　　　（丙三醇）　　（苯甲酸钙）

根据用去的该标准滴定溶液的体积及其浓度，计算游离氧化钙的百分含量。

b. 分析步骤：称取约 0.5g 试样，精确至 0.0001g，置于 250mL 干燥的锥形瓶中，加入 30mL 甘油—无水乙醇溶液（1＋2），加入约 1g 硝酸锶，放入一根搅拌子，装上冷凝管，置于游离氧化钙测定仪（具有加热、搅拌、计时功能，并配有冷凝管）上，以适当的速度搅拌溶液，同时升温并加热煮沸，在搅拌下微沸 10min 后，取下锥形瓶，立即用苯甲酸—无水乙醇标准滴定溶液（0.1mol/L）滴定至微红色消失。再装上冷凝管，继续在搅拌下煮沸至红色出现，再取下滴定。如此反复操作，直至在加热 10min 后不出现红色为止。

c. 结果的计算与表示

游离氧化钙的质量分数 $\omega_{f\text{-}CaO}$ 的计算公式：

$$
\omega_{f\text{-}CaO} = \frac{T_{CaO} \times V_{40}}{m_{47} \times 1000} \times 100 = \frac{T_{CaO} \times V_{40} \times 0.1}{m_{47}} \tag{5-13}
$$

式中　$\omega_{f\text{-}CaO}$——游离氧化钙的质量分数，％；

　　　T_{CaO}——苯甲酸—无水乙醇标准滴定溶液对氧化钙的滴定度，mg/mL；

　　　V_{40}——滴定时消耗苯甲酸—无水乙醇标准滴定溶液的总体积，mL；

　　　m_{47}——试样的质量，g。

②乙二醇法

a. 方法提要：在加热搅拌下，使试样中的游离氧化钙与乙二醇作用生成弱碱性的乙二醇钙，以酚酞为指示剂，用苯甲酸—无水乙醇标准滴定溶液滴定。

本方法用乙二醇代替丙三醇，加热至 100～110℃，游离氧化钙与乙二醇在 2～3min 内定量反应生成乙二醇钙，使酚酞指示剂呈红色。

$$CH_2—OH \qquad\qquad CH_2—O$$
$$\qquad\qquad +CaO— \qquad\qquad\qquad\qquad Ca+H_2O$$
$$CH_2—OH \qquad\qquad CH_2—O$$
$$\qquad（乙二醇）\qquad\qquad\qquad（乙二醇钙）$$

用苯甲酸—无水乙醇标准滴定溶液滴至试液红色消失。

$$CH_2—O \qquad\qquad\qquad CH_2—OH$$
$$\qquad\qquad Ca+2C_6H_5COOH— \qquad\qquad\qquad +Ca(C_6H_5COOH)_2$$
$$CH_2—O \qquad\qquad\qquad CH_2—OH$$

根据用去的该标准滴定溶液的体积及其浓度,计算游离氧化钙的百分含量。

专用游离氧化钙测定仪,具有边加热边搅拌的功能,测定快速准确。

b. 分析步骤:称取约 0.5g 试样,精确至 0.0001g,置于 250mL 干燥的锥形瓶中,加入 30mL 乙二醇—乙醇溶液(1+2),放入一根搅拌子,装上冷凝管,置于游离氧化钙测定仪(具有加热、搅拌、计时功能,并配有冷凝管)上,以适当的速度搅拌溶液,同时升温并加热煮沸,当冷凝下的乙醇开始连续滴下时,继续在搅拌下加热微沸 4min,取下锥形瓶,用预先用无水乙醇润湿过的快速滤纸抽气过滤或预先用无水乙醇洗涤过的玻璃砂芯漏斗(直径 50mm)抽气过滤,用无水乙醇(乙醇的体积分数 95%,无水乙醇的体积分数不低于 99.5%)洗涤锥形瓶和沉淀 3 次,过滤时等上次洗涤液过滤完后再洗涤下次。滤液及洗液收集于 250mL 干燥的抽滤瓶中,立即用苯甲酸—无水乙醇标准滴定溶液(0.1mol/L)滴定至微红色消失。

[提示] 尽可能快速地进行抽气过滤,以防止吸收大气中的二氧化碳。

c. 结果的计算与表示

游离氧化钙的质量分数 $\omega_{f\text{-CaO}}$ 的计算:

$$\omega_{f\text{-CaO}} = \frac{T_{CaO} \times V_{41}}{m_{48} \times 1000} \times 100 = \frac{T_{CaO} \times V_{41} \times 0.1}{m_{48}} \tag{5-14}$$

式中　$\omega_{f\text{-CaO}}$——游离氧化钙的质量分数,%;

　　　T_{CaO}——苯甲酸—无水乙醇标准滴定溶液对氧化钙的滴定度,mg/mL;

　　　V_{41}——滴定时消耗苯甲酸—无水乙醇标准滴定溶液的体积,mL;

　　　m_{48}——试料的质量,g。

5.5.2.3　熟料中氧化镁含量的控制与检验

(1)控制意义及控制指标

①控制意义。熟料中的氧化镁是指煅烧过程中未反应的游离态方镁石,水化速度极慢,在硬化的水泥石中若干年都能不断进行水化,发生体积不均匀膨胀,影响水泥安定性,降低抗折强度,是一种有害成分。所以必须控制熟料中的氧化镁含量。

②控制指标。国家标准规定,水泥熟料中 MgO 含量必须低于 5.0%,熟料中 MgO 含量在 5.0%~6.0% 时,要进行压蒸安定性检验。如压蒸安定性合格,则熟料中 MgO 的含量允许放宽到 6.0%。熟料中 MgO 含量每天测一次,若 MgO 含量较高时,应增加检验次数。可见,如果各种原料引入熟料中的氧化镁含量通常情况下不高于 5.0%,可以不对熟料中氧化镁含量进行控制。

(2)熟料中氧化镁含量的测定方法

①方法提要:GB/T 176—2008《水泥化学分析方法》中规定的基准法是原子吸收光谱

法,此法是以氢氟酸—高氯酸分解或氢氧化钠熔融—盐酸分解试样的方法制备溶液,分取一定量的溶液,用锶盐消除硅、铝、钛等对镁的干扰,在空气—乙炔火焰中,于波长 285.2nm 处测定试液的吸光度。熟料中氧化镁含量的测定也可以用代用法,即 EDTA 滴定差减法,此法是在 pH 为 10 的溶液中,以酒石酸钾钠、三乙醇胺为掩蔽剂,用酸性铬蓝 K – 萘酚绿 B 混合指示剂,用 EDTA 标准滴定溶液滴定。当试样中一氧化锰含量(质量分数)大于 0.5% 时,在盐酸羟胺存在下,测定钙、镁、锰总量,差减法测得氧化镁的含量。具体方法见 GB/T 176—2008《水泥化学分析方法》。

②分析步骤:

a. 氢氟酸—高氯酸分解试样:称取约 0.1g 试样,精确至 0.0001g. 置于铂坩埚(或铂皿)中,加入 0.5 ~ 1mL 水润湿,加入 5 ~ 7mL 氢氟酸和 0.5mL 高氯酸,放入通风橱内低温电热板上加热,近干时摇动铂坩埚以防溅失。待白色浓烟完全驱尽后,取下冷却。加入 20mL 盐酸(1 + 1),温热至溶液澄清,冷却后,移入 250mL 容量瓶中,加入 5mL 氯化锶溶液,用水稀释至标线,摇匀。此溶液 C 供原子吸收光谱法测定氧化镁用。

b. 氢氧化钠熔融—盐酸分解试样:称取约 0.1g 试样,精确至 0.0001g,置于银坩埚中,加入 3 ~ 4g 氢氧化钠,盖上坩埚盖(留有缝隙),放入高温炉中,在 750℃ 的高温下熔融 10min,取出冷却。将坩埚放入已盛有约 100mL 沸水的 300mL 烧杯中,盖上表面皿,待熔块完全浸出后(必要时适当加热),取出坩埚,用水冲洗坩埚和盖。在搅拌下一次加入 35mL 盐酸(1 + 1),用热盐酸(1 + 9)洗净坩埚和盖。将溶液加热煮沸,冷却后,移入 250mL 容量瓶中,用水稀释至标线,摇匀。此溶液 D 供原子吸收光谱法测定氧化镁。

c. 氧化镁的测定:从溶液 C 或溶液 D 中吸取一定量的溶液放入容量瓶中(试样溶液的分取量及容量瓶的容积视氧化镁的含量而定),加入盐酸(1 + 1)及氯化锶溶液,使测定溶液中盐酸的体积分数为 6%,锶的浓度为 1mg/mL。用水稀释至标线,摇匀。用原子吸收光谱仪,在空气—乙炔火焰中,用镁空心阴极灯,于波长 285.2nm 处,在相同的仪器条件下测定溶液的吸光度,在工作曲线上查出氧化镁的浓度(c_1)。

③结果的计算与表示

氧化镁的质量分数 ω_{MgO} 的计算:

$$\omega_{MgO} = \frac{c_1 \times V_{19} \times n}{m_{21} \times 1000} \times 100 = \frac{c_1 \times V_{19} \times n \times 0.1}{m_{21}} \qquad (5\text{-}15)$$

式中　ω_{MgO}——氧化镁的质量分数,%;

　　　c_1——测定溶液中氧化镁的浓度,mg/mL;

　　　V_{19}——测定溶液的体积,mL;

　　　n——全部试样溶液与所分取试样溶液的体积比;

　　　m_{21}——试料的质量,g。

5.5.2.4　熟料不溶物的控制与检验

(1)不溶物的控制指标

不溶物是指水泥或熟料经过一定浓度的酸和碱处理后不被溶解的残留物,它不是一种化学成分。据有关资料介绍,不溶物的主要成分是游离石英($f\text{-}SiO_2$),其次是金属氧化物 R_2O_3(Al_2O_3、Fe_2O_3 等)。不溶物的来源是多方面的,它是从原料、混合材和石膏中的杂质带入的。原料中某些难熔矿物(如黏土中晶质石英)经高温煅烧后仍有一小部分未起化学作用而形成不溶物。熟料煅烧好、漏生少,熟料中不溶物含量就低。回转窑正常煅烧的熟料中不溶物约在 0.2% ~ 0.5%;高品位石膏纯度高,不溶物含量就低;低品位的石膏(黏土质石膏)含有结晶的 SiO_2,不溶物高;水淬矿渣没有明显的不溶物;火山灰质混合材随活性的提高,不溶物减少。因此,根据不溶物的以上来源,国际上许多国家把不溶物当做衡量水泥活性和水泥中掺假使假的尺度之一。不溶物含量高,对水泥质量有不良影响。因此,国家标准 GB 175—2007《通用硅酸盐水泥》规定,Ⅰ型硅酸盐水泥中不溶物不得超过 0.75%;Ⅱ型硅酸盐水泥中不溶物不得超过 1.50%。国家推荐性标准 GB/T 21372—2008《硅酸盐水泥熟料》规定,水泥熟料中不溶物的含量不得超过 0.75%。

(2)不溶物的测定——盐酸—氢氧化钠处理

①方法提要:试样先以盐酸溶液处理,尽量避免可溶性二氧化硅的析出,滤出的不溶渣再以氢氧化钠溶液处理,进一步溶解可能已沉淀的痕量二氧化硅,以盐酸中和、过滤后,残渣经灼烧后称量。

②分析步骤:称取约 1g 试样,精确至 0.0001g,置于 150mL 烧杯中,加入 25mL 水,搅拌使试样完全分散,在不断搅拌下加入 5mL 盐酸,用平头玻璃棒压碎块状物使其分解完全(必要时可将溶液稍稍加温几分钟)。用近沸的热水稀释至 50mL,盖上表面皿,将烧杯置于蒸汽水浴中加热 15min。用中速定量滤纸过滤,用热水充分洗涤 10 次以上。

将残渣和滤纸一并移入原烧杯中,加入 100mL 近沸的氢氧化钠溶液,盖上表面皿,置于蒸汽水浴中加热 15min,加热期间搅动滤纸及残渣 2~3 次。取下烧杯,加入 1~2 滴甲基红指示剂溶液,滴加盐酸(1+1)至溶液呈红色,再过量 8~10 滴。用中速定量滤纸过滤,用热的硝酸铵溶液充分洗涤至少 14 次。

将残渣及滤纸一并移入已灼烧恒量的瓷坩埚中,灰化后在(950±25)℃的高温炉内灼烧 30min。取出坩埚,置于干燥器中,冷却至室温,称量。反复灼烧,直至恒量。

③结果的计算与表示

不溶物的质量分数 ω_{IR} 按下式计算:

$$\omega_{IR} = \frac{m_{10}}{m_9} \times 100 \qquad (5-16)$$

式中　ω_{IR}——不溶物的质量分数,%;

　　　m_{10}——灼烧后不溶物的质量,g;

　　　m_9——试料的质量,g。

5.5.2.5 熟料烧失量的控制与检验

熟料的烧失量也是反映熟料质量好坏的一个指标。烧失量高,说明窑内物料化学反应不完全,还有一部分 $CaCO_3$ 未分解,或有一部分虽已分解,但还来不及完成熟料的化学反应,造成欠烧料;煤粒过粗,外加煤过多,也会导致烧失量高,而且增加热耗。

熟料烧失量应控制在 1.5% 以内,每窑每班测一次。

熟料烧失量的测定,可依据 GB/T 176—2008《水泥化学分析方法》中给定的烧失量测定方法,即采用灼烧差减法。

(1)方法提要

试样在(950±25)℃的高温炉中灼烧,驱除二氧化碳和水分,同时将存在的易氧化的元素氧化。通常矿渣硅酸盐水泥应对由硫化物的氧化引起的烧失量的误差进行校正,而其他元素的氧化引起的误差一般可忽略不计。

(2)分析步骤

称取约 1g 试样,精确至 0.0001g,放入已灼烧恒量的瓷坩埚中,将盖斜置于坩埚上,放在高温炉内,从低温开始逐渐升高温度,在(950±25)℃下灼烧 15~20min,取出坩埚置于干燥器中,冷却至室温,称量。反复灼烧,直至恒量。

(3)结果的计算与表示

熟料烧失量的质量分数 ω_{LOI} 的计算公式:

$$\omega_{LOI} = \frac{m_7 - m_8}{m_7} \times 100 \tag{5-17}$$

式中 ω_{LOI}——烧失量的质量分数,%;

m_7——试料的质量,g;

m_8——灼烧后试料的质量,g。

(4)矿渣硅酸盐水泥和掺入大量矿渣的其他水泥烧失量的校正

称取两份试样,一份用来直接测定其中的三氧化硫含量;另一份则按测定烧失量的条件于(950 ± 25)℃下灼烧 15～20min,然后测定灼烧后的试料中的三氧化硫含量。

根据灼烧前后三氧化硫含量的变化,矿渣硅酸盐水泥在灼烧过程中由于硫化物氧化引起烧失量的误差可按下式进行校正:

$$\omega'_{LOI} = \omega_{LOI} + 0.8 \times (\omega_{后} - \omega_{前}) \tag{5-18}$$

式中 ω'_{LOI}——校正后烧失量的质量分数,%;

ω_{LOI}——实际测定的烧失量的质量分数,%;

$\omega_{前}$——灼烧前试料中三氧化硫的质量分数,%;

$\omega_{后}$——灼烧后试料中三氧化硫的质量分数,%;

0.8——S^{2-} 氧化为 SO_4^{2-} 时增加的氧与 SO_3 的摩尔质量比,即(4 × 16)/80 = 0.8。

5.5.2.6 熟料容积密度(立升重)的控制与检验

(1)控制意义。熟料容积密度即熟料立升重,是指一立升熟料具有的质量,其大小是判断熟料质量和窑内煅烧温度的参考数据之一。回转窑熟料容积密度一般波动在 1300～1500g/L 之间。当窑温正常时,熟料颗粒近似小圆球、表面光滑、大小均匀、紧密结实,其容积密度较大;当烧成带温度过高或物料在烧成带停留时间过长,造成过烧料多,则其容积密度过高,熟料质量反而不好;当窑温偏低时,物料化学反应不完全,熟料中小颗粒多,还带有细粉,其容积密度就小。因此,通过定时测定熟料的容积密度,控制其在合理的范围内。

(2)控制指标。目标值 ±75g/L,合格率≥85%。分窑 8h 测定一次,瞬时取样。

(3)熟料容积密度的测定方法。将孔径为 7mm 筛子放在孔径为 5mm 筛之上,打开取样器闸板,放取熟料,然后将闸板关闭,筛动 7mm 中的熟料,使小于 7mm 的熟料通过筛孔漏入 5mm 筛内。将大于 7mm 的熟料倒掉,再筛动 5mm 的筛子,直至每分钟通过 5mm 筛子的熟料不超过 50g 为止。将留于 5mm 筛子之上的熟料分别倒入两个容量为半立升的升重筒内,用铁尺将多出筒口的熟料刮掉,使其与升重筒口面水平,然后称量。

熟料立升重按下式计算:

$$立升重 = (总重 - 皮重) \times 2(g/L)$$

5.5.2.7 熟料物理性能的控制与检验

(1)控制意义。熟料物理性能的变化,往往反映了配料方案是否合理,煅烧操作时窑内通风、热工制度是否稳定等。通过检验熟料物理性能,可以及时调整配料、纠正操作中出现的问题,同时为水泥制成的质量控制提供依据,如水泥粉磨细度及混合材和石膏的掺量等。

(2)控制项目。主要包括凝结时间、安定性、强度及其他要求。其他要求是指目测不带有杂物,如耐火砖、垃圾、废铁、炉渣、石灰石、黏土等。

（3）控制指标及检验频次。分窑 24h 检验一次,取平均样。熟料强度等级检验必须用平均样,从取样到成型不得超过 2d。将熟料在 $\phi500mm \times 500mm$ 标准小磨中与二水石膏一起磨细至比表面积为 (350 ± 10) m^2/kg,$80\mu m$ 方孔筛筛余不大于 4%,制成 P·I 型硅酸盐水泥后进行检验。制成的水泥中 SO_3 含量应在 $2.0\% \sim 2.5\%$ 范围内(也可按双方约定)。

（4）熟料物理性能的检验方法。水泥熟料物理性能的检验,是通过将水泥熟料在 $\phi500mm \times 500mm$ 化验室统一小磨中与符合 GB175 规定的二水石膏一起磨细至 (350 ± 10) m^2/kg,$80\mu m$ 筛余(质量分数)$\leqslant4\%$,制成 I 型硅酸盐水泥(P·I)后而进行的。制成的水泥中 SO_3 含量(质量分数)应在 $2.0\% \sim 2.5\%$ 范围内(也可按双方约定)。所有的试验(除 28d 强度外)应在制成水泥后 10d 内完成。为了尽量保证制成水泥的颗粒级配相近,建议入磨熟料颗粒小于 5mm,并经常性地检查小磨的球配。

（5）商品熟料的物理性能要求。商品水泥熟料的物理性能按制成 GB 175 中的 I 型硅酸盐水泥的性能来表达。

①凝结时间:初凝不得早于 45min,终凝不得迟于 390min。

②安定性:沸煮法合格。

③抗压强度:各类水泥熟料的抗压强度不低于表 5-27 的数值。

表 5-27　水泥熟料的抗压强度要求

类型	抗压强度/MPa		
	3d	7d	28d
通用、低碱水泥熟料	26.0	—	52.5
中热、中抗、高抗硫酸盐水泥熟料	18.0	—	45.0
低热水泥熟料	—	15.0	45.0

④其他要求:不带有杂物,如耐火砖、垃圾、废铁、炉渣、石灰石、黏土等。

5.5.2.8　出窑熟料的生产管理

（1）窑操作员应经培训持证后上岗。

（2）入窑风、煤、料的配合应合理,统一操作,确保窑热工制度的稳定,并根据窑况及时采取调整措施,防止欠烧料、生烧料的出现。

（3）出窑熟料的质量控制要求应符合熟料过程质量控制指标要求的规定,见表 5-24。

（4）出窑熟料按化验室指定的贮库存放,不应直接入磨,应搭配或均化后使用,可用贮量应保证 5d 的使用量。熟料中不得混有杂物,对质量差的熟料,化验室应采取多点搭配或分开存放并标识,经检验后按比例搭配使用,同时对出磨水泥质量进行跟踪管理。

（5）出窑熟料 28d 抗压强度一般应大于或等于 50MPa,每月统计一次。

（6）入磨熟料温度最好小于 100℃。

（7）熟料的均化:熟料质量不均匀,应做好熟料的均化工作,减小其质量波动,保证出厂水泥的质量。熟料的均化方式通常有:①熟料搭配入库;②出窑熟料波动不大时,可采用分层堆放,竖直取料的方法,达到熟料的均化;③机械倒库;④对于某些物理性能或化学性能低于国家标准的熟料,应严格按照水泥的国家标准搭配比例入磨,避免出现废品。

（8）熟料的堆放、入库和使用应做好原始记录,便于水泥质量的控制。

（9）硅酸盐水泥熟料应按品种运输、贮存和防潮,不能与其他物品相混杂。

5.5.3　熟料矿物组成的控制

水泥熟料化学成分及其波动范围为：CaO 为 62% ~ 67%，SiO_2 为 20% ~ 24%，Al_2O_3 为 4% ~ 7%，Fe_2O_3 为 2.5% ~ 6.0%。水泥熟料矿物组成及其波动范围为：硅酸三钙（$3CaO \cdot SiO_2$，简写为 C_3S，通常占总量 50% 左右）、硅酸二钙（$2CaO \cdot SiO_2$，简写为 C_2S，通常占总量 20% 左右）、铝酸三钙（$3CaO \cdot Al_2O_3$，简写为 C_3A，通常占总量 7% ~ 15%）、铁相固溶体（其成分接近 $4CaO \cdot Al_2O_3 \cdot Fe_2O_3$，简写为 C_4AF，通常占总量 10% ~ 18%）与少量游离氧化钙（$f\text{-}CaO$）、方镁石（MgO）和玻璃体等。

在生产质量控制中，现行控制技术主要是率值控制，也就是控制熟料的化学成分在合理的范围内。但有的熟料 $f\text{-}CaO$ 合格，C_3S 含量并不低，但强度却不高，除了 C_2S 含量少外，主要还受晶体结构、煅烧温度和高温下停留时间的影响（一般煅烧温度高，停留时间足够长，则晶体发育好、强度高）。为此，将熟料质量控制由单纯控制化学成分引导到既控制化学成分，又控制矿物组成的方式，这是当今水泥熟料质量控制的发展趋势。质检部门（化验室）通过对晶体结构的观察，判断煅烧情况（表 5-28），为水泥熟料煅烧操作提供科学依据，并反馈到中控窑操员，以便进行操窑上的相应调整。水泥熟料中矿物组成与成分的技术要求见表 5-29。

表 5-28　从岩相观察分析煅烧生产中的问题

状况	产生原因	状况	产生原因
A 矿尺寸过小（10μm）	欠烧	A 矿晶体大，B 矿晶体小	升温慢、燃烧时间短
A 矿尺寸大	升温慢、火焰长、粗粒混合	A 矿呈花环或熔蚀状	窑内还原气氛
大 A 矿巢	粗石英	B 矿不规则	冷却带长
A 矿分解	温度过高	B 矿大多呈不定形叶片状	窑内还原气氛
B 矿嵌在 A 矿内	慢冷	C_3A 晶体大	慢冷
A 矿包裹 B 矿	粗石英燃烧时间短	暗淡铁酸盐	粗大 B 矿晶体、高液相
A 矿少 B 矿多	KH 低	方镁石晶体大	慢冷
A 矿多 B 矿少	KH 高	$f\text{-}CaO$ 和方镁石	来自矿石或白云石砖
A 矿为板状	过烧	$f\text{-}CaO$ 过低	高 KH、低烧成温度、粗生料
窑内主要煅烧情况	熟料的显微结构		
煅烧正常	A 矿呈多边板状，B 矿呈圆形，表面有交叉双晶，A、B 矿结晶清晰、完整，分布均匀。A 矿占 50% ~ 60%，晶体尺寸在 30μm 左右，B 矿占 10% ~ 20%，中间体占 20% ~ 30%，呈点滴状或树枝状；$f\text{-}CaO$ 少；孔洞少且小		
KH 高	A 矿多，但残留有未化合的 $f\text{-}CaO$，它以圆粒状散布在液相中		
还原气氛	出现 A 矿的形状，B 矿的光性。A 矿熔蚀分解为点滴状的二次 B 矿和 $f\text{-}CaO$，B 矿局部集中成矿巢，呈圆形、叶片状和不定形状。严重时观察到金属铁析晶。熟料呈现黄心		
低温煅烧	晶体发育不良，尺寸小。A 矿含量少，B 矿多，$f\text{-}CaO$ 含量多，中间相少，空洞大而多。外观色泽呈棕黄或棕红，疏松多孔易碎		
急烧	A 矿、B 矿大小不均，特别是 A 矿的尺寸大小相差悬殊，A 矿、B 矿晶体和中间相都分布不均		
过烧	A 矿晶体粗大，常呈板状或长柱状，有熔蚀和分解现象，$f\text{-}CaO$ 较少，孔隙率低，熟料结粒尺寸大，结构致密难磨		

表 5-29　水泥熟料中矿物组成与成分的技术要求　　单位:%(质量分数)

水泥熟料品种	C_3S	C_2S	C_3A	C_4AF	$f\text{-}CaO$	MgO	Na_2O_{eq}	烧失量	C_3A+C_4AF
P·S、P·P、P·F、P·C						≤5.0			
中热硅酸盐水泥	≤55		≤6.0		≤1.0				
低热硅酸盐水泥		≥40	≤6.0		≤1.0	≤5.0			
低热矿渣、粉煤灰水泥			≤8.0		≤1.2	≤5.0		≤1.0	
低热微膨胀水泥					≤3.0	≤5.0			
道路水泥			≤5.0	≥16.0		≤5.0			
快硬水泥						≤5.0			
白水泥						≤4.5			
高抗硫酸盐水泥	<50		<3.0			≤5.0		≤1.5	≤22
中抗硫酸盐水泥	<55		<5.0						

注:上述技术要求,若与修改后的标准有出入时,应以新标准为准。

5.5.4　商品熟料的管理

5.5.4.1　编号及取样

(1)熟料出厂时的编号和取样按不超过 4000t 为一编号和取样单位,或双方合同约定。

(2)熟料取样应有代表性,可连续取,亦可从 20 个以上不同部位取等量样品,总量至少 22kg。所取熟料样品按 GB/T 21372—2008《硅酸盐水泥熟料》第 5 章规定的方法进行检验,检验项目包括需要对产品进行考核的全部技术要求。具体取样方法由买卖双方商定。

5.5.4.2　检验

水泥熟料出厂时应进行检验,检验项目为本标准规定的所有要求。

5.5.4.3　检验报告

检验报告内容应包括水泥熟料种类、检验项目及合同约定的其他技术要求。当用户需要时,生产者应在水泥熟料发出之日起 10d 内寄发除 28d 强度以外的各项检验结果,32d 内补报 28d 强度的检验结果。

5.5.4.4　合格判定

(1)除"其他要求"外,检验结果符合 GB/T 21372—2008《硅酸盐水泥熟料》规定的所有技术要求为合格品。

(2)除"其他要求"外,检验结果不符合 GB/T 21372—2008《硅酸盐水泥熟料》规定的任何一项技术要求为不合格品。

5.6　硅酸盐水泥熟料的岩相分析

硅酸盐水泥熟料是一种不均匀的多相物质。一般采用从化学分析得出的氧化物百分含量计算熟料的矿物组成的方法,来进行配料计算和对质量进行控制。但这种计算方法的基础是假定系统的反应和结晶顺序为已知,以及熟料矿物的形成是在平衡状态下进行的。然而,在实际生产中,熟料的最终矿物组成与平衡条件下的理想反应,是有出入的,有时这种出入还比较大。其主要原因是熟料在部分熔融的状态下形成,固液相之间的反应,不可能完全形成平衡产物。部分液相因骤冷或者形成玻璃体,或者单独析晶;各个矿物也不是像计算矿物组成时所假想的是纯化合物,而是含有微量其他组分的固熔体等。因此,利用显微镜对熟料的矿物组成进行观察从而分析和判断熟料煅烧过程的优劣、改进配料方案、加强熟料质量的控制等方面,就具有重要的意义。

5.6.1 硅酸盐水泥熟料的矿物组成、晶体外形

硅酸盐水泥熟料的矿物主要由硅酸三钙(C_3S)、硅酸二钙(C_2S)、铝酸三钙(C_3A)和铁铝酸四钙(C_4AF)组成。

5.6.1.1 硅酸三钙(C_3S)

硅酸三钙是熟料的主要矿物,其含量通常在54% ~60%。C_3S在1250~2065℃范围内稳定,低于或高于该范围会发生分解,析出CaO(二次游离氧化钙)。实际上C_3S在1250℃以下分解为C_2S和CaO的反应进行得非常慢。

在硅酸盐水泥熟料中总含有少量其他氧化物,如氧化镁、氧化铝等形成固溶体。还含有少量的三氧化二铁、氧化钠、氧化钾、二氧化钛、五氧化二磷等。含有少量氧化物的硅酸三钙称为阿利特即A矿。其化学组成接近于纯的C_3S,因此简单地将其看成是C_3S(图5-10和图5-11)。

图5-10 A矿

图5-11 A矿

硅酸三钙凝结时间正常,水化较快,放热较多,抗水侵蚀性差。但早期强度高,强度增进率较大,28d强度可达到1年强度的70% ~80%,其强度在四种主要矿物中最高。硅酸三钙是在高温下形成的,在1250~1450℃下,有足够液相存在时硅酸二钙吸收氧化钙形成硅酸三钙。适当提高熟料中的硅酸三钙含量,可获得高质量的熟料。但硅酸三钙过高,给煅烧带来困难,使熟料游离氧化钙增加,从而降低熟料强度,甚至影响水泥的安定性。

阿利特为板状或柱状晶体,在光片中多数呈六角形。在熟料光片中往往看到阿利特形成环带结构,即平行晶体的边缘,形成不同的带,这是阿利特形成固溶体的特征,不同带表示固溶体的成分不同。阿利特的相对密度在3.14 ~3.25之间。当工艺条件不正常时,还可见其他形状的A矿及A矿中有包裹物的现象。

(1)六角板状和短柱状A矿。在煅烧温度高,冷却速度较快的高质量熟料中较多见(图5-12和图5-13)。

(2)长柱状A矿。这种晶体在一个方向伸得特别长(图5-14和图5-15),切面上的长宽比在3:1以上。这种形状的A矿往往存在于中间相特别多的熟料中,尤其在铁含量高的熔融水泥熟料和碱性钢渣中较为多见。

(3)针状A矿。针状A矿在三度空间的一个方向特别长,另一个方向特别短(图5-16和图5-17)。这种针状A矿往往成凤尾状排列,一般在强还原气氛下存在大量液相时快速生长而成,或烧成温度低的欠烧熟料中存在。

图 5-12　六角板状 A 矿

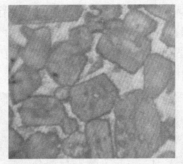
图 5-13　六角板状 A 矿

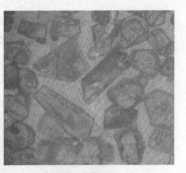
图 5-14　长柱状的 A 矿

图 5-15　长柱状的 A 矿

图 5-16　针状 A 矿

图 5-17　针状 A 矿

（4）含有包裹物的 A 矿。当煅烧含有燧石的生料,特别是石灰石中含有粗粒石英和燧石结核时,A 矿往往包裹有大量 B 矿(图 5-18 和图 5-19)。这是因为石英和燧石型的 SiO_2 反应活性较差,在烧成过程中 SiO_2 和 CaO 先形成 C_2S,当温度超过 1200℃时 C_2S 才和 CaO 反应生成 C_3S(A 矿)。由于熟料烧成是处于不均匀的半熔融状态。当 A 矿在钙浓度较高的区域开始结晶时,往往会把低钙区域的 B 矿包起来,被包裹的 B 矿就得不到机会再与 CaO 发生反应,从而在 A 矿中以包裹物的形态存留下来。同样其他熟料矿物也会被包裹在 A 矿中。

（5）具有特殊条纹的 A 矿(图 5-20)。A 矿表面的特殊条纹有两种:一种是平行纺锤状或柳叶状交叉条纹。因为在烧成温度下,A 矿总是形成它最高级的单斜晶形,继后在冷却过程中,发生从单斜到三斜的多晶转变。上述条纹标志着这个多晶转变的历程。在碱性钢渣中可发现这种条纹;另一种是较粗的接近垂直方向的交叉条纹。对于这种条纹产生的原因说法不一,但较多数人认为在还原气氛下煅烧的熟料又被氧化时,其中某些固溶成分沿一定晶面被析离出来。A 矿还有一种与方解石完全一样的解理纹,好似方解石假晶,解理裂缝中充满着反射率很高的含铁矿物。这种解理纹被证明是在高温下煅烧高度硅化的石灰石的结果。另外高 MgO、高 SiO_2 和慢冷熟料也容易形成。

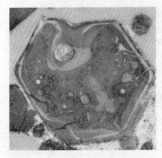
图 5-18　含有包裹物的 A 矿

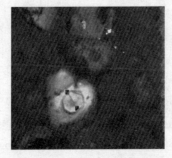
图 5-19　偏光下含有包裹物的 A 矿

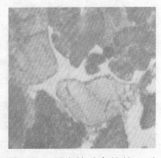
图 5-20　具有特殊条纹的 A 矿

　　(6)具有环带结构的 A 矿。在 A 矿晶体内部有一层层平行于晶面的环带(图 5-21 和图 5-22),其生成原因是在不平衡的状态下,在固熔体形成过程中,其化学成分由核心到周边发生连续变化所致。经常发生在固液相反应系中,结晶内部处于与液相隔离的状态,因此,只有周边部分发生化学成分的变化。

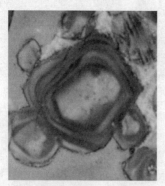
图 5-21　环带结构的 A 矿

图 5-22　环带结构的 A 矿

　　(7)熔蚀严重的 A 矿。由于 A 矿晶体很大,没有完整的棱角,因而形成像蚕食桑叶形状(图 5-23 和图 5-24)。在凹缺口旁边有时还析出 B 矿。这种 A 矿的形成,往往是因为酸性较强的液相,在慢冷的条件下对 A 矿熔蚀的结果。

图 5-23　溶蚀的 A 矿中析出图

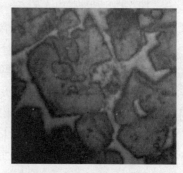
图 5-24　溶蚀的 A 矿

　　(8)具有 B 矿花环的 A 矿。在 A 矿晶体周围有一圈极小的 B 矿,这种 B 矿是从液相中重新析出的二次 B 矿(图 5-25),其成因属于还原慢冷熟料。

　　(9)棱角圆钝的 A 矿。窑内还原气氛,煤灰投落或液相碱度降低 A 矿受液相熔蚀造成(图 5-26)。

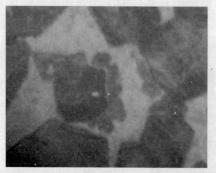
图 5-25　具有 B 矿花环的 A 矿

图 5-26　棱角圆钝的 A 矿

5.6.1.2　硅酸二钙(C₂S)

硅酸二钙由氧化钙和氧化硅反应生成,是硅酸盐水泥熟料的主要矿物之一,其含量一般在15%~22%之间。纯的 C_2S 有四种晶形,即 $\alpha\text{-}C_2S$、$\alpha'\text{-}C_2S$(又有高温型 α'_H、低温型 α'_L 两种)、$\beta\text{-}C_2S$ 和 $\gamma\text{-}C_2S$,在1450℃以下有下列多晶转变:

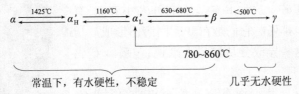

在室温下,具有水硬性的 α、α'、β 几种变型都是不稳定的,由 $\beta\text{-}C_2S$ 转变为 $\gamma\text{-}C_2S$ 时体积增大10%,使熟料粉化。急冷可制止 $\beta\text{-}C_2S$ 转变为 $\gamma\text{-}C_2S$。在水泥熟料生产中由于烧成温度较高,冷却较快,且硅酸二钙并不是以纯的形式存在,而是在硅酸二钙中溶进少量 MgO、Al_2O_3、R_2O、Fe_2O_3 等氧化物的固溶体,通常均可保留 β 型的硅酸二钙,叫做 B 矿,称为贝利特。贝利特晶体多数呈圆形或椭圆形,表面光滑,带有各种不同条纹的双晶槽痕。有两对以上呈锐角交叉的槽痕,称为交叉双晶;互相平行的称为平行双晶。贝利特水化较慢,28d 仅水化20%左右;水化热小,早期强度低,凝结硬化慢。后期强度增长较快,1年以后可超过阿利特。

(1)表面光滑的圆粒 B 矿。在正常情况下,B 矿均呈圆粒状(图 5-27 和图 5-28)。这种没有条纹的 B 矿是由氧化物直接化合而成的原始产物,在冷却过程中也没有发生晶型的转变。

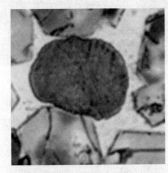
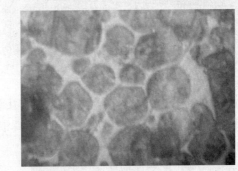

图 5-27　圆粒 B 矿　　　　　　　　　图 5-28　圆粒 B 矿

(2)具有各种交叉条纹的 B 矿。它是由几组结晶方位彼此不同的薄片层交叉连生而成。细交叉条纹的 B 矿经常在煅烧温度较高、冷却速度较快的高质量熟料中出现(图 5-29 和图 5-30),粗交叉条纹的 B 矿常出现在烧成温度较高,但冷却较慢的熟料中。

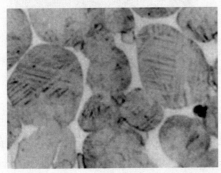
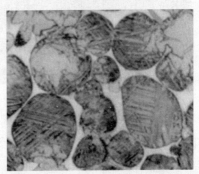

图 5-29　具有交叉条纹的 B 矿　　　　　　图 5-30　具有交叉条纹的 B 矿

（3）具有平行条纹的 B 矿。这种 B 矿是由几组结晶方位彼此不同的薄片层平行连生而成的（图 5-31），这种 B 矿一般出现在煅烧温度较低（低于 1400℃）、冷却较慢的熟料中。

（4）麻面状的 B 矿。这种 B 矿表面有许多小麻点，有时还呈现规则的定向排列。它们是在 B 矿固溶体形成后析离出来的异成分。这些异成分从数量上来说，包裹 A 矿占第一位，其次是铁相。

（5）脑状的 B 矿。其表面有许多龟裂纹，貌似脑子。它们可能是由于冷却速度较快，由应力作用所引起的裂纹（图 5-32）。

图 5-31　具有平行条纹的 B 矿

（6）手指状的 B 矿。这种 B 矿是由上述交叉条纹的 B 矿演变而来的（图 5-33）。当熟料慢冷时，固溶在 B 矿的固溶体沿双晶纹析离并进入液相而形成。由于这种再结晶需要一定的时间，所以这种现象只是在比较慢冷的熟料中可以看到。

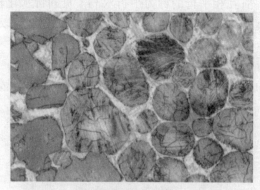

图 5-32　脑状的 B 矿

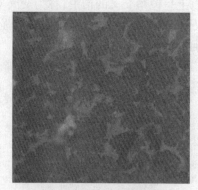

图 5-33　手指状的 B 矿

（7）树叶状的 B 矿。是一种单瓣的而且相互靠得很近的树叶状的结构（图 5-34 和图 5-35）。这种 B 矿往往在含有大量液相，尤其是高铝氧率的熟料中或在还原煅烧气氛的熟料中容易看到。

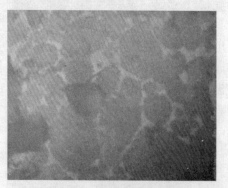

图 5-34　树叶状的 B 矿

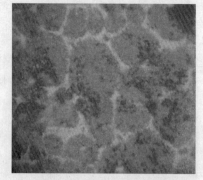

图 5-35　树叶状的 B 矿

（8）骨骼状的 B 矿（或腰子状的 B 矿）。这种 B 矿面积较小，排列成肋骨状，有时呈现较大的腰子状。骨骼状的 B 矿多半是在钙浓度较低的高温液相中溶解后冷却再结晶的产物。腰子状的 B 矿是从液相中再结晶的 A 矿中析离出来的，这种 B 矿同 A 矿是紧贴并镶嵌在一起。它们往往出现在回转窑的粘散料中。呈骨骼状矿物除 B 矿外，还有硫化钙和二次方镁石,它们也是再结晶的产物。

(9)含碱的 B 矿。这种 B 矿与正常圆形 B 矿很难区别,有时呈现交叉条纹,也有形成腰子状。它的主要特点是与游离氧化钙靠得很近,当熟料中氧化钾含量超过 1.5% 时,这种 B 矿就会出现。一般认为这种 B 矿是由 $KC_{23}S_{12}$ 组成。

5.6.1.3 铝酸三钙(C_3A)

铝酸三钙中可固溶 SiO_2、Fe_2O_3、R_2O、TiO_2 等氧化物,其相对密度为 3.04。在硅酸盐熟料中,含量一般为 7% ~ 15% 。铝酸三钙水化迅速、水化热高、凝结硬化快,容易使水泥产生急凝。早期强度高,28d 以后将不再增长,甚至会倒缩。铝酸三钙干缩变形也大,抗硫酸盐性能差。铝酸三钙和铁铝酸四钙及组成不定的玻璃质、碱质化合物统称为中间相。用反光显微镜观察中间相,发暗部分称为黑色中间相,其主要成分就是 C_3A 和其含碱的固溶体,部分为玻璃质。所谓黑色中间相,其颜色并非墨黑,因它在中间相中由于反光能力较弱而表现得比较暗而已。熟料光片用蒸馏水浸蚀后,黑色中间相显形呈蓝色、棕色和浅棕色。熟料中黑色中间相的外形有:点滴状、条状、矩形、片状。

(1)点滴状。这种黑色中间相呈极细小的点状微晶(图 5-36 和图 5-37),这种黑色中间相多数存在于快冷的高质量熟料中。

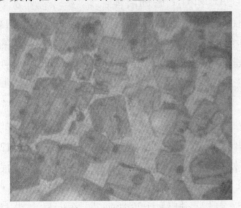 

图 5-36　点滴状中间相　　　　　　　图 5-37　点滴状中间相

(2)长条状黑色中间相。这种长条状结晶较完整的黑色中间相,常呈放射状排列,多数存在于碱含量较高的熟料中(图 5-38)。

图 5-38　长条状黑色中间相

(3)矩形黑色中间相。这种黑色中间相称为自形晶,当铝含量较高,冷却速度较慢时常能见到。矩形黑色中间相,由于慢冷,A 矿有分解现象(图 5-39)。

（4）片状黑色中间相。这种片状黑色中间相（图5-40）常存在于慢冷熟料（或用煤过多烧出的熟料）中，有时它还包裹有定向排列的点滴状B矿。

图5-39　矩形中间相　　　　　　　　　　图5-40　片状黑色中间相

5.6.1.4　铁铝酸四钙（C_4AF）

熟料中的铁铝酸四钙为 C_2F-C_4AF-C_6A_2F 的一系列固溶体，在一般熟料中接近于 C_4AF。当熟料中 Al_2O_3/Fe_2O_3 小于0.64时，生成 C_4AF 和 C_2F 的固溶体。

铁铝酸四钙又称才利特，相对密度3.77。在反光显微镜下，由于反射能力强，呈白色，称为白色中间相（图5-41）。在硅酸盐熟料中，含量一般为10%~18%。铁铝酸四钙的早期水化速度介于铝酸三钙和硅酸三钙之间，后期发展比硅酸三钙低，但能继续增长。铁铝酸四钙抗冲击性能和抗硫酸盐性能好，水化热低。

5.6.1.5　游离氧化钙

游离氧化钙在熟料中的含量是衡量熟料化学反应完全程度的一个标志。熟料中的游离氧化钙有两种：第一种是从碳酸钙加热分解出来尚未化合的一次游离氧化钙（图5-42），在熟料中或多或少存在，这种游离的氧化钙晶体较大，一般粒径为 10~20μm，往往聚成堆分布，用蒸馏水浸蚀后呈圆形带彩虹色；第二种是由于慢冷和还原气氛使A矿分解出 C_2S 和 CaO，这种氧化钙称为二次游离氧化钙，二次游离氧化钙结晶非常细小，在回转窑熟料中较少出现。

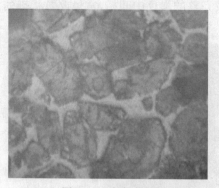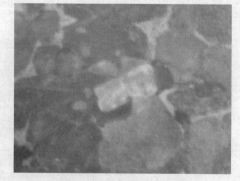

图5-41　白色中间相　　　　　　　　　图5-42　一次游离氧化钙

5.6.1.6　方镁石

方镁石是熟料中呈游离状态的氧化镁。由于方镁石是等轴晶系，而其折光率接近熟料中的硅酸盐和铝酸盐矿物，用偏光显微镜不易观察。但在反光显微镜下很好识别，光片抛光后不需浸蚀就能观察到（图5-43）。其特点是突起高，边缘有一黑边，适当关小视域光圈，则呈粉红色多角形。

5.6.2 熟料岩相结构的影响因素

5.6.2.1 煅烧程度对熟料岩相结构的影响

(1)煅烧好、反应完全的熟料。当窑内煅烧制度正常,烧成温度适当时,烧成带长度合适,熟料结粒均齐,熟料色泽正常,质地致密(图5-44和图5-45)。熟料特征为:

①A矿大小均齐,其长度一般在10~20μm之间,很少见小于5 μm的晶体,包裹物也较少。

②B矿呈圆形颗粒,多数有交叉双晶纹,大小均齐,约40μm左右。

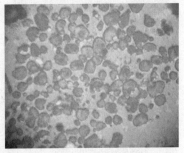

图5-43 方镁石

③A矿与B矿,呈单个晶体或小堆相互交替,均匀分布。

④游离氧化钙很少见。

图5-44 煅烧良好的熟料

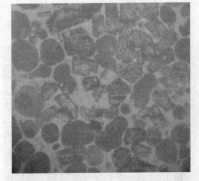

图5-45 A/B矿均匀分布

(2)欠烧熟料。当喂料过多或窑速过快,或窑皮垮落等煅烧操作不正常时,往往伴随发生窜料而产生欠烧熟料,如图5-46所示。

欠烧熟料的岩相结构特征如下:

①孔洞多。

②因为烧成温度低或物料在高温烧成带停留时间稍短,液相很少,绝大部分矿物是由固相反应生成的,所以A矿很少见。

③B矿呈小圆球状,尺寸一般为2~10μm,表面光滑无双晶,聚成大堆,偏光显微镜下鉴定有γ-C_2S存在。

④中间物很少,在高倍放大偏光镜下可看到散布的多色性C_4AF小晶体。

⑤游离氧化钙含量很高,成堆散布。

(3)轻烧熟料。由于窑上操作调整不及时或风煤配合不良,喂煤不均,火焰位置失去控制等原因,造成烧成带热力强度不够,出现立升重较低的轻烧熟料。轻烧熟料的岩相特征是:

①A矿少,且晶型不完整。

②B矿多,有时呈矿巢状存在,同时存在大量和呈现大堆分布的B矿和游离氧化钙。

③孔洞多,中间相少。阿利特和贝利特混在一起,有大面积的中间相存在。

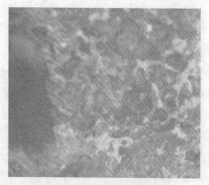 

图 5-46　欠烧熟料　　　　　　　　　　图 5-47　轻烧熟料

（4）急烧熟料。所谓急烧是指在回转窑内发生审料时,操作员为避免跑黄料而采用高温集中的短火焰进行煅烧的措施,用加大煤量和加大一次风的短火焰进行强制煅烧。

急烧的熟料结粒粗,有时立升重偏高。但游离氧化钙含量也不低,熟料岩相结构也不好。主要原因是原料预烧不够,在猛火急烧的情况下,火焰热力强度虽高,但烧成带的长度由于加大一次风而缩短,液相骤然增加,使通过烧成带的大量物料不能全部达到反应完全的程度。其次是急火猛烧往往会导致窑内还原气氛的产生,影响熟料质量。

图 5-48　急烧熟料　　　　　　　　　　图 5-49　急烧熟料

急烧熟料的岩相结构特征表明熟料受热不均匀:

①A 矿形状不整齐,有的是完整形,有的就不够完整;晶体大小悬殊,大者达 150μm,小者在 10μm 以下。

②B 矿是圆形或不规则的手指状,双晶不明显。

③A 矿与 B 矿分布不均匀。

④游离氧化钙含量一般偏高。

⑤中间相的分布也不均匀,有些视域很多,有些视域偏少。

⑥熟料结构致密坚硬,易磨性差,部分为黄心料。

5.6.2.2　火焰长短对熟料岩相结构的影响

采用长火焰煅烧还是采用短火焰煅烧决定于生料的易烧性和燃煤的品质、窑型以及冷却设备等一系列工艺因素。一般来说,易烧性差的生料或挥发分低的煤宜用长焰;生料易烧性好,煤挥发分高的宜用短焰。但当窑内发生如前所述审料以及结圈等异常情况时,调整一、二次风量,改变火焰长度和形状也是经常采取的措施。熟料结构与火焰的长度有着密切的关系。烧结区一般相当于火焰长度的一半,随着火焰长度的增加,烧结区随之向窑后移动。用短火焰煅烧时,由于烧结时间短,达到平衡的时间相应减少,高温烧结区离卸料口较近,熟料冷却快,因此烧成熟料的矿物晶体较小(A 矿约为 15~20μm),但晶形尚完整。A 矿晶体内部往往含有大量细粒 B 矿的包裹物;B 矿呈圆形,交叉双晶明显,黑色中间物呈点状或点线状。用长火焰煅烧时,物料通过烧成带时间长,矿物晶体发育好,尺寸偏大,A 矿中包裹物大而少。但因冷却区相应加长,已析晶的 A 矿容易受液相熔蚀。如黑火头长,发生煤粉在烧成带近端掉落的情况,更会加剧 A 矿的熔蚀。此外 A 矿在 1250℃ 以下的温度是不稳定的,慢冷熟料往往会导致 A 矿分解为 C_2S 和 f-CaO,影响熟料强度。B 矿的形状对冷却速度的反应比 A 矿更为敏感。在这种情况下,除不定形的粗大 A 矿晶体外,还可看到呈手指状或树叶状的 B 矿和矩形或柱状(生料成分中含碱时)的黑色中间相。

因为熟料表面冷却快,内部冷却慢,大块熟料往往表面呈快冷结构,内部呈慢冷结构。晶体形状对强度的影响不是很有规律的。一般来说,晶体小、形状完整对强度是有利的。

5.6.2.3 生料成分、细度和煤灰对熟料岩相结构的影响

生料粗或混合不均匀会给熟料的烧成带来一定困难,有的工厂在生产中发现熟料的成分波动很大,其原因有四:一是配料不稳定或生料均匀性不好;二是窑灰掺入量不均匀;三是煤灰成分的波动以及掺入量不均匀;四是生料中有较多的大粒子,如图 5-50 所示。

(1)生料成分不均匀的熟料其特征:

①A 矿、B 矿分布不均匀,多数呈大堆分布,晶体大小不一。

②中间物分布不均匀。有的区域多,有的区域少。

③游离氧化钙较多,成堆分布。

由于生料混合不均而出现的游离氧化钙与由于熟料煅烧不好形成的游离氧化钙是有差别的。后一种情况熟料的液相量少,晶体发育差,游离氧化钙亦较小。

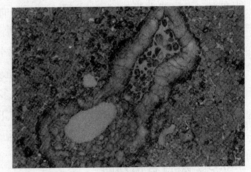

图 5-50　生料异常熟料岩相结构

(2)煤灰对熟料结构的影响。煤灰的熔点为 1050~1250℃。由于煤灰的成分与熟料的成分差别很大,往往会影响熟料的质量和熟料的易磨性,有时甚至引起窑的结圈。虽然在进行配料时已考虑到煤灰成分的影响,但在实际生产中,煤灰或其融滴的降落不是均匀的,在窑内降落的部位也不是集中的,有些煤灰融滴停留在物料颗粒的表面上,有些煤灰还能通过料子的翻滚或裂缝渗入到物料颗粒的内部,于是就参与了物料的反应。煤灰掺入的均匀与否,在熟料岩相结构上也会表现出来。粘附在熟料颗粒表层上的煤灰,会使颗粒包上一层 B 矿外壳。基质多为黑色中间物。

(3)生料细度对熟料结构的影响。当生料中含有较多的粗粒子时,在熟料岩相结构上也会表现出来。经岩相检验,用这种生料烧出的熟料,整个颗粒几乎全由游离氧化钙和 B 矿组成。其外壳部分 B 矿的形状比较清晰,还有些中间物。从颗粒的外层到中心,中间相逐渐减少,B 矿的晶形也更不清晰。正中心部分是 B 矿和形似石英玻璃体所组成。这是生料中含有较多大颗粒石英所造成的。同时还发现大面积游离氧化钙矿巢,最大面积可达 3mm×1.5mm。这是由于大粒子石灰石得不到充分反应而引起。

5.6.2.4 铝氧率对熟料岩相结构的影响

熔剂性矿物完全转变为液相的温度约在 1300~1400℃ 之间,其具体温度,视熟料的铝氧率(Al_2O_3/Fe_2O_3)的变动而有所改变。降低铝氧率可使铝酸盐和铁铝酸盐完全熔化的温度降低,而且使液相的黏度也降低。熟料中的氧化镁同样也起着降低液相黏度的作用。

试验说明,富铁的液相有利于熟料的烧成。但是如果铁量过高,会使窑内发生结圈、烧流等现象。在富铁液相存在的情况下,形成的 A 矿较大,形状规则。但在另一情况下,当铁率小于 0.64 时,会出现中间包裹着大块 B 矿和中间相聚合体的大粒的岛形 A 矿异形结构。

5.6.2.5 还原气氛下煅烧的熟料

熟料是在窑内空气稍微过量的微氧化气氛下烧成的,这样可以保证足够的氧气使燃料充分燃烧,提高窑内热力强度。但是,由于空气量不足,烧成用的煤粉细度粗、水分大、灰分增加,操作不稳定,风煤配合不当以及发生窜料,顶火煅烧等不正常情况,而使煤粉煅烧不完全,出现还原气氛。

还原气氛下煅烧的熟料特征:出现黄心熟料,黄心熟料外层颜色正常(绿黑色或灰黑色),而中心部分呈黄色或棕色的熟料。黄心部分比较致密,坚硬质脆,黑色部分比较松散。一般认为由于 Fe_2O_3 还原为 FeO,FeO 和 SiO_2 化合生成铁橄榄石 $2FeO \cdot SiO_2(F_2S)$,它和 C_2S 互溶形成黄色的钙铁橄榄石 $CaO \cdot FeO \cdot SiO_2(CFS)$,使熟料变为黄色,熟料表面再被氧化而变为黑色,因此产生黄心熟料,它主要分为以下两类:

(1)第一类黄心熟料:外层黑壳部分和正常熟料岩相结构没有区别,但是黄心部分则有明显的不同,其中没有 A 矿或很少 A 矿,而仅有 B 矿和中间相。B 矿数量很多,表面没有交叉条纹,呈圆形、椭圆形、或手指状,晶体小($5 \sim 15\mu m$),彼此靠得很近,中间相黑白不分明。黑黄部分交界处岩相特征是:靠近黄心部分的一边全是 B 矿;靠近外层黑壳部分的一边则都是 A 矿。这一类熟料主要是因为化学成分的不同造成的。

(2)第二类黄心熟料:这类黄心料最多,黄心部分呈深棕、红黄、棕褐等颜色,岩相特征为黄心部分 A 矿和 B 矿的形状及数量与正常颜色熟料相似,黑色中间相呈矩形,白色中间相的反光强度略低一些,这主要是因为还原气氛造成的。

5.6.3 熟料岩相判断

通过水泥熟料的显微镜观察,不但能直接鉴定熟料的矿物组成,而且可以观察到各个矿物的形状、尺寸以及它们的分布状态。熟料的矿物组成主要决定于原料的化学成分,但也与熟料的煅烧过程、原料的均匀性等一系列工艺因素有关。因此,熟料的岩相结构,即熟料中各相的外形、分布和聚生状态等,与生产工艺过程有着密切的联系。例如两种具有近似化学成分的熟料,由于原料的矿物结构、生料的粗细和均匀程度、熟料的烧成温度、在高温带停留的时间以及熟料的冷却速度等的不同,表现在它们的岩相结构上有很大的差异。因此,通过岩相检验可以更全面地反映生产工艺过程的完善程度。

5.6.3.1 根据岩相结构判断熟料的质量

熟料的岩相结构与强度之间,存在着一些普遍的规律。如高强度熟料中呈现大堆的游离氧化钙的现象就很少见,A 矿形状完整,尺寸均匀,B 矿呈圆形交叉双晶,小堆聚合,A、B 矿分布较均匀。当然,由于工厂的原料和设备条件的不同,有时也会出现一些特殊的现象,例如 A 矿的形状,一般以短柱状、晶形完整为好。但有些工厂生产的熟料 A 矿边缘分解严重,密集着小型 B 矿,而熟料的强度并不低。又如 B 矿的形状一般以圆形有交叉双晶的熟料强度较高,但是有的高强熟料中,B 矿却呈腰子状、骨骼状或龟裂纹的圆形颗粒。这些特殊现象是在特定条件下形成的,并不反映结构与强度之间的普遍规律,如图 5-51 所示。

(1)A 矿。A 矿晶型完美,尺寸均匀(均值 $20\mu m$ 左右,没有过大或过小 A 矿群现象)。在偏光显微镜下,A 矿颜色明亮,光程差大;反光下 1% NH_4Cl 浸蚀后,A 矿色变鲜艳,这样熟料无论 3d 强度还是 28d 强度都较好。

（2）B矿。B矿粒径好（达到30μm）；偏光镜下B矿颜色透明，反光镜下B矿带双晶纹，边缘完整；A矿解理明显，说明急冷晶体内部产生应力。这样的熟料强度较好，尤其28d强度有保证，同时易磨性也会很好。

（3）生料质量。早强熟料在反光显微镜下观察，B矿含量较少。当发现B矿含量较多，且 $f\text{-}CaO$ 不高时，则说明生料水硬率有下降趋势，因为没有足够的CaO来形成A矿，这样熟料3天强度随A矿减少而降低，28d强度则随B矿增加而上升，此时应适当调整水硬率 $HM = CaO/(SiO_2 + Al_2O_3 + Fe_2O_3)$ ，以适应熟料强度需

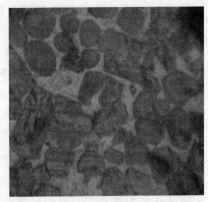

图5-51　熟料矿型

要。当有B矿群尤其B矿累聚出现时，说明有较大颗粒硅质生料存在，如果发现较多时，熟料强度会下降，此时应适当调节生料细度、强化均化效果或窑适当减产，以避免之。

5.6.3.2　根据熟料结晶形状、生长习性、各晶体含量，推测熟料质量，判断熟料强度

每个单位生料使用都不相同，根据岩相判断熟料强度没有固定模式，但是经过摸索，是可以总结出一定规律的。可以结合岩相观察几个要素，来确定熟料晶体与强度之间的关系。

5.6.4　根据岩相结构判断煅烧履历

熟料属于复杂得多结晶体，并且由于熔融与结晶造成不平衡的状态，其热履历的不同导致其品质不稳定。根据熟料的多样性变化可知窑内的温度分布和物料的流动情况。由于烧结造成的不平衡，与经过完全熔融成为玻璃体不同，它包含了到达最高温度之前的煅烧状况，意味着保存着烧成反应的全部信息。

（1）A矿粒径的大小根据窑内烧成状况有显著的变化。投料过多会使窑内的温度出现下降趋势，A矿、B矿的结晶变小。控制投料量温度会逐渐上升，A矿、B矿的结晶变大。因此，A矿、B矿的大小常常被烧成温度所左右，即在高温区域保持时间长，A矿、B矿成长实现大型化，这种情况只限定在一个窑，经过数月期间的观察可以得到证实，但是与其他的窑进行比较，且通过数年的长期观察，会出现烧成度与A矿、B矿的大小对应关系消失。A矿粒径的大小成长即使高温保持时间长也不会越长越大，而是根据由低温到高温的升温速度决定的。显著均匀的微细原料送入高温保持1450℃的电炉中，用30min急速烧成后，A矿尺寸均为15～25μm，将烧成时间延长至20h，A矿尺寸为25～40μm。工厂烧成的A矿尺寸主要为14～40μm，其中含有多数的60～120μm，并非再结晶长成的。如果再次用1200℃预热1h，接着用30min由1200℃升至1450℃，在1450℃保持30min，A矿会明显长大，成长至90～130μm。

原料投入量过多造成温度下降时，低温的原料到达窑的出口部被急火煅烧，由于急火烧成使A矿小型化。控制原料投入量使温度上升时，窑内的高温度区域向窑内延伸，原料由入口逐渐加热，其结果是A矿大型化。B矿在高温中的成长比A矿快，因此B矿的大小与高温保持的时间相对应。熟料中的A矿、B矿的大小根据窑内的温度分布而敏感的变化，给窑的实际操作提供重要的依据。

（2）A矿经常出现内部与周边部的双折射率不同，显示出累带构造。有时双折射率高的领域和低的领域呈年轮状重复，显示周期性的累带构造（periodic zonal structure）。将薄片的表面进行研磨、腐蚀，通过反光显微镜观察，会发现双折射率高的领域被腐蚀的很强烈。双折射率高和低领域在显微镜下一般为倾斜重合，多数不易判定为两个领域不连续或是连

续转移了,但是在研磨面不必考虑重合。通过反射显微镜观察研磨面,会看到两个领域有连续转移现象的相当多。

一般在高温烧成的熟料中的 A 矿为高双折射率,低温烧成的熟料为低双折射率。高温生成的 A 矿固溶了很多的 MgO 及其他不纯物,冷却时起到安定剂的作用。

(3)不稳定的高温晶型向稳定的低温晶型转变。熟料中的 B 矿在高温时为六方晶系相(α 相),冷却时向斜方晶系相转移,此时出现 6 方向的片状组织,用显微镜观察时与光的透过方向平行的片状非常显著,通常可以观察到 2 方向交叉的平行线条。该线状即使在打开偏光镜下也非常鲜明,双折射率为明显不同的 2 相构造。该组织粗大时低折射率相的双折射率明显低,属于 α 相;高折射率相为高双折射率,属于 β 相。熟料中的 B 矿由 0~40% 的α 相及 β 相组成。通过大型窑烧成的熟料中,B 矿中的 α 相数量明显的减少了。经常有记载,快冷熟料中的 B 矿主要由 α′ 相及 β 相组成。

由 α→α′ 相转移的温度区域如果缓慢,α 相基本转变为 α′ 相,同时溶固不纯物,B 矿呈黄浊色。该黄浊色的程度可以判定冷却速度。如果冷却速度再缓慢,析出的胶质状呈粒状化,黄浊色消失,B 矿的表面出现微细的凹凸。这是由于 α→α′ 相转移表面通过液相产生的。如果徐冷显著时会观察到片状的境界内间隙质进入较深的组织。

(4)窑内烧成的熟料的显微镜形态,反映入窑物料及窑内烧成状况在随时变化,同时熟料的被粉碎性、水化性与此对应产生变化。回转窑操作所需的数据,多数显示在中控室的画面上,但是窑内的温度分布状况,物料的流动有关信息,只能通过画面间接的获得,说得极端些,室内的状况等于暗室状态。

熟料的矿物显微镜形态敏锐地反映窑内部的热履历,如果事先将热履历和显微镜形态的关系用实验室的窑炉进行确认,就可以根据熟料的多样变化,判明窑内的状况。

利用偏光显微镜观察测量 A 矿、B 矿颜色及尺寸,并结合反光显微镜下观察,调整 A矿、B 矿尺寸,对熟料煅烧过程的四个要素:加热速度、最高温度、高温保持时间以及冷却速度进行判断。

5.6.4.1　加热速度

结合熟料外观以及 A 矿尺寸,可以进行准确判断。A 矿小,则说明加热速度快,反之则相反,但是要注意与欠烧熟料 A 矿的区分。加热速度好的熟料岩相结构如图 5-52 所示。

5.6.4.2　最高温度

代表最高温度的双折射率随每个人的观察颜色差异评判略有偏差,但是建立在一个固定模式下,最高温度不足或者变化时,是可以明确指出的。根据双折射率测定方法,确定双折射率,进而判断熟料最高温度是否合适。图 5-53 为偏光显微镜下观察到的双折射率 A 矿晶体尺寸为 20.78μm。

图 5-52　加热速度好的岩相结构

图 5-53　偏光下观察 A 矿双折射率

5.6.4.3 高温保持时间

B 矿尺寸代表高温保持时间,分析时多采用反光镜进行观察。因为偏光下观察,在研磨过程中,晶体容易磨碎,且早强熟料 B 矿含量低,所以偏光下观察 B 矿尺寸不够全面。在反光下观察,还可以区分是否存在 B 矿群的情况,这样就可以把较大颗粒 SiO_2 质形成的大 B 矿区分开来,避免高温保持时间的误判。

5.6.4.4 冷却速度

对于冷却速度,结合手工易粉碎性的基础上,根据偏光下 B 矿颜色,可以很好地进行判断。如果在反光显微镜下(图 5-54)观察到 A 矿有解理,B 矿晶体边缘光滑完整,甚至出现脑状 B 矿,则说明熟料冷却效果较好。

在熟料煅烧过程中最关键的因素是最高温度,有了较好的最高温度,相应的加热速度也会较好,再配以合适的冷却制度,熟料质量才会有保证。

当熟料(图 5-55)A 矿晶体边缘有析出,B 矿边缘变得不整齐甚至出现晶型转变,中间相变得连片聚集时,则说明冷却速度很差。

图 5-54　熟料冷却速度好的岩相结构　　　图 5-55　熟料冷却速度欠缺的岩相结构

熟料品质中的 28d 强度是重要的项目,控制 28d 强度不仅是确认品质,更能知道随时变化的熟料品位。为了尽早知道 28d 强度,曾经做过各种促进养护试验,但推定的精度均不充分,只有岩相的推定精度最优良。

近年来随着窑炉的大型化,SP、NSP 化,低 NO_x 烧成,重油转换煤炭等烧成条件出现很大变化,出现了各种过去未经历过的显微特性,熟料的易磨性、水化反应及放热曲线均有变化,而显微镜的观察是定性与定量分析相结合,可加入主观判断的余地较多,因此有其他方法不能比拟的优越性。

5.6.5　熟料岩相分析操作要领

5.6.5.1　反光显微镜下熟料观察

(1)光薄片的制作。取一颗熟料把它磨成或用切片机切成厚度约 3mm 左右的薄片,一面磨光,并用树胶或环氧树脂把磨光面与载玻片粘在一起,待其硬化后,再磨成 0.03mm 左右的薄片。此种薄片磨好后,可以不加盖玻片,直接把它抛光成光片(用树胶粘结时抛光不宜用酒精,可以用水或干磨)。一般的熟料、原料均用树胶粘,因为它操作比较简单,速度快。对于像钢渣等较坚硬的试样就必须用环氧树脂粘,否则在磨薄的过程中容易脱落。

①材料和工具:金刚砂 150 号、600 号、1000 号(白泥浆)和 3000 号水砂纸;转盘磨片机(或厚玻璃板),转速 500～1000r/min;氯化铝或氧化铬粉(3μm 以下);麂皮;无水酒精;白布;硫升华。

②粗磨平:将熟料试样块或粉末试样成型后的试样块,在磨片机或玻璃板上,加上用水

调合的 150 号金刚砂,磨出一个平面。成型的光片,要磨到试样颗粒均匀地露出表面,然后用水和指甲刷把粗磨平面上的金刚砂洗净。

③细磨平:粗磨过的光片,再换用 600 号金刚砂研磨 3~5min,并用水将磨面上的金刚砂洗净。当使用转盘磨片机时,可将经过 600 号金刚砂磨后的光片,放在附有细呢料的磨盘上,加上用甘油调和的氧化铝粉研磨 3~5min,即可进行最后抛光。当不用磨片机时,则需将经过 600 号金刚砂磨过的光片,再换用 1000 号金刚砂(白泥浆)进行细磨。

④抛光:最后一步抛光是在用浆糊把白布粘在玻璃板上进行(有条件的可以使用布轮抛光机)或者用 3000 号水砂纸打磨。在白布上加颗粒小于 $3\mu m$ 的氧化铝粉少许作研磨剂,滴加无水酒精浸湿白布和氧化铝粉。把经过细磨后的光片,放在白布上转圈研磨,直至酒精完全挥发,再将光片的光面压在麂皮上擦 2~3 次,然后用显微镜检查抛光质量是否符合要求,如图 5-56 和图 5-57 所示。

图 5-56　试块抛磨

图 5-57　抛光后的试块

磨得很好的光片,在放大 300 倍左右时已可以看出熟料主要矿物的大致轮廓。在光亮的表面上,没有明显的擦痕,反射率较高的方镁石晶体,呈现出清晰的突起。能否得到很好的光片,在很大程度上取决于熟料颗粒的坚固性。欠烧的熟料往往是疏松多孔的,这样的熟料在抛光时会有微粒脱落,使光片表面产生大量粗深擦痕难以抛光。

需要说明的是以上抛光过程随个人手法不同而有差异,结合实际可以总结出适合自己的方法。

(2)光片的浸蚀。在矿相学中,用试剂在光片表面上引起的化学反应叫做浸蚀。按用途可以分为鉴定浸蚀和结构浸蚀,前一种目的是获取能鉴定矿物的特殊标志;后一种目的是能显现出矿物的内部结构。

①浸蚀原理:矿物光片经过抛光以后,在矿物表面上覆盖着一层厚度为千分之几毫米的非晶质薄膜,这种非晶质薄膜填充了矿物的显微结构中的裂缝及晶体边界空隙,致使看不出晶体的内部结构和不同晶体之间的界限。当用适当的试剂作用于光片的表面时,开始是非晶质薄膜被溶解,并显现出矿物的某些结构特征;试剂继续作用引起矿物表面不同程度的溶解,或生成带有色彩的沉淀。如果作用过甚就会破坏或掩盖了起初所显示的结构,为此要避免试体被试剂过度浸蚀。使用的浸蚀剂大部分为酸碱或络合剂。既然浸蚀作用主要依据化学反应,故浸蚀剂的种类、浓度、浸蚀温度和时间,必须根据被浸蚀的矿物进行选择。各种浸蚀剂对熟料矿物表面所起的反应是多种多样的,主要有显出矿物结构,使矿物显示、溶蚀等现象。

②浸蚀操作:光片在浸蚀之前,应用麂皮仔细擦净。如光片预先用油浸观察过,需除去表面上的浸油。光面上染有油污,可能引起浸蚀实验的失败。

光片浸蚀时,要将光面全部浸在试剂内,并不断摇动,使矿物表面均匀的与浸蚀剂接触。浸蚀后立即把光片取出,用滤纸吸去光片表面所附着的试剂,在显微镜下检查浸蚀是否适度。

用1%氯化铵水溶液浸蚀硅酸盐水泥熟料的光片时,正常的情况是 A 矿呈蓝色,B 矿呈棕色。浸蚀过度,A 矿变成黄色或晶体受到破坏,B 矿与 A 矿的颜色就较难区分;如果浸蚀时间不够,则 A 矿呈浅褐色,B 矿的颜色很淡。当浸蚀过度或浸蚀时间不够时,必须重新抛光再进行浸蚀。在室温下浸蚀光片,浸蚀时间要随温度高低做适当调整,室温升高浸蚀时间要减少,反之,浸蚀时间要适当延长。已知能使熟料矿物在反光镜下显形的浸蚀剂有二十多种,但常用的并不多。

1%的氯化铵水溶液是具有全能效应的浸蚀剂。其功能见表5-30。

表 5-30　浸蚀剂的功能

显形的矿物特征	A 矿:呈蓝色,少数呈深棕色 B 矿:呈浅棕色 游离氧化钙:呈彩色麻面 硫化钙:受轻微浸蚀 黑色中间相:受轻微浸蚀 白色中间相:不受浸蚀

5.6.5.2　偏光显微镜下熟料观察

(1)研磨

①取料度为 5~10mm 容重粒度的熟料十几粒,从中选取有代表性的熟料 4~5 粒。

②将熟料颗粒放入研钵,用研磨棒砸碎至 2~3mm,为避免颗粒弄到外面,砸的时候,用手挡住研钵上方。此过程会破坏晶体,因此砸的次数越少越好,力度要轻。

③将碎颗粒倒在白纸上面,堆起,用玻璃板轻轻压平呈圆形或正方形,保证粗颗粒与细粉分布均匀,用玻璃板棱边分割四等份,取对角两份,另两份扔掉。重复操作一次,最后取得 1/4。

④选好后的颗粒再次放入研钵,开始研磨。研磨棒左右摆动,力度要轻,研磨过程中会有一部分晶体被破坏,但仍然尽量使晶体从中间裂开,而不是完全破坏。

⑤准备一张干净白纸,纸上放好 0.1mm 标准筛,当研磨有一部分细粉后,把研钵里的试料放入筛中,过筛,筛上颗粒继续研磨,筛下细粉待用。此过程重复操作,尽量 3 次能让研钵里的试料全量通过标准筛。

(2)试片制作

①取 0.5 滴至 1 滴溴萘—二碘甲烷浸液(在溴萘溶液中加入 5%~10% 二碘甲烷溶液,调整混合液的双折射率和 A 矿相同),放在小盖玻片上,与试料轻轻接触,然后用盖玻片棱边将浸液与试料混匀,再用一片干净的小盖玻片盖在试料上面。

②用胶皮头玻璃棒轻轻在盖玻片上点几下,赶出里面的气泡。此过程注意尽量不能让浸液流出,胶皮头上不能粘有浸液,盖玻片上不能粘有浸液,以免弄脏显微镜镜头。

③迅速拿到偏光显微镜下观察。

(3)观察熟料四要素

①阿利特尺寸。观察镜下区域,一般情况下能找到 10~20 个 A 矿,选定一个完整、单独、尺寸有代表性的 A 矿。通常,A 矿呈不规则六棱柱型,测定其短轴(宽)尺寸 D(mm),$D \div$ 显微镜倍数 = A 矿尺寸。

②阿利特折射率。该偏光显微镜偏光片上标识的干涉色中心透光波长,在干涉色图上标出来。通过 A 矿尺寸计算 A 矿厚度 H,H = A 矿尺寸 ×3/4。观察选定的 A 矿颜色(正交偏光:抽出试板及不放任何矿片状态下,视域黑色),调整显微镜至 A 矿最黄。和干涉色图比较,最接近哪个位置,做标记,测量其到上面标出波长的距离,记为 L,图 5-58 所示。

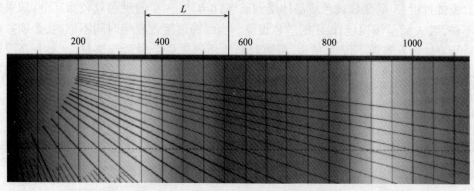

图 5-58　利用干涉色图测量 A 矿折射率

在干涉色图的左侧纵轴找出 H 的位置,沿水平向右延伸,与图中放射线交叉,交叉点所在的放射线与干涉色图下方横轴有另一交点,该交点所指示数值即为 A 矿的折射率。

③贝利特尺寸。通常 B 矿呈圆形,可通过测定其直径来判定其尺寸。方法是观察镜下区域,找到几个 B 矿,选定一个完整、单独、尺寸有代表性的 B 矿,测定其直径即可。

④贝利特颜色。熟料冷却速度不同,B 矿呈现的颜色也不同,分为四个等级,透明、淡黄、黄、黄浊。从偏光显微镜下抽出试板,然后在镜下观察颜色(单偏光)。判断上一步选定的 B 矿为哪一种色调。

5.6.5.3　填写《熟料岩相分析报告》

根据矿物的显微镜观察判断熟料热履历,填写《熟料岩相分析报告》(表 5-31),将以上观察到的四要素 A 矿尺寸、A 矿双折射率、B 矿尺寸、B 矿颜色等数值填写到判断表中。

表 5-31　熟料岩相分析报告

熟料样品	A 矿含量	A 矿尺寸	双折射率	B 矿含量	B 矿尺寸	B 矿颜色	f-CaO含量	中间相	孔洞

分析结论:

分析人:　　分析日期:

判断熟料热履历:升温速度、最高温度、高温保持时间、冷却速度对应优、良、普通、劣哪一种烧成条件。

水泥熟料的显微结构是生产工艺过程及条件的真实记录,又直接决定着制品的性能、质量和用途。在水泥熟料生产中,利用显微镜对硅酸盐水泥熟料和原料进行分析研究,配合化学分析和物理检验,往往能明晰影响熟料烧成工艺和质量的因素,得到一个比较全面的判断。通过水泥熟料的显微镜观察(岩相检验),不但能直接鉴定熟料的矿物组成,而且可以观察到各个矿相的形状、尺寸以及它们的分布状态。熟料的相组成首先决定于原料的化学成分,但也与熟料的煅烧过程、原料的均匀性等一系列工艺因素有关,因此,熟料的岩相结构,即熟料中各相的外形、分布和聚生状态等,与生产工艺过程有着密切的联系。对熟料进行岩相检验,可以帮助工厂及时发现熟料质量波动的原因,从而起到加强生产控制和提高产品质量的作用。

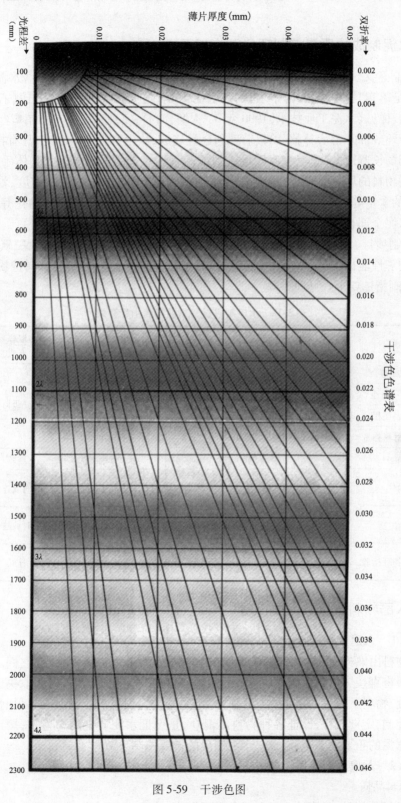

图 5-59 干涉色图

5.7 水泥制成的质量控制与管理

5.7.1 水泥制成的质量控制项目及指标要求

（1）控制意义。为了使出磨水泥全面满足出厂水泥的要求，需要对出磨水泥的质量进行控制，这是落实"窑前求匀、窑中求稳、窑后补救"水泥质量控制十二字要诀（石常军1990年正式提出，详见《水泥工业技术》1990年3·4期合刊），实现水泥生产和销售"均衡稳定"的最后一个环节，即"窑后补救"阶段。熟料已经烧成，从生产管理角度说，只有控制好这一环节并做到扬长避短，才能使水泥质量达到或优于国家产品标准要求。具体手段：首先要控制好入磨物料的质量，再次要控制好入磨物料的配合比，以及水泥的细度、混合材掺加量、硫氯镁的含量等，最后是控制好所有的水泥物理性能，通过采取搭配、均化等补救措施，使得出厂水泥全部合格。

（2）控制项目。主要有：入磨物料配比、水泥细度、混合材掺量、氧化镁、三氧化硫、氯离子及全套物理性能检验等。出磨水泥质量控制点通常设在水泥磨斜槽出口（选粉机出口）。

（3）控制指标要求。见表5-32。

表5-32 水泥制成过程质量控制指标要求

序号	控制项目	指标	合格率	检验频次	取样方式	备注
1	45μm 筛余	控制值 ±3.0%	≥85%	分磨 1 次/1h	瞬时或连续	45μm 筛余、80μm 筛余、比表面积可以任选一种。每月统计一次
2	80μm 筛余	控制值 ±1.5%		分磨 1 次/1h		
3	比表面积	控制值 ±15m²/kg		分磨 1 次/2h		
4	混合材料掺量	控制值 ±2.0%	100%	分磨 1 次/4h		
5	MgO	≤5.0%		分磨 1 次/24h	连续	
6	SO₃	控制值 ±0.2%	≥75%	分磨 1 次/4h	瞬时或连续	
7	Cl⁻	<0.06%	100%	分磨 1 次/24h	瞬时或连续	
8	全套物理检验	符合产品标准规定，其中 28d 抗压富裕强度符合出厂水泥规定	100%	分磨 1 次/24h	连续	

5.7.2 入磨物料配比及品质控制

5.7.2.1 入磨物料配合比

入磨物料由熟料、石膏、混合材按一定的比例配合粉磨而成水泥，因此它们之间的配合比准确与否将直接影响到水泥的质量。而入磨物料配合比准确与否，主要取决于计量设备的计量精度、物料下料量的稳定性及操作人员、现场进料人员的责任心，所以加强入磨物料配合比的控制，定期校秤、保证各种物料不混仓，是保证水泥质量均匀稳定，按计划生产各强度等级水泥的重要环节之一，也是水泥制成的首要控制环节。

5.7.2.2 入磨物料品质控制

（1）熟料品质

熟料质量的好坏，是影响水泥质量的主要因素，强度高、性能好的熟料是保证水泥质量的核心要素。因此不仅要熟悉出窑熟料的外观特征,而且要了解其"来龙去脉"。由于质量的差异性,熟料可分为很多种。预分解窑熟料的常见外观特征是:①优质熟料:结粒均齐(0.5~5cm),呈圆球状,色泽为灰黑色或绿黑色;②欠烧熟料:内部疏松多孔,极易破碎,但不易粉磨;色泽为棕黄色或淡黑绿色的黄心料。

熟料的易磨性与各矿物组成的含量以及冷却速度有关,实践证明,熟料中的硅酸三钙含量多、冷却快、质地较脆,易磨性好,容易粉磨(通常口头上说的饱和比高的熟料)。当硅酸二钙和铁铝酸四钙含量多,冷却慢或因过烧而结成大块时,这种熟料较致密,易磨性系数小,难于粉磨。我们通常看到的熟料几种形状如球状、粉状、四方块、大块,也反应出熟料的品质。球状表明结粒正常,如果表面还有裂痕,表明冷却效果好;粉状熟料表明欠烧;四方块熟料是大块破碎而成,大多数饱和比低、溶剂矿物多;大块熟料是过烧熟料结成大块未被破碎掉的,大多数是停窑时,煤粉过多所致。

(2)石膏品质

水泥制成所用石膏主要担当缓凝剂,有天然二水石膏和工业石膏(如磷石膏),具体质量指标要按有关要求控制,在堆场要保证不能混堆。

(3)混合材品质

水泥厂使用的混合材品种繁多,如粒化高炉矿渣、矿粉、粉煤灰、火山灰、低品位石灰石、工业废渣废料、矿山尾矿尾砂等,一定要按相应技术要求控制其品质。如石煤渣是石煤煅烧后的废渣,生产水泥时要控制进厂石煤渣不能含有较多的石灰。

(4)助磨剂、外加剂品质

要密切注意,掺入水泥中的外加剂(包括助磨剂)一定要对水泥性能无害。而且要控制其掺入量和配比,使水泥产品符合国家标准要求。

5.7.2.3　入磨物料的粒度控制

入磨物料粒度的大小是影响球磨机产量的重要因素。若入磨物料粒度小,可减小钢球的平均球径,在研磨体装载量相同的情况下,钢球的个数增加,钢球的总表面积增加,因而增加钢球的粉磨能力,提高磨机产量。但是入磨粒度过小,破碎机的耗电量会随产品粒度减小而迅速增加。同时经常观察入磨物料粒度,也能及时判断破碎机的工作状况,如锤头磨损情况、锤头与板的间隙等。

5.7.2.4　入磨物料的温度控制

主要是控制入磨熟料的温度。因为入磨物料的易磨性随着温度的升高而降低。当磨内温度升高后,会使水泥因静电吸引而聚结,严重时会粘附研磨体、衬板和隔仓板,从而降低粉磨效率。磨内温度过高,会引起二水石膏脱水生成半水石膏,使水泥产生假凝,影响水泥质量。磨内温度升高后,还能使轴承、轴瓦温度升高,由于热应力的作用,会引起衬板的变形、螺栓断裂,轴承的温度升高,润滑作用降低,同时油温升高,油的黏度下降,压力下降,严重时压力低报跳停磨。因此,正常入磨物料温度应小于50℃,出磨水泥的温度不得超过110℃。

5.7.2.5　入磨物料的水分控制

水泥磨的入磨物料综合水分宜控制小于1%。实践表明,采用球磨机粉磨水泥,当综合水分大于4%时,磨机产量下降。这是因为在磨物料水分蒸发,会粘附隔仓板、衬板、研磨体,降低粉磨效果;同时还会导致选粉机的导向叶片易糊和袋收尘器糊袋。

5.7.3 出磨水泥细度的控制

5.7.3.1 水泥细度的控制意义与控制指标

（1）控制意义

水泥的细度表示方法有筛余百分数、比表面积、颗粒级配三种。提高水泥细度对提高水泥的早期强度有好处，对后期强度也有一定影响。在入磨物料配比一定的情况下，水泥粉磨得越细，比表面积越大，水泥水化时与水接触的反应面也增加，因而就加速了水泥的水化、凝结和硬化过程，同时有利于 f-CaO 尽快吸收水分而消解，可减小其破坏作用，改善水泥的安定性。但水泥磨得过细，需水量增加，水泥石结构的致密性下降，造成水泥石强度的降低，还会降低磨机产量，增加电耗和产品成本。而且，当水泥磨得很细时，如 $80\mu m$ 方孔筛筛余小于 1% 时，控制意义就不大了。国外水泥普遍磨得很细，所以国外水泥标准基本取消了细度指标。有数据表明，在水泥颗粒中 $3\sim32\mu m$ 的颗粒是水泥的主要活性部分，大于 $64\mu m$ 的颗粒几乎只起填充作用。所以用 $\geqslant80\mu m$ 颗粒含量多少进行水泥质量控制还不能全面反映水泥的真实活性。

值得注意的是，比表面积对水泥中细颗粒含量的多少反映很敏感，有时比表面积并不很高，但由于水泥颗粒级配合理，水泥强度却很高，究其原因是由于水泥颗粒为圆形或近似圆形。球磨粉磨的水泥具有较好的颗粒特性，进而保证了水泥正常的水化性能。但对于一些中小型磨机，由于粉磨能力的不足以及物料流动不畅，则产生有很宽的颗粒分布，这对水泥强度的发展并不有利。采用高效选粉机有助于弥补这一缺陷。立磨和挤压磨均可用于水泥粉磨。立磨采用了增加摩擦粉磨力及多次挤压技术，使水泥产品颗粒特性满足了正常水泥性能的要求。挤压磨中产品颗粒经多次循环粉磨可以达到一定细度要求。

综上所述，合理确定水泥细度指标，对于保证水泥质量和提高企业经济效益是十分重要的；同时，控制好水泥细度、颗粒组成和颗粒形态，将有利于发挥水泥活性及改善水泥混凝土的性能。在生产控制中，还应尽量减小细度的波动，达到稳定磨机产量及水泥质量的目的。

（2）水泥细度控制指标

包括 $45\mu m$ 方孔筛筛余、$80\mu m$（过去惯称 0.080mm）方孔筛筛余和比表面积，三者可以任选一种进行水泥细度控制，其中 $45\mu m$ 筛余控制在"目标值 ±3.0%"；$80\mu m$ 筛余控制在"目标值 ±1.5%"；比表面积控制在"目标值 $±15m^2/kg$"；合格率均为 $\geqslant85\%$，检验频次均为分磨 1h 检验 1 次，瞬时或连续取样。

GB 175—2007《通用硅酸盐水泥》规定，水泥细度作为选择性指标，硅酸盐水泥和普通硅酸盐水泥以比表面积表示，不小于 $300m^2/kg$；矿渣硅酸盐水泥、火山灰质硅酸盐水泥、粉煤灰硅酸盐水泥和复合硅酸盐水泥以筛余表示，$80\mu m$ 方孔筛筛余不大于 10% 或 $45\mu m$ 方孔筛筛余不大于 30%。

（3）实施建议

①关注水泥颗粒形态及组成，采用"$45\mu m$ 筛余"和"比表面积"作为生产控制检测项目。这种做法无需大量试验投资，在原有工艺条件下，使出磨水泥的 $45\mu m$ 方孔筛筛余量和比表面积控制在一个合理的水平，可限制 $3\mu m$ 以下和 $45\mu m$ 以上的颗粒，以此获得良好的水泥性能和较低的生产成本。这种细度控制方法与其他方法相比，具有操作简便、控制有效的优点。

②建议水泥最佳颗粒级配为：$3\sim32\mu m$ 颗粒总量应不低于 65%；$16\sim24\mu m$ 的颗粒含量

越多越好；小于 3μm 的细颗粒易结团，不要超过 10%；小于 1μm 的颗粒最好没有；大于 65μm 的颗粒活性很小，最好也没有。此外，水泥颗粒的圆形度最好能达到 0.75 以上。

5.7.3.2 水泥细度的检验方法

（1）水泥细度（筛余百分数）：检验按照国家推荐性标准 GB/T 1345—2005《水泥细度检验方法筛析法》进行，有负压筛析法、水筛法和手工筛析法三种。出现争议时，以负压筛析法为准。

（2）水泥比表面积：也是水泥细度的一种表示方法。比表面积的测定方法有勃氏法、低压透气法、动态吸附法三种，我国国家标准规定用勃氏法，即 GB/T 8074—2008《水泥比表面积测定方法—勃氏法》。

5.7.3.3 勃氏法测定水泥比表面积

主要原理是根据一定量的空气通过具有一定空隙率和固定厚度的水泥层时，所受阻力不同而引起流速的变化来测定水泥的比表面积。在一定空隙率的水泥层中，空隙的大小和数量是颗粒尺寸的函数，同时也决定了通过料层的气流速度。试验用比表面积 U 型压力计如图 5-60 所示。

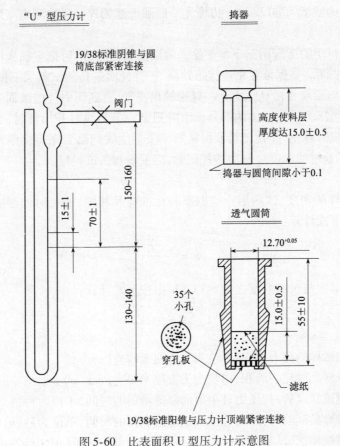

图 5-60 比表面积 U 型压力计示意图

（1）操作步骤

①测定水泥密度：按 GB/T 208 测定水泥密度。

②漏气检查：将透气圆筒上口用橡皮塞塞紧，接到压力计上。用抽气装置从压力计一臂中抽出部分气体，然后关闭阀门，观察是否漏气。如发现漏气，可用活塞油脂加以密封。

③空隙率的确定：P·Ⅰ、P·Ⅱ型水泥的空隙率采用 0.500 ± 0.005，其他水泥或粉料的

空隙率选用 0.530 ±0.005。当按上述空隙率不能将试样压至试料层制备规定的位置时,则允许改变空隙率;空隙率的调整以 2000g 砝码(5 等砝码)将试样压实至试料层制备规定的位置为准。

④确定试样量:试样量按下列公式计算

$$m = \rho V (1 - \varepsilon)$$ (5-19)

式中　m——需要的试样量,g;

　　　ρ——试样密度,g/cm^3;

　　　V——试料层体积,按 JC/T 956 测定,cm^3;

　　　ε——试料层空隙率。

⑤试料层制备

a. 将穿孔板放入透气圆筒的突缘上,用捣棒把一片滤纸放到穿孔板上,边缘放平并压紧。称取按第④条确定的试样量,精确到 0.001g,倒入圆筒。轻敲圆筒的边,使水泥层表面平坦。再放入一片滤纸,用捣器均匀捣实试料直至捣器的支持环与圆筒顶边接触,并旋转 1~2 圈,慢慢取出捣器。

b. 穿孔板上的滤纸为 ϕ12.7mm 边缘光滑的圆形滤纸片。每次测定需用新的滤纸片。

⑥透气试验

a. 把装有试料层的透气圆筒下锥面涂一薄层活塞油脂,然后把它插入压力计顶端锥型磨口处,旋转 1~2 圈。要保证紧密连接不致漏气,并使所制备的试料层不振动。

b. 打开微型电磁泵慢慢从压力计一臂中抽出空气,直到压力计内液面上升到扩大部下端时关闭阀门。当压力计内液体的凹月面下降到第一条刻线时开始计时,当液体的凹月面下降到第二条刻线时停止计时,记录液面从第一条刻度线到第二条刻度线所需的时间。以秒记录,并记录试验时的温度。每次透气试验,应重新制备试料层。

(2)计算

①当被测试样的密度、试料层中空隙率与标准样品相同,试验时的温度与校准温度之差≤3℃时,可按下式计算:

$$S = \frac{S_s \sqrt{T}}{\sqrt{T_s}}$$ (5-20)

如试验时的温度与校准温度之差 >3℃时,则按下式计算:

$$S = \frac{S_s \sqrt{\eta_s} \sqrt{T}}{\sqrt{\eta} \sqrt{T_s}}$$ (5-21)

式中　S——被测试样的比表面积,单位为平方厘米每克(cm^2/g);

　　　S_s——标准样品的比表面积,单位为平方厘米每克(cm^2/g);

　　　T——被测试样试验时,压力计中液面降落测得的时间,单位为秒(s);

　　　T_s——标准样品试验时,压力计中液面降落测得的时间,单位为秒(s);

　　　η——被测试样试验温度下的空气黏度,单位为微帕·秒(μPa·s);

　　　η_s——标准样品试验温度下的空气黏度,单位为微帕·秒(μPa·s)。

②当被测试样的试料层中空隙率与标准样品试料层中空隙率不同,试验时的温度与校准温度之差≤3℃时,可按下式计算:

$$S = \frac{S_s \sqrt{T} (1 - \varepsilon_s) \sqrt{\varepsilon^3}}{\sqrt{T_s} (1 - \varepsilon) \sqrt{\varepsilon_s^3}}$$ (5-22)

如试验时的温度与校准温度之差 >3℃时，则按下式计算：

$$S = \frac{S_s \sqrt{\eta_s} \sqrt{T}(1-\varepsilon_s)\sqrt{\varepsilon^3}}{\sqrt{\eta_s}\sqrt{T_s}(1-\varepsilon)\sqrt{\varepsilon_s^3}} \qquad (5-23)$$

式中　ε——被测试样试料层中的空隙率；

ε_s——标准样品试料层中的空隙率。

③当被测试样的密度和空隙率均与标准样品不同，试验时的温度与校准温度之差 ≤3℃时，可按下式计算：

$$S = \frac{S_s \rho_s \sqrt{T}(1-\varepsilon_s)\sqrt{\varepsilon^3}}{\rho \sqrt{T_s}(1-\varepsilon)\sqrt{\varepsilon_s^3}} \qquad (5-24)$$

如试验时的温度与校准温度之差 >3℃时，则按下式计算：

$$S = \frac{S_s \rho_s \sqrt{\eta_s}\sqrt{T}(1-\varepsilon_s)\sqrt{\varepsilon^3}}{\rho \sqrt{\eta}\sqrt{T_s}(1-\varepsilon)\sqrt{\varepsilon_s^3}} \qquad (5-25)$$

式中　ρ——被测试样的密度，克每立方厘米（g/cm^3）；

ρ_s——标准样品的密度，克每立方厘米（g/cm^3）；

③结果处理

a. 水泥比表面积应由二次透气试验结果的平均值确定。如二次试验结果相差2%以上时，应重新试验。计算结果保留至 $10cm^2/g$。

b. 当同一水泥用手动勃氏透气仪测定的结果与自动勃氏透气仪测定的结果有争议时，以手动勃氏透气仪测定结果为准。

5.7.4　混合材掺加量的控制

5.7.4.1　控制混合材掺加量的意义及控制指标

（1）控制意义

水泥中掺入一定量的混合材料，可以增加水泥产量，降低水泥成本，改善水泥的某些性能，变废为宝，减少环境污染。但混合材的加入，减少了水泥中熟料的含量，会使水泥的强度，特别是早期强度受到影响。所以，混合材掺量应根据生产水泥品种、熟料质量、混合材品种及质量来综合确定，并加以适时监控。

（2）控制指标：目标值 ±2.0%；合格率 100%；分磨 4h 检验一次；瞬时或连续取样。

5.7.4.2　混合材料掺加量的检验方法

国家标准 GB/T 12960—2007《水泥组分的定量测定》提出用选择溶解法测定水泥中混合材的含量，是目前我国所使用的各种混合材料含量测定方法中适应性较强的方法。虽然采用此方法检测结果准确，但测定不同品种水泥时要采用不同的测定程序，尤其在测定混合材品种较多的复合水泥时由于测试程序过于繁琐，不仅不利于检测人员掌握，而且该方法检测时间较长，测定出水泥混合材掺量大约需要 6～8h，这样长的检测时间对于水泥生产质量控制来说就失去了意义。近年来一些企业进行了仪器分析探索，并取得较好的效果。为此，建议采用钙铁煤分析仪、多元素分析仪、X 荧光在线多元素分析仪、中子活化水泥元素在线分析仪等方法检测水泥中混合材的掺加量。这里介绍三种测定方法。

（1）用钙铁煤分析仪测定水泥中混合材掺量

①测定原理

水泥熟料和混合材的化学成分，特别是其中钙含量有着明显差别，水泥中随着混合材掺加量的增加,熟料量随之减少,水泥中的钙 X 射线荧光强度就会发生显著变化,其变化大小与混合材的掺加量存在一种线性关系,据此测定混合材的掺加量。

②检测方法与步骤

a. 从生产现场取回部分具有代表性的熟料、石膏和混合材,磨成与水泥细度一致的细粉,按照实际生产中的配比配制水泥样品。把熟料与石膏混合均匀,再按一定比例掺加混合材,配好后压片。

b. 采用化学分析法测得的数据绘制"CaO—混合材掺加量曲线",确定线性关系 $y = kx + b$ 的斜率 k 和截距 b 值

c. 用钙铁煤分析仪直接测定出混合材掺加量。

③注意事项

a. 影响钙铁煤测定混合材掺加量准确性的主要因素是熟料中钙含量的稳定性,因此要求熟料、混合材及石膏等成分相对稳定。

b. 采用钙铁煤分析仪测定混合材掺加量,对测定掺加沸石、粉煤灰等含钙比较少的混合材的水泥效果很好,但如果掺加石灰石、矿渣等含 CaO 较高的混合材的水泥则不适用。

c. 标定时选用具有代表性的混合材、熟料和石膏进行配料,细度与生产中一致,并且输入仪器的混合材参数必须采用化学分析法测得的数据,这样可靠性、准确性会更高。

d. 用钙铁煤分析仪测定数据快速、准确。可用于生产控制和实现在线自动控制,但每天必须要用化学分析法数据进行对比校验,如果出现系统误差,可以通过调整斜率 k、截距 b 值的方法消除测定误差。

(2)用 X 射线荧光分析仪测定水泥中混合材掺量

①根据企业实际生产情况选取标准样品。

②经技术人员论证,确定工厂水泥标样曲线的测量范围(多元素成分的上下限值)。

③选择助磨剂,作为助磨剂,既要能充分发挥助磨作用,又要有良好的黏结性,同时还不含污染的元素,必须有较低的吸收;在真空和照射条件下必须稳定,不会引起严重的元素间干扰,如三乙醇胺(TEA)。

④粉磨称样量,其确定原则是既能充分发挥专用振动磨的研磨优势,达到最佳粉磨效果,又能满足样品损失和二次压片的需要。经过多次试验,确定采用 25.00g 称样量。

⑤确定压片称样量。钢环内径 32mm,压片的厚度 > 3.0mm,根据水泥的密度,其称样量应≥7g,为稳定操作,将压片称样量定为 11.0g。

⑥选定压力:分别对压力为 10t、15t、20t、25t、30t、35t 和 40t 时压制成样片进行强度扫描,当压力 > 15t 时各测量谱线的强度相对比较稳定,但掺加粉煤灰的水泥自粘性差,当压力超过 25t 时压制的样片有时会产生裂纹,故采用 20t 压力。

⑦保压时间,分别对保压时间为 5s、10s、15s、20s、25s、35s 和 45s 时压制成样片进行强度扫描,当保压时间 > 10s 时各测量谱线的强度相对比较稳定,我们采用 20s 保压时间。

⑧样片的制备:将取来的水泥样品准确称取 25.00g 倒入干净的磨盘中,加入 1 滴三乙醇胺(TEA),将盖好盖子的磨盘放入振动磨中粉磨 120s,取出,准确称取约 11g 样品均匀平铺在半自动压样机的钢环模具内,在 20t 的压力下保压 20s,压制成样片。然后用吸尘器将样片背面的浮尘吸净,将处理好的样片送入荧光分析室待测。整个过程严禁样片的被检测面受到摩擦、污染。

⑨测量曲线的建立:用先前配制并经过定值的样品按规定的方法对仪器进行标定后绘制工作曲线。用曲线测量出的标准样品的化学成分值与标准值之间的误差小于允许误差

的 0.71 倍,符合 GB/T 176—2008《水泥化学分析方法》的要求。

⑩组分计算数学模型的建立:设定水泥组分及出磨水泥的化学成分和掺加量,见表 5-33。

表 5-33　各组分及出磨水泥化学成分设定

名称	SiO_2	Al_2O_3	Fe_2O_3	CaO	SO_3	掺加量
熟料	X_1	Y_1	Z_1	P_1	Q_1	A
沸石	X_2	Y_2	Z_2	P_2	Q_2	B
粉煤灰	X_3	Y_3	Z_3	P_3	Q_3	C
石膏	X_4	Y_4	Z_4	P_4	Q_4	D
出磨水泥	X_5	Y_5	Z_5	P_5	Q_5	

则有下列方程组成立:

$$X_1 \cdot A + X_2 \cdot B + X_3 \cdot C + X_4 \cdot D = X_5$$
$$Y_1 \cdot A + Y_2 \cdot B + Y_3 \cdot C + Y_4 \cdot D = Y_5$$
$$Z_1 \cdot A + Z_2 \cdot B + Z_3 \cdot C + Z_4 \cdot D = Z_5$$
$$P_1 \cdot A + P_2 \cdot B + P_3 \cdot C + P_4 \cdot D = P_5$$
$$Q_1 \cdot A + Q_2 \cdot B + Q_3 \cdot C + Q_4 \cdot D = Q_5$$
$$A + B + C + D = 100$$

联立方程组中的任意四组可解出 A、B、C、D 的值。

⑪注意事项

X 射线荧光分析法是一种快捷实用的分析方法,其分析速度远快于化学方法,但在使用该方法时应注意以下几点:

a. 由于粉煤灰具有较好的分散性,当掺加量 >30% 时对样片的质量有影响,所以测量高掺量粉煤灰水泥时,建议采用熔融制样法。

b. 水泥中硅的含量较高,试验中一定要规范操作以尽量克服颗粒效应的影响,消除颗粒效应的最佳办法是采用熔融法制取玻璃样片。

c. 使用本方法时对各种原材料的化学成分要进行经常性验证,以保证方程中的常数接近实际生产状况。

d. 计算水泥组分时尽量选择抗干扰能力较强的元素关系式建立方程组,解方程时选用解线性方程组的专用数学软件,在瞬间就可算出水泥的各组分含量。

e. 方法仅提供 2 种混合材水泥的组分测定,也为掺 3 种及 3 种以上混合材的水泥组分测定提供了参考。

(3)水泥中混合材掺量的快速测定法

该方法充分利用水泥企业化验室 X 射线荧光分析和化学分析数据,并采用计算机快速处理数据的特点,实现了水泥混合材掺量的快速测定,可在 30min 内检测出水泥混合材掺量,满足了水泥生产质量控制的要求。

①检测原理:根据粉煤灰几乎不被酸溶解、石灰石烧失量高和石膏中三氧化硫含量高的特点,通过检测水泥及其各个组分的耗酸值、烧失量和三氧化硫联立成方程组,通过计算机 Excel 矩阵函数求解出水泥中各个组分的含量。

②检测流程:

5.7.5 出磨水泥中氧化镁含量的控制

5.7.5.1 控制水泥中氧化镁含量的意义及控制指标

（1）控制意义：水泥中的氧化镁是一种有害成分，GB 176—2007《通用硅酸盐水泥》中强制性条款规定，硅酸盐水泥和普通硅酸盐水泥中 MgO≤5.0%，如水泥经压蒸检验安定性合格，可放宽到 6.0%；其他品种通用硅酸盐水泥中 MgO≤6.0%，如果氧化镁含量大于 6.0%时，需进行水泥压蒸安定性试验并合格。通过对出磨水泥化学分析即可了解水泥中 MgO 的含量是否符合国家标准，以保证出厂水泥的质量。如出磨水泥 MgO 含量不符合国家标准，可采用搭配均化的方式进行处理，确保出厂水泥质量。

（2）控制指标

出磨水泥 MgO 含量控制指标：≤5.0%，合格率 100%，取平均样，24h 检验一次。

5.7.5.2 水泥制成环节对氧化镁含量的管控

（1）入磨物料中熟料的 MgO 含量 >5.0%时，经压蒸安定性检验合格，可以放宽到 6.0%。

（2）出磨水泥中的 MgO 含量 >5.0%时，经压蒸安定性检验合格，可以放宽到 6.0%。

5.7.6 出磨水泥中三氧化硫的控制

5.7.6.1 控制意义及控制指标

（1）控制出磨水泥 SO_3 含量的意义。为了调节水泥的凝结时间，磨制水泥时需要加入石膏。水泥中 SO_3 含量的高低，直接反映了磨制水泥时的石膏掺入量。石膏的掺入，可抑制熟料中 C_3A 所造成的快凝现象，适量的石膏掺入还能改善水泥的一些性能。所以，通过测定水泥中三氧化硫的含量来控制石膏掺量，以保证水泥的凝结时间正常和三氧化硫含量符合国家标准的规定。

水泥中三氧化硫含量过少，石膏缓凝作用不明显，水泥会产生快凝现象；三氧化硫含量过多，硅酸钙水化速度较快，水泥也会产生快凝，还会引起水泥安定性不良。在矿渣水泥中，石膏不仅是缓凝剂，还是矿渣水泥的活性激发剂，可加速矿渣水泥的硬化过程，对改善水泥性能更有利。因此，控制适宜的石膏掺量，也能保证水泥的质量。国家标准 GB 175—2007《通用硅酸盐水泥》中强制性条款规定，矿渣硅酸盐水泥中三氧化硫的质量分数小于或等于 4.0%，其他五种通用硅酸盐水泥中三氧化硫的质量分数小于或等于 3.5%。生产中，可通过小磨实验找出石膏掺量与水泥凝结时间、安定性、强度的关系，确定石膏的最佳掺量。

（2）出磨水泥三氧化硫控制指标

目标值 ±0.2%；合格率≥75%；分磨 4h 检验一次。

5.7.6.2 水泥及熟料中三氧化硫的检验方法

水泥及其熟料中三氧化硫的测定是指硫酸盐——三氧化硫的测定。国家推荐性标准GB/T 176—2008《水泥化学分析方法》中规定，水泥中三氧化硫的测定方法共有五种：基准法为硫酸钡重量法；代用法为碘量法、离子交换法、铬酸钡分光光度法和库仑滴定法。

一般出厂水泥三氧化硫含量测定采用硫酸钡重量法,生产控制分析采用离子交换法、铬酸钡分光光度法、碘量法和库仑滴定法。现介绍这四种代用法:

(1)碘量法测三氧化硫

①方法提要。试样先经磷酸处理,将硫化物分解除去。再加入氯化亚锡—磷酸溶液并加热,将硫酸盐的硫还原成等物质的量的硫化氢,收集于氨性硫酸锌溶液中,然后用碘量法进行测定。试样中除硫化物(S^{2-})和硫酸盐外,还有其他状态的硫存在时,将给测定结果造成误差。

②分析步骤

a. 使用规定的仪器装置进行测定。

b. 称取约0.5g试样,精确至0.0001g,置于100mL的干燥反应瓶中,加入10mL磷酸,置于小电炉上加热至沸,并继续在微沸下加热至无大气泡、液面平静、无白烟出现时为止。取下放冷,向反应瓶中加入10mL氯化亚锡—磷酸溶液,按规定仪器装置图连接各部件。

c. 开动空气泵,保持通气速度为每秒钟4~5个气泡。于电压200V下,加热10min,然后将电压降至160V,加热5min后停止加热。取下吸收杯,关闭空气泵。

d. 用水冲洗插入吸收液内的玻璃管,加入10mL明胶溶液,加入15.00mL碘酸钾标准滴定溶液,在搅拌下一次性快速加入30mL硫酸(1+2),用硫代硫酸钠标准滴定溶液滴定至淡黄色,加入2mL淀粉溶液,继续滴定至蓝色消失。

③结果的计算与表示。三氧化硫的质量分数ω_{SO_3}按下式计算:

$$\omega_{SO_3} = \frac{T_{SO_3} \times (V_{33} - K_1 \times V_{34})}{m_{39} \times 1000} \times 100 = \frac{T_{SO_3} \times (V_{33} - K_1 \times V_{34}) \times 0.1}{m_{39}} \qquad (5\text{-}26)$$

式中　ω_{SO_3}——三氧化硫的质量分数,%;

　　　T_{SO_3}——碘酸钾标准滴定溶液对三氧化硫的滴定度,mg/mL;

　　　V_{33}——加入碘酸钾标准滴定溶液的体积,mL;

　　　V_{34}——滴定时消耗硫代硫酸钠标准滴定溶液的体积,mL;

　　　K_1——碘酸钾标准滴定溶液与硫代硫酸钠标准滴定溶液的体积比;

　　　m_{39}——试料的质量,g。

(2)离子交换法测三氧化硫

①方法提要。在水介质中,用氢型阳离子交换树脂对水泥中的硫酸钙进行两次静态交换,生成等物质的量的氢离子,以酚酞为指示剂,用氢氧化钠标准滴定溶液滴定。本方法只适用于掺加天然石膏并且不含有氟、氯、磷的水泥中三氧化硫的测定。

②分析步骤

a. 称取约0.2g试样,精确至0.0001g,置于已放有5g树脂、10mL热水及一根磁力搅拌子的150mL烧杯中,摇动烧杯使试样分散。然后加入40mL沸水,立即置于磁力搅拌器上,加热搅拌10min。取下,以快速滤纸过滤,用热水洗涤烧杯和滤纸上的树脂4~5次,滤液及洗液收集于已放有2g树脂及一根磁力搅拌子的150mL烧杯中(此时溶液体积在100mL左右)。将烧杯再置于磁力搅拌器上,搅拌3min。取下,以快速滤纸将溶液过滤于300mL烧杯中,用热水洗涤烧杯和滤纸上的树脂5~6次。

b. 向溶液中加入5~6滴酚酞指示剂溶液,用氢氧化钠标准滴定溶液滴定至微红色。

c. 保存滤纸上的树脂,可以回收处理后再利用。

③结果的计算与表示。三氧化硫的质量分数ω_{SO_3}按下式计算:

$$\omega_{SO_3} = \frac{T'_{SO_3} \times V_{35}}{m_{40} \times 1000} \times 100 = \frac{T'_{SO_3} \times V_{35} \times 0.1}{m_{40}} \qquad (5\text{-}27)$$

式中　ω_{SO_3}——三氧化硫的质量分数,%;

　　　T'_{SO_3}——氢氧化钠标准滴定溶液对三氧化硫的滴定度,mg/mL;

　　　V_{35}——滴定时消耗氢氧化钠标准滴定溶液的体积,mL;

　　　m_{40}——试料的质量,g。

(3)铬酸钡分光光度法测三氧化硫

①方法提要。试样经盐酸溶解,在 pH=2 的溶液中,加入过量铬酸钡,生成与硫酸根等物质的量的铬酸根。在微碱性条件下,使过量的铬酸钡重新析出。过滤后在波长 420nm 处测定游离铬酸根离子的吸光度。试样中除硫化物(S^{2-})和硫酸盐外,还有其他状态的硫存在时,将给测定结果造成误差。

②分析步骤。称取 0.33~0.36g 试样,精确至 0.0001g,置于带有标线的 200mL 烧杯中。加 4mL 甲酸(1+1),分散试样,低温干燥,取下。加 10mL 盐酸(1+2)及 1~2 滴过氧化氢,将试料搅起后加热至小气泡冒尽,冲洗杯壁,再煮沸 2min,期间冲洗杯壁 2 次。取下,加水至约 90mL,加 5mL 氨水(1+2),并用盐酸(1+1)和氨水(1+1)调节酸度至 pH=2.0(用精密 pH 试纸检验),稀释至 100mL。加 10mL 铬酸钡溶液,搅匀。流水冷却至室温并放置,时间不少于 10min,放置期间搅拌 3 次。加入 5mL 氨水(1+2),将溶液连同沉淀移入 150mL 容量瓶中,用水稀释至标线,摇匀。用中速滤纸过滤。滤液收集于 50mL 烧杯中,用分光光度计,20mm 比色皿,以水做参比,于波长 420nm 处测定溶液的吸光度。在工作曲线上查出三氧化硫的含量。

③结果的计算与表示。三氧化硫的质量分数 ω_{SO_3} 按下式计算:

$$\omega_{SO_3} = \frac{m_{42}}{m_{41} \times 1000} \times 100 = \frac{m_{42} \times 0.1}{m_{41}} \qquad (5\text{-}28)$$

式中　ω_{SO_3}——三氧化硫的质量分数,%;

　　　m_{42}——测定溶液中三氧化硫的含量,mg;

　　　m_{41}——试料的质量,g。

(4)库仑滴定法测三氧化硫

①方法提要。试样经甲酸处理,将硫化物分解除去。在催化剂的作用下,于空气流中燃烧分解,试样中硫生成二氧化硫并被碘化钾溶液吸收,以电解碘化钾溶液所产生的碘进行滴定。试样中除硫化物(S^{2-})和硫酸盐外,还有其他状态的硫存在时,将给测定结果造成误差。

②分析步骤

a. 使用库仑积分测硫仪进行测定,将管式高温炉升温并控制在 1150~1200℃。

开动供气泵和抽气泵并将抽气流量调节到约 1000mL/min。在抽气下,将约 300mL 电解液加入电解池内,开动磁力搅拌器。

b. 调节电位平衡:在瓷舟中放入少量含一定硫的试样,并盖一薄层五氧化二钒,将瓷舟置于一稍大的石英舟上,送进炉内,库仑滴定随即开始。如果试验结束后库仑积分器的显示值为零,应再次调节直至显示值不为零为止。

c. 称取约 0.04~0.05g 试样,精确至 0.0001g,将试样均匀地平铺于瓷舟中,慢慢滴加 4~5 滴甲酸(1+1),用拉细的玻璃棒沿舟方向搅拌几次,使试样完全被甲酸润湿,再用 2~3 滴甲酸(1+1)将玻璃棒上沾有的少量试样冲洗于瓷舟中,将瓷舟放在电炉上,控制电炉丝呈暗红色,低温加热并烤干,防止溅失,再升高温度加热 2min。取下冷却后在试料上覆盖一薄层五氧化二钒,将瓷舟置于石英舟上,送进炉内,库仑滴定随即开始,试验结束后,库仑积分器显示出三氧化硫(或硫)的毫克数。

③结果的计算与表示

三氧化硫的质量分数 ω_{SO_3} 按下式计算:

$$\omega_{SO_3} = \frac{m_{44}}{m_{43} \times 1000} \times 100 = \frac{m_{44} \times 0.1}{m_{43}} \qquad (5\text{-}29)$$

式中　ω_{SO_3}——三氧化硫的质量分数,%;

　　　m_{44}——库仑积分器上三氧化硫的显示值,mg;

　　　m_{43}——试料的质量,g。

5.7.7　水泥中氯离子的控制

5.7.7.1　控制意义及控制指标

控制意义。氯盐是廉价而易得的工业原料,它在水泥生产中具有明显的经济价值。一方面,它可以作为熟料煅烧的矿化剂,能够降低烧成温度,有利于节能高产,它也是有效的水泥早强剂,不仅使水泥 3d 强度提高 50% 以上,而且可以降低混凝土中水的冰点温度,防止混凝土早期受冻;另一方面,氯离子又是混凝土中钢筋锈蚀的重要因素。由于钢筋锈蚀是混凝土破坏的主要形式之一,所以,各国对水泥中的氯离子含量都做出了相应规定。

氯离子的来源主要是原料、燃料、混合材料和外加剂,但由于熟料煅烧过程中,氯离子大部分在高温下挥发而排出窑外,残留在熟料中的氯离子含量极少。如果水泥中的氯离子含量过高,其主要原因是掺加了混合材料和外加剂(如工业废渣、助磨剂等),其中助磨剂的加入量甚至超过了国标的高限——水泥质量的 1%。为此,通用水泥 GB 175 在从 1999 版发展到 2007 版时,特意将助磨剂掺入量由“不超过水泥质量的 1%”改为“不超过水泥质量的 0.5%”,同时增加了对氯离子的限制:“水泥粉磨时允许加入助磨剂,其加入量应不大于水泥质量的 0.5%”和“水泥中的氯离子含量必须 ≤0.06%”的要求,并补注:“当有更低要求时,该指标由买卖双方确定”,充分体现了水泥行业对混凝土质量保证的承诺和责任心。从 2005 年开始,国内许多有研究实力和科技支持的外加剂生产企业,提前进行了适应 2007 新标准的助磨剂研发工作。一方面将粉体助磨剂改为液体助磨剂;另一方面将氯离子含量由少量(≤10%)降低到微量(≤1%)。与此同时,助磨剂的用量由原来的 0.4% ~ 0.8%,减少到 0.1% ~ 0.2%,这样真正带入水泥中的氯离子不超过 0.01%,试验结果表明,水泥球磨机增产 8% ~ 10%,节电 5% ~ 10%。但水泥进入混凝土搅拌站后,又添加了新的混合材和外加剂,以致出现水泥中氯离子含量不高,但砂浆和混凝土中氯离子含量却较高的现象,给建筑物的安全埋下了隐患。为此,水泥、混凝土行业都要严控氯离子。

5.7.7.2　水泥及熟料中氯离子的检验方法

用于水泥和熟料中氯离子检验的化学分析方法共有两种,国家推荐性标准 GB/T 176—2008《水泥化学分析方法》和我国建材行业推荐性标准 JC/T 1073—2008《水泥中氯离子的化学分析方法》均规定,水泥中氯离子的测定基准法是硫氰酸铵容量法,代用法是磷酸蒸馏—汞盐滴定法。

(1)氯离子的测定——硫氰酸铵容量法(基准法)

①方法提要。本方法测定除氟以外的卤素含量,以氯离子(Cl^-)表示结果。试样用硝酸进行分解。同时消除硫化物的干扰。加入已知量的硝酸银标准溶液使氯离子以氯化银的形式沉淀。煮沸、过滤后,将滤液和洗涤液冷却至 25℃ 以下,以铁(Ⅲ)盐为指示剂,用硫

酸氰铵标准滴定溶液滴定过量的硝酸银。

②分析步骤：

a. 称取约 5g 试样，精确至 0.0001g，置于 400mL 烧杯中，加入 50mL 水，搅拌使试样完全分散，在搅拌下加入 50mL 硝酸(1 + 2)，加热煮沸，在搅拌下微沸 1 ~ 2min。准确移取 5.00mL 硝酸银标准溶液放入溶液中，煮沸 1 ~ 2min，加入少许滤纸浆，将预先用硝酸(1 + 100)洗涤过的慢速滤纸抽气过滤或玻璃砂芯漏斗抽气过滤，滤液收集于 250mL 锥形瓶中，用硝酸(1 + 100)洗涤烧杯、玻璃棒和滤纸，直至滤液和洗液总体积达到约 200mL，溶液在弱光线或暗处冷却至 25℃以下。

b. 加入 5mL 硫酸铁铵指示剂溶液，用硫氰酸铵标准滴定溶液滴定至产生的红棕色在摇动下不消失为止。记录滴定所用硫氰酸铵标准滴定溶液的体积 V_{20}。如果 V_{20} 小于 0.5mL，用减少一半的试样质量重新试验。

c. 不加入试样按上述步骤进行空白试验，记录空白滴定所用硫氰酸铵标准滴定溶液的体积 V_{21}。

③结果的计算与表示。氯离子的质量分数 ω_{Cl^-} 按下式计算：

$$\omega_{Cl^-} = \frac{1.773 \times 5.00 \times (V_{21} - V_{20})}{V_{21} \times m_{26} \times 1000} \times 100 = 0.8865 \times \frac{(V_{21} - V_{20})}{V_{21} \times m_{26}} \quad (5\text{-}30)$$

式中　ω_{Cl^-}——氯离子的质量分数，%；

　　　V_{20}——滴定时消耗硫氰酸铵标准滴定溶液的体积，mL；

　　　V_{20}——空白试验滴定时消耗的硫氰酸铵标准滴定溶液的体积，mL；

　　　m_{26}——试料的质量，g；

　　1.773——硝酸银标准溶液对氯离子的滴定度，mg/mL。

(2)氯离子的测定——磷酸蒸馏—汞盐滴定法(代用法)

①方法提要。用规定的蒸馏装置在 250 ~ 260℃温度条件下，以过氧化氢和磷酸分解试样，以净化空气做载体，蒸馏分离氯离子，用稀硝酸作吸收液。在 pH = 3.5 左右，以二苯偶氮碳酰肼为指示剂，用硝酸汞标准滴定溶液滴定。

②分析步骤：

a. 使用规定的测氯蒸馏装置进行测定(图 5-61)。

b. 向 50mL 锥形瓶中加入约 3mL 水及 5 滴硝酸，放在冷凝管下端用以承接蒸馏液，冷凝管下端的硅胶管插于锥形瓶的溶液中。

c. 称取约 0.3g 试样，精确至 0.0001g，置于已烘干的石英蒸馏管中，勿使试样粘附于管壁。

d. 向蒸馏管中加入 5 ~ 6 滴过氧化氢溶液，摇动使试样完全分散后加入 5mL 磷酸，套上磨口塞，摇动，待试料分解产生的二氧化碳气体大部分逸出后，将图 5-61 所示的仪器装置中的固定架 10 套在石英蒸馏管上，并将其置于温度 250 ~ 260℃的测氯蒸馏装置炉腔内，迅速地以硅橡胶管连接好蒸馏管的进出口部分(先连出气管，后连进气管)，盖上炉盖。

e. 开动气泵，调节气流速度在 100 ~ 200mL/min，蒸馏 10 ~ 15min 后关闭气泵，拆下连接管，取出蒸馏管置于试管架内。

f. 用乙醇吹洗冷凝管及其下端，洗液收集于锥形瓶内(乙醇用量约为 15mL)。由冷凝管下部取出承接蒸馏液的锥形瓶，向其中加入 1 ~ 2 滴溴酚蓝指示剂溶液，用氢氧化钠溶液调节至溶液呈蓝色，然后用硝酸调节至溶液刚好变黄，再过量 1 滴，加入 10 滴二苯偶氮碳酰肼指示剂溶液，用硝酸汞标准滴定溶液滴定至紫红色出现。记录滴定所用硝酸汞标准滴定

溶液的体积 V_{37}。

g. 氯离子含量为 0.2% ~1% 时,蒸馏时间应为 15 ~20min;用硝酸汞标准滴定溶液进行滴定。

h. 不加入试样按上述步骤进行空白试验,记录空白滴定所用硝酸汞标准滴定溶液的体积 V_{38}。

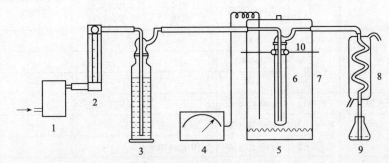

图 5-61　测氯蒸馏装置示意图

1—吹气泵;2—转子流量计;3—洗气瓶,内装硝酸银溶液(5g/L)(5.114);4—温控仪;5—电炉;
6—石英蒸馏管;7—炉膛保温罩;8—蛇形冷凝管;9—50mL 锥形瓶;10—固定架

③结果的计算与表示。氯离子的质量分数 ω_{Cl^-} 按下式计算:

$$\omega_{Cl^-} = \frac{T_{Cl^-} \times (V_{37} - V_{38})}{m_{45} \times 1000} \times 100 = \frac{T_{Cl^-} \times (V_{37} - V_{38}) \times 0.1}{m_{45}} \quad (5\text{-}31)$$

式中　ω_{Cl^-}——氯离子的质量分数,%;

　　　T_{Cl^-}——硝酸汞标准滴定溶液对氯离子的滴定度,mg/mL;

　　　V_{37}——滴定时消耗硝酸汞标准滴定溶液的体积,mL;

　　　V_{38}——空白试验消耗硝酸汞标准滴定溶液的体积,mL;

　　　m_{45}——试料的质量,g。

5.7.8　水泥烧失量的控制

(1)控制目的:为了保证水泥中混合材料掺量符合国标及保证熟料的质量,要限制水泥的烧失量。

(2)控制目标:≤1.5%。

(3)测定频次:每窑每班测一次。

(4)检验方法:可依据 GB/T 176—2008《水泥化学分析方法》中给定的烧失量测定方法,即采用灼烧差减法。详见本书5.5.2.5 熟料烧失量的控制与检验。

5.7.9　出磨水泥物理性能的控制

出磨水泥的物理性能包括:安定性、凝结时间、强度、细度等。检验时取平均样,24h 检验一次。

5.7.9.1　出磨水泥物理性能的控制指标与检验方法

出磨水泥物料性能的控制指标包括安定性、凝结时间、强度等级等,出磨水泥全套物理性能检验结果均应符合产品标准规定,其中28d 抗压富裕强度还要符合出厂水泥富裕强度规定(即富裕强度值达到"2.5MPa + 3S")。如果出磨水泥的某些性能不符合国家标准,应采取搭配均化等措施,确保出厂水泥的质量。

（1）通用硅酸盐水泥的组分

应符合表 5-34 的规定。

表 5-34　通用硅酸盐水泥的组分　　　　　　单位：%（质量分数）

品种	代号	组分				
		熟料＋石膏	粒化高炉矿渣	火山灰质混合材料	粉煤灰	石灰石
硅酸盐水泥	P·Ⅰ	100	—	—	—	—
	P·Ⅱ	≥95	≤5	—	—	—
		≥95	—	—	—	≤5
普通硅酸盐水泥	P·O	≥80 且＜95	>5 且≤20①			—
矿渣硅酸盐水泥	P·S·A	≥50 且＜80	>20 且≤50②	—	—	—
	P·S·B	≥30 且＜50	>50 且≤70②	—	—	—
火山灰质硅酸盐水泥	P·P	≥60 且＜80	—	>20 且≤40③	—	—
粉煤灰硅酸盐水泥	P·F	≥60 且＜80	—	—	>20 且≤40④	—
复合硅酸盐水泥	P·C	≥50 且＜80	>20 且≤50⑤			

① 本组分材料为活性混合材料，其中允许用不超过水泥质量8%的非活性混合材料或不超过水泥质量5%的窑灰代替。

② 本组分材料为符合 GB/T 203 或 GB/T 18046 的活性混合材料，其中允许用不超过水泥质量8%的活性混合材料或非活性混合材料或窑灰中的任一种材料代替。

③ 本组分材料为符合 GB/T 2847 的活性混合材料。

④ 本组分材料为符合 GB/T 1596 的活性混合材料。

⑤ 本组分材料为由两种（含）以上活性混合材料或/和符合非活性混合材料组成，其中允许用不超过水泥质量8%的窑灰代替。掺矿渣时混合材料掺量不得与矿渣硅酸盐水泥重复。

（2）出磨水泥物理性能控制指标及检验方法

①凝结时间：硅酸盐水泥初凝不小于 45min，终凝不大于 390min；普通硅酸盐水泥、矿渣硅酸盐水泥、火山灰质硅酸盐水泥、粉煤灰硅酸盐水泥和复合硅酸盐水泥初凝不小于 45min，终凝不大于 600min。检验方法为 GB/T 1346—2011《水泥标准稠度用水量、凝结时间、安定性检验方法》。

②安定性：沸煮法合格。检验方法为 GB/T 1346—2011《水泥标准稠度用水量、凝结时间、安定性检验方法》和 GB/T 750《水泥压蒸安定性试验方法进行试验》。

③强度：不同品种不同强度等级的通用硅酸盐水泥，其不同各龄期的强度应符合表 5-35 的规定。检验方法为 GB/T 17671《水泥胶砂强度检验方法（ISO 法）》。

但火山灰质硅酸盐水泥、粉煤灰硅酸盐水泥、复合硅酸盐水泥和掺火山灰质混合材料的普通硅酸盐水泥在进行胶砂强度检验时，其用水量按 0.50 水灰比和胶砂流动度不小于 180mm 来确定。当流动度小于 180mm 时，须以 0.01 的整倍数递增的方法将水灰比调整至胶砂流动度不小于 180mm。胶砂流动度试验按 GB/T 2419《水泥胶砂流动度测定方法》进行，其中胶砂制备按 GB/T 17671 进行。

④细度（选择性指标）

硅酸盐水泥和普通硅酸盐水泥以比表面积表示，不小于 300m²/kg；矿渣硅酸盐水泥、火山灰质硅酸盐水泥、粉煤灰硅酸盐水泥和复合硅酸盐水泥以筛余表示，80μm 方孔筛筛余不大于 10% 或 45μm 方孔筛筛余不大于 30%。检验方法为 GB/T 1345《水泥细度检验方法（筛析法）》和 GB/T 8074《水泥比表面积测定方法（勃氏法）》。

表 5-35 通用硅酸盐水泥强度指标要求

单位:兆帕 MPa

品种	强度等级	抗压强度		抗折强度	
		3d	28d	3d	28d
硅酸盐水泥	42.5	≥17.0	≥42.5	≥3.5	≥6.5
	42.5R	≥22.0		≥4.0	
	52.5	≥23.0	≥52.5	≥4.0	≥7.0
	52.5R	≥27.0		≥5.0	
	62.5	≥28.0	≥62.5	≥5.0	≥8.0
	62.5R	≥32.0		≥5.5	
普通硅酸盐水泥	42.5	≥17.0	≥42.5	≥3.5	≥6.5
	42.5R	≥22.0		≥4.0	
	52.5	≥23.0	≥52.5	≥4.0	≥7.0
	52.5R	≥27.0		≥5.0	
矿渣硅酸盐水泥 火山灰质硅酸盐水泥 粉煤灰硅酸盐水泥	32.5	≥10.0	≥32.5	≥2.5	≥5.5
	32.5R	≥15.0		≥3.5	
	42.5	≥15.0	≥42.5	≥3.5	≥6.5
	42.5R	≥19.0		≥4.0	
	52.5	≥21.0	≥52.5	≥4.0	≥7.0
	52.5R	≥23.0		≥4.5	
复合硅酸盐水泥	42.5	≥15.0	≥42.5	≥3.5	≥6.5
	42.5R	≥19.0		≥4.0	
	52.5	≥21.0	≥52.5	≥4.0	≥7.0
	52.5R	≥23.0		≥4.5	

5.7.9.2 出磨水泥的控制

(1)出磨水泥凝结时间的控制

水泥凝结时间是水泥水化速度的反映,与石膏的掺入量和熟料的品质有关。凝结过程分为初凝和终凝两个阶段。通用水泥的实际凝结时间一般为初凝 1~3h,终凝 3~5h。

(2)出磨水泥安定性的控制

安定性是反映水泥硬化后体积变化的物理性能。水泥安定性必须合格才能出厂。

(3)出磨水泥各龄期强度增进率的控制

一般以 1d 快速强度或 3d 强度推算 28d 强度。

(4)水泥结块的控制

水泥储存中的一个较普遍的问题是结块。无论是在库内,还是包装好的成品,由于较长时间和在较高温度下储存都会产生结块现象。结块现象是水泥预先水化所造成的。水泥的水化主要来源于两个方面:一是空气中的水蒸气;二是石膏带入的水。另外混合材水分过大,也会引起出磨水泥的水分过大,最后导致水泥结块。为了防止水泥结块,应尽可能降低出磨水泥的温度和湿度,缩短储存期。

(5)出磨水泥的入库管理

出磨水泥除了按各项控制指标进行严格控制外,还应加强出磨水泥的管理,确保出厂水泥的质量稳定。主要是控制出磨水泥入库,不得上入下出,不得混库,另外出磨水泥要有一定储存量,以备调料,确保出厂水泥的均匀性和稳定性。

(6)合格品的判定规则

凡是通用硅酸盐水泥的化学指标、凝结时间、安定性和强度的检验结果符合国家标准GB 175—2007《通用硅酸盐水泥》中技术要求的为合格品。

凡是通用硅酸盐水泥的化学指标、凝结时间、安定性和强度的检验结果不符合国家标准GB 175—2007《通用硅酸盐水泥》中任何一项技术要求的为不合格品。

5.7.10 水泥粉磨与出磨水泥的质量管理

根据 2011 版《水泥企业质量管理规程》的要求,水泥粉磨与出磨水泥应遵循下列规定:

5.7.10.1 水泥粉磨

(1)为保证水泥质量,水泥磨喂料设备应配备精度符合配料需求的计量设备,并建立定期维护和校准制度。发生断料或不能保证物料配比准确性时,应立即采取有效措施予以纠正。

(2)熟料、石膏、混合材和水泥助磨剂等入磨物料的配比应按化验室下达的通知进行,并有相应的记录。

(3)粉磨中改品种或强度等级由低改高时,应用高强度等级水泥清洗磨和输送设备,清洗的水泥全部按低强度等级处理,并做好相应的记录。

(4)入磨熟料温度控制在 100℃ 以下。

(5)出磨水泥温度不大于 135℃。超过此温度应停磨或采取降温措施,防止石膏脱水而影响水泥的性能。

5.7.10.2 出磨水泥

(1)出磨水泥的质量控制要求应符合过程质量指标要求的规定。

(2)水泥库应有明显标识,出磨水泥应按化验室指令入库,每班应准确测量各水泥库的库存量并做好记录,按化验室要求做好入库管理。

(3)同一库不得混装不同品种、强度等级的水泥。生产中改品种或强度等级由低改高时,应用高强度等级水泥清洗输送设备、水泥贮存库和包装设备,清洗的水泥全部按低强度等级处理,并做好相应的记录。

(4)专用水泥或特性水泥应用专用库贮存。

(5)出磨水泥要保持 3d 以上的贮存量。

(6)出磨水泥应按相关产品标准的规定进行检验,检验数据经验证可以作为出厂水泥相关指标的确认依据,但不能作为出厂水泥的实物质量检验数据。

5.7.10.3 过程质量事故

在生产过程中重要质量指标 3h 以上或连续三次检测不合格时,属于过程质量事故,化验室应及时向责任部门反馈,责任部门应及时采取纠正措施,做好记录并报有关部门。

5.8 出厂水泥的质量控制与管理

5.8.1 出厂水泥的质量要求

出厂水泥的质量控制是水泥质量控制的最后一关,也是最重要的一关。企业必须严格执行水泥生产的国家标准及相关技术法规,才能确保出厂水泥产品质量合格。

5.8.1.1　出厂水泥的质量要求

(1)出厂水泥合格率100%:水泥各项技术指标及包装质量经确认符合要求时方能出厂。

(2)28d抗压富裕强度合格率100%:确保出厂水泥28d抗压强度富裕值≥2.0MPa。

(3)袋重合格率100%:袋装水泥20包的总质量≥1000kg,单包净重50kg,并且应≥标志质量的99%,随机抽取20袋的总质量(含包装袋)应≥1000kg。

(4)28d抗压强度目标值≥水泥国家标准规定值+2.0MPa+3S;标准偏差S≤1.65MPa。

(5)均匀性合格率100%:每季度进行一次均匀性试验,10个分割样的指标(细度、凝结时间、安定性、烧失量、SO_3含量、强度等)必须符合国家标准,28d抗压强度变异系数C_V≤3.0%。

5.8.1.2　检验项目

主要有化学指标、凝结时间、安定性、强度等。

(1)化学指标。通用硅酸盐水泥化学指标应该符合GB 175的规定(表5-36)。

出厂水泥化学指标检测,按GB/T 176—2008《水泥化学分析方法》进行。

表5-36　通用硅酸盐水泥化学指标要求　　　　　　　　单位:%

品种	代号	不溶物 (质量分数)	烧失量 (质量分数)	三氧化硫 (质量分数)	氧化镁 (质量分数)	氯离子 (质量分数)
硅酸盐水泥	P·Ⅰ	≤0.75	≤3.0	≤3.5	≤5.0①	≤0.06③
	P·Ⅱ	≤1.50	≤3.5			
普通硅酸盐水泥	P·O	—	≤5.0			
矿渣硅酸盐水泥	P·S·A	—	—	≤4.0	≤6.0②	
	P·S·B	—	—			
火山灰质硅酸盐水泥	P·P	—	—	≤3.5	≤6.0②	
粉煤灰硅酸盐水泥	P·F					
复合硅酸盐水泥	P·C					

① 如果水泥压蒸试验合格,则水泥中氧化镁的含量(质量分数)允许放宽至6.0%。
② 如果水泥中氧化镁的含量(质量分数)大于6.0%时,需进行水泥压蒸安定性试验并合格。
③ 当有更低要求时,该指标由买卖双方协商确定。

(2)水泥凝结时间。GB 175—2007《通用硅酸盐水泥》规定,硅酸盐水泥初凝时间≥45min,终凝时间≤390min;普通硅酸盐水泥、矿渣硅酸盐水泥、火山灰硅酸盐水泥、粉煤灰硅酸盐水泥、复合硅酸盐水泥,初凝时间≥45min,终凝时间≤600min。

水泥凝结时间试验按GB/T 1346—2011《水泥标准稠度用水量、凝结时间、安定性检验方法》进行。

(3)安定性。采用沸煮法试验,要求合格。压蒸试验按GB/T 750进行操作。安定性试验方法按GB/T 1346—2011进行。

(4)强度。强度指标控制试验方法按GB/T 17671《水泥胶砂强度检验方法(ISO法)》进行。

(5)水泥的包装:

①包装质量。水泥的包装质量必须严格执行国家标准和有关技术规定。规定包装质量的目的是:

a. 在工程施工中,施工单位往往是按每袋水泥质量50kg计量配制混凝土,质量不足会降低混凝土强度等级,影响工程质量,超重则造成水泥不应有的浪费。

b. 袋装水泥出厂,其质量一般按照每袋50kg计量发放,每袋水泥超量或质量不足都会给供需双方带来经济损失。

c. 袋重合格率。以20袋为一抽样单位,在总质量≥1000kg的前提下,20袋分别称量,计算袋重合格率,<49kg者为不合格。当20袋总质量<1000kg时,即袋重不合格(袋重合格率为零)。抽查袋重时,质量记录至0.1kg。计算平均净重时,应先随机抽取10个纸袋称重并计算其平均值,然后将实测袋重减去纸袋平均质量。计算袋重合格率可按下列公式计算。

$$袋重合格率 = \frac{净重 \geq 49kg 的包数}{总计抽查包数} \times 100\% \, (20 \, 袋总质量 \geq 1000kg)$$

企业化验室要严格执行袋重抽查制度,每班每台包装机至少抽查20袋,同时考核20袋总质量和单包质量,计算袋重合格率。

②水泥包装用袋的技术要求。水泥包装用袋印制按GB 9774—2010《水泥包装用袋》附录B执行,如图5-62所示。

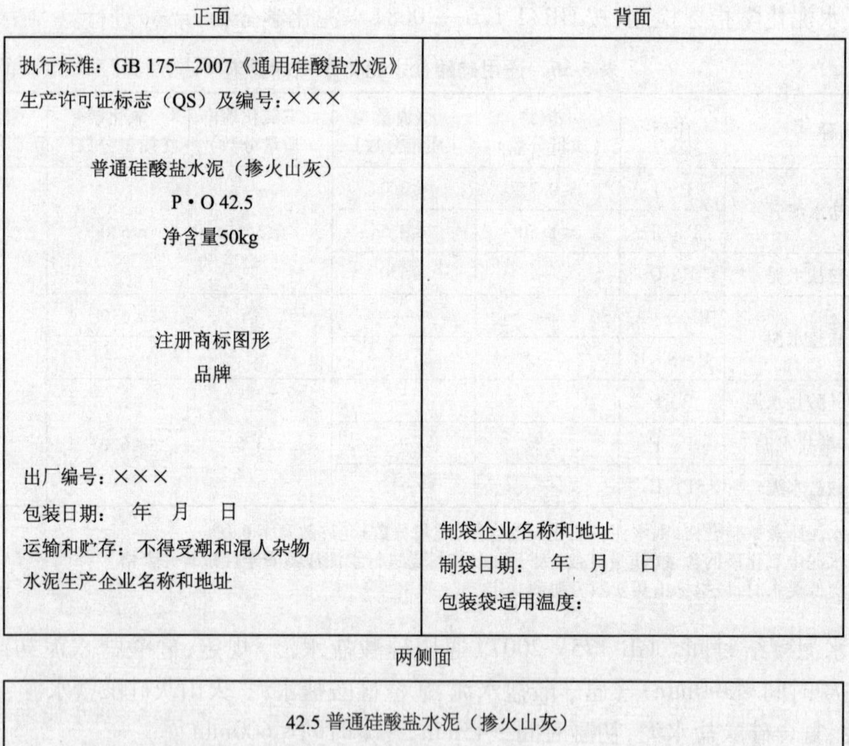

正面	背面
执行标准：GB 175—2007《通用硅酸盐水泥》 生产许可证标志（QS）及编号：××× 普通硅酸盐水泥（掺火山灰） P·O 42.5 净含量50kg 注册商标图形 品牌 出厂编号：××× 包装日期：　年　月　日 运输和贮存：不得受潮和混入杂物 水泥生产企业名称和地址	 制袋企业名称和地址 制袋日期：　年　月　日 包装袋适用温度：

两侧面

42.5普通硅酸盐水泥（掺火山灰）

图5-62　水泥包装用袋版面印刷示意图

(6)水泥的散装。水泥的散装运输,运价低,耗损少,节省纸袋,从而节约大量优质木材并可减轻工人劳动强度和环境污染,便于实现机械化和自动化,是水泥包装发展的必然趋势。散装水泥由于在出厂时间与编号、储存条件、使用周期等方面不同于袋装水泥,各道工序的质量控制应比袋装水泥更严格,才能保证散装水泥的质量。

散装水泥的质量控制应注意以下几点:

①水泥企业应有专门的散装库,每个库的容量以本厂每个编号水泥产量的吨位数为宜;

②出磨水泥不允许直接入散装库,应先储入水泥储存库,技术指标经检验合格后,通过

均化才可以入散装库;

③入散装库的水泥品种、强度等级变化时,应先用水泥清洗水泥库;

④散装水泥出厂时,必须在装车的同时按本厂每编号水泥产量吨位数取样,进行全套物理、化学性能检验;

⑤散装水泥出厂时,必须向用户提交与袋装水泥标志相同的卡片。化验室按国家标准向用户寄发出厂质量检验报告。

(7)水泥出厂

①水泥按编号经检验合格后,由化验室主任或水泥出厂管理员签发"水泥出厂通知单",一式两份,一份交销售部门作为发货依据,一份由化验室存档。

②销售部门必须严格按化验室"水泥出厂通知单"要求的编号、强度等级和数量发售水泥,并做好发货明细记录,不允许超吨位发货。

③水泥发出后,销售部门必须将发货单位、发货数量、编号填写"出厂水泥回单",一式两份,一份交化验室,一份由销售部门存档。

④当用户需要时,化验室在水泥发出日起 7d 内寄发除 28d 强度以外的各项检验结果。32d 内补报 28d 强度检验结果。

⑤水泥安定性不合格或某项指标达不到国家标准要求的袋装或散装水泥,一律不准出厂,可以借库存放。

5.8.2　出厂水泥质量合格确认制度

5.8.2.1　出厂水泥和水泥熟料质量合格确认制度

出厂水泥和水泥熟料质量应按相关的水泥产品标准严格检验和控制,由于出厂水泥和水泥熟料检验结果滞后,企业应建立出厂水泥和水泥熟料质量合格确认制度,并形成书面文件,经确认合格后方可出厂。

5.8.2.2　水泥出厂确认要求

出厂水泥和水泥熟料质量合格确认制度由化验室负责制定,内容如下:①出厂水泥的确认,强度指标应根据出厂水泥品种和强度等级分别建立早期强度与实物水泥 3d 和 28d 强度的关系式;②出磨水泥质量应稳定,且 28d 抗压强度月(或一统计期)平均变异系数满足 $C_v \leqslant 5.0\%$(强度等级 32.5)、$C_v \leqslant 4.0\%$(强度等级 42.5)、$C_v \leqslant 3.5\%$(强度等级 52.5 及以上),其中强度指标应根据出磨水泥品种和强度等级分别建立早期强度与实物水泥 3d 和 28d 强度的关系式;③当出磨水泥质量出现波动或 28d 抗压强度月(或一统计期)平均变异系数 $C_v > 5.0\%$(强度等级 32.5)、$C_v > 4.0\%$(强度等级 42.5)、$C_v > 3.5\%$(强度等级 52.5 及以上)时,应按要求进行确认;④出厂水泥的合格确认制度应定期根据生产条件、原料变化等及时修正;⑤水泥熟料的出厂合格确认制度参照出厂水泥制定。

5.8.2.3　出厂水泥质量合格确认制度

[案例一]

某公司出厂水泥的合格确认制度

1. 为有效控制出厂水泥质量,对出磨水泥按班次进行全项检验,根据检验结果进行合理的搭配混合及入库,以确保出厂水泥的质量均匀。

2. 根据出磨水泥的 1d 快速强度(x_1)与出磨水泥的 3d 强度(y_3),收集 30 组数据,运用回归分析方法确定出磨水泥 1d 强度与出磨水泥 3d 强度的一元回归方程。即 $y_3 = ax_1 + b$

3. 根据出磨水泥 1d 的强度(x_1)和出厂水泥的 3d 强度(y_3)及出厂水泥 28d 强度(y_{28}), 收集 30 组数据,运用回归分析方法确定出回归方程:$y_3 = ax_1 + b$、$y_{28} = ax_1 + b$

同理收集 30 组数据确定出厂水泥 3d 强度(y_3)及 28d 强度(y_{28})的回归方程:$y_{28} = ay_3 + b$

4. 根据出磨水泥的 1d 强度确定水泥出厂,由化验室主任通知出厂,并定期对回归方程进行验证。

5. 水泥出厂前必须按国标规定的编号、吨位取样,进行全套的物理化学检验,确认各项质量指标及包装质量符合国标要求。

6. 化验室主任签发《水泥出厂通知单》一式两份,一份交销售部门作为发货依据,一份由化验室存档。

7. 化验室严格控制销售部门按通知的编号、强度等级、库号及数量发货。

8. 根据用户要求,化验室按销售部门提供的买方单位,在水泥发出 7d 内寄发除 28d 强度以外的各项试验结果。28d 强度结果应在水泥发出之日起 32d 内补报。

9. 对于一个月以上仍未出厂的已检验的袋装水泥,化验室应重新取样检验,确认合格后重新签发水泥出厂通知单。

10. 受潮结块的水泥不准出厂,由化验室统一安排处理。

[案例二]

某公司出厂水泥(熟料)合格确认制度

随着新型干法水泥企业单机生产能力的飞跃发展,传统的出厂水泥质量控制办法已经不能适应生产需要,为了确保出厂水泥 100% 合格,需要采取科学的方法进行控制,根据我公司的实际情况,结合同行业的管理经验,制定本制度。

1. 相关标准、文件

GB 175《通用硅酸盐水泥》

GB/T 21372《硅酸盐水泥熟料》

GB/T 8074《水泥比表面积测定方法》

GB 12573《水泥取样方法》

GB/T 17671《水泥胶砂强度检验方法》

GB/T 1346《水泥标准稠度用水量、凝结时间、安定性检验方法》

GB/T 176《水泥化学分析方法》

GB 9774《水泥包装袋》

GB/T 1345《水泥细度检验方法》

JC/T 420《水泥原料中氯离子的化学分析方法》

JC/T 738《水泥快速强度检测方法》

JC/T 452《通用水泥质量等级》

2. 出厂水泥的质量确认依据(见附表)

附表　P·O 42.5 出厂水泥质量确认依据

项目	检验方法	国家标准	内控标准
烧失量	GB/T 176《水泥化学方法》	≤5.0%	≤4.5%
三氧化硫		≤3.5%	≤3.2%
氧化镁		≤5.0%	≤5.0%

项目	检验方法	国家标准	内控标准
氯离子	JC/T 420	≤0.06%	≤0.06%
细度	GB/T 1345《水泥细度检验方法》0.08mm 筛筛余	≤10.0%	≤4.0%
比表面积	GB 8074	≥300m²/kg	≥320m²/kg
初凝时间	GB/T 1346《水泥标准稠度用水量、凝结时间、安定性检验方法》	≥45min	≥2h
终凝时间		≤10h	≤7h
安定性		合格	合格
1d 抗折强度	GB/T 17671《水泥胶砂强度检验方法》	/	≥2.0MPa
1d 抗压强度		/	≥5.5MPa
3d 抗折强度	GB/T 17671《水泥胶砂强度检验方法》	≥3.5MPa	≥4.0MPa
3d 抗压强度		≥17.0MPa	≥20.0MPa
28d 抗折强度		≥6.5MPa	≥7.0MPa
28d 抗压强度		≥42.5MPa	≥48.0MPa

3. 出磨水泥的质量控制

（1）在掌握熟料、混合材、石膏的质量基础上，根据计划生产的品种、等级确定合理的水泥磨入磨物料配比，并向中控操作员下达《水泥配比通知单》。

（2）按本公司的出磨水泥质量控制要求取样进行物理性能和化学品质指标检测。

4. 入库水泥质量控制

（1）待出磨水泥的检测结果出来后，根据该库出磨水泥总体质量状况确定，通过先进的气流均化设备均化后，再确认是否需要再进一步多库按比例搭配。

（2）确认出磨水泥的各项指标符合出厂依据要求。

（3）我公司袋装水泥以出磨水泥 CaO、SO₃ 为控制依据出厂。

（4）散装水泥以出磨水泥 CaO、SO₃ 或入散装库水泥 1d 强度为控制依据出厂。

5. 水泥包装

（1）质检部向包装车间下达《水泥包装通知单》

（2）出厂水泥管理员根据需要生产的水泥品种、强度等级，通知包装袋库管员，按包装水泥的编号量发放给包装车间进行包装，若包装袋上未印刷出厂编号和包装日期，应采用喷码机或人工将所缺内容补全。

（3）包装水泥应按编号堆放，每个编号之间应有明显的区分标记，不允许超编号量包装，也不允许混编号堆放。

（4）包装水泥袋重合格率由质检部负责对出厂的每个编号水泥袋重进行抽查，每次随机抽取 20 袋，总质量（含包装袋）应不少于 1000kg，单包净重含量不得少于 49.5kg，并如实填写《水泥包装袋重抽查记录》。

6. 出厂水泥的取样

（1）包装水泥小于 600t 为一个编号，从入包装提升机的斜槽下部，利用自动取样器连续取样，样品数量不低于 15kg。

（2）散装水泥小于 600t 为一个编号，在发放散装水泥时取样器连续取样。

（3）将所取样品通过 0.9mm 方孔筛，混合均匀，平分为二，一份作为检验样，一份作为封存样。

（4）质检部用检验样品进行物理性能试验和化学品质指标检验。

（5）包装水泥在成品库内堆放超过一个月,应重新取样检验。

（6）当顾客有要求时,也可根据双方协议,在发货前或发货时由买卖双方在本公司水泥成品库内,按 GB 12573—2008 标准规定的取样方法共同取样送检,共同签封的封存样由卖方保管 40d。若顾客以公司的检测结果作为验收依据,可委托公司按 GB 12573—2008 标准规定的取样方法取样检测,封存样由公司保管 90d,封存时间从水泥出厂之日起计算。

7. 出厂水泥检验

（1）质检部负责对出厂水泥的最终检验。

①物检组和分析组根据 GB 175—2007《通用硅酸盐水泥》国家标准规定的检验项目和检验方法对最终产品的物理性能和化学品质指标进行检验。

②出厂水泥强度检验每次成型 3 模 9 条试体,交叉编号为 1d、3d、28d 三个龄期,1d、3d、28d 强度按标准方法进行。

③质检部物检组负责每批出厂水泥检验样品的封存工作,并按时填写《水泥样品封存记录表》,封存样应专人专库保管,以备顾客有异议时复检。

（2）散装水泥的检验项目均按袋装水泥进行。

8. 出厂水泥强度目标值控制要求

（1）出厂水泥经检验确认除 3d、28d 抗压强度外,所检项目的各项指标均符合 GB 175—2007《通用硅酸盐水泥》国家标准和《水泥产品生产许可证细则》的规定时,方可由出厂水泥管理员或质检部领导按下述方法确定出厂水泥的强度等级。

（2）为保证每个编号的出厂水泥至少有 2.0MPa 富裕强度,而且合格率达到 100%,本公司对出厂水泥 28d 抗压强度采用目标值控制方法,即出厂水泥 28d 抗压强度目标值应符合下列要求:

目标值 ≥ 水泥国家标准规定值 + 富裕强度值 + 3S;

即: $R_{控} \geq R_{标} + 2.0 + 3S$

式中　　$R_{控}$——出厂水泥 28d 抗压强度的目标值;

　　　　$R_{标}$——出厂水泥的强度值;

　　2.0——出厂水泥的富裕强度值;

　　　　S——上月出厂水泥 28d 抗压强度的标准偏差;

　　　　3——保证系数。

9. 出厂水泥强度等级的确认

（1）公司袋装水泥以出磨水泥 CaO、SO_3 为判断出厂水泥强度等级控制依据。

（2）公司散装水泥以入散装库水泥 1d 强度或出磨水泥 CaO、SO_3 作为判断出厂水泥强度等级的依据。

（3）为了探索和掌握本公司水泥强度的增长规律和发展趋势,我们采用"回归分析法"对出磨水泥 CaO、SO_3 与 3d、28d 抗压强度相关性进行数理统计分析。

（4）为确保数理统计分析结果的准确性,收集的数据应在生产工艺(原燃材料、配方、设备)无重大变化情况下,根据不同的水泥品种、不同的质量等级,每月分类进行一次数理统计分析。统计用的数据量一般不少于 20 组。不足时,可向上一个月追溯补充。

（5）通过计算线性回归方程式 $R_{3预} = aR_{快} + b$,$R_{28预} = aR_{快} + b$,相关系数和剩余标准偏差,科学掌握出磨水泥 CaO、SO_3 和 3d、28d 的抗压强度相关性。当用于统计分析的数据组的相关系数大于 0 时,表示该组数据相关性的线性回归方程,可用以指导下一个期间

（月）利用出磨水泥 CaO、SO_3，预测 3d、28d 出厂水泥强度等级（前提是应尽可能在同等工艺条件下）。

（6）根据 3d、28d 抗压强度目标值，代入回归方程式，可推算出出磨水泥 CaO、SO_3 的最低值，即以此作为确认出厂水泥质量的依据。只要出厂水泥的出磨水泥 CaO、SO_3 大于最低值时，即可确认该编号水泥可按目标值对应的质量等级出厂。

（7）当用于统计分析的数据组的相关系数小于 0 时，表示用该组数据相关性的回归方程，计算出的数据仅供预测 28d 出厂水泥强度等级作参考，还应同时考虑本厂获得熟料、水泥强度增长规律和预测期间混合材、石膏的种类、掺入量的多少等因素，综合确定预测 28d 出厂水泥强度等级。

（8）按预测公式计算得到的 3d、28d 抗压强度预测值与 3d、28d 抗压强度实测值再接近，也不能代替 3d、28d 抗压强度实测值，3d、28d 抗压强度实测值仍需要如实检测。

10. 出厂水泥验证

（1）出厂水泥标识的控制

①水泥包装带上必须印有厂名、厂址、注册商标、产品名称、产品代号、编号、包装袋生产厂家、强度等级、包装日期、生产许可证编号和标识等标志，严禁"白包"水泥出厂（普通水泥印刷为红色、矿渣水泥印刷为绿色、复合水泥印刷为黑色或蓝色）。

②所有出厂的散装水泥由质检部出厂水泥管理员提供与袋装标志相同的卡片。

（2）出厂水泥的放行

①确保出厂水泥合格率达到 100%，质检部负责合格产品的放行，并具有独立的质量否决权。出厂水泥管理员不在时由质检部部长或副部长代表其行使职责。

②质检部（出厂水泥管理员）根据物检组、分析组的检验数据，并按出厂水泥确认依据的要求，判断确认产品质量符合《通用硅酸盐水泥》GB 175—2007 及相应的国家标准和《水泥产品生产许可证实施细则》的规定，且记录齐全，即可签发《水泥出厂通知单》，并将该编号水泥所在位置、数量与仓库管理员办理交接手续，同时将《水泥出厂通知单》送达销售部。

③出厂水泥检验合格后，储存期超过一个月的水泥必须重新取样检验，按重新确认的强度等级签发《水泥出厂通知单》。

④销售部必须严格按《水泥出厂通知单》的出厂编号、强度等级、数量进行销售。同时请顾客选择"交货验收与仲裁方式"条款，签订适宜的"交货验收与仲裁方式"协议。

⑤开单员应按照《水泥出厂通知单》的出厂编号、强度等级、数量等进行销售开单，水泥仓库管理员认真填写回单，做到《水泥出厂通知单》、《提货单》、《水泥出厂发货回单》三单在品种、编号、强度等级、数量、日期的统一。

⑥仓库管理员应督促装车人员不得把烂包、破包水泥发给顾客。

⑦质检部根据顾客需要及时提供《水泥出厂检验报告》，水泥 3d 强度应在水泥发出之日起 7d 内寄发除 28d 强度以外的各项检验结果，28d 强度应在水泥出厂 32d 之内补报。

（3）出厂水泥的统计

①由质检部出厂水泥管理员负责对每个编号出厂水泥 3d、28d 抗压强度实测值的统计，并与出磨水泥 CaO、SO_3 通过回归方程计算出的 3d、28d 抗压强度预测值进行比较、验证，计算出相对误差（应不大于 7%），持续改进预测出厂强度等级的准确性。

②同一编号水泥发放完毕后，销售部应及时将《水泥出厂发货回单》报质检部，并由质检部（出厂水泥管理员）建立出厂水泥综合台账。

③由质检部(出厂水泥管理员)负责水泥发货单回单的汇总、记录、整理、装订成册,确保水泥发放的可追溯性。

11. 出厂水泥管理目标要求

(1)出厂水泥合格率100%。

(2)出厂水泥富裕强度合格率100%。

(3)袋装水泥20包总质量(含包装袋)大于1000kg,单包净含量大于49.5kg,合格率100%。

(4)同品种等级28d抗压强度标准偏差不大于1.65MPa。

(5)每季度均匀性试验28d抗压强度变异系数不大于3.0%。

12. 相关记录

(1)《入磨物料配比通知单》;

(2)《水泥包装通知单》;

(3)《水泥包装袋重抽查记录》;

(4)《水泥样品封存记录表》;

(5)《水泥出厂通知单》;

(6)《水泥出厂发货回单》;

(7)《水泥出厂检验报告》。

5.8.3 出厂水泥与水泥熟料的质量管理

根据《水泥生产企业质量管理规程》的要求,水泥和水泥熟料的出厂应遵循下列规定:

5.8.3.1 水泥和水泥熟料的出厂决定权属于化验室。化验室应配备专业技术人员负责出厂水泥和水泥熟料的检验和过程管理,水泥和水泥熟料出厂应有化验室通知方可出厂。

5.8.3.2 出厂水泥和水泥熟料质量合格确认制度

(1)按照水泥产品标准规定,出厂水泥所有的技术指标均应建立相应的质量合格确认制度(出厂前已有检验结果的项目除外),并形成书面文件。

(2)以出厂水泥进行确认时,其中强度指标应根据出厂水泥品种和强度等级分别建立早期强度与实物水泥3d和28d强度的关系式。早期强度检验方法按JC/T 738《水泥强度快速检验方法》进行。

(3)以出磨水泥进行确认时,出磨水泥质量应稳定,且28d抗压强度月(或一统计期)平均变异系数满足$C_v \leqslant 5.0\%$(强度等级32.5)、$C_v \leqslant 4.0\%$(强度等级42.5)、$C_v \leqslant 3.5\%$(强度等级52.5及以上)。其中强度指标应根据出磨水泥品种和强度等级分别建立早期强度与实物水泥3d和28d强度的关系式。早期强度检验方法按JC/T 738《水泥强度快速检验方法》进行。

(4)当出磨水泥质量出现波动或28d抗压强度月(或一统计期)平均变异系数$C_v > 5.0\%$(强度等级32.5)、$C_v > 4.0\%$(强度等级42.5)、$C_v > 3.5\%$(强度等级52.5及以上)时,应按出厂水泥进行确认。

(5)出厂水泥的合格确认制度应定期根据生产条件、原料变化等及时修正。

(6)水泥熟料的出厂合格确认制度参照出厂水泥制定。

5.8.3.3 出厂水泥质量控制

为保证出厂水泥的实物质量,企业应制定严于现行标准要求的内控指标。出厂水泥的内控指标要求应符合表5-37过程质量控制指标要求的规定。

表 5-37 出厂水泥过程质量控制指标要求

序号	控制项目	控制指标		合格率	检验频次	取样方式	备注
1	物理性能	符合产品标准规定		100%	分品种和强度等级：1次/编号		
2	物理性能	28d 抗压富裕强度	≥2.0MPa	100%	分品种和强度等级：1次/编号	综合样	通用水泥
			≥1.0MPa				白色水泥
			≥1.0MPa				中热水泥
			≥1.0MPa				低热矿渣水泥
			≥2.5MPa				道路水泥
			≥2.5MPa				钢渣水泥
		28d 抗压强度控制值	目标值 ±3S	100%		综合样	
			目标值 ≥水泥标准规定值 + 富裕强度值 +3S				
		28d 抗压强度月（或一统计期）平均变异系数	$C_{V1} \leq 4.5\%$（强度等级 32.5）	100%			每季度统计一次
			$C_{V1} \leq 3.5\%$（强度等级 42.5）				
			$C_{V1} \leq 3.0\%$（强度等级 52.5 及以上）				
		均匀性试验的 28d 抗压强度变异系数	$C_{V2} \leq 3.0\%$		分品种和强度等级：1次/季度		
3	化学性能	符合相应标准规定		100%	分品种和强度等级：1次/编号	综合样	每月统计一次
4	混合材料掺量	控制值 ±2.0%		100%	分品种和强度等级：1次/编号	综合样	每月统计一次
5	水泥包装袋品质	符合 GB 9774 规定		100%	分品种1次/批	随机	每季度统计一次
6	袋装水泥袋重	每袋净含量≥49.5kg,随机抽取 20 袋总质量(含包装袋)≥1000kg		100%	每班每台包装机至少抽查 20 袋		

5.8.3.4 均化

出厂水泥必须均化后才能出厂。保证水泥的均匀性,缩小标准偏差,严禁无均化功能的水泥库单库包装或散装,严禁上入下出。每季度应进行一次水泥 28d 抗压强度匀质性试验。水泥匀质性试验方法按 GB 12573 附录 B 规定进行。

5.8.3.5 根据化验室签发的书面通知,按库号和比例出库,并做好记录。同时水泥库应定期清理和维护,卸料设备保持完好,确保正常出库。

5.8.3.6 包装

按照水泥产品标准的规定,应建立水泥包装质量的确认程序,形成书面文件,并定期根据包装质量的变化进行修正。水泥包装质量的确认内容要求如下：

（1）选择水泥包装袋定点生产企业，建立供方资质、生产能力等档案。每批包装袋应有出厂检验报告，每年至少一次型式检验报告，每月或按包装袋的批次进行牢固度验收检验。

（2）建立包装质量抽查制度。每班每台包装机至少抽查 20 袋，其包装质量、标志等应符合标准要求，发现不符合要求时，应及时处理，并做好记录。散装水泥应出具与袋装水泥包装标志内容相同的卡片。

（3）袋装水泥在确认或检验合格后存放一个月以上，化验室应发出停止该批水泥出厂通知，并现场标识。经重新取样检验，确认符合标准规定后方能重新签发水泥出厂通知单。

5.8.3.7 取样和编号

（1）出厂水泥必须按产品标准规定取代表性样品进行检验并留样封存，封存日期按相关产品标准规定。

（2）出厂水泥的编号，应严格执行产品标准的规定，禁止超吨位编号。

5.8.3.8 交货与验收

出厂水泥质量交货与验收必须严格执行相关产品标准的规定。

5.8.3.9 标准砂

标准砂是检验水泥胶砂强度的法定标准物质，企业应在国家指定的各省（区、市）定点经销单位购买标准砂，并保存购买发票和标准砂标准样品证书复印件等。根据水泥产量和试验需求制定合理的标准砂年采购数量。杜绝使用和购买假砂。

5.8.3.10 不合格水泥的处理

（1）出厂水泥检验结果中任一项指标不合格时，应立即通知用户停止使用该批水泥，企业与用户双方将该编号封存样寄送省级或省级以上国家认可的建材行业质检机构进行复检，以复检结果为准。

（2）按合同要求进行实物质量验收中，双方共同签封的样品在有效期内被省级或省级以上国家认可的建材行业质检机构判为不合格的，企业应及时查明原因，采取纠正措施和预防措施。

（3）出厂水泥自检或经过复检，富裕强度不符合《指标要求》时，企业应及时查明原因，采取纠正措施和预防措施。

5.8.3.11 售后服务

企业应积极做好售后服务，建立和坚持访问用户制度，广泛征询对水泥质量、性能、包装、运输及执行合同等方面的意见，建立用户档案，持续改进和追踪。

5.9 水泥主要物理性能控制检验方法

5.9.1 水泥细度检验方法（筛析法）

筛析法，主要是测量水泥的筛余百分数。它是采用 45μm 方孔筛和 80μm 方孔筛对水泥试样进行筛析试验，用筛上筛余物的质量百分数来表示水泥样品的细度。筛析法分为负压筛析法、水筛法、手工筛析法三种。现行标准是 GB/T 1345—2005《水泥细度检验方法（筛析法）》。试验用的主要仪器为负压筛析仪、水筛等。当负压筛析法、水筛法和手工筛析法测定的结果发生争议时，以负压筛析法为准。

5.9.1.1　工作条件

试样通过0.9mm方孔筛,负压筛析法的水泥试样在(110±5)℃下烘干1h,冷却至室温。

5.9.1.2　工作过程

(1)负压筛析法(vacuumsieving):用负压筛析仪,通过负压源产生的恒定气流,在规定筛析时间内使试验筛内的水泥达到筛分。具体工作过程如图5-63所示。

图5-63　负压筛析法的工作过程

(2)水筛法(wetsieving):将试验筛放在水筛座上,用规定压力的水流,在规定时间内使试验筛内的水泥达到筛分。具体工作过程如图5-64所示。

图5-64　水筛法的工作过程

5.9.1.3　结果计算与记录

(1)水泥试样筛余百分数按下式计算,结果精确至0.1%:

$$F = \frac{R_t}{W} \times 100 \tag{5-32}$$

式中　F——水泥试样的筛余百分数,%;

　　　R_t——水泥筛余物的质量,g;

　　　W——水泥试样的质量,g。

试验结果记录在表5-38中。

表5-38　水泥细度测定记录

名称	测定次数	筛余物质量/g	筛余百分数/%	平均值
负压筛析法	1			
	2			
水筛法	1			
	2			
误差分析				

(2)筛余结果的修正

试验筛的筛网会在试样中磨损,因此筛析结果应进行修正。修正的方法是将计算结果乘以该试验筛标定后得到的有效修正系数,即为最终结果。试验筛的修正系数C按$C = F_n/F_1$进行计算(其中F_n代表标准样给定的筛余百分数,F_1代表标准样在试验筛上的筛余百分数)。若试验筛的修正系数超出了0.8~1.2时,则需要换筛。

(3)结果的判断

合格评定时,每个样品应称取两个试样分别筛析,取筛余平均值为筛析结果。若两次筛余结果绝对误差大于 0.5% 时(筛余值大于 5.0% 时可放宽至 1.0%)应再做一次试验,取两次相近结果的算术平均值作为最终结果。

[**实例**] 用 A 号试验筛对某水泥样的筛余值为 5.0%,而 A 号试验筛的修正系数为 1.10,则该水泥样的最终结果为:5.0% ×1.10 = 5.5%。

5.9.1.4　注意事项

(1)称量必须准确。

(2)水筛法的水压必须调节在 0.05 ±0.02MPa,水压大小及稳定性对检验结果影响很大。若水压低于规定值,将使部分颗粒难以通过筛孔,造成测试结果偏高;反之,水压过大则会使筛中试样溅出筛框,造成测试结果偏低。负压筛析法调节在 4000 ~6000Pa,以(5000 ±250)Pa 为宜。

(3)试验筛要定期用标准样校正。

(4)标准筛使用一段时间后,必须用 0.3 ~0.5mol/L 的乙酸进行清洗。

(5)试样烘干时,先用温度较低的小火,再用较高温度将试样烘干。

5.9.2　水泥胶砂流动度测定方法

水泥胶砂流动度是人为规定水泥砂浆处于一种特定的和易状态,用它来反映水泥胶砂的可塑性,是检验水泥需水性的一种方法。现行标准是 GB/T 2419—2005《水泥胶砂流动度测定方法》。试验用的主要仪器为标准规定的跳桌、模套和截锥圆模等。

5.9.2.1　工作条件

(1)试验温度为(20 ±2)℃,相对湿度不低于 50%,试样、砂和水的温度应与试验室温度一致。

(2)试样通过 0.9mm 方孔筛,充分搅拌均匀,并填写样品的编号。

(3)标准砂:按 ISO 679 进行质量控制。

5.9.2.2　工作过程

通过测量一定配比的水泥胶砂在规定振动状态下的扩展范围来衡量其流动性。工作过程如图 5-65 所示。

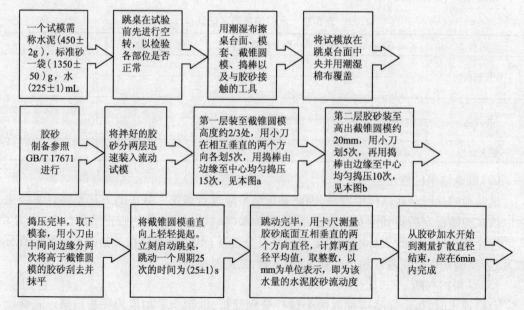

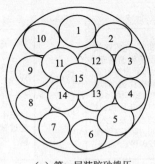

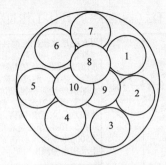

（a）第一层装胶砂捣压　　　　　　　（b）第二层装胶砂捣压

图5-65　胶砂流动度检验工作过程

5.9.2.3　结果计算与记录

跳动完毕,用卡尺测量胶砂底面互相垂直的两个方向直径,计算平均值,取整数,单位为mm。该平均值即为该水量的水泥胶砂流动度(mm)。

试验结果记录在表5-39中。

表5-39　水泥胶砂流动度测定记录

测定次数	水泥质量/g	标准砂/g	水/mL	测定结果/mm
1				
2				
平均值				

5.9.2.4　注意事项

（1）试验时间从加水开始到结束整个过程应在6min内完成。时间越长,水泥胶砂流动性就越差。

（2）成型时捣实程度要恰到好处,捣实用力过大,截锥圆模下边出现泌水,测定结果偏小;用力过小胶砂松散,振动时易塌落,直径无法测量。

（3）跳桌桌面要水平。

（4）跳桌跳动部分的总质量控制在(4.35±0.15)kg,落距控制在(10.0±0.2)mm。

5.9.3　水泥标准稠度用水量检验方法

水泥净浆标准稠度用水量是指水泥净浆在特定测试方法下达到标准稠度的用水量,用100g水泥所需水的毫升数表示。检验目的是控制水泥净浆的加水量,因为用水量多了,安定性可以得到改善,但凝结时间延长,水泥强度下降;反之,用水量少了,凝结时间缩短,水泥强度偏高,但安定性会受到影响。水泥净浆标准稠度用水量检测的现行标准是GB/T 1346—2011《水泥标准稠度用水量、凝结时间、安定性检验方法》,检验所用主要仪器有水泥净浆搅拌机、水泥净浆标准稠度与凝结时间测定仪(维卡仪)、天平、量水器及刮刀等。

5.9.3.1　工作条件

（1）试验温度为(20±2)℃,相对湿度不低于50%。

（2）检验用水泥和水的准备:水泥试样应充分拌匀,通过0.9mm方孔筛并记录筛余物情况,试验时称取500g水泥试样。

5.9.3.2　工作过程

水泥标准稠度净浆对标准试杆(或试锥)的沉入具有一定阻力。通过试验不同含水量水泥净浆的穿透性,以确定水泥标准稠度净浆中所需加入的水量。

（1）试杆法（标准法）。具体工作过程如图5-66所示。

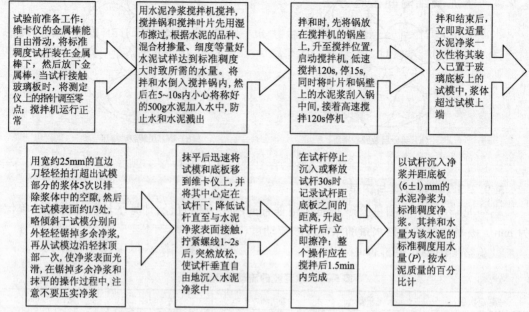

图5-66　水泥标准稠度用水量试杆法（标准法）测定工作过程

（2）试锥法（代用法）。具体工作过程如图5-67所示。

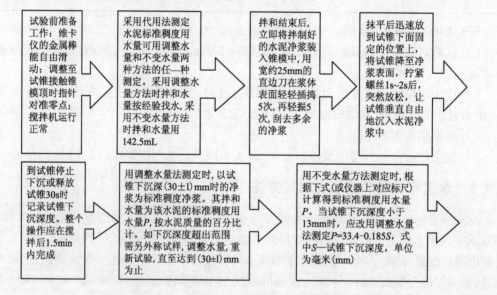

图5-67　水泥标准稠度用水量试锥法（代用法）测定工作过程

5.9.3.3　试验结果的记录

试验结果记录见表5-40。

表5-40　水泥标准稠度用水量测定记录

检验编号		检验日期		检验人	
实验室温度/℃			实验室相对湿度/%		
称取试样质量/g		标准稠度加水量/mL		标准稠度/%	
备注					

5.9.4　水泥凝结时间检验方法

水泥从加水开始到失去可塑性且开始具有机械强度,成为较致密的固体状态时所需要的时间,称为水泥的凝结时间。水泥凝结时间被人为地分为初凝时间和终凝时间。水泥从加水开始到水泥浆体开始失去流动性,也就是到水化产物开始凝聚成一定结构时所需要的时间即为初凝时间;水泥从加水开始到成为比较致密的固体状态,也就是具有一定结构强度时所需要的时间就是终凝时间。初凝时失去流动性,终凝时失去可塑性,这是初凝和终凝的区别。

凝结时间是水泥的重要建筑性质之一,在建筑施工中意义重大。根据施工要求,水泥既不能初凝时间太短,也不能终凝时间太长。因此,必须检验和控制水泥的凝结时间,以适应施工的要求和保证工程的质量。水泥凝结时间检测的现行标准是 GB/T 1346—2011《水泥标准稠度用水量、凝结时间、安定性检验方法》,检验所用主要仪器有水泥净浆搅拌机、维卡仪、湿气养护箱、试模、试针、天平、量水器及刮刀等。检测原理是试针沉入水泥标准稠度净浆至一定深度所需的时间。

5.9.4.1　工作条件

(1)试验室温度为(20±2)℃,相对湿度应不低于50%;水泥试样、拌和水、仪器和用具的温度应与试验室一致;

(2)湿气养护箱的温度为(20±1)℃,相对湿度应不低于90%

(3)试验用水应是洁净的饮用水,如有争议时应以蒸馏水为准。

5.9.4.2　工作过程

工作过程如图 5-68 所示。

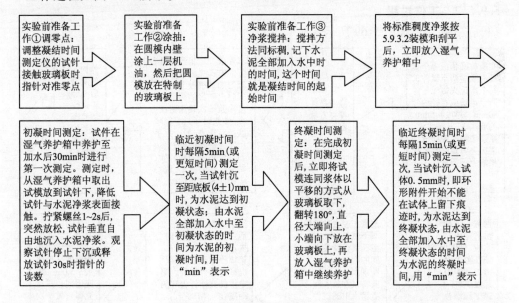

图 5-68　水泥凝结时间测定工作过程

5.9.4.3　注意事项

(1)在最初测定的操作时应轻轻扶持金属柱,使其徐徐下降,以防试针撞弯,但结果以自由下落为准。

(2)在整个测试过程中试针沉入的位置至少要距试模内壁10mm。

(3)临近初凝时,每隔5min(或更短时间)测定一次,临近终凝时每隔15min(或更短时间)测定一次,到达初凝时应立即重复测一次,当两次结论相同时才能定为到达初凝状态,到达终凝时,需要在试体另外两个不同点测试,确认结论相同才能定到达终凝状态。

(4)每次测定不能让试针落入原针孔,每次测试完毕须将试针擦净并将试模放回湿气养护箱内,整个测试过程要防止试模受振。

(5)可以使用能得出与标准中规定方法相同结果的凝结时间自动测定仪,有矛盾时以标准规定方法为准。

5.9.5 水泥安定性检验方法

水泥安定性也称水泥的体积安定性,它是指水泥在凝结硬化后因体积膨胀不均匀而变形的性质。水泥安定性是水泥品质指标中一项极为重要的指标,直接反映了水泥质量的好坏。水泥安定性不良,将导致砂浆、混凝土工程产生变形、弯曲、裂纹、开裂、甚至崩溃,造成严重的质量事故。因此,必须检验和控制水泥安定性。

水泥安定性检测的现行标准是 GB/T 1346—2011《水泥标准稠度用水量、凝结时间、安定性检验方法》,检验所用主要仪器有水泥净浆搅拌机、沸煮箱、雷式夹、雷式夹膨胀测定仪、天平、量水器、刮刀及玻璃板等。检测方法有雷式夹法和试饼法两种。其中雷式夹法为标准法,试饼法为代用法,结果出现争议时以雷式夹检测结果为准。雷氏夹法是通过测定水泥标准稠度净浆在雷氏夹中沸煮后试针的相对位移表征其体积膨胀的程度。试饼法是通过观测水泥标准稠度净浆试饼煮沸后的外形变化情况表征其体积安定性。

5.9.5.1 工作条件

与凝结时间测定相同。

5.9.5.2 工作过程

(1)雷式夹法。如图 5-69 所示。

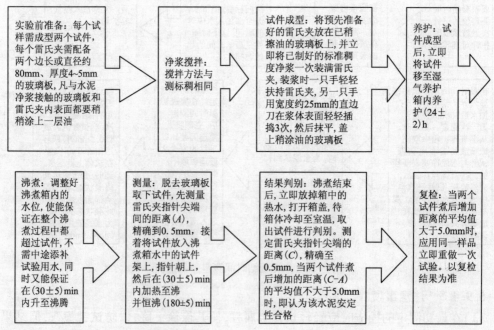

图 5-69 水泥安定性标准法的检验工作过程(雷式夹法)

(2)试饼法

水泥安定性代用法(试饼法)的检验工作过程如图 5-70 所示。

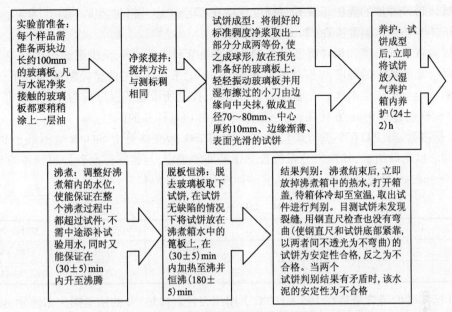

图 5-70　水泥安定性代用法（试饼法）的检验工作过程

5.9.6　ISO 法水泥胶砂强度检验方法

　　水泥强度是指水泥胶砂硬化试体承受外力破坏的能力。它是水泥最为重要的物理力学性能，也是水泥最主要的品质指标，因此必须加以严格控制。根据外力作用的形式，水泥强度可分为抗压强度和抗折强度两种。抗压强度是指水泥胶砂硬化试体承受压缩破坏时的最大外力；抗折强度是指水泥胶砂硬化试体承受弯曲破坏时的最大外力。水泥强度检验现行标准是 GB/T 17671—1999《水泥胶砂强度检验方法（ISO 法）》，它等同于采用 ISO 679：1989《水泥试验方法—强度测定》，是一个与国际标准完全接轨的水泥强度检验标准。适用于硅酸盐水泥、普通硅酸盐水泥、矿渣硅酸盐水泥、粉煤灰硅酸盐水泥、复合硅酸盐水泥、石灰石硅酸盐水泥的抗折与抗压强度的检验。检验所用仪器主要有胶砂搅拌机、振实台、三联试模、量水器、播料器、金属刮平尺、电动抗折机、抗压夹具、养护箱、自动抗压机、手动抗压机、养护池等。近年来出现了自动抗折抗压一体机，渐有取代单独的电动抗折机、自动抗压机和手动抗压机的趋势。

5.9.6.1　方法概要

　　（1）本方法为 40mm × 40mm × 160mm 棱柱试体的水泥抗压强度和抗折强度测定。

　　（2）试体是由按质量计的一份水泥、三份中国 ISO 标准砂，用 0.5 的水灰比拌制的一组塑性胶砂制成。中国 ISO 标准砂的水泥抗压强度结果必须与 ISO 基准砂的相一致。

　　（3）胶砂用行星搅拌机搅拌，在振实台上成型。也可使用频率 2800 ~ 3000 次/min，振幅 0.75mm 振动台成型。

　　（5）试体连模一起在湿气中养护 24h，然后脱模在水中养护至强度试验。

　　（6）到试验龄期时将试体从水中取出，先进行抗折强度试验，折断后每截再进行抗压强度试验。

5.9.6.2　工作条件

　　（1）试验室

　　①试体成型试验室的温度应保持在（20 ± 2）℃，相对湿度应不低于 50%。

②试体带模养护的养护箱或雾室温度保持在(20±1)℃,相对湿度不低于90%。

③试体养护池水温应在(20±1)℃范围内。

④试验室空气温度和相对湿度及养护池水温在工作期间每天至少记录一次。

⑤养护箱或雾室的温度与相对湿度至少每4h记录一次,在自动控制的情况下记录次数可以酌减至一天记录两次。在温度给定范围内,控制所设定的温度应为此范围中值。

(2)试样通过0.9mm方孔筛,充分搅拌均匀,并填写样品的编号。

(3)标准砂:按ISO 679进行质量控制。中国ISO标准砂是由SiO_2含量不低于98%的天然的圆形硅质砂组成,其颗粒分布符合ISO基准砂规定,与德国标准砂公司制备的ISO基准砂(referencesand)完全等同。ISO基准砂颗粒分布见表5-41。

表5-41　ISO基准砂颗粒分布

方孔边长/mm	累计筛余/%	方孔边长/mm	累计筛余/%	方孔边长/mm	累计筛余/%
2.0	0	1.0	33±5	0.16	87±5
1.6	7±5	0.5	67±5	0.08	99±1

ISO标准砂的湿含量是在105~110℃下用代表性砂样烘2h的质量损失来测定,以干基的质量百分数表示,应小于0.2%。中国ISO标准砂可以单级分包装,也可以各级预配合以(1350±5)g量的塑料袋混合包装,但所用塑料袋材料不得影响强度试验结果。

(4)水泥:当试验水泥从取样至试验要保持24h以上时,应把它贮存在基本装满和气密的容器里,这个容器应不与水泥起反应。

(5)水:仲裁试验或其他重要试验用蒸馏水,其他试验可用饮用水。

5.9.6.3　工作过程

(1)成型

①用振实台成型

用振实台成型的工作过程如图5-71所示。

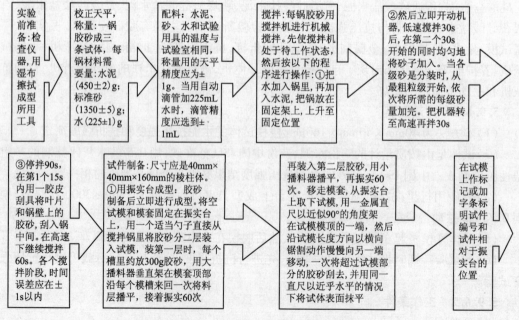

图5-71　用振实台成型的工作过程

②用振动台成型(之前与振实台成型相同)

用振动台成型的工作过程如图5-72所示。

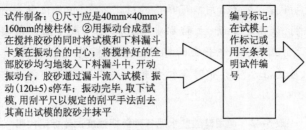

图5-72　用振动台成型的工作过程

(2)胶砂试体的编号与标记

①试体的编号,按ISO 679:1989规定不能在刮平后马上进行,而是在完成湿气养护脱模之前进行,这无疑给操作带来不便,但必须执行。在实际生产中,用振实台或振动台成型的试体在刮平、抹平后,去掉留在试模四周的胶砂,在试模上做标记或加字条标明试件编号。

②试体的标记。脱模前用毛笔轻蘸耐碱性的防水墨汁或用颜料笔或者用红色玻璃陶瓷铅笔对试体进行编号和做其他标记。两个龄期以上的试体,在编号时应将同一试模中三条试体分在两个以上龄期内。

关于标记符号的具体内容,国家标准没有做统一规定,现推荐两种方式供参考(图5-73):

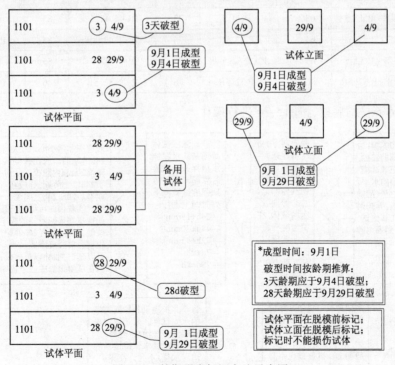

图5-73　龄期强度标记方法示意图

[重要提示]

a. 三条试体左边数字为"品种等级＋出厂编号",各厂根据本厂书写习惯及产品批量大小,明确水泥品种和强度等级书写代码,尽量少在试体上写字,因为写字可能会带来强度测定误差。建议使用表5-42所列的通用硅酸盐水泥各龄期强度试体标记代码。

b. 出厂编号：一般分龄期标记代码后，用 01～99 两位数字表示即可满足生产需要。

c. 如果常年稳定生产某一品种某一等级水泥产品，也可适当简化"品种等级＋出厂编号"代码，直接用一位数字代表，或者沿用本厂熟悉的标记方式，但标记数字一般不得超过 4 个。

d. 为了便于识别，试体的平面、立面都要进行标记。成型后一般要立即在试模上进行标记或加字条标明试件编号，试件平面的标记应在脱模前进行，而试体立面的标记则要放在脱模后立即进行，以免在水中养护时拿错试体。通用硅酸盐水泥各种龄期强度试体标记代码见表 5-42。

表 5-42　通用硅酸盐水泥各种龄期强度试体标记代码

代码	品种等级	代码	品种等级	代码	品种等级	代码	品种等级
11	P·Ⅰ42.5	21	P·Ⅱ42.5	31	P·O 42.5	41	P·S·A32.5
12	P·Ⅰ42.5R	22	P·Ⅱ42.5R	32	P·O 42.5R	42	P·S·A32.5R
13	P·Ⅰ52.5	23	P·Ⅱ52.5	33	P·O 52.5	43	P·S·A42.5
14	P·Ⅰ52.5R	24	P·Ⅱ52.5R	34	P·O 52.5R	44	P·S·A42.5R
15	P·Ⅰ62.5	25	P·Ⅱ62.5			45	P·S·A52.5
16	P·Ⅰ62.5R	26	P·Ⅱ62.5R			46	P·S·A52.5R
代码	品种等级	代码	品种等级	代码	品种等级	代码	品种等级
51	P·S·B 32.5	61	P·P 32.5	71	P·F 32.5	81	P·C 32.5
52	P·S·B 32.5R	62	P·P 32.5R	72	P·F 32.5R	82	P·C 32.5R
53	P·S·B 42.5	63	P·P 42.5	73	P·F 42.5	83	P·C 42.5
54	P·S·B 42.5R	64	P·P 42.5R	74	P·F 42.5R	84	P·C 42.5R
55	P·S·B 52.5	65	P·P 52.5	75	P·F 52.5	85	P·C 52.5
56	P·S·B 52.5R	66	P·P 52.5R	76	P·F 52.5R	86	P·C 52.5R

（3）试体养护与脱模，按图 5-74 进行操作。

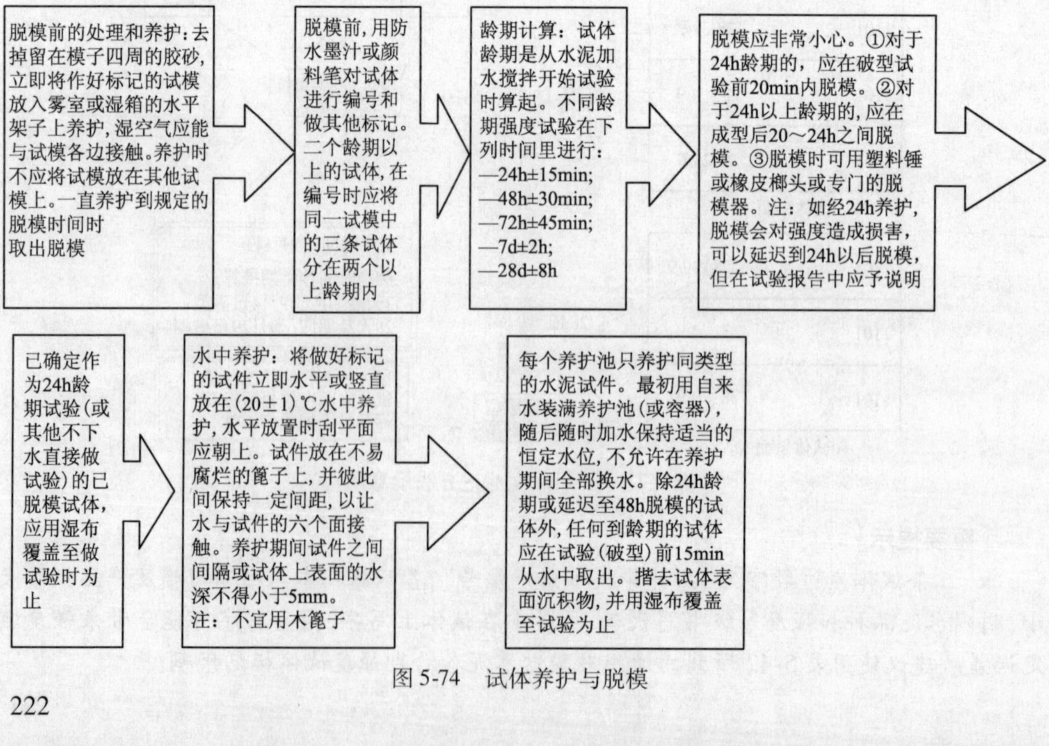

脱模前的处理和养护：去掉留在模子四周的胶砂，立即将作好标记的试模放入雾室或湿箱的水平架子上养护，湿空气应能与试体各边接触。养护时不应将试模放在其他试模上。一直养护到规定的脱模时间时取出脱模

脱模前，用防水墨汁或颜料笔对试体进行编号和做其他标记。二个龄期以上的试体，在编号时应将同一试模中的三条试体分在两个以上龄期内

龄期计算：试体龄期是从水泥加水搅拌开始试验时算起。不同龄期强度试验在下列时间里进行：
—24h±15min；
—48h±30min；
—72h±45min；
—7d±2h；
—28d±8h

脱模应非常小心。①对于24h龄期的，应在破型试验前20min内脱模。②对于24h以上龄期的，应在成型后20～24h之间脱模。③脱模时可用塑料锤或橡皮榔头或专门的脱模器。注：如经24h养护，脱模会对强度造成损害，可以延迟到24h以后脱模，但在试验报告中应予说明

已确定作为24h龄期试验（或其他不下水直接做试验）的已脱模试体，应用湿布覆盖至做试验时为止

水中养护：将做好标记的试件立即水平或竖直放在（20±1）℃水中养护，水平放置时刮平面应朝上。试件放在不易腐烂的篦子上，并彼此间保持一定间距，以让水与试件的六个面接触。养护期间试件之间间隔或试件上表面的水深不得小于5mm。注：不宜用木篦子

每个养护池只养护同类型的水泥试件。最初用自来水装满养护池（或容器），随后随时加水保持适当的恒定水位，不允许在养护期间全部换水。除24h龄期或延迟至48h脱模的试体外，任何到龄期的试体应在试验（破型）前15min从水中取出。揩去试体表面沉积物，并用湿布覆盖至试验为止

图 5-74　试体养护与脱模

（4）试体强度检验

①抗折强度检验

抗折强度检验如图5-75所示。

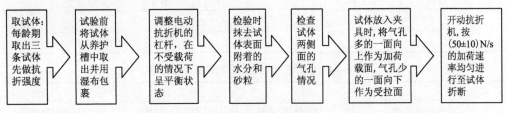

图5-75　抗折强度检验

②抗压强度检验

抗压强度检验如图5-76所示。

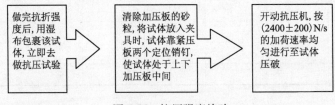

图5-76　抗压强度检验

（5）结果计算及记录

①抗折强度计算

a. 抗折强度 R_f 以牛顿每平方毫米（MPa）表示，按下式计算：

$$R_f = 1.5 F_f L/b^3 \tag{5-33}$$

式中　F_f——折断时施加于棱柱体中部的荷载，N；

　　　　L——支撑圆柱之间的距离，mm；

　　　　b——棱柱体正方形截面的边长，mm。

b. 抗折强度以一组棱柱体的抗折强度结果的平均值作为试验结果。当三个强度值中有超出平均值 ±10% 时，应剔除后再取平均值作为抗折强度值。

c. 各试体的抗折强度记录至 0.1MPa，计算结果精确至 0.1MPa，对后面的数字用修约法则取舍。

②抗压强度计算

a. 抗压强度按 $R_c = F_c/A$ 计算，F_c 为破坏时的最大荷载，单位以 N 表示；A 为受压面积（40mm×40mm），以 mm^2 为单位。

b. 抗压强度以 6 个抗压强度测定值的算术平均值为试验结果，如 6 个测定值中有一个超过 6 个平均值的 ±10%，应剔除后以剩下 5 个测定值的算术平均值作为抗压强度值。如果 5 个测定值中有一个超过 5 个测定值的算术平均值的 ±10%，则此组结果作废。

c. 荷载读数精确至 0.1kN，每个半截棱柱试体的单个抗压强度计算结果精确至0.1MPa，平均值计算结果精确至 0.1MPa，对后面的数字用修约法则取舍。

③试验及结果记录。见表 5-43 和表 5-44。

表 5-43　水泥胶砂强度检验记录

成型日期	试验编号	水泥品种	试验室		养护箱		成型材料温度/℃			养护水温度/%	负责人	备注
			温度/℃	湿度/%	温度/℃	湿度/%	水	水泥	标准砂			

表 5-44　水泥抗折、抗压强度原始数据记录

检验编号	3d				28d			
	抗折强度/MPa		抗压强度/MPa		抗折强度/MPa		抗压强度/MPa	
	原始记录	计算结果	原始记录	计算结果	原始记录	计算结果	原始记录	计算结果
平均值								

［学习思考5］

1. 什么是原料的预均化? 生料的均化链?

2. 进厂石灰石有哪些控制项目? 为什么要控制这些项目?

3. 硅质原料主要的控制项目有哪些? 为什么要控制这些项目?

4. 进厂燃料主要的控制项目有哪些? 为什么要控制这些项目?

5. 测定生料水分的方法有哪些?

6. 为何要控制生料 T_{CaCO_3}（或 CaO）含量及合格率? 如何提高其合格率?

7. 测定生料 T_{CaCO_3} 滴定值时应注意哪些问题?

8. 生料质量控制经历了几个阶段? 各有什么特点?

9. 生料的细度及均匀性对熟料煅烧和熟料质量有何影响?

10. 在实际生产中可采取哪些措施保证生料成分的稳定性?

11. 简述出磨水泥的质量控制项目和指标。

12. 为什么要严格控制熟料中游离氧化钙的含量?

13. 简述测定熟料立升重的热工意义及预分解窑控制指标。

14. 水泥细度控制指标有哪些? 测定频次为多少?

15. 水泥强度为何要按强度目标值进行控制?

16. 堆放时间过长的水泥为何要重新检验?

17. 散装水泥如何进行质量控制?

18. 出厂水泥的质量有何要求?

19. 硅酸盐水泥熟料常用原料的性质是什么?

20. 试述熟料岩相分析的意义。

21. 熟料煅烧过程中四个主要环节是什么?

6 生产管理精细化与质量控制自动化

[概要] 本章共分四节。从生产管理的概念和地位、内容和任务、目标和模式入手，到现场管理的"5S"和"10S"，重点结合当今水泥生产管理与质量控制的实际状况，重点介绍了生产管理精细化的具体措施，阐述了为什么要建立以中控室为核心的生产指挥系统，以及能够实现质量控制自动化的基于 MES 的水泥生产管理系统，还对水泥中央控制室的界面做了简要介绍。

6.1 生产管理概述

6.1.1 生产管理的概念和地位

6.1.1.1 生产管理的概念

生产管理(production management)是有关企业生产活动方面一切管理工作的总称。广义的生产管理是对企业全部生产经营活动的全过程管理，包括产、供、销等过程的管理，即从原燃材料、设备、动力、人力进厂，经过产品需求预测、产品设计、试制、投产、检验、包装、核算、财务，直至产品出厂和信息反馈等全过程的管理。狭义的生产管理只局限于对企业生产活动的计划、组织和控制，它包括生产过程的组织、生产计划和作业计划的编制、生产准备、生产作业核算以及生产调度等日常生产管理工作。

6.1.1.2 生产管理在水泥企业管理中的地位

生产管理是企业管理中的一个重要组成部分。它的基本功能是把生产要素有效地转换为社会所需要的产品。生产管理在水泥企业管理中的地位主要体现在以下三个方面。

①生产管理是保证企业生产活动正常进行的重要条件。生产活动是企业的基本活动，加强生产管理能保证企业生产活动的正常进行，为企业实现经营目标提供管理基础。

②生产管理是提高企业生产效率、降低成本、增加经济效益的重要手段。生产目标的实现情况，既决定于企业满足社会需要的程度，又与其他经营目标等的实现有关。加强生产管理，可以提高企业的生产效率，从而降低生产成本，增加企业经济效益。

③生产管理是提高企业经营决策并确保目标实现的重要手段。加强生产管理，确保企业有正常的生产秩序，可使企业领导者从日常生产事务性工作中抽出更多精力，着重抓经营决策，为实现经营目标创造良好的条件。

6.1.2 生产管理的内容和任务

6.1.2.1 生产管理的内容

按其职能划分，生产管理可分为生产组织、生产计划、生产准备与生产控制等四个方面的内容。

（1）生产组织：指生产过程组织与劳动过程组织的统一。生产过程组织是指合理组织产品生产过程各阶段、各工序在空间上的协调和衔接；劳动过程组织则是指在生产过程组织基础上，正确处理劳动者之间的关系，以及劳动者与劳动对象、劳动工具的关系。因此，生产组织既不是固定不变的，又必须具有相对稳定性，其目的在于提高劳动效率和经济效益。

（2）生产计划：指生产管理中的生产计划、试制生产计划（品种计划、质量计划、产量产值计划和生产进度计划）与生产作业计划，以及保证生产计划实现的技术组织措施。企业生产计划一般可有长期计划、中期计划和短期计划三种，其指标主要有产品的品种指标、产量指标、质量指标、产值指标和成本指标。要求以产品销售计划为依据来编制生产计划，以最优化生产方案来确定生产计划，以实现企业生产经营目标为出发点来组织协调企业各部门、各生产环节，使之形成一个有机的生产系统。

（3）生产准备：主要包括工艺技术准备、人力准备、物料与能源准备以及设备完好运转准备（设备的维护与修理工作）等四个方面内容。这些准备工作是正常生产活动必需的基本条件，是实现生产的根本保证，必须先行。

（4）生产控制：指对企业生产全过程的全面控制。其控制范围包括生产组织、生产准备和生产过程的各个方面；其控制内容有：生产进度、产品质量、机物料消耗、生产费用以及库存和资金占用等方面的控制。生产控制是完善生产组织，完成生产计划，提高产品质量，降低生产消耗和产品成本的重要手段。水泥厂属于生产经营型企业，其生产控制应着重于事前控制（预防性控制）。

［拓展］年度生产计划的编制

△编制步骤：①收集资料，调查分析；②拟订方案，确定指标；③盈亏平衡，优化指标；④综合平衡，形成计划。

△所需信息及其来源见表6-1。

表6-1　年度生产计划的编制所需信息及其来源

所需信息	信息来源
①新产品研发情况；②主要产品及工艺改变（对投资有影响）；③工作标准（人员标准、设备标准等）	技术部门、设备部门
①成本数据；②财务状况	财务部门
①劳动力市场状况；②现有人力资源情况；③培训能力	人资部门
①现有设备能力；②劳动生产率；③现有人员水平；④新设备计划	生产制造部门
①市场需求预测；②经济形势；③竞争对手情况	市场营销部门
①原燃料供应情况；②现有库存水平；③供应商、承包商的能力；④仓储能力	物料管理部门

△计划产量计算公式：计划期产量 ＝ 计划期末库存 ＋ 计划期预计销量 － 计划期初库存

△盈亏平衡点 X_0 及其计算公式：企业成本分为随产品产量增加而增加的变动成本和不随产品产量变化的固定成本两部分，企业产品产量、成本与利润三者间关系微妙，当产品产量小于 X_0 时，销售收入小于总费用，出现亏损；当产品产量大于 X_0 时，销售收入大于总费用，出现盈利。此时的 X_0 点的产品产量被称作盈亏平衡点，如图6-1所示。其计算公式为：

盈亏平衡点产量 ＝ 固定费用／（单位产品销售价格 － 单位产品变动费用）

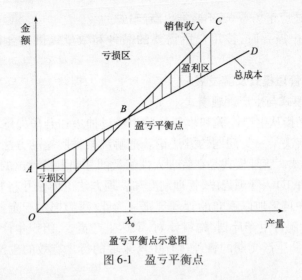

盈亏平衡点示意图

图6-1   盈亏平衡点

△综合平衡需处理好两方面的关系：①计划指标之间的平衡关系,主要指销售、生产、利润之间的相互衔接、平衡和保证；②生产条件之间的平衡关系,主要指生产任务与生产能力、人力资源、物资供应、生产技术准备、生产协作、资金等之间的平衡。

△生产作业计划：是生产计划的具体实施计划,是把生产计划规定的任务逐项分配到每一个生产单位、每个工作中心和每个操作人员,规定他们在月、周、日乃至每一轮班中的工作任务和进度安排。主要包括：生产作业准备的检查；制定质量标准；生产能力的细致核算与平衡；编制生产作业计划。其编制依据有：年度、季度生产计划和各项订货合同；前期生产作业计划预计完成的情况；前期在产品周转结余预计；产品劳动定额及其完成情况；现有生产能力及其利用情况；原燃材料、外购件、工具的库存及供应情况；设计及工艺文件、其他有关技术资料；产品的质量标准及其完成情况。

6.1.2.2   生产管理的任务

生产管理的任务是通过生产组织工作,按照企业目标的要求,设置技术上可行、经济上合算、物质技术条件和环境条件允许的生产系统；通过生产计划工作,制定生产系统优化运行的方案；通过生产控制工作,及时有效地调节企业生产过程内外的各种关系,使生产系统的运行符合既定生产计划的要求,实现预期生产的品种、质量、产量、出产期限和生产成本的目标。生产管理的目的就在于,做到投入少 、产出多,取得最佳经济效益。生产管理的具体任务是：

(1)以市场需求为导向,实行以需定产,以产促销,保证生产出社会需要的水泥产品。

(2)全面完成企业计划所规定的目标和任务。

(3)充分利用人力资源合理组织劳动力。

(4)加强物资管理,充分有效的利用物资和能源。

(5)加强设备管理,提高设备利用率。

6.1.3   生产管理的目标与模式

6.1.3.1   生产管理目标

企业生产管理的目标是高效、低耗、灵活、准时地生产出合格产品,满足用户的需求。

(1)高效：及时满足用户需求,尽量缩短生产周期,为市场营销争取客户创造条件。

(2)低耗：人力、物力、财力消耗最低,对环境污染最低,产品物有所值。

（3）灵活：快速适应市场需求，不断推出新产品。

（4）准时：在用户需要时，按用户所需要的品种和数量提供符合标准要求的产品和服务。

6.1.3.2　生产管理模式及其发展

（1）模式、管理模式与生产管理模式

模式（pattern）是指从生产经验和生活经验中经过抽象和升华提炼出来的核心知识体系。模式其实就是解决某一类问题的方法论。把解决某类问题的方法总结归纳并上升到理论高度，那就是模式。管理模式是在管理人性假设的基础上设计出的一整套具体的管理理念、管理内容、管理工具、管理程序、管理制度和管理方法论体系并将其反复运用于企业，使企业在运行过程中自觉加以遵守的管理规则。为此，我们把生产企业围绕客户订单，根据具备的生产能力，制订生产计划、物料计划，下达生产指令，组织生产，控制品质，控制物流，在确保产品品质和生产交期的管理过程中所采取的行之有效的生产管理方式，称为生产管理模式。

（2）生产管理模式的创新与发展

从 20 世纪初的工业生产开始，随着生产技术和计算技术的发展，产生了很多经典的生产管理理论和方法，其代表有泰勒的科学管理方法、吉尔布雷斯夫妇的动作研究、甘特的甘特图、福特的装配流水线、哈里斯的经济批量、休哈特的控制图与道奇的抽样检验以及梅奥的霍桑实验等，他们的成果奠定了科学生产管理的基础。

自 20 世纪 50 年代以来，由于市场条件的变化、竞争的加剧，制造业发生了巨大的变化。60 年代美国研制出了物料需求计划（Materials Requirements Planning，MRP），打破了传统的生产计划方法，成为一种全新的生产与库存控制系统。随着计算机技术的高速发展，70 年代 MRP 进一步扩展为制造资源计划（Manufacturing Resources Planning，MRP II），其应用范围扩大到销售部门和财务管理，统一了企业的生产经营活动。现在则在 MRP II 的基础上，把办公自动化、后勤、设备维护、过程控制、数据采集和电子通信等结合起来，实现更广泛的管理信息集成，向更高层次的企业需求计划（Enterprise Resource Planning，ERP）方向发展。

第二次世界大战后，日本经济萧条，为了发展经济，与美国的大量生产模式不同，根据日本的国情，丰田英二和他的合作伙伴大野耐一进行了一系列的探索和实验，形成了完整的丰田生产方式（Toyota Production System，TPS）。主要的管理方式有准时化生产、看板管理、生产标准化、快速换模、作业标准化、设备合理布局、改进活动、现场管理等。20 世纪 80 年代，日本推行全面质量管理（Total Quality Management，TQM），使其生产率和产品质量得到更大提高，极大地增强了日本制造业的竞争力。

鉴于日本企业的严重挑战，1989 年和 1990 年出版的《美国制造业的衰退及对策——夺回生产优势》和《改变世界的机器》两本专著中提出精益生产（Lean Production，LP）的概念。日裔美国学者威廉·大内提出美国的企业应该结合本国特点，向日本企业的管理模式学习，形成了自己的管理方式——Z 理论（Theory Z）。

敏捷制造（Agile Manufacturing）这一概念是 1991 年美国国防部为解决国防制造能力问题而委托美国里海（Lehigh）大学亚柯卡（Iacocca）研究所，拟定的一个同时体现工业界和国防部共同利益的中长期制造技术规划框架。敏捷制造的特征是信息时代最有竞争力的生产模式。在全球化的市场竞争中能以最短的交货期、最经济的方式，按用户需求生产出用户满意的具有竞争力的产品。

我国关于生产管理模式的研究，主要侧重于国外现代生产管理模式的应用。第一汽车制造厂从日本引进了 JIT 生产管理方式,上海汽车工业总公司以制造领域为主推行了精益生产模式,统一集团实施了精益管理评价体系。水泥行业生产管理模式的研究起步较晚,可喜的是已有冀东水泥、南方水泥、瑞昌水泥、新峰水泥、徐州中联、东华水泥、华润水泥等一批水泥企业开展了企业需求计划(ERP)、制造执行系统(MES)、数字化水泥管控系统、能源化系统、郎坤水泥生产管理信息系统和大型工程项目管理解决方案等智能管理的研究与实践,并取得了一些成果。通过建立水泥生产优化与分析系统、在线决策控制系统、管理优化与决策系统等实现生产画面同步进行、生产运行在线跟踪、产品质量分析、质量指标管理提升、能效水泥对标等,在提高企业产品质量的同时,实现企业精细化管理。图 6-2 为某企业资源计划 ERP 流程图。

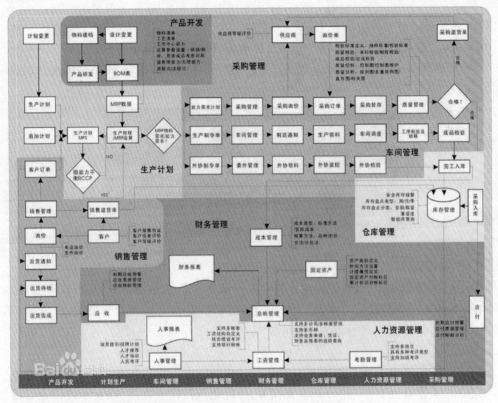

图 6-2　某企业资源计划 ERP 流程图

6.1.4　现场管理从"5S"到"10S"

6.1.4.1　现场管理的职能与执行者

现场管理是管理的一个分支。管理的五大职能是计划、组织、指挥、控制和协调,这五大职能之间的关系如图 6-3 所示。现场管理遵循这一规律,面对的管理对象是基层员工。

在实际工作中,经营层的决策做得再好,如果没有班组长的有力支持和密切配合,没有一批得力的班组长来组织开展工作,也很难落实。班组长既是产品生产的组织领导者,也是直接的生产者。

班组长的特殊地位决定了他要对三个阶层的人员采取不同的立场:面对部下应站在代表经营者的立场上,用领导者的声音说话;面对经营者他又应站在反映部下呼声的立场上,用部下的声音说话;面对他的直接上司又应站在部下和上级辅助人员的立场上讲话。

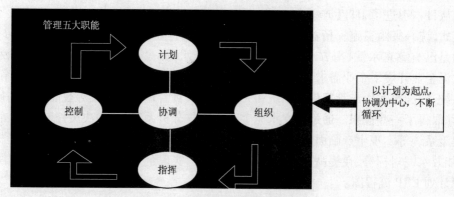

图 6-3　管理五大职能之间的关系

6.1.4.2　现场管理三大工具——作业标准化、目视管理、管理看板

现场管理有三大工具（手法），它们是作业标准化、目视管理和管理看板，如图 6-4 所示。

图 6-4　现场管理三大手法

（1）作业标准化

①定义：所谓作业标准化，就是对在作业系统调查分析的基础上，将现行作业方法的每一操作程序和每一动作进行分解，以科学技术、规章制度和实践经验为依据，以安全、质量、效益为目标，对作业过程进行改善，从而形成一种优化作业程序，逐步达到安全、准确、高效、省力的作业效果。

②作用：a. 标准化作业把复杂的管理和程序化的作业有机地融合一体，使管理有章法，工作有程序，动作有标准；b. 推广标准化作业，可优化现行作业方法，改变不良作业习惯，使每一工人都按照安全、省力、统一的作业方法工作；c. 标准化作业能将安全规章制度具体化；d. 标准化作业还有助于企业管理水平的提高，从而提高企业经济效益。

③作业标准的制定要求：

a. 目标指向：即遵循标准总是能保持生产出相同品质的产品。因此，与目标无关的词语、内容请勿出现。

b. 显示原因和结果：比如"焊接厚度应是 $3\mu m$"这是一个结果，应该描述为："焊接工用 3.0A 电流 20min 来获得 $3.0\mu m$ 的厚度"。

c. 准确：要避免抽象。如："上紧螺丝时要小心"。什么是要小心？这样模糊的词语是不宜出现的。

d. 数量化—具体：每个读标准的人必须能以相同的方式解释标准。为了达到这一点，标准中应该多使用图和数字。

e. 现实：标准必须是现实的，即可操作的。

f. 修订：及时更新与修订标准。

④如何制订作业标准？

生产作业标准可按图6-5所示流程来制定。

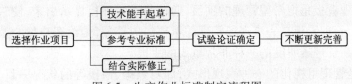

图6-5　生产作业标准制定流程图

⑤作业标准化应注意的问题：a. 制订标准要科学合理；b. 切记不要搞形式主义；c. 不要一刀切，确有必要制订的才要制订；d. 注意坚持经常。

⑥标准时间的构成：

a. 正常时间 = 净作业时间 + 净准备时间

b. 正常时间 = 正常作业时间 + 宽放时间 = 正常作业时间 × (1 + 宽放率)

c. 宽放时间：以相对于正常时间的比率表示，即宽放率。

⑦绩效计算公式

a. 绩效 = 产出工时/生产工时

b. 产出工时 = 产出数 × 标准工时

c. 生产工时 = 打卡时间 – 合理之标准停线时间

⑧标准作业两大要素

a. 节拍时间

（a）节拍时间 = 制造一个产品所需要的时间

（b）日产量 = 每月产量/每月工作日数

（c）节拍时间 = 每日工作时间/每日产量

b. 作业顺序：执行作业指导书时，班组长要首先熟悉作业指导书，并教会员工（技能培训）。作业指导书可能不是最佳的方法，但作为标准，任何时候作业人员必须遵守。如果有更好的方法，可提出修改意见，待修订批准后才可执行。

"贯标"要做到"5 他法"：讲给他听；做给他看；让他试做；帮他确认；给他表扬。

（2）目视管理

①涵义：目视管理是利用形象直观而又色彩适宜的各种视觉感知信息来组织现场生产活动，达到提高劳动生产率的一种管理手段，也是一种利用视觉来进行管理的科学方法。所以目视管理是一种以公开化和视觉显示为特征的管理方式。

②目视管理的内容方法：红牌、看板、信号灯或者异常信号灯、操作流程图、提醒板、警示牌、区域线、警示线、告示板、生产管理板等。

③目视管理的作用：a. 迅速快捷地传递信息；b. 形象直观地将潜在问题和浪费现象显现出来；c. 有利于提高工作效率；d. 客观、公正、透明化；e. 促进企业文化的建立和形成；f. 透明度高，便于现场人员互相监督，发挥激励作用；g. 有利于产生良好的生理和心理效应。

④推行目视管理的基本要求：

a. 统一：目视管理要实行标准化。

b. 简约：各种视觉显示信号应易懂，一目了然。

c. 鲜明：各种视觉显示信号要清晰，位置适宜，现场人员都能看得见、看得清。

d. 实用:不摆花架子,少花钱、讲实效。

e. 严格:现场所有人员都必须严格遵守和执行有关规定,有错必纠,赏罚分明。

(3)管理看板

①定义:管理看板是把希望管理的项目,通过各类管理板显示出来,使管理状况众人皆知的管理方法。管理看板是一流现场管理的重要组成部分,是给客户信心及在企业内部营造管理氛围,提高管理透明度的一种非常重要的手段。

管理看板是管理可视化的一种表现形式,即对数据、情报等的状况一目了然地表现,主要是对于管理项目、特别是情报进行的透明化管理活动。它通过各种形式如标语、现况板、图表、电子屏等把文件上、脑子里或现场等隐藏的情报揭示出来,以便任何人都可以及时掌握管理现状和必要的情报,从而能够快速制定并实施应对措施。所以,管理看板是发现问题、解决问题的非常有效且直观的手段,是一种高效而又轻松的管理方法。

②作用:a. 展示改善成绩,让参与者有成就感、自豪感;b. 营造竞争的氛围;c. 营造现场活力的强有力手段;d. 明确管理状况,营造有形及无形的压力,有利于工作的推进;e. 树立良好的企业形象(让客户或其他人员由衷地赞叹公司的管理水平);f. 展示改善的过程,让大家都能学到好的方法及技巧。

③管理看板如何确定?

管理看板的内容可按图 6-6 和图 6-7 所示来确定。

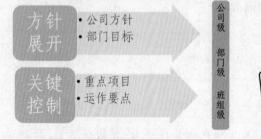

图 6-6　管理看板内容的确定

图 6-7　管理看板的目标识别

6.1.4.3　从 5S 到 10S 管理现场

(1)5S 的来源及其发展

5S 起源于日本,是指在生产现场中对人员、机器、材料、方法等生产要素进行有效的管理,它针对企业中每位员工的日常行为方面提出要求,倡导从小事做起,力求使每位员工都养成事事"讲究"的习惯,从而达到提高整体工作质量的目的. 这是日本企业独特的一种管理办法。

1955 年,日本的 5S 的宣传口号为"安全始于整理,终于整理整顿"。当时只推行了前两个 S,其目的仅为了确保作业空间和安全。后因生产和品质控制的需要而又逐步提出了 3S,也就是清扫、清洁、修养,从而使应用空间及适用范围进一步拓展,到了 1986 年,日本的 5S 的著作逐渐问世,从而对整个现场管理模式起到了冲击的作用,并由此掀起了 5S 的热潮。

日本式企业将 5S 运动作为管理工作的基础,推行各种品质的管理手法,第二次世界大战后,产品品质得以迅速提升,奠定了经济大国的地位,而在丰田公司的倡导推行下,5S 对于塑造企业的形象、降低成本、准时交货、安全生产、高度的标准化、创造令人心旷神怡的工作场所、现场改善等方面发挥了巨大作用,逐渐被各国的管理界所认识,成为风靡全球的丰田精益管理模式(准时生产,JIT:Just in Time)。随着世界经济的发展,5S已经成为工厂管理的一股新潮流。根据企业进一步发展的需要,有的公司在原来5S的基础上又增加了节约(Save)及安全(Safety)这两个要素,形成了"7S";也有的企业加上习惯化(Shiukanka)、服务(Service)及坚持(Shikoku),形成了"10S"。版本虽多,但是万变不离其宗,所谓"7S"、"8S""9S""10S"都是从"5S"里衍生出来的。

本书编者在广泛调研的基础上认为,应在"5S"基础上,增加"安全"(Safety)、"节约"(Saving)、"效率"(Speed)、"服务"(Service)和"坚持"(Shikoku),并以此为序,排列成10个"S",用此"10S"来管理现场。

(2)5S的概念及实施方法

5S是日文Seiri(整理)、Seiton(整顿)、Seiso(清扫)、Seiketsu(清洁)、Shitsuke(素养)这五个单词,因为五个单词前面发音都是"S",所以统称为"5S"。它的具体类型内容和典型的意思就是倒掉垃圾和仓库长期不要的东西。

①1S——整理(Seiri)

a. 整理的目的:"整理"是对物品进行区分和归类,将经常使用的物品放在使用场所附近,而将不经常使用或很少使用的物品放在高处、远处乃至仓库中去。在具体实施中,可根据重要程度、是否经常使用、价值如何以及物品使用部门来区分。总的说来,整理的目的是:(a)腾出空间,充分利用空间;(b)防止误用无关的物品;(c)塑造清爽的工作场所。

b. 整理的方法

(a)分类并清除不需要的东西:分类的方法有许多,如按种类、性能、数量、使用的频率、价格等进行分类,最常用的是按使用频率分类,可以一日或一周为单位计算使用频率,这种分类方法是最有效的。

(b)用拍照的方法确认整理的效果:将未整理的现场照片和整理后的现场照片对比,整理的效果就会一目了然。

(c)保管和保存:整理出来的物品,有"保管"与"保存"两种处置方法。在此,短期暂时存放称为"保管",长期存放称为"保存"。根据不同对象,可具体明确保管和保存的标准。一般使用量较大、使用频率较高的物品,宜保管在作业现场附近;而使用量小、使用频率低的物品,则可以放入仓库保存或不固定保存场所。需保存的物品可以远离现场。需要保管的材料、产品备件、工具和消耗品等应确定保管的位置空间。对体积不大的物品可放在货架和柜子上、抽屉内。对垃圾箱、灭火器材、清洁用具、危险品等要确定专用的放置场所。

石宸嘉 作

(d)整理结果的标识:完成整理后,为使需要的物品能立即得到,可利用标牌、指示牌或黑板等予以标识。指示牌内容应简明扼要,如物品名称、分类、数量、存放位置或由谁使用等。在成品仓库里,不仅用型号代码区别不同产品,还使用不同大小、不同颜色或不同形态的指示牌标明箱中的物品。总而言之,标识的目的是明确"是什么"和"在哪里",让人一目了然。

②2S——整顿(Seiton)

a. 整顿的目的:"整顿"是将现场所需物品有条理地定位与定量放置,让这些物品始终处于任何人都能随时方便使用的位置。具体是:(a)使工作场所物件一目了然;(b)作业时,节省寻找物品的时间；(c)消除过多的积压物品；(d)创造整齐的工作环境。

b. 整顿的方法

(a)发现问题，寻求解决：首先，对现场的每件物品都要用5WIH工作法（目的—对象—地点—时间—人员—方法：Why-What-Where-When-Who-How）明确为什么放这里，是什么物品，在哪里，在何时由何人使用或保管，从中发现物品摆放是否合理，并对问题追根究源，了解问题的实质，明确改进的方向。

(b)合理放置，方便取放：对水泥厂来说，作业的对象大多是物流。对流动的物品，整顿并不在于单纯的码放整齐，而是要使物件拿出容易，放回方便。为提高作业效率，方便取放的布局设计是整理的切入点，在工作场地使用的零件和材料有很多是相似的，整顿时要注意避免混淆。

(c)整顿的几点提示：(a)设备的摆放改变会引起流程变化，对此要认真考虑；(b)设置工作台、工件箱时，不仅要考虑固定式的，还要考虑带有脚轮的移动式的。安置工作台、货架等，可以考虑用从房顶垂直起落的方式来减少占用空间；(c)对重量大、体积大的物品应该放置在下层，重量轻的放在上层。

③3S——清扫(Seiso)

a. 清扫的意义：不管做什么工作，都会有垃圾和废物，"清扫"是使生产现场处于无垃圾、灰尘状态。清扫本身就是工作的一部分，而且是所有岗位都存在的工作。清扫的目的是：(a)消除不利于产品质量、成本、工效和环境的因素；(b)保证设备良好运行，减少对员工健康的不良影响；(c)清扫的步骤；(d)这里的"清扫"不是指突击性的大会战、大扫除，两是要制度化、经常化，每人从身边做起，然后再拓展到现场的每个角落。

b. 清扫要分五个阶段来实施：

第一阶段——将地面、墙壁和窗户打扫干净。

第二阶段——划出表示整顿位置的区域和界线。

第三阶段——将可能产生污染的污染源清理干净。

第四阶段——对设备进行清扫、润滑，对电器和操作系统进行彻底检修。

第五阶段——制定作业现场的清扫规程并实施。

清扫后，接着是处理好美观和高效的矛盾。这主要是按整理、整顿阶段的规定，划分作业的场地和通道，标识物品放置位置。对空闲区域、小件物品区域、危险和贵重物品区域等也要设法用颜色予以区别。

(c)杜绝污染源：最有效的清扫是杜绝污染源。发现和清除污染源需用手摸、眼看、耳听、鼻闻，要动脑筋、想办法才能做到。污染大部分是外来的，如刮大风时带来的灰尘或砂粒，搬运过程中出现的泄漏。为杜绝外来污染，首先要将窗户密封，不留缝隙；在搬运切屑和废弃物时不要撒落；在运送水和油料等液体时，要准备合适的容器；在作业现场，要常检查各管道以防止泄漏；对擦拭用的棉纱、脏的材料、工具等，要定点放置。

(d)设备的清扫：设备被污染容易出故障，并缩短使用寿命。为此，要定期清扫检查设备和工具。现代化大生产中,设备越大,自动化程序越高,清扫和检修所花费的时间就越多。

④4S——清洁(Seiketsu)

a. 清洁的意义:"清洁"主要是指维持和巩固整理和清扫的效果,保持生产现场任何时候都处于整齐、干净的状态。

b. 实施清洁的方法

(a)制定专门的手册:整理、整顿、清扫的最终结果是形成清洁的工作环境。要做到这一点,动员全体人员参加整理、整顿非常重要,所有人都要清楚该干什么,在此基础上,将大家都认可的各项工作和应保持的状态汇集成文,形成专门的手册或类似的文件和规定。

(b)明确清洁的状态:清洁的状态包含三个要素,即干净、高效、安全。

(c)定期检查:除了日常工作中的自检,还要组织定期检查。一是检查现场的清洁状态,二是检查现场的图表和指示牌设置是否有利于高效作业以及现场物品数量是否适宜。

(d)环境色彩明亮化:厂房、车间、设备、工作服都应采用明亮的色彩,一旦产生污渍容易被发现。明亮的工作环境会给人的工作情绪以良好的影响。

⑤5S——素养(Shitsuke)

a. 素养的意义:5S 中的素养活动是指培养人达到整洁有序、自觉执行工厂的规定和规则,养成良好的习惯。通过素养提高每一个人的"行为美"水平,可为搞好 5S 活动提供保证。开展素养活动,主要目的在于培养职工有自觉正确执行工厂各项规定的良好习惯,自愿实施整理、整顿、清扫、清洁这4S活动,高标准、严要求维护现场环境的整洁和美观。"素养"是保证前 4 个 S 得以持续、自觉、有序地开展下去的重要保障。

b. 培养素养要点

(a)经常积极参与整理、整顿、清扫活动。

(b)认真贯彻整理、整顿、清扫、清洁状态的标准。

(c)养成遵守作业指导书、手册和规则的习惯。

素养所包含的内容有很多,但最基本的是养成良好习惯,做到按规章办事和自我规范行为,进而延伸到仪表美、行为美等。

近年来,有专家提出培养素养时不妨灵活运用一些工具如:标语;醒目的标识;值班图表;进度管理;照片、录像;新闻;手册和表格等。

(3)10S 的内涵

①6S——安全(Safety):保障员工的人身安全和生产的正常运行,做到"不伤害自己,不伤害他人,不被他人和机器伤

害",减少内部安全事故的发生,高高兴兴上班来,平平安安回家去。

目的:预知危险,防患未然,工厂环境好,人员精神好。

②7S——节约(Saving):减少库存,排除过剩生产,避免零件、半成品、成品库存过多,压缩采购量、消除重复采购,从节约一滴油、一度电、一张纸、一分钟等一点一滴做起,精打细算,降低生产成本。

目的:合理配置各种资源,杜绝铺张浪费。

③8S——效率(Speed):选择合适的工作方式,有效管理好工作时间,充分发挥机器设备的作用,共享工作成果,集中精力,快速应对,"马上办",从而提高工作效率。

目的:使企业得到持续改善、培养学习性组织。

④9S——服务(Service):将服务意识与工厂企业文化完美结合起来,灌输到每一个员工脑子里,使他们在日常的行为准则里潜移默化的体现出"为工厂,为他人"的自我服务意识。

⑤10S——坚持(Shikoku):也属于工厂员工自我素质和修养的范畴,就是通过对工人的言传身教,使员工自觉树立在任何困难和挑战面前都要形成永不放弃,永不抛弃的坚持到底的顽强拼搏的工作意志。深入学习各项专业技术知识,从实践和书本中获取知识,同时不断地向同事及上级主管学习,学习长处从而达到完善自我,提升自己综合素质之目的。

目的:固化员工良好的行为习惯,建设百年企业、培育不朽品牌。

(4)10S 现场管理的推行

10S 是最佳推销员,10S 是节约能手,10S 是安全专家,10S 是标准推进者,10S 是士气增强者,10S 是效率提高者。通过落实 10S 管理,可以为员工创造一个清洁化、人性化的工作场所和空间环境,进而育成员工良好职业习惯,提升员工素质。通过落实10S 管理,可以实现现场物的安定化,以物作为媒介,反映正常和异常,快速采取行动,使现场管理做到透明化、显现化、立即化的境界。

众所周知,国内企业一直强调文明生产,其目的是希望企业有干净、整洁的良好工作环境。日本企业一直坚持做5S,规范现场、现物。几十年下来,国内的企业脏乱现象几乎随处可见,有规定不按规定去做,随心所欲的现象司空见惯,某企业职工把现场管理现状编成了"顺口溜",真是发人深省(图6-8)。反观日本企业,无论是写字楼还是工厂,大都是窗明几净,现场干净、整洁,感觉是一切都处于管理中。同样的初衷,几十年下来中日企业现场管理之差距可用天壤之别来形容。差距产生的原因主要有两点:

一是定位不同。国内许多企业管理者将整洁、清爽认为是卫生问题,与生产是两回事,工作忙时可以放在一边,或者当有上级来检查工作时临时来一次全面的大扫除,做给别人看。而日本企业管理者认为5S是现场管理之基石,5S做不好的企业不可能成为优秀的企业,因此将坚持5S管理作为重要的经营原则。

二是方法不同。国内许多企业热衷于口号、标语、文件的宣传及短暂的活动,相信在厂区多树立一些诸如"员工十大守则"等,就能潜移默化地改变一个人、提升员工的品质,恰恰忽视了一个现实,就是天天在没有行为约束、工作细节上随心所欲、脏乱现场环境中工作的人,怎么可能具有认真对待每一件小事的优良的工作作风。反观世界优秀企业,把5S看作现场管理必须具备的基础管理技术,有5S明确具体做法,什么物品放在哪里、如何放置、数量多少合适、如何标识等,简单有效,且融入日常工作生活中,每天都在一个"对"与"错"一目了然的环境中工作,就会促使每个人必须自觉或被动地约束自己的行为,久而久之就能养成良好的习惯,实实在在地提升人的品质。

企业现场现状"顺口溜"

任务吃不了, 能力吃不饱, 生产不均衡, 无休加班耗。
销售无预测, 只等客户要, 旺季忙趴下, 淡季员工逃。
订单品种多, 数量相对少, 交期速度快, 无法适应了。
插单经常事, 计划总被搅, 变化成计划, 全程乱糟糟。
物流无依靠, 短缺不配套, 库存堆又高, 资金占不少。
工装布置乱, 搬运工耗高, 设备无保养, 全凭坏修了。
九千认证过, 标准文本好, 实施难度大, 堆在柜里瞧。
员工意识弱, 质量保不了, 返工靠检验, 质量成本高。
流程不改进, 制程距遥遥, 生产周期长, 效率往下掉。
换模时间久, 能效浪费掉, 瓶颈现象多, 精益找不到。
节约是形式, 浪费真的高, 成本失调控, 盈亏不知道。
5S虽推行, 好处看不到, 都是大扫除, 员工怨声高。
沟通不到位, 协调不周好, 信息不共享, 数据到处找。
班组基础差, 员工士气消, 主管方法错, 现场无绩效。
技能差异大, 员工流动高, 新老更替慢, 产能得不到。
管理有真空, 执行终无效, 上情下不达, 下情上不晓。
微利时代到, 竞争残酷了, 现场必改善, 内部挖财宝。
金矿在脚下, 务实去寻找, 精诚团结力, 企业无限好!

图6-8 现场管理现状顺口溜

(5)10S管理要诀

本书编者对10S管理的关键词进行了整理和加工,形成了《10S管理要诀》,见表6-2。

表6-2 10S管理要诀

管理项目	项目汉语名称	日语罗马拼音名称	管理要诀顺口溜	
1S	整理	Seiri	区分存废	一留一弃
2S	整顿	Seiton	布局标示	取用快捷
3S	清扫	Seiso	清除垃圾	美化环境
4S	清洁	Seikets	保持洁净	形成制度
5S	素养	Shitsuke	依规行事	养成习惯
6S	安全	Safety	消除隐患	安全生产
7S	节约	Saving	点滴做起	节约成本
8S	效率	Speed	管理时间	提升效率
9S	服务	Service	精心服务	客户至上
10S	坚持	Shikoku	坚持到底	永不放弃

6.2 生产管理的精细化

水泥厂以多种天然矿物或工业固体废弃物、城市污泥、生活垃圾等为生产原料,通过大型复杂机械,采用先进的中央控制系统,生产所设计的各种品种和规格的水泥。为保证生产正常进行,产出优质合格产品,完成产能与质控目标,使企业获得持续稳定的经济效益,必须建立一个科学合理的组织机构来管理生产。水泥厂拥有两大职业岗位群,一是水泥制造,二是水泥质量控制。前者包含若干个生产车间或工段,如矿山车间、生料车间、煅烧车间、制成车间、包装车间、中央控制室等;后者包括若干个质量检验与控制组,如质量控制组、化学分析组、物理检验组、仪器分析组等,它们均归属于化验室。

精细化管理是一种全新的管理理念,是从传统的、粗放的、经验的管理方式向现代化、集约化、科学化的管理方式转变,是一种自上而下的积极引导和自下而上的自觉响应的常态化管理模式。

精细化管理要从"精"字出发,精打细算、精雕细刻、精诚合作。

(1)对生产工艺层面,精细化管理要求做到"找到病根,拔出病灶,恢复健康,防患未然"。

(2)对企业管理层面,精细化管理要求做到:①职能岗位精细化管理;②工艺技术精细化管理;③机电设备精细化管理;④供销系统精细化管理;⑤售后服务精细化管理。

在市场竞争日益激烈的今天,水泥产品的同质化挤占了企业的利润空间,企业间靠练内功、抓管理、走精细化管理之路,提升企业的竞争能力,正在被广大水泥企业所重视。水泥生产管理的精细化,应当由过去单纯的生产过程管理延伸到项目建设和生产调试,因在项目建设过程中管理粗放,生产调试不精细,给未来的设备运转,生产管理埋下长期的隐患,由"项目建设的低投入",带来"生产运转的高支出"。所以,对于水泥企业来说,应形成项目建设、生产调试、运行操作、生产管理等全方位的精细化,使水泥生产实现长久可持续、低成本、低维护、高运转,逐步走向"低能耗、低污染、低排放"的低碳经济时代。

6.2.1 项目建设的精细化

6.2.1.1 技术论证

新建预分解窑水泥生产线、水泥粉磨站从项目建设要精心论证,不能为将来项目投产后留下隐患,但有的项目业主对项目论证不充分,只顾工期,不顾技术的可行性,如有的新型干法生产线在生料粉磨工艺选择上,只凭一时节省投资,选用传统的粉磨工艺,而不选用高效粉磨设备如立磨、辊压机等,结果投产后,生料的电耗要比同规模的立磨高 $5kW \cdot h/t$ 以上,在选用节能高效设备方面,没有进行严格的论证,选用落后产品,造成投产后电耗升高,设备维护费用增高。

6.2.1.2 建设投入

项目建设投入不足,表现在时间、资金、技术等方面。项目建设从开始起就只抓工期,不顾质量,本来需要 10 个月投产的,8 个月完成,为确保投产工期,日夜加班赶进度。在这种工作压力下,施工单位只好一心赶工期,不注意施工的细节,出现土建质量不合格,更有甚者为加快工程进度,不通过设计部门同意,直接更改工程设计方案,随意进行变更。如某厂的水泥磨房本设计为混凝土结构,为加快工期,私自改为钢结构,且没有设计部门的同意,未经专门的钢结构设计,结果整体性较差,致使33m高的提升机随框架发生共振,电机、减速机不同心,振断连接销子,运转不到一个月将减速机壳体振裂,影响生产,对磨房钢结构进行加固,但振动仍不能消除,甚至会因加固后受力不合理,引起更大的隐患。

6.2.1.3　设备采购

在设备采购方面,技术与采购脱节,管采购的从商务方面考虑,首先是价格,在市场经济条件下,"一分钱一分货",好钱有可能无好货,但钱少肯定无好货,如某水泥粉磨站,在选定收尘器时,没采纳设计院及技术人员的建议,选择了价格相对低而制造质量相对较差的厂家,结果整条线最容易出问题的是收尘器,曾出现破收尘袋,收尘风机风叶开机不到5min就变形,厂家主动来更换,并将叶片加厚改进。同时设备采购不是单纯的有形设备的采购,也包括说明书、技术参数、设备外形尺寸等技术数据的提交。有些设备厂家提供的技术资料不全,在设备安装过程中,土建施工的尺寸按照设计院提供图纸施工,但设备到厂后,发现设备技术数据与早期的土建不一致,要么土建变更,要么设备基础采用钢结构进行过渡变更,给项目建设带来困难。

精细管理的做法应当是采购合同签订后,由采购人员负责收集,将设备厂家提供的设备资料一式两份,一份交设计院,一份提供给建设单位,设计部门按此设计,建设单位待设备到厂后将其与设备进行核对,并且按图纸进行土建施工。

6.2.1.4　设备安装

设备安装应当按规范"精装细安严调试",应有的程序不能简化,尺寸要合图纸要求,有的建设单位为节省投资,不用专业的安装队伍,自己组织有电焊、气割及简单安装知识的维修人员进行安装,既没有安装专业知识,又无安装专业技能,不按图施工,出现问题无法追溯,特别是大型精密设备如窑、磨、辊压机等,有的轴线找不正,安装误差大,间隙不合要求,不能按图施工验收。在时间上投入更少,本应4个月完成的单项,要求2个月完成,工期赶得紧,没有时间保证细节,有的间隙大,有的螺丝松动,有的轴线不正,有的焊接不密实,出现漏风漏料现象,为生产运行带来后患。

6.2.2　生产调试的精细化

6.2.2.1　按设备规程进行调试

生产调试是在设备安装后、正常运转前进行的生产活动,既是对设备内在质量及性能的检验,也是对设备安装质量检验的重要过程,能够发现设备、电器本身及安装存在的问题,并且能调试设备达到良好的工作状态,及时解决出现的问题,摸索出相应的操作参数,掌握操作规律,必须按设备说明书要求,按设备规范的时间、程序进行,不能超负荷,不能将设备、工艺、电器等各方面的隐患留在生产运行过程中,将所有暴露出的问题立即解决,在调试过程中先制定试车计划,按计划进行,作好调试记录,见表6-3。

表6-3　调试记录

设备名称	规格型号	存在问题	整改意见	时间	试机人员
出磨绞刀	GL500X13.5	吊瓦不正	重新调整	×××·×-×-××	×××,×××
出磨提升机	TH400X15.0	链条偏	调整上下轮	×××·×-××-××	×××,×××
……	……	……	……	……	……

6.2.2.2　加足润滑油,建立润滑档案

生产调试的前提是"油、水、气、电、信、料"六路全通,首先是加足润滑油,建立润滑档

案,这是调试和生产的关键,不论设备到厂是否加油,都要重新打开检查,做到万无一失,有的单位在试车过程中对减速机、电滚筒等不进行检查,认为有油,开机一试即烧损电机。在调试前应将设备说明书、操作规程等技术资料收集全,制定加油方案,按照设备要求提出油质、油量等计划,制定加油记录表(表6-4),并检查是否做到各路相通。

表6-4　加油记录

设备名称	润滑点名称	润滑点数量	润滑油名称	润滑油号	换油周期(月)	加油日期	加油人
水泥磨	头轴瓦	1	机械油	N320	3	××××-××-××	×××
辊压机	减速器	1	抗磨液压油	L-HM46	6	××××-××-××	×××
……	……	……	……	……	……	……	……

6.2.2.3　对操作员工进行岗前与岗中培训

在生产调试前应先对操作员工进行技术技能培训,了解工艺过程,掌握操作技能,为生产精细化运行管理打下基础,请设备厂家来人现场指导,严格按设备性能要求进行操作,有的水泥粉磨站,选用了辊压机高效粉磨工艺,但在调试前没有对相关人员进行培训,对生产工艺不熟,只是由电工开机停机,不知相互关联,经常出现因操作有误造成设备故障,因此在新项目投产前应先对员工进行培训,为生产调试乃至将来生产运行打下良好基础。

6.2.3　生产管理的精细化

生产管理的精细化是指生产过程中的管理细化到能用数字进行量化,对每一过程都能有指标控制,实现由定性到定量,形成规律性的固定模式,便于操作,易于考核。如某公司5000t/d带纯低温余热发电新型干法水泥生产线,随着近几年来操作管理的精细化,不断推行工艺精细化管理方案,窑的产能不断提高,由原来的不足5000t/d,逐渐提高到5500～5600t/d,熟料煤耗由原来的127kg/t降到108kg/t,熟料质量稳步提高,28d抗压强度由55.5MPa提高到62.4MPa,吨熟料余热发电达到36.5kW·h/t,这主要靠精细化操作,稳定窑的热工制度,保持风、煤、料的平衡,加强设备润滑与计划检修管理。

水泥生产管理的精细化,可以从原材料的采购、备品备件的招标、原材料的均化、生料制备、熟料煅烧、水泥制成等环节进行精细化管理,其中还包括设备润滑、维护、保养等管理精细化,形成一套完整的精细化管理方案,从而实现原材料进厂由"随机型"向"控制型"转变,生产管理由"粗放型"向"精细化"过渡。

6.2.3.1　建立原材料质量标准,精细控制石灰石及煤的质量

水泥生产过程的精细化,首先是原材料进厂指标控制的精细,各种材料有成分含量控制指标,有波动范围,对大宗原材料进行指标量化,特别是石灰石和煤,因石灰石用量大,且大部分企业矿点较多,成分变化大,有的企业没有自己的矿山,靠购进外部矿石,每个矿点的CaO、MgO及其他成分波动较大,矿石搭配不好,生料成分波动就会很大。比如某厂因没有自己固定的石灰石矿山,靠收购当地各开采户的矿石,含有较多的表层土,成分不一,波动较大,如不对其进行精细化的控制,生料成分波动较大,直接影响到熟料的煅烧,于是在生产控制过程进行多矿按比例搭配,见表6-5。

表 6-5　不同矿点石灰石质量搭配表

矿点	品质 CaO/%	数量/t	MgO/%
1 号	50 ~ 52	300	1.2 ~ 1.5
2 号	49 ~ 50	150	1.5 ~ 1.8
3 号	48 ~ 49	50	1.8 ~ 2.0

以 1h 为时间单位,不同矿点的石灰石按吨位搭配,直接进入机口,搭配后多余的石灰石,分开区域进行存放,然后用铲车从料堆上按缺量进行补入机口,破碎后的石灰石再经圆形预均化场均化,石灰石 CaO 含量达到 50.5%,且标准偏差为 0.3%。石灰石的质量稳定,决定了生料的稳定性,入窑生料 CaO 的合格率由原来的 85% ~ 88% 提高到 95% 以上,入窑生料三率值合格率由原来的 89% 提高到 95% 以上,为生料稳定打下良好基础。矿石搭配前后生料饱和比变化如图 6-9 和图 6-10 所示。

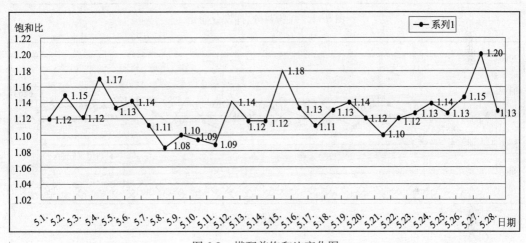

图 6-9　搭配前饱和比变化图

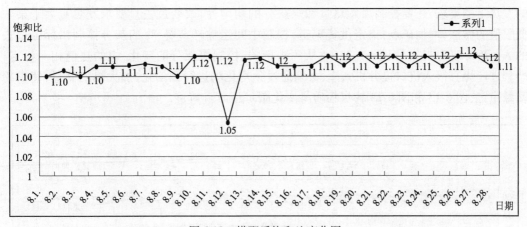

图 6-10　搭配后饱和比变化图

煤不但为熟料煅烧提供热量,而且煤灰的成分还是熟料的组成部分,煤质变化不但引起窑内热工制度的不稳定,还会引起熟料成分的变化。煤灰中 Al_2O_3 含量的升高,会使熟料中铝氧率增高,料子发粘、易结球、结窑皮,恶化窑内状况;煤灰中 SiO_2 含量的升高,使熟料硅率升高,熟料饱和比降低,熟料强度下降。有的新型干法水泥厂对此认识不足,没有引起足够的重视,还沿用过去立窑生产工艺的方法,再加上人员在管理意识上停留在原来的立窑生产水平上,对原煤的成分变化不够重视,亦无采取相应的均化措施,受市场的影响,煤的来源不固定,重视价格,轻视质量,或者只考虑煤发热量的大小,没有考虑成分波动范围的大小,使煤粉成分变化较大,煤粉质量变化如图6-11和图6-12所示。

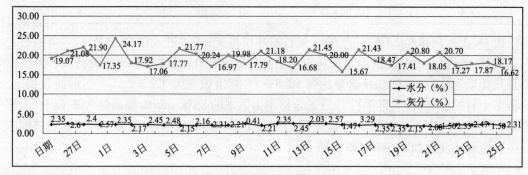

图6-11　煤粉灰分、挥发分变化

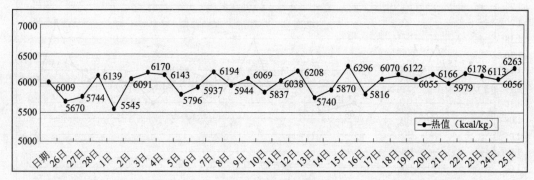

图6-12　煤的热值变化

通过制定煤的采购质量标准,实行精细化管理,加强煤质的严格把关,煤质不仅符合煤的发热量的要求,还要控制煤发热量和煤灰分的均匀性,改变过去只要求发热量大于某一低限值的做法,增加矿点,稳定供货渠道,控制中间运输环节等,煤的灰分控制指标由过去的 A < 25% 改为灰分在 19% ~ 22% ,从源头把关,控制煤灰分的变化,煤的热值相对稳定,严禁进厂煤直接入机口提升机入库,必须通过预均化场进行预均化,加大煤的储量,使煤粉质量稳定,图6-13和图6-14为煤粉质量变化图。

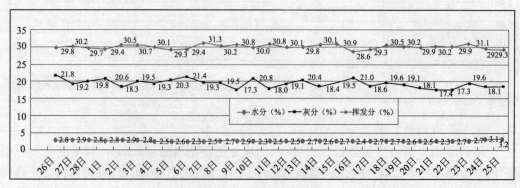

图6-13　煤粉质量控制图

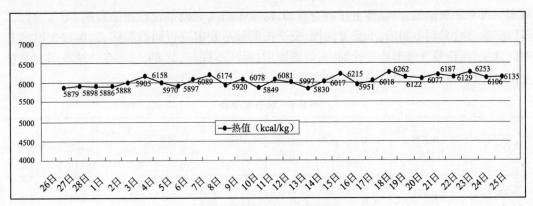

图 6-14　煤粉发热量变化图

通过对石灰石和煤的控制，熟料成分稳定，窑内热工制度稳定，窑皮挂得平稳均匀，不但减少了结圈、长厚窑皮等故障，还延长了耐火砖的使用周期，由原来的不足 6 个月达到 10 个月。

6.2.3.2　设备管理的精细化

设备的重负荷运行、生产的连续性是水泥生产的重要特点，且全系统近千台设备相互关联，共同运作，一台设备出故障，都可能导致全线停机，因此必须抓好设备的维修和维护保养工作。设备维修的质量好坏直接影响到设备的正常运转，为此必须建立一支优秀、高效的专业化维修队伍，统一施工组织和管理，有利于培养专业维修的精英人才。水泥企业的设备，根据其生产工艺及其结构特点，大体分为窑、冷却机、磨机（包括立磨、球磨、辊压机等）、除尘设备、风机、电机及其他设备等。不同设备，由不同的专业维修队伍承担，维修费用实行总承包制，在每次设备检修前要进行设备诊断，周密细致地制定出以水泥窑检修为主线，其他项目为次线的设备检修计划，检修项目要由计算机系统自动生成，具体检修时间以工艺窑砖使用周期来确定，一般每年 2 次，水泥粉磨系统设备检修周期根据水泥销售情况确定。

设备管理的精细化，主要从设备润滑、设备维修、故障预案管理等三方面进行精细化管理。避免过去润滑不规范，加油不及时，油质不固定，人员不专一，造成油位时高时低，甚至因缺油造成润滑不良，损坏设备的现象；解决过去设备检修不定期，无计划，带来设备运转率低的问题；实行设备故障预案管理，以防代修，预防为主及时排除设备隐患，提高设备运转率及完好率。

（1）设备润滑的精细化

①加强润滑培训，强化设备润滑管理，学习先进的设备管理经验与做法，改变过去"有油比没油好，油多比油少好"的观念，树立"精细管理，合理润滑"才是最好的润滑理念，实现"干则无水，净则无尘"最基本的润滑条件。

②对设备实行"五定原则"即定润滑点、定油质、定加油时间、定加油量、定加油人员，将全部润滑点统一列出，由设备管理部门进行定期抽查，看加油记录，看设备润滑情况，看润滑油质是否达标。

③对进厂润滑油取样送检分析，不合格的油品杜绝进入润滑系统。每进一批取样一批，分析一批，以油质检验报告的数据为依据，从源头上把好第一关。

④加强油质的运输与储存环节的管理。实行过程"三过滤"原则，杜绝加油工具不专一，油筒乱换，油质相混杂，存放没有固定的地点，污染严重的现象发生。

⑤加强润滑管理与考核。将润滑全过程进行责任分解，落实到人，防止走过场。每车

间定一人专职加油工,由设备主任负责管理,对该车间所有设备进行加油管理,每加一台设备,记录一台,做到不漏加,不重复加油,完全按照规范要求进行润滑操作,克服过去没有专职加油工,由设备维修巡检工代加,人员不固定,标准不统一,时多时少,有的设备超过油位上限,造成设备发热现象。设备润滑表见表6-6。

表6-6　设备润滑表

设备编号	设备名称及规格	润滑部位	润滑点数	润滑方式	润滑剂		使用周期		加油人
					名称	标准代号	一次加油量L	更换周期	
LZ001	1号生料磨	磨机轴瓦	2	强制	150号机械油		150	10个月	×××
LZ002	减速机	……							……

（2）设备按计划检修

预分解窑水泥生产线的设备是一条线,任何一台设备出现故障会影响整条线的正常运行,过去为了少投资,哪台设备有问题,检修哪台设备,出现"头痛医头,脚痛医脚"的现象,没有考虑全条线的状况,使整条线的设备潜能不能得到发挥。采取精细化管理后,加强设备检修的计划性,提前巡检,提前发现设备存在的隐患,早制订计划,早做检修的准备工作,把设备的运转按周期进行检修,即节约了时间,提高了设备的运转率。将各设备按计划进行列表,见表6-7。每次检修可将设备集中在统一时间内,将工具、人员、材料等集中在一起,节约了各种资源,降低了维修成本,提高了工作效率,并能按计划检修项目进行统一验收把关,保证检修质量。每年可减少停窑次数2～3次,提高设备运转率4%左右。

表6-7　装备管理计划-设备大修理

序号	设备所在区域	设备名称	规格型号	单位	数量	耗用主材	主材费（万元）	人工费（万元）	费用合计	计划实施时间	主要内容	备注
1	磨房二楼	链条	FU410	米	27					11	更换	
2	磨房	链条、耳环	400	套	2					5	更换	
3	包装	拖带	B600	米	60					6	更换	
4	磨房	阶梯衬板	2.2×6.5	块	100					10	更换	
5	磨房	护板	2.2×6.5	块	14					10	更换	

（3）故障预案管理

对企业来说,涉及故障处理一般都显得比较被动,甚至疲于应付,一旦生产上出现问题,首先都是"找到病根",分析故障原因及危害,然后"对症下药"、"拔出病灶",最后才是"恢复健康"、"防患未然"。

当前,预分解窑水泥生产设备管理已由定期维修管理、计划维修管理向故障预案管理发展,为配件或设备创造良好的内外环境,将水泥生产运行管理中的部分修理费用转入到生产运行故障预案管理中,建立设备故障预案,实行预案管理制度,改变传统的以修为主设备管理模式,推行"以防代修,以防为主"的管理思想,在平时管理中加强设备的隐患排除,及时记录设备运行实时信息,分析存在的问题,对表现出的各种症状、特点进行总结分析,对各种潜在隐患进行判断处理,通过定性到定量总结,对成熟的经验进行固化,形成可行的操作方法。

（4）依靠现代化管理手段,加强设备的动态监测和管理首先,要建立计算机信息网络系统,以求资源共享,其中设备管理信息为企业信息管理的子系统,它应包括设备资产管理系统、设备状态管理系统、人员管理系统、修理费和维修费用管理系统、设备投资规划系统等。

其次,要加强设备状态的动态监测和故障诊断工作,对生产线的机械设备进行全方位动态监测,监测设备的劣化程度,预测设备状态,及时准确地发现设备故障,解决设备存在的问题,设备状态监测是依赖仪器和检测仪表来完成的。因此,要抓好此项工作,必须重视两个方面,一方面我国许多新型干法水泥企业目前现场分析故障原因仍主要依据实际现象与理论推断相结合,其科学性和可靠性不高。搞技术、搞管理,数据分析非常重要,而大量数据仅靠事故发现和处理等经验积累显然速度太慢,因此,各企业都要设立故障诊断工程师,添置必要的检测仪器,如测振仪、窑筒体椭圆度测量仪、红外线测温仪、测速仪、测厚仪、信号采集仪、轴承分析仪、轴承故障听诊器等,并配备一些专家分析系统(如故障诊断专家系统等);另一方面,要建立状态监测体系和设备监测数据库,此项工作是一个复杂而细致的工作,包括:对设备进行分类,确定诊断方法;人员和仪器的配置(设备监测网的设立);测点位置;测试方向及测点数量的选择;监测参数和监测周期的确定;故障特征的掌握;故障诊断等。

总之,对设备进行动态监测,能及时发现设备故障征兆,有效地避免突发性的意外事故,同时,还可避免维修过剩和维修不足,节省维修费用,提高经济效益。

6.2.3.3 精细操作

预分解窑系统的精细操作,是窑系统及余热发电系统热工制度稳定,窑用风与发电取风合理匹配的关键。应树立新型干法纯低温余热发电系统"以熟料煅烧为主、以发电为辅"的思想,避免余热发电系统与熟料煅烧"争风"的现象,杜绝人为提高出预热器系统废气温度,盲目追求单位熟料发电量的做法,实现真正意义上的"纯低温余热发电",是最合理的余热回收利用,使新型干法熟料煅烧系统的工艺参数不受余热发电系统的任何人为影响,实现"风、煤、料"平衡。对生料下料量、窑速、喂煤量、预热器的温度压力、分解炉分解率等各项技术参数进行精细摸索,形成一个较稳定的调节范围,在不同的情况下进行微调整,控制出一级预热器的温度在330℃左右,此温度决定了废气带走热量,对于有余热发电系统的,能够回收,但也不能过高,废气余热回收率毕竟不是100%,温度升高会带来整个系统热耗的增加。对熟料冷却余风温度要控制在200℃左右,温度高使废气带走热量增加,系统热耗高。入窑生料分解率维持在93%~95%,通过操作积累,将各操作参数进行摸索总结,形成稳定的调整范围,在实践的基础上进行固化,表6-8为某2500t/d生产线操作参数。

表6-8 操作参数

生料量	窑速	喂煤量		高温风机		烟室		分解炉		
		头煤	尾煤	转速	阀门	温度	压力	温度	压力	分解率
t/h	r/min	t/h±0.2	t/h±0.5	r/min	%	℃±50	-Pa±50	℃±10	-Pa±200	≤%
195	3.8	6.1	10.1	810	100	1050	300	880	1300	94

五级出口		二次风		一级出口		一次风机		料层厚度
温度	压力	温度	压力	温度	压力	转速	风压	
℃±10	-Pa±200	℃±30	-Pa±20	℃±10	-Pa±200	r/min	Pa	cm
880	1700	1140	50	330	5800	1140	21000	600

6.2.4　精细化管理方案的考核

精细化管理方案的实施需要"过程监督＋过程考核"作保证。为此，应建立完善的考核体系，分层考核，分层管理，一级考核一级，使各种操作参数与每人的工资奖金挂钩，使各种能耗指标、消耗指标，与经济责任相统一，使员工有干好本职工作的愿望，不感到是在被迫工作，每人都能精细工作，才能达到管理方案精细化的实施。通过考核，建立同一比较平台，找出差距，看到存在的问题。如某企业窑耐火砖使用的精细化方案制定了几年，但没有考核，奖罚不明，考核不细化，不能分解到每人，职工没有积极性，工作起来，不求上进，不精益求精，熟料的砖耗指标得不到实现。通过实施考核后，将节约砖耗费用的20%用来奖励窑操作工，分解到每班组及个人，结果人员的积极性调动起来，稳定窑热工制度，调整工艺操作参数，使窑皮厚薄均匀，窑皮粘挂与掉落平衡，烧成带耐火砖由6个月提高到8个月以上。其他指标的考核亦是如此，要用经济考核与精细化操作管理相统一，不断完善各种激励机制，充分发挥精细化管理的作用。

6.3　质量控制的自动化

新型干法水泥生产技术是国际公认的代表当代最高技术发展水平的水泥生产方法，它是以悬浮预热和窑外分解技术为核心，把现代科学技术和工业生产最新成就，广泛地应用于水泥生产的全过程，使水泥生产工艺具有优质、高效、低耗，符合环保要求的特征，使水泥生产设备朝着大型化、自动化、精密化、性能也趋多样性、服务也趋个性化的方向发展，使水泥生产自动化水平向综合自动化发展，以将过程控制、信息管理、通信网络融为一体，实现生产过程控制、优化、管理和决策的一体化和集成化。实践证明，技术创新不仅仅体现在新技术（新产品、新工艺）的研究开发和商业化应用方面，而且还体现在生产管理上。现代化的新型干法水泥生产必须在新的机制下形成现代化的管理才能实现，这就要求在生产管理和质量控制方面建立新的思维模式并脚踏实地工作。

6.3.1　建立以中控室为核心的生产指挥系统

6.3.1.1　中央控制室的系统组成、功能与作用

我国第一个水泥厂中央控制室1984年在河北省冀东水泥厂投入使用。随后，在宁国、江西等4000t/d和2000t/d干法生产线上也相继建成使用中央控制室。中央控制室已成为预分解窑水泥生产自动控制水平的标志。中央控制室内装有搜集、整理并控制原料烧成及制成等生产系统的仪器、仪表和计算机系统，其控制系统就像神经与血管一样遍布生产线上所有设备。中央控制室主要由主控室、样品制备室、PC室、X－荧光分析仪室及工程师室等组成。其系统功能有：①数据采集及处理（包括机电设备状态、工艺过程参数等）；②机电设备的顺序逻辑控制（包括机电设备的启、停车顺序、紧急停车、故障复位及设备连锁控制等）；③工艺过程控制（包括自动调节回路、阀门、流量等工艺参数的控制及设定）；④具有动态工艺参数、设备状态工艺流程图显示；⑤主要工艺参数的历史趋势曲线、异常工艺状态、设备故障、计算机集散系统的报警；⑥工厂班报、日报、报警报告等报表的打印；⑦计算机集散系统的自诊断功能；⑧工厂生产控制的安全管理；⑨质量检验、质量信息管理、质量统计等。

由此看来，新型干法生产线的中央控制室既不同于老的湿法、半干法、干法的操作室，

也不同于生产调度室,它具有自身独特的优势和特征,它是先进的技术内涵与集约型的生产指挥中心的统一,它既是多功能房间的综合体,又是各种信息的"集散地"。具体体现在三个方面。

(1)在系统管理中起"枢纽"作用

新型干法水泥厂的生产过程,就是以悬浮预热和窑外分解技术为核心,以新型的烘干粉磨及原燃材料均化工艺及装备,采用以计算机控制为代表的自动化过程控制手段,实现高效、优质、低耗、符合环保要求的水泥生产过程,生产过程本身要具有高度的稳定性,设备运转的可靠性和参数调节控制的及时性,这就需要生产管理者建立起能把现场工段、后勤保障、电工班、仪修班、维修班及化验室、运输班统一管理的"枢纽工程"(图6-15),以达到强化"专业管理、技术管理、系统管理"为策略的管理目的。

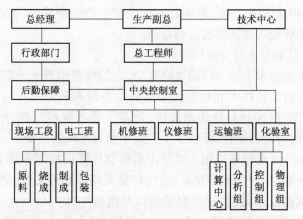

图6-15 以中央控制室为核心的生产管理指挥中心示意图

(2)在生产调度中起"核心"作用

新型干法水泥生产过程具有批量大、工序多、连续性强、许多工序联合操作、相互影响、相互制约而又不可逆的特点,要实现均齐稳定生产,就要求管理者把生产管理建立在现代化的高新技术基础上,充分发挥中央控制室的核心作用,应用计算机系统进行数据分析和资料的收集、加工、处理,形成准确、及时、适用经济的生产信息,为生产指挥人员发现和处理问题提供科学的依据,使生产过程的每一项指令都具有科学性、权威性、及时性、有效性、系统性。

(3)在质量管理中起"超前控制"作用

随着市场的建立及质量概念的发展,用户对水泥质量的要求越来越高,水泥产品不仅要符合技术标准,而且要满足用户的实际需要和特殊要求,否则销路不好。现在各水泥厂的水泥品种日趋多样化,性能也趋个性化,原燃材料的选择也趋环保化。目前我国新型干法水泥厂普遍采用X-荧光分析仪作为"在线"的质量控制手段,也有个别厂采用 γ-射线分析仪。X-荧光分析对试样制备要求复杂,首先从皮带机的料流中取数吨试样,经取样站将数吨试样破碎缩分成300g,送到化验室,经试验室磨机粉磨缩分取样30g,压成试样饼,进行X-荧光分析。从皮带机取样开始到 XRF 分析结果,需要 25~30min,也就是测定结果要比实际滞后 30min。另外一个问题是试样的代表性,X-荧光分析只能测定试饼表面层化学成分,同一个试饼经多次测定其结果的重复性相差也很大,而这离线少量的试样不可能代表皮带输送机上的物料流的实时化学成分。由于以上情况,X-荧光分析就不可能做到真正的"在线"实时分析。

尽管如此,由于新型干法水泥生产设计了预均化堆场,原材料的化学成分在一段时间内相对稳定,因此,X-荧光分析数据经人工处理还是可以达到指导、控制生产的目的。人工处理过程实际上就是生产管理人员根据中央控制室显示的窑及其他一些工艺点的生产状况,主要工艺参数的历史趋势曲线、主要工序质量指标的波动情况等,再加上管理人员本身的经验对生产过程实施的超前控制。

6.3.1.2 应用系统论整体思想协调处理生产上的两个重要问题

系统论整体思想认为,某一事物除由它本性或内部结构决定的本质之外,还因其是某一系统的组成部分而具有系统质(或称整体质);系统的整体大于各部分之和,整体的综合属性也非其各部分属性的综合;系统中的各部分是彼此作用互相影响的整体。由此可见,新型干法水泥生产线每一个工艺环节,每一台设备、仪表、自控装置都是相互联系、密不可分的,各部分之间的相互作用、关系、影响比其他任何生产线都紧密,因此,对生产上一些问题的处理必须运用系统论的整体思想协调处理。

(1)工艺技术与其他专业的关系问题

新型干法水泥工艺技术不是一门抽象的科学,它的发展依赖于不断改善生产工艺提供先进的自动化控制的自动化技术和趋向大型化的设备研究和开发应用,此外,还得益于高科技对各种耐磨、高温、耐蚀材料性能的改进,提高了设备的可靠性、耐用性,提高了利用率,并降低了原材料的消耗和能耗,降低了生产成本和对环境的污染。

预分解窑水泥生产工艺过程控制主要是由集散型计算机控制系统 DCS、自动化仪表及一些专用的自动化装置(生料质量控制系统、线扫描型筒体测温装置、窑头箅冷机以及一些重要部位的工业电视监控系统、窑尾分解炉出口及电收尘器入口气体分析仪)组成。DCS系统将这些仪表及自动化装置连成一个完整的系统,对水泥生产线的生产及产品实施监控。工艺操作员依靠 DCS 系统通过 CRT 和键盘或鼠标完成生产过程的监控和操作,最大限度地保证系统"均衡稳定"的运转,不断使系统的运转最佳化。

从系统论来看预分解窑熟料产量,不仅取决于回转窑的规格,而且还与窑尾系统预热状况及分解炉功能发挥情况、窑尾高温风机的潜力、冷却机的冷却效果及全系统的配套情况、喷煤管的型式及使用情况、原燃材料的种类、入窑生料与燃料的稳定性等多种因素密切相关。如一些新型干法水泥厂通过采用新型冷却机,使回转窑的能力得以充分发挥,熟料产量提高了 5%~10%;采用 Pillard 和 Rotaflam 四风道喷煤管、洪堡的 Pyro-Jet 喷煤管等新型燃烧器,也能达到降低热耗、改善熟料质量,显著提高回转窑熟料产量的效果。

因此,在新型干法生产中,工艺技术与其他专业是相互依赖、相互促进的关系,工艺技术是生产主体,其他专业要积极围绕它的要求开展工作,为其服务,但各专业不是独立的,而是相互渗透的,为此要彻底革除传统思维那种分工过细、各自为政的弊端。

(2)产品的实物质量问题

随着我国经济建设的高速发展,市场需求的导向有了质的进步,水泥使用部门的格局和要求有了明显的变化和提高,如"铁、公、机"中的高等级公路、立交桥桥梁、港口、机场,以及高层建筑、大型水利工程枢纽和重点工程建设等都需要各种性能优良的高质量水泥,这就需要水泥生产企业在采取措施提高水泥强度的同时,必须充分重视其对建筑工程质量,特别是对混凝土结构的耐久性的影响,以及对于生态环境的影响。

按照系统论整体思想,水泥对于混凝土只是一种半成品,不能仅用产品标准中的技术指标来评价水泥质量,仅从胶砂强度的高低来判断水泥质量的优劣,这是不全面的。水泥的质量应以是否符合混凝土的要求来评定,需要从混凝土的力学性能、施工性能和耐久性等诸方面系统全面评价水泥的质量。水泥的物理性能与用其配制的混凝土的建筑性能并非总是一致,所以高品质的水泥并不仅是高强水泥,而是在符合国家标准的前提下充分满足用户所需要的各种技术要求的水泥。为此,水泥厂要从以下几方面努力探索技术创新:

①确保水泥熟料有足够的硅酸盐矿物,控制 C_3A 和 C_4AF 的含量,特别是 C_3A 含量控制在一定范围内。

②重视原燃材料的超前控制,限制水泥中的碱含量。

③合理控制出厂水泥强度富裕值,这对节约资源、保护环境,提高产品质量的稳定性,提高不同厂家生产同一品种水泥的均一性是有好处的。

④强化水泥颗粒级配的控制。

⑤重视水泥出厂温度控制(美国规定水泥使用最高限定温度为77℃)。

⑥优化石膏和混合材的掺加种类和数量,并掺入适当的外加剂。

6.3.2 基于 MES 的水泥生产管理系统

目前,我国水泥行业大多实行的是粗放型的生产管理方式,生产经营处于投入多、消耗高、效益低的粗放型状态,虽然多数水泥企业采用了 DCS 控制系统,实现了对主要生产装置的集中监控,但并没有利用 DCS 建立实时信息管理平台,给各级管理层实时了解生产情况带来了很大不便,甚至会影响到各级管理层对生产过程的及时了解、分析、判断和正确指挥。针对水泥厂连续型流程行业的特点,根据 MES 系统的设计原则,以先进的生产管理理念为指导,采用先进的生产计划调度模型,可以实现企业管理层与生产最基层的集成,达到优化生产、提高效益和市场竞争力的目的。

水泥生产属于典型的流程制造,生产中石灰石、砂岩、铁粉等物料通过"两磨一烧",连续通过整个生产线。从总的工艺流程看,物料是依次通过生料制备、熟料煅烧、水泥粉磨三个串联阶段,主要通过一些物理、化学、物理化学变化实现产品的生产,最终得到水泥产品,但在这单一的生产流程中,局部环节上又同时存在着物料流和能量流的循环、返流现象。与其他流程工业相比,水泥行业产品生产周期短(原料投料至水泥产出周期,以小时计)、批量大(中等规模以上的生产线均在 2500t/d 以上),原材料中各种矿物成分的波动不可避免。可以说,水泥企业既有流程工业的共性,又有自身的个性。

在生产计划方面,水泥企业主要是大批量生产,只有满负荷运行,才能将成本降低;生产主要面向库存,没有作业单的概念,年度计划更具有重要性;采用过程结构和配方进行物料需求计划,同时考虑生产能力。

在调度管理方面,流程企业的产品,是以流水生产线方式组织、连续的生产方式,只存在连续的工艺流程,不存在与离散企业对应的严格的工艺路线。因此,在作业计划调度方面,不需要也无法精确到工序级别,而是以整个流水生产线为单元进行调度。与离散工业的调度不同,水泥生产调度不仅要下达作业指令,而且要将作业指令转化为各个机组及设备的操作指令和各种基础自动化设备的控制参数。

在生产过程与优化方面,水泥生产是一个复杂的热工过程,各种物质含量的变化不但影响着水泥的质量等级,同时也会影响到生料的易烧性,即对熟料烧成需要的时间、温度有很大影响。因此原材料的配方、配比还要根据水泥厂的工艺水平和工艺要求不断地进行优化和调整。水泥生产过程中产生大量的数据,如何把适当的、相关的生产现场信息准确而快速的反馈给企业其他功能部门,是企业需要解决的难点。与此同时,水泥生产参数的测量滞后且复杂,在熟料煅烧过程中,熟料的烧成情况、质量的测量往往都是通过离线的方式进行,测量的精度和实时性由于受到多变量、多状态的复合影响,常产生测量的不可重复性。

目前,我国水泥厂大多采用了 DCS 控制系统,用于各个工序的控制和监视,基本解决了远程生产控制的问题,而且在某些工序上完全实现了生产流程的自动化管理。但由于没有建立实时信息管理平台,站在全厂的角度分析、管理生产过程就产生了很大的局限性。从生产所需资源分析,水泥厂当前存在的问题集中表现在:一是基础数据的命名或编码不一致,各业务部门都是根据自己的需求自己定义基础数据,比如设备数据在生产业务中就没有一个统一的编码机制,这样会形成一定的"信息孤岛",给信息集成和资产核查带来很大的问题。二是质量检验方面,质检中心与其他部门之间检验请求以及检验结果的发布都是通过电话通知和纸质传递的形式,信息的反馈有一定的滞后性,缺乏物料流数据的有效集成、监测和利用,库存和原料信息不能及时传递给生产计划部门,由于缺乏有效手段获得物料数据,导致生产过程不稳和资源浪费严重等问题,不利于生产优化。三是生产调度不能及时掌握必要的信息,企业生产与调度之间尚未实现信息集成,无法及时控制生产全过程的物料平衡、热平衡、能耗分析以及成本跟踪,指挥和决策仍凭借个人经验,目标仅仅是保证安全生产和物料通畅,而浪费的经济效益是十分惊人的。基于 MES 的水泥生产管理系统较好地解决了这些问题,提出的水泥企业综合自动化整体解决方案适合中国国情,满足了水泥企业的需求。

6.3.2.1 基于 MES 的水泥生产管理系统体系结构

(1)制造执行系统(MES)

制造执行系统(Manufacture Execute System,MES)是美国管理界于 20 世纪 90 年代提出的概念。MES 的主要作用一方面是执行计划层制定的生产计划、调度指令,并与质量管理系统、DCS 系统构成质量的闭环控制;另一方面 MES 采集生产运行数据、集成原料和产品的存储数据、集成设备状态信息,并将这些信息进行合并、汇总、规范、分析等综合处理。一方面为安排生产计划提供依据,另一方面也为 ERP 提供了及时、可靠、准确的生产经营参考信息,实现了信息的全面共享,从而使企业的管理者可以根据这些及时、准确的数据进行决策。

(2)集成化递阶生产管理系统结构

具体到水泥企业背景,MES 的研究重点以水泥熟料烧成及磨机车间(或分厂)的业务流程为基础进行展开。MES 执行由 ERP 制定的计划,并根据实时生产信息调整生产做出调度,并将有关资源利用、库存情况及生产计划的实时完成情况准确的反馈给 ERP 系统。MES 的调度指令还能将生产目标及生产规范自动转化为过程设定值,并通过 PCS 中的优化软件对应到阀门、泵等控制设备的参数设置。同时,MES 将从 DCS 采集来的生产数据与质量指标进行对比和分析,可以提供闭环的质量控制,水泥企业 MES 的体系结构如图 6-16 所示。

(3)生产管理系统的网络支撑架构

根据水泥企业数据处理速度和数据传输速度及数据处理量的要求,通常状况下,企业级别网络主干线采用光纤介质,以保证系统的传输速度和安全性。从系统的可靠性、可扩展性、现有资源的利用角度考虑,采用客户机/服务器网络结构。从技术成熟性和使用普遍性考虑,采用 TCP/IP 和 NetBEUI 网络协议。分厂(车间)及部门级网络应用可采用普通双绞线为通讯介质,协议仍然采用 TCP/IP 和 NetBEUI 协议。底层控制网络采用专用的现场总线通讯电缆,协议则根据需要可选择 Profibus 或 FF 协议。网络拓扑结构如图 6-17 所示。

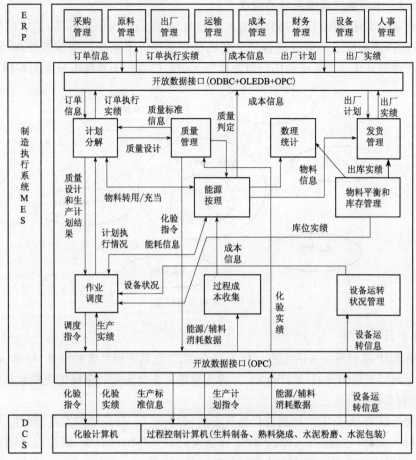

图 6-16 MES 水泥生产管理系统的体系结构

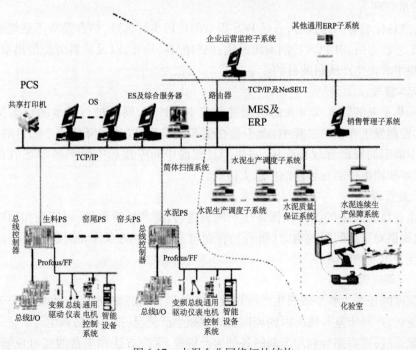

图 6-17 水泥企业网络拓扑结构

6.3.2.2 水泥生产管理系统的构成

针对企业的实际情况,即大部分需要人工参与、各部门形成信息孤岛,造成信息传递不及时、不准确因而形成了企业内部各层之间的信息断层。本系统以集成系统模型为基础,来设计生产管理系统。此系统由围绕以数据库为中心的六大子系统组成如图6-18所示。

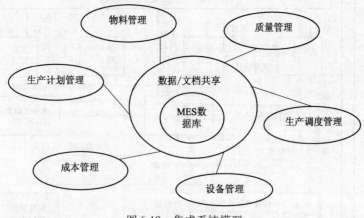

图6-18 集成系统模型

（1）生产计划管理

以上层 ERP 系统所下发的生产计划为核心,结合仓储管理系统的信息,科学、合理地分解为不同车间与工段的月、日生产计划,并为实现整个企业运营的全局优化奠定基础。

（2）物料管理

实现物料跟踪、配合生产计划进行物资发放(原料矿石、设备维护工具、配件)和半成品(生料、熟料)、成品(水泥)的入库,实现库存状况的查询与统计分析、调拨以及物资的日常管理工作,并采用适当的算法或方式进行损益管理。

（3）质量管理

以生、熟料化验管理为核心,立足 PCS 提供的现场实时信息,结合设备子系统确定的设备状态及工艺状态后,对 PCS 控制系统的生、熟料配料、均化,以及熟料煅烧提出指导建议,最终达到稳定水泥生产质量的目的。

（4）成本管理

根据采集上来的数据或录入的数据进行成本的计算,同时进行成本的动态发布和监控,使成本控制发生在生产过程中,而不是在生产完成后,以达到降低成本的目的;与企业资源管理中静态的资产管理相连接,对生产过程的中间库存和中间产品动态信息进行管理,提供成本和物流控制与管理的信息支持。

（5）设备管理

指导企业维护设备的工作以保证生产顺利进行,并产生阶段性、周期性和预防性的维护计划,也提供对紧急问题的响应(报警);保留过去所发生的事件和问题的历史记录有助于处理可能要出现的问题。

（6）生产调度管理

生产调度的任务主要是按照生产计划及设备的运行状态组织生产,收集各个工段的生产、设备、能耗、产品质量等情况以便调度随时掌握生产情况,指挥并协调生产。

通过此系统,可以充分利用车间的各种生产资源、生产方法和丰富的实时现场信息,实现全流程优化调度,保证综合能耗最小;可以与上层管理平台和下层控制模块连通实现数据的无缝连接与共享。

6.3.2.3　生产管理系统与其他管理系统之间的信息集成

在水泥生产过程中,各项生产业务过程之间是不可分割的整体,必须统筹考虑、组织和安排。通过对各过程产生信息的采集、传递、加工和处理,实现企业整体生产经营效果的最优化。在面向 MES 的生产管理系统上层,主要包括供应链管理、销售和服务管理、产品设计、过程工程等,下层是底层生产控制系统,包括 DCS、PLC。生产管理系统与其他系统相连,实现系统之间的信息集成和数据交换,其各子系统与其他管理系统之间的信息集成关系如图 6-19 所示。

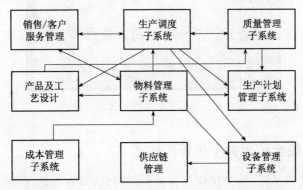

图 6-19　生产管理系统与其他管理系统间的信息集成

（1）生产管理系统接受其他企业管理系统的信息

①供应链管理通过外来物料的采购和供应时间控制着生产计划的制定和某些任务在企业中的生产活动时间。

②销售和客户服务管理提供的产品配置和报价,为实际生产订单信息提供基本的参考依据。

③生产工艺管理提供实际生产的工艺文件和各种配方及操作参数。

④从控制模块传来的实际生产状态数据被生产管理系统用于实际生产性能评估和操作条件的判断。

⑤生产管理系统在运行调度优化计算时,需要设备等资源信息和工艺信息的支持,同时需要控制层反馈信息的支持等。

（2）生产管理系统提供给其他企业管理系统的信息

①生产管理系统向其供应链等提交设备运转情况、生产能力、材料消耗、质检结果、中间仓储情况和产量信息等涉及生产运行的数据。

②生产管理系统发布生产指令控制及有关的生产线运行的各种参数等。

③生产工艺管理可以通过生产管理系统的产品产出和质量数据进行优化。

总之,生产管理系统与其他企业管理系统实现信息集成,可以充分利用各种信息资源,优化调度和合理配置资源。

6.3.2.4　系统运行画面

系统的具体部署可以根据企业实际情况进行。对于大型应用,可以将应用层和数据库分别部署在不同的服务器上,它们之间通过企业内部网络连接起来;对于小型应用,可以将应用层和数据库部署在同一台服务器上。

客户端可以使用 Windows2000 或 WindowsXP 操作系统,它们在我国已经相当普及,稳定性、安全性等性能基本上能满足用户的要求。而服务器出于性能和安全性的考虑需要使用 Windows2000 或 WindowsServer2003 操作系统。用户在使用过程中，可以根据实际应用情况对软件提出修改或增加功能的要求。按照系统部署要求进行安装后，客户端运行时的窗口如图 6-20 所示。

图 6-20　水泥生产管理系统运行界面

6.3.3　水泥生产线全范围数字化管控技术

该技术由在线仿真系统、生产优化与分析系统（POA）、在线能源审计功能、管理优化与决策系统（MOD）四部分构成。由武安市新峰水泥公司与广东亚仿科技公司合作开发实施，2011 年 12 月通过了国家工业和信息化部的科技成果鉴定，建议"十二五"期间推广应用。

6.3.3.1　生产优化与分析系统（POA）

（1）在线经济分析系统

以仿真、控制和信息三位一体平台为基础平台，以来自 DCS 系统的现场运行数据、历史数据和在线仿真系统的实时计算数据、软测量数据为分析的基本要素，利用多种标准算法在线分析水泥厂设备运行状态，对设备的经济性进行全面分析，通过绩效指标帮助运行人员及时发现设备运行状态，为系统经济运行调整提供依据。通过实时采集设备的运行数据，计算设备重要的经济性能指标，分析主要参数的偏差对这些指标的影响，并以各种直观的图形方式输出，对设备运行特性和动态特性进行全面的了解和分析，用以指导操作人员科学地调整操作方式，优化操作，提高全厂的经济性。设备在线经济效益的计算，不仅能反映设备的运行效益，而且可从另一侧面反映出设备的健康水平。针对水泥行业能源消耗、管理及节能技术的现状，根据水泥企业能效对标采用的指标和指标体系进行计算，为水泥行业能源消耗、管理及节能提供基本依据。

（2）在线质量分析系统

针对预分解窑水泥生产线的质量要素，建立质量指标体系，全面及时监视水泥生产中的质量指标的变化，采用全仿真虚拟生产试验优化技术和多维分析技术，分析与质量指标相关的因素和参数，采用智能优化技术，挖掘它们的关联度，探寻以质量、单位能耗、环境排放为核心的优化方案，提高水泥生产线的自动化水平，提高生产线的水泥质量水平，降低水泥生产的单位能耗，减少污染物环境排放，稳定运转，实现精细化操作。

（3）安全分析

数字化水泥厂项目是全面信息化的前提，要解决的一个关键问题就是实现安全生产的超前控制，以可靠性为中心，实现对人员、设备在线的实时的安全性评价。以安全性评价和主辅的效率监测实现对设备可靠性的预测，为水泥厂安全管理决策提供判据，为检修决策提供判据。水泥厂系统发生停车工艺故障的潜在因素多,一旦出现工艺故障,轻则迫使减低产量,重则会导致停产事件发生,甚至会导致设备损坏,无论工艺故障大小,都会间接或直接给水泥厂带来经济损失。因此,通过安全包的故障预测和诊断功能,及早发现系统和设备潜在的工艺故障,预测将来可能出现的异常事件,并及时采取处理措施,可以提高设备和运行的可靠性,确保设备安全、经济地运行。

①异常参数侦测:异常参数在线侦测模型就是分析设备运行参数是否正常,异常参数侦测发现有参数出现异常后,提示运行人员进行相关处理,对于不能直接反映设备状态的信息,进行更深入的分析,直到找出直接原因,提示运行人员进行相关处理。

②危险点:危险点模块针对设备正在进行的操作状态,根据操作手册和现场操作经验,把当前可能存在的危险点和相应的操作注意事项提示给操作人员。为设备的安全、稳定运行提供了有力保障。

③故障诊断:故障诊断基于水泥厂的操作经验和专家知识,针对水泥生产过程中通常发生的工艺故障现象,进行综合分析、提出操作建议,实现了工艺故障的实时分析、工艺故障的及时确认和工艺故障的最快排除。

④在线预警:在线预警分析是参数的异常预警,根据 OLS 快速运行的全范围仿真模型进行预警分析,超前预知可能出现的异常参数,提出排除异常的操作建议。

⑤安全标准库:通过建立水泥安全生产标准库,达到水泥厂各岗位人员对安全标准知识的培训。

⑥安全考核:分为两大部分,一是企业安全标准自评,二是安全标准考试。自评部分方便公司对安全标准的落实情况以及仍然存在的不足做到及时掌握,明确公司目前处于哪一级安全生产标准化企业。考试系统方便公司对员工在安全标准方面的落实情况进行摸底考核。

(4)优化决策

①在线生料配比优化决策系统

生料配比优化决策系统全面及时监视生产过程中生料的质量变化,采用全仿真虚拟生产试验优化技术、数学分析方法、智能优化技术决策出满足当前生产状态,满足产品质量指标的生料配比参数,大幅度提高生料成分合格率和质量稳定性,提高生产线的生料质量水平,稳定运转,实现精细化操作。

生料配比优化决策系统根据各原料化学成分、煤灰的化学成分、煤的工业分析数据以及熟料要求的三率值和热耗进行配料计算,求出生料的 KH、n、p 三率值控制目标和石灰石、黏土、铁粉以及校正原料初始喂料配比,化验室以此作为下达生料配比通知单的依据。

由于原料成分的波动,出磨生料 KH、n、p 三率值与生料 KH、n、p 目标值之间会产生偏差。生料配比优化决策功能根据 X 荧光分析仪分析出它的 SiO_2、Al_2O_3、Fe_2O_3、CaO 等成分,计算出一个周期内的实测 KH、n、p 以及它们与目标值之间的偏差,将繁琐的计算、判断由计算机来完成,分析其内在规律,调整时兼顾到三个率值,决策出满足当前生产状态下,满足产品质量指标的生料配比参数,从而使操作人员心中有数,再加上操作人员经验、感觉和现场综合情况,调整时就得心应手,在几个周期内将出磨生料三率值控制在要求的范围内,确保出磨生料 KH、n、p 三率值的合格率达到规定要求。

②在线煤粉配比优化决策系统

煤粉配比优化决策系统在满足用户需要的前提下,通过高、低热值煤的科学配方,节约了高热值煤资源,使得低热值煤的热能得到充分利用,由此提高窑炉的热效率和热利用率,取得最大经济效益;同时减少了污染物的排放量,取得良好环境效益。在煤粉使用过程中,对窑炉系统的重要运行参数进行实时监视,记录最佳生产运行状态,为生产人员提供指导。

煤粉配比优化决策系统以混煤的着火和燃尽为控制目标,综合分析煤的工业分析、着火特性、燃尽特性等因素,通过输入目标煤粉的控制指标,如 Aad、Vad、发热量,含硫量等,经针对性的优化计算过程得到混煤的经济性最佳的配比方案,为生产人员下达煤粉配比通知单提供指导。

③在线水泥配比优化决策系统

水泥配比优化决策系统实时显示现场生产数据,如物料配比、流量、生产控制测量指标(SO_3、细度、比表面积、水分)等,方便操作人员实时监控,有效决策,相对以前通过报表和电话了解生产控制指标的工作方式,大大提升了工作效率。根据实时监控数据可方便指导生产人员及时调节配比,当流量偏差过大时系统会自动报警以提示操作人员及时处理,这样可保证实际配比最大程度接近设定的配比,从而提高出磨水泥的质量。其中,"配比流程图"功能可实时反映下料秤、皮带秤及水泥磨的运行情况,方便中控人员实时了解现场运行情况。"配比与指标分析"功能帮助生产人员对所关心的指标进行分析,并对关键指标 SO_3 进行预测,提前调节,达到提高水泥 SO_3 合格率,提高水泥产品性能的目标。"生产运行台账"可记录每个班的配比和控制指标数据,还可统计每个班的生产控制指标的合格率,方便相关领导及生产人员查看配比的历史数据和出磨后的产品质量。

6.3.3.2 管理优化与决策系统(MOD)

(1)水泥厂统一门户

水泥厂统一门户系统从数字化水泥的整体角度出发,统合在线仿真系统(OLS)、生产优化与分析系统(POA)和管理优化与决策系统(MOD)的关键数据,将企业综合经营数据、生产运行数据、产品质量数据、优化分析数据及能耗电耗数据等以统一平台的方式集中进行展现,如图6-21所示。

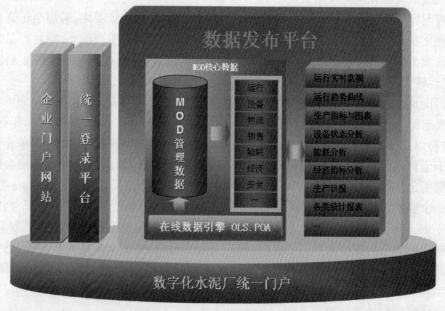

图6-21 数字化水泥厂统一门户

本系统充分体现"数字化水泥厂"项目的一体性,增强 B/S 模式访问实时生产数据的功能;统一 MOD 和 POA 面向管理层的访问入口,整合其关键;使"数字化水泥厂"项目更加突出地体现其面向水泥厂生产和经营的管理特性。

高层领导应用该系统能清晰掌握全厂生产运行数据、关键指标、重要设备状态,相对于电话、会议、纸质材料等传统沟通方式,更为精确、实时、动态。能促进部门领导全面掌握本部门工作情况,通过信息共享准确掌握其他部门资讯,减少部门间沟通和协调,更快更好地开展工作。现场生产人员应用该系统能实时跟踪生产情况,综合应用系统工具和现场数据,在线对生产工艺和个人操作进行不断分析和优化。

（2）节能数据展示平台

与节能相关的关键指标与参数包括熟料、水泥产量、电耗和煤耗等,关键技术参数包括燃料低位发热量、生料、熟料、水泥成分、进出系统的物料量、物料成分,产品质量等,评价指标采用可比熟料综合煤耗、可比熟料综合电耗、可比熟料综合能耗、可比水泥综合电耗、可比水泥综合能耗等。

节能数据展示平台提供能源消耗指标的自动计算和在线分析功能,实现企业能耗指标与国际、国内标准能耗指标的对比和分析功能,掌握自身各项指标能耗在国内外同行业间所处的位置,同时企业也可以与自身不同年度能效指标进行比对,反映自身的指标变化情况。为企业能源消耗、管理及节能提供基本依据。

（3）企业经营管理系统

经营分析管理系统提供了对全厂主要生产、消耗、运行、化验及采购销售数据的综合分析,经营分析子系统包括熟料(水泥)生产指标分析、经济指标分析、运行指标分析、原材料采购数据分析和熟料及各品牌水泥质量情况分析。本系统为各级领导提供全厂主要的经营指标和重要的决策依据。经营分析管理系统包括如下功能:经济指标分析、成本费用分析、大宗原材料分析、质量情况分析。

（4）成本分析系统

成本分析子系统是针对水泥厂精细化管理的需要而设计开发的,基于分厂、生产线、工艺段而设计,既可以提供全厂性的综合成本分析,也可以提供具体化的不同工段的成本分析。成本分析系统既为企业的精细化管理提供量化的手段,同时也为企业的节能减排提供了可操作性的参考依据。

（5）统计管理系统

统计系统是整个 MOD 的数据引擎,绝大部分数字化报表和分析所需的数据由统计系统提供,统计系统主要模块包括:指标基础库、统计指标定义、数据源定义、基础指标获取算法库、数据校验定义、指标维护、数据控制台、错误日志等。

①系统采用数据仓库技术对数据进行有效管理,兼有数据容量大和查询效率高的特性,实现其他管理软件不能完成的功能,如全自动生成生产日报等报表。

②用户可以自主定义统计指标,可以根据实际情况不断发展而不断更新和增加指标,保证水泥数字化与时俱进。

③提供可视化的指标公式定义工具,方便用户定义和测试指标公式。

④提供指标在线分析工具,方便用户在线分析指标数据,以便持续优化运行和节能减排。

（6）化验管理系统

化验管理主要是对入厂的石灰石、黏土、矿渣、砂页岩、无烟煤、石膏等水泥生产必需的原材料及熟料、水泥生产各工艺环节的半成品及成品的化学特性和物料特性进行管理,从源头上控制产品质量,化验室相关人员将相关化验数据录入化验管理系统后,系统能够针对设定的值对比化验数据,得出各化验对象的合格情况。针对化验室化验和实际生产存在一定的滞后性,可以通过数字化水泥强大的分析能力,通过化验室化验得出的物理和化学属性并结合科英平台(SIMCOIN 平台)获取的现场生产实时数据来综合分析出熟料不合格的主要原因。化验系统同时也向 POA 提供基础数据,主要应用于"经济分析"、"生料配比"、"煤粉配比"以及"水泥配比"等功能,使 POA 能实时分析,有效决策,及时应用于生产和控制。

(7)设备管理系统

设备管理系统通过建立设备档案,实施缺陷预防机制,规范检修过程,实时参数状态监控来管理设备。通过这些系统,确保设备稳定运行,提升企业管理水平。

(8)安监管理系统

安监管理系统目前主要的功能是劳保安全隐患登记、劳保安全隐患自查登记和劳保安全隐患登记台账。劳保安全隐患登记主要是针对公司的隐患,进行下达隐患的审批流程、实现隐患消除、整改和复查。安全隐患汇总成劳保安全隐患登记台账,在台账中可以从受检部门、流程状态、整改期限各个角度关注隐患登记的情况。

(9)巡检管理系统

数字化巡检系统是对设备巡检实行量化、动态管理的现代化手段,是促进设备维护部门实行科学化管理的重要步骤。巡检系统软件以维护部门日常管理为主线,实现维护部门日常管理工作的计算机管理,加强维护部门管理的科学化、制度化,提高维护部门整体管理水平,对维护部门日常维护工作的各种数据集中处理,并根据巡检数据对维护工作的完成情况进行考核等。进而实现对设备巡检工作的全程监控和考核,加强对维护工作的信息化管理,提高维护工作的维护效率,强化维护人员的职责,从而能及时发现设备存在的问题及隐患,进一步防止和杜绝重大设备事故的发生,保证设备的安全稳定可靠的运行。系统具有以下特点:

①定人、定点、定量、定标、定路线、定周期、定方法、定检查记录,施行全过程对运行设备进行动态检查。

②分析巡检数据,通过设备状态曲线可及时发现设备隐患;通过统计功能,可统计出人员的漏检、迟检次数。

③结合检修管理系统可安排检修计划,达到系统之间数据的共享。

(10)生产实时监视系统

生产实时监视系统是指运行于管理优化与决策系统(MOD)的前端机上,系统不但能实时显示生产现场的实际数据,而且能显示许多在线仿真系统(OLS)和生产优化与分析系统(POA)对设备运行的性能、效益等经济性方面的计算和分析数据,直接把现场的 DCS 数据和 OLS、POA 的计算数据呈现到管理人员的办公桌面。

"数字化水泥厂"的生产实时监视系统将不需要再直接与生产线上的 DCS 等控制系统进行物理连接,由于科英平台(SIMCOIN 平台)实时共享数据库中已经存储了生产实时监视系统所需要的各种监视数据,因此生产实时监视系统将通过访问实时共享数据库来获取所需要的数据。

在此系统上管理人员可以远程监视与现场监控画面实时同步的内容,但不能对现场实时系统进行任何操作。既可满足管理人员的工作需要,同时也不会对现场实时系统有任何的影响,保证生产安全,帮助水泥企业发现问题。

(11)移动办公系统

移动办公系统包括以下功能:

①待办工作:提供待办工作到达提醒,待办工作查看与处理功能。

②个人消息:提供系统内部消息到达提醒、接收、查阅与发送功能。

③指标查询:提供系统指标数据的定制与查询功能。

④统计报表:提供系统报表的在线查看功能。

⑤实时数据:提供系统实时数据的定制与查看功能。

(12)内容管理平台

内容管理系统可实现网站信息的编辑、制作和发布的全流程管理,为企业提供网站建设、频道(栏目)规划、内容的组织管理、加工与自动发布以及页面模版制作的完整工作平台。

(13)短信息系统

短信管理系统(ASM)集短信发送和指标发送于一身。只需要一个短信猫、一张手机卡、一台电脑,就能轻松实现手机短信和电脑的完美结合。公司员工能及时、定时了解生产情况和指标数据,此外公司的日常会议、各种通知公告活动,也能通过本系统发送,使生产和办公结合在一起,减少了公司原有的短信发送系统的闲置和浪费,让原来只能在办公系统使用的短信,能推广到生产现场使用。

6.3.3.3　在线能源审计系统

在线能源审计是结合企业能源审计的基本方法对企业能源利用状况进行统计分析,对用能单位能源利用效率、消耗水平、能源经济与环境效果进行审计、监测、诊断和评价,从中寻找节能途径及解决方案。

在线能源审计模块主要是针对能源审核的部分内容——如企业能源计量与统计;能源统计报表;主要用能设备运行效率监测分析;企业能源消耗指标计算分析;重点工艺能耗指标与单位产品能耗指标计算分析;产值能耗指标与能源成本指标计算分析等进行计量、统计、分析,来为用户提供一个能源审计的基本资料,方便用户进行能源审核。

支撑平台技术不仅可以实现实时数据采集,建立实时/历史数据库,在线仿真能源利用的各种工艺流程,而且通过优化模型在线分析能源利用的各个环节,提高整体能源利用效率,减少污染物排放,最终实现节能降耗减排。

6.3.3.4　水泥信息资料库

整理、收录了大量水泥厂相关技术资料,分门别类地提供在线阅读和下载功能,帮助企业形成自身的知识库,并根据企业发展需要,不断积累、改进和更新,帮助员工不断提升自身业务素养和技术能力,促进企业形成一股"比学习、比技术、比能力"的良好工作氛围。

6.4　水泥中央控制室认知

中央控制室是指能够把全厂所有操作功能集中起来,并把生产过程集中进行监视和控制的一个中心场所。在中控室里,通过计算机等技术能将整个生产过程参数、设备运行情况等全面迅速反映出来,并能对过程参数实现及时、准确地控制。因此,中央控制室是全厂控制枢纽的指挥中心。

把生产过程集中在中控室内进行显示、报警、操作和管理,可以使操作人员对全厂生产情况一目了然,便于针对生产过程中出现的问题,及时进行调度指挥,从而有利于优化操作,实现高产、优质、低消耗。

在当今的 IT 时代,生产过程自动化不仅是把中控室作为操作和运行水泥厂的工具,而且也将过程信息和整个企业的管理集成在一个信息管理系统中,使之达到效率高、成本低、产品质量优良的企业。工业自动化的控制模型一般为 3 层结构:即企业资源规划(ERP),制造执行系统(MES)与过程控制系统(PCS)3 层,它们分别起到计划层(制订生产计划),执行层(实施生产管理与质量控制),控制层(实现逻辑、闭环和过程控制等)作用,生产过程借助于 MES 进行集成与协调控制,通过工厂的信息管理系统(PMIS)、产品规范管理系统(PSMS)、物流管理系统、设备管理系统、实验室和化验室的信息管理系统、生产订单的管理系统以及详细的生产排程和生产运营记录系统,使得大的水泥集团的信息不仅具有很好的计划系统,还能使计划落到实处,操作员可以远程在线控制水泥生产,实现操作过程自动化,使生产更有序,更经济,既提高了生产效率,又节约了成本。因此,中控室代表了一种全面和卓越的自动化新理念,它在执行层(MES)中通过生产建模器进行集成与协调控制,做到了生产过程的高效和成本优化的集成。在一个信息管理系统,过程信息和整个企业的管理同样也集成在这个系统中。

预分解窑水泥生产实际上是物料流和气流综合的煅烧与控制过程,物料流又包括原料流、半成品流和成品流;燃料流包括煤粉流或天然气流或油流;气流中又包括冷风、热风、一次风、二次风、三次风等。图 6-22 为预分解窑水泥生产线鸟瞰图。

图 6-22　预分解窑水泥生产线鸟瞰图

为此,在工艺过程中,要监控温度、压力、气体成分和浓度,还有储存库的料位、流量、质量、阀门开度等,若包括设备需监控的全部参数,一个典型的 5000t/d ~ 5500t/d 单条水泥生产线需要检测的物理参数为 500 ~ 600 个,在控制系统中称其为模拟量输入(AI)。另外需报警的点约为 1000 个,它包括模拟量和开关量;一个典型的 2500t/d 生产线要监控的过程变量有 495 个,需报警的点约有 720 个,在控制系统中称其为报警值(Alarm)。

水泥中央控制室主要由窑系统主要 PI 回路和磨系统主要 PI 回路组成。水泥中央控制室操作员因分工看窑或看磨而被分成了窑操作员(简称窑操)和磨操作员(简称磨操),是水泥厂技术含量最高的岗位之一,工作责任重大。图 6-23 为操作员正在工作。

图 6-23　水泥中央控制室操作员正在工作

6.4.1　窑系统主要 PI 回路

6.4.1.1　窑头罩负压控制回路

被控过程变量是窑头罩负压,调节参量是窑头系统风机的开度。窑头罩负压一般在 −50 ~ −20Pa,负压过大,则窑内风速太高;负压过小,如出现正压会导致窑头冒灰、返火。PI 回路设定点可设在 −30Pa,P 比例常数和 I 积分时间根据偏差大小和存在时间来确定,一般 P 设定在 50 以下,积分时间设定在 5min 以下。压力控制回路是属于一阶惯性小的 PI 回路,由于过程压力变化快、扰动频繁及回路滞后时间常数大,故投入此回路难度较大,必须深入研究工况。

6.4.1.2　分解炉出口温度控制回路

被控过程变量是分解炉出口温度,调节参量是分解炉的喂煤量。分解炉出口温度正常生产时为 860 ~ 900℃,它是判断分解炉内燃烧情况和分解率的重要参数,若高则需要减煤,若低则需要加煤。温度控制回路是属于一阶滞后的 PI 回路,过程温度变化较慢,用常规的 PI 参数设定,能较易投入此回路。

6.4.1.3　增湿塔出口温度控制回路

被控过程变量是增湿塔出口温度,调节参量为回水量或喷头个数。增湿塔出口温度一般控制在 130 ~ 160℃之间,它是反映增湿塔喷水雾化和冷却效果的关键参数。此回路投入的关键是直行程电动执行器的流量特性。

6.4.1.4　均化库内小仓料位控制回路

被控过程变量是小仓料位,调节参量是电动流量阀的开度。根据小仓的高度设定稳定的料位值,料位值稳定确保窑尾喂料系统的正常运行。过程料位变化较慢,用常规的 PI 参数设定,能较易投入此回路。

其他还有冷却机篦下压力调篦床速度,高温风机出口压力调废气处理风机的开度等,这些回路同窑头罩负压控制回路一样,投入难度大。

图 6-24 为某厂窑操工作界面。

261

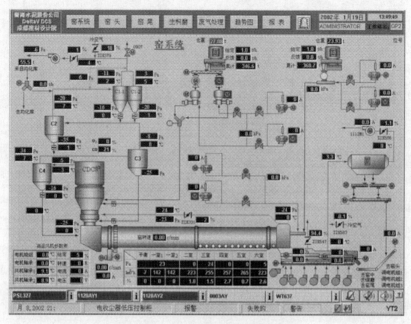

图 6-24　某厂窑操工作中控界面

6.4.2　磨系统主要 PI 回路

　　磨系统主要 PI 回路有：①生料磨出磨负压和出磨温度的调节回路。②水泥磨的出磨水泥温度的调节回路。③煤磨的出磨温度的调节回路。这些调节回路根据工艺的要求设置。

　　磨系统主要是磨的负荷控制回路，此回路能可靠投入运行，能降低磨运行的电耗。对球磨，被控过程变量是磨机和提升机的功率、磨音的频率等；对于立磨，被控过程变量是进出口的压差，调节参量是定量给料机的喂料量。

　　图 6-25 为某厂磨操工作界面。

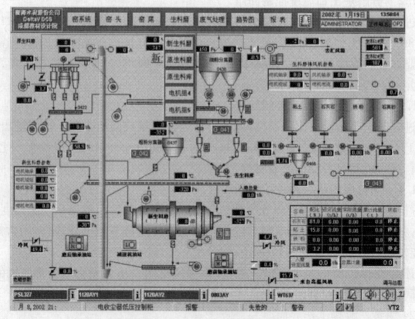

图 6-25　某厂磨操工作中控界面

6.4.3 中控操作界面认知

图 6-26～图 6-37 分别为预分解窑水泥生产线各生产环节中控操作界面。

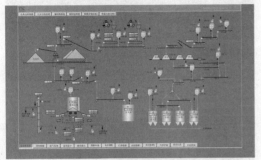

图 6-26 原料堆取料中控界面

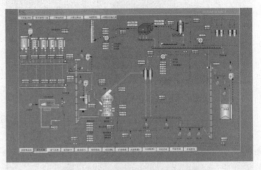

图 6-27 原料粉磨中控界面

图 6-28 废气处理中控界面

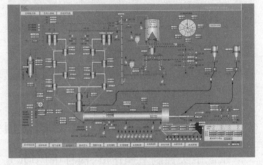

图 6-29 窑尾窑中中控界面

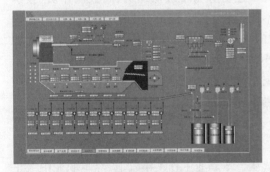

图 6-30 烧成窑头中控界面

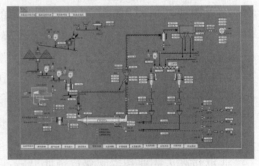

图 6-31 煤粉制备中控界面

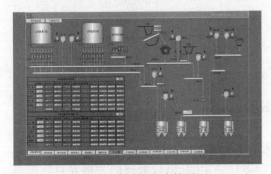

图 6-32 水泥调配中控界面

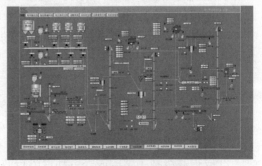

图 6-33 水泥粉磨 1 中控界面

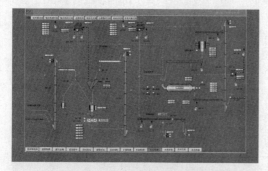

图 6-34　水泥粉磨 2 中控界面

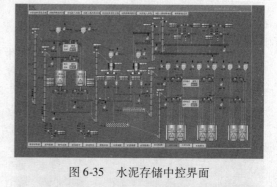

图 6-35　水泥存储中控界面

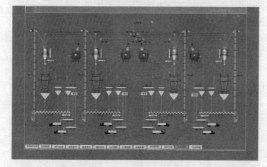

图 6-36　水泥包装中控界面

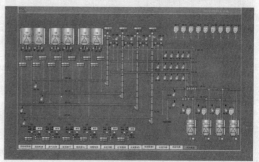

图 6-37　水泥散装中控界面

6.4.4　水泥中央控制室操作员岗位须知

水泥中央控制室操作员,简称中控员,是指在中央控制室对水泥生产全过程进行监控、操作、指挥的人员。根据技术水平的高低,可将中控员分为中级操作员、高级操作员、技师操作员和高级技师操作员。根据操作设备的不同,可以将中控员分为窑操和磨操两种岗位。在水泥中央控制室负责整个煅烧系统操作的人员被称为窑操作员,简称窑操。在水泥中央控制室负责磨系统操作的人员被称为磨操作员,简称磨操。磨操根据粉磨设备的不同,又可分为煤磨操、原料磨操、水泥磨操。国家职业标准《水泥中央控制室操作员》对其职业概况、基本要求、工作要求、理论知识和技能操作比重表做出了具体规定。

6.4.4.1　申报条件

(1)中级(具备以下条件之一者)

①取得相关职业初级职业资格证书后,连续从事本职业工作 4 年以上,经本职业中级正规培训达规定标准学时数,并取得结业证书。

②连续从事本职业工作 8 年以上。

③取得经劳动保障行政部门审核认定的、以中级技能为培养目标的中等以上职业学校本职业(专业)毕业证书。

(2)高级(具备以下条件之一者)

①取得本职业中级职业资格证书后,从事本职业工作 4 年以上,经本职业高级正规培训达规定标准学时数,并取得结业证书。

②取得本职业中级职业资格证书后,连续从事本职业工作 5 年以上。

③取得高级技工学校或经劳动保障行政部门审核认定的、以高级技能为培养目标的高等职业学校本职业(专业)毕业证书。

④取得本职业中级职业资格证书的大专以上本专业或相关专业毕业生,连续从事本职

业工作3年以上。

（3）技师（具备以下条件之一者）

①取得本职业高级职业资格证书后，连续从事本职业工作4年以上，经本职业技师正规培训达规定标准学时数，并取得结业证书。

②取得本职业高级职业资格证书后，连续从事本职业工作5年以上。

③取得本职业高级职业资格证书后的高级技工学校本职业（专业）毕业生或大专以上本专业的毕业生，连续从事本职业工作4年以上。

（4）高级技师（具备以下条件之一者）

①取得本职业技师职业资格证书后，连续从事本职业工作3年以上，经本职业高级技师正规培训达规定标准学时数，并取得结业证书。

②取得本职业技师职业资格证书后，连续从事本职业工作5年以上。

6.4.4.2　鉴定方式、鉴定时间和鉴定场所设备

（1）鉴定方式：分为理论知识考试和技能操作考核。理论知识考试采用闭卷笔试方式，技能操作考核采用现场实际操作、仿真模拟、答辩等方式。理论知识考试和技能操作考核均实行百分制，成绩皆达到60分以上者为合格。技师和高级技师鉴定还须进行综合评审。

（2）鉴定时间：理论知识考试时间不少于60min；技能操作考核时间为180～360min；技师和高级技师综合评审时间不少于45min。

（3）鉴定场所设备：理论知识考试在标准教室进行；技能操作考核在操作培训场所进行。

6.4.4.3　基本要求

包括职业道德和基础知识两部分。职业道德包括职业道德基本知识和职业守则；基础知识包括基本理论知识、安全文明生产与环境保护知识、质量管理知识和相关法律、法规知识。

（1）基本理论知识

①水泥生产基本知识：水泥国家标准；硅酸盐水泥原料、燃料、生料的化学成分；硅酸盐水泥熟料的矿物组成；水泥熟料在煅烧过程中所发生的物理化学反应。

②新型干法水泥生产技术的基本知识：新型干法水泥生产的特点；新型干法生产工艺流程；主机设备的名称、结构、工作原理。

③计算机基本知识。

④水泥厂中央控制系统组成的基本知识。

（2）安全文明生产与环境保护知识

①文明生产知识。②劳动保护知识。③安全操作知识。④环境保护知识。

（3）质量管理知识

①班组管理。②质量管理。③设备工具管理。④成本管理。⑤文明生产管理。

（4）相关法律、法规知识

①劳动法相关知识。②合同法相关知识。③安全生产法的有关知识。④质量法相关知识。⑤计量法相关知识。⑥标准化法相关知识。

6.4.4.4　工作要求

国家职业标准对中级、高级、技师、高级技师的技能要求依次递进，高级别涵盖低级别的要求。

[注]受编写标准时收尘技术水平所限，收尘器当时多用电收尘，现已改用袋收尘。

（1）中级操作员的工作要求。见表6-9。

表6-9　中级操作员的工作要求

职业功能	工作内容		技能要求	相关知识
一、作业前准备	（一）劳动保护准备		1. 能够按要求准备个人劳动保护用品。 2. 能够按规定安全合理地使用器具。	岗位操作规程
	（二）技术准备		1. 能够读懂检验报告和技术文件。 2. 能够查看交接班记录，准备生产记录表。 3. 能够完成生产通信联系工作。 4. 能够判断现场仪器、测量仪表的工作状态	1. 交接班制度。 2. 测量仪器、仪表的种类、作用及安装位置
二、生产运行操作	（一）生料制备系统的运行操作	球磨机	1. 能够与生产现场配合，按顺序依次进行生料制备系统组的启动操作。 2. 能够稳定磨机电耳、提升机功率。 3. 能够稳定入磨气体温度及压力。 4. 能够控制生料均化库及各种储库内料面高度。 5. 能够利用生料均化库称重仓的仓重信号，调节库侧电动流量阀的开度，使称重仓的料量保持稳定。 6. 能够控制生料库环形区的均化时间。 7. 能够稳定增湿塔出口气体温度。 8. 能够稳定增湿塔入口压力。 9. 能够在生料制备系统进行定期检修、中修、临时停车后完成系统的试车工作。 10. 能够填写生产记录表，完成交接班工作	1. 生料制备系统组启动顺序的相关知识。 2. 生料制备系统简单操作控制参数与可控变量的调节。 3. 物料气力搅拌、重力均化知识。 4. 废气处理系统的主要操作控制参数与可控变量的调节。 5. 生料制备系统检修、试车操作知识
		立式磨	1. 能够与生产现场配合，按顺序依次进行生料制备系统组的启动操作。 2. 能够稳定入磨气体温度及压力。 3. 能够控制磨内通风量。 4. 能够控制生料均化库及各种储库内料面高度。 5. 能够利用生料均化库称重仓的仓重信号，调节库侧电动流量阀的开度，使称重仓的料量保持稳定。 6. 能够控制生料库环形区的均化时间。 7. 能够稳定增湿塔出口气体温度。 8. 能够稳定增湿塔入口压力。 9. 能够在生料制备系统进行定期检修、中修、临时停车后完成系统的试车工作。 10. 能够填写生产记录表，完成交接班工作	
	（二）煤粉制备系统的运行操作	风扫磨	1. 能够与生产现场配合，按顺序依次进行煤粉制备系统组的启动操作。 2. 能够稳定磨机电耳参数。 3. 能够稳定入磨气体温度及压力。 4. 能够在煤粉制备系统进行定期检修、中修、临时停车后完成系统的试车工作。 5. 能够填写生产记录表，完成交接班工作	1. 煤粉制备系统组启动顺序的相关知识。 2. 煤粉制备系统简单操作控制参数与可控变量的调节。 3. 煤粉制备系统检修、试车操作知识
		立式磨	1. 能够与生产现场配合，按顺序依次进行煤粉制备系统组的启动操作。 2. 能够稳定入磨气体温度及压力。 3. 能够控制磨内通风量。 4. 能够在煤粉制备系统进行定期检修、中修、临时停车后完成系统的试车工作。 5. 能够填写生产记录表，完成交接班工作	1. 煤粉制备系统组启动顺序的相关知识。 2. 煤粉制备系统简单操作控制参数与可控变量的调节。 3. 煤粉制备系统检修、试车操作知识
	（三）煅烧系统的运行操作		1. 能够与生产现场配合，按顺次依次进行烧成系统组的启动操作。 2. 能够稳定C1旋风筒出口温度。 3. 能够稳定窑门罩压力。 4. 能够在熟料煅烧系统进行定期检修、中修、临时停车后完成系统的试车工作。 5. 能够填写生产记录表，完成交接班工作	1. 熟料煅烧系统组启动顺序的相关知识。 2. 熟料煅烧系统简单操作控制参数与可控变量的调节。 3. 熟料煅烧系统检修、试车、点火、挂窑皮操作知识

职业功能	工作内容	技能要求	相关知识
二、生产运行操作	(四)水泥制成系统的运行操作	1. 能够与生产现场配合,按顺序依次进行水泥制成系统组的启动操作。 2. 能够稳定磨机电耳、提升机功率。 3. 能够稳定出磨气体温度。 4. 能够控制熟料库及水泥储库内料面高度。 5. 能够在水泥制成系统进行定期检修、中修、临时停车后完成系统的试车工作。 6. 能够填写生产记录表,完成交接班工作	1. 水泥制成系统组启动顺序的相关知识。 2. 水泥制成系统简单操作控制参数与可控变量的调节。 3. 熟料、水泥储存的基本知识。 4. 水泥制成系统检修、试车操作知识
三、故障处理	(一)生料制备系统的故障处理	1. 能够进行磨机电耳数值过高或过低的判断及处理。 2. 能够进行磨尾提升机功率数值过高或过低的判断及处理。 3. 能够进行入磨气体温度过高或过低的判断及处理。 4. 能够进行磨尾负压偏高的判断及处理。 5. 能够进行出磨成品细度的调节。 6. 能够进行粉磨系统回料量过大情况的判断及处理。 7. 能够进行磨机进出口气体压差过高或过低的判断及处理。 8. 能够进行磨机轴瓦温度过高的判断及处理	1. 生料制备系统操作中简单故障及处理方法。 2. 生料均化过程中常见故障的处理方法。 3. 废气处理系统常见故障的处理方法。 4. 生料制备系统停车操作知识
	(二)煤粉制备系统的故障处理	1. 能够进行磨机电耳数值过高或过低的判断及处理。 2. 能够进行入磨气体温度、压力过高或过低的判断及处理。 3. 能够进行煤磨出口气体负压过高或过低的判断及处理。 4. 能够进行出磨成品细度的调节。 5. 能够进行磨机进出口气体压差过高或过低的判断及处理。 6. 能够完成煤粉制备系统故障停车操作	1. 煤粉制备系统操作中简单故障及处理方法。 2. 煤粉制备系统停车操作知识
	(三)煅烧系统的故障处理	1. 能够进行 C1 出口温度升高的判断及处理。 2. 能够进行分解炉出口温度过高或过低的判断及处理。 3. 能够进行窑内火焰温度过高或过低的判断及处理。 4. 能够进行窑内火焰形状过粗或出现火焰分叉情况的判断及处理。 5. 能够进行窑尾负压过高或过低的判断及处理。 6. 能够进行窑头出现正压情况的判断及处理。 7. 能够进行窑体表面温度升高的判断及处理。 8. 能够进行托轮瓦温过高的判断及处理。 9. 能够进行窑尾排风机入口气体压力过高或过低的判断及处理。 10. 能够进行入高温风机气体温度过高的判断及处理。 11. 能够进行电收尘器内收尘电场突然断电、高压跳闸情况的判断及处理。 12. 能够完成煅烧系统故障停车操作	1. 熟料煅烧系统操作中简单故障及处理方法。 2. 熟料煅烧系统停车操作知识
	(四)水泥制成系统的故障处理	1. 能够进行磨机电耳数值过高或过低的判断及处理。 2. 能够进行磨尾提升机功率数值过高或过低的判断及处理。 3. 能够进行磨尾负压偏高的判断及处理。 4. 能够进行出磨成品细度过细或过粗的判断及处理。 5. 能够进行粉磨系统回料量过大情况的判断及处理。 6. 能够进行磨机进出口气体压差过高或过低的判断及处理。 7. 能够进行磨机轴瓦温度过高的判断及处理。 8. 能够进行熟料库或水泥库内积料或堵料的判断及处理。 9. 能够完成水泥制成系统故障停车操作	1. 水泥制成系统操作中简单故障及处理方法。 2. 水泥制成系统停车操作知识

(2)高级操作员的工作要求。参见表6-10。

表 6-10　高级操作员的工作要求

职业功能	工作内容		技能要求	相关知识
一、作业前准备	（一）劳动保护准备		能够对中级操作员的安全准备进行检查和监督	安全检查的目的、内容及方法
	（二）技术准备		1. 能够读懂各种热工仪表的使用说明书。 2. 能够检查 CRT 所显示的生产运行状态	1. 各种热工仪表的结构、性能、使用方法、维护知识。 2. CRT 画面的组成知识
二、生产运行操作	（一）生料制备系统的运行操作	球磨机	1. 能够在生料制备系统进行大修、重大技术改造后完成系统试车工作。 2. 能够稳定磨机进出口气体压差、选粉机功率等参数。 3. 能够稳定出磨成品细度。 4. 能够稳定出磨气体温度。 5. 能够控制入电收尘器气体的温度及 CO 的含量	1. 生料制备系统主要操作控制参数。 2. 生料制备系统可控变量的调节。 3. 研磨体级配、装载量与磨机产质量的关系。 4. 磨音趋势曲线图的识别知识。 5. 立式磨系统的主要操作控制参数。 6. 立式磨系统可控变量的调节
		立式磨	1. 能够在生料制备系统进行大修、重大技术改造后完成系统试车工作。 2. 能够稳定磨内料床的厚度。 3. 能够控制磨机进出口压差。 4. 能够维持出磨气体温度稳定。 5. 能够稳定出磨成品细度。 6. 能够根据原料粒度和易磨性调节粉磨液压。 7. 能够稳定窑尾排风机出口气体压力	
	（二）煤粉制备系统的运行操作	风扫磨	1. 能够在煤粉制备系统进行大修、重大技术改造后完成系统试车工作。 2. 能够稳定出磨气体压力、温度。 3. 能够稳定磨机进出口气体压差、选粉机功率等参数。 4. 能够稳定出磨成品的细度	1. 煤粉制备系统主要操作控制参数。 2. 煤粉制备系统可控变量的调节
		立式磨	1. 能够在生料制备系统进行大修、重大技术改造后完成系统试车工作。 2. 能够稳定磨内料床的厚度。 3. 能够控制磨机进出口压差。 4. 能够维持出磨气体温度稳定。 5. 能够稳定出磨成品细度	
	（三）煅烧系统的运行操作		1. 能够对熟料煅烧系统进行大修、重大技术改造，在新窑投产后完成系统试车、点火、挂窑皮等工作。 2. 能够稳定窑内火焰温度。 3. 能够稳定窑尾烟室温度及压力。 4. 能够稳定窑速、窑主电动机电流。 5. 能够稳定分解炉出口温度及压力。 6. 能够稳定分解炉出口废气中 O_2、CO 的含量。 7. 能够稳定各级旋风筒出口气体温度及压力。 8. 能够稳定各级旋风筒锥体压力。 9. 能够稳定各级旋风筒下料管温度。 10. 能够稳定二次风温度、三次风温度及冷却机余风温度。 11. 能够稳定冷却机箅板温度及箅下压力。 12. 能够稳定冷却机箅板上熟料层的厚度。 13. 能够稳定窑头收尘器进口气体压力及温度	1. 熟料冷却系统的主要操作控制参数及可控变量的调节。 2. 耐火材料的种类、规格、性能。 3. 燃料燃烧的基本知识

职业功能	工作内容	技能要求	相关知识
二、生产运行操作	（四）水泥制成系统的运行操作	1. 能够在水泥制成系统进行大修、重大技术改造后完成系统试车工作。 2. 能够稳定磨机进出口气体压差、选粉机功率。 3. 能够稳定磨机入口压力。 4. 能够稳定出磨成品的细度。 5. 能够稳定收尘器进口气体温度及压力	1. 水泥制成系统主要操作控制参数。 2. 水泥制成系统可控变量的调节。 3. 联合粉磨系统主要操作控制参数与可控变量的调节
三、故障处理	（一）生料制备系统的故障处理	1. 能够解决在生料制备系统试生产操作中出现的常见生产故障，并指导中级操作员完成该项操作内容。 2. 能够判断出磨生料的化学成分是否合适并进行处理。 3. 能够进行选粉机电流过高的判断及处理。 4. 能够进行选粉机速度失控的判断及处理。 5. 能够进行磨机电流明显增大情况的判断及处理。 6. 能够进行出磨气体温度过高的判断及处理。 7. 能够进行排风机进口压力过高的判断及处理。 8. 能够进行收尘器入口负压过高或过低的判断及处理。 9. 能够进行立式磨振动太大甚至出现振停情况的判断及处理。 10. 能够进行立式磨大量吐渣的判断及处理。 11. 能够进行立式磨主电动机电流波动过大情况的处理。 12. 能够进行立式磨循环风机电流波动过大情况的处理	1. 生料制备系统试生产操作中常见故障的处理方法。 2. 配料方案的选择及配料计算。 3. 立式磨系统操作过程中常见故障及处理方法。 4. 物料易磨性对粉磨系统产质量的影响
	（二）煤粉制备系统的故障处理	1. 能够解决在煤粉制备系统试生产操作中出现的常见生产故障，并指导中级操作员完成该项操作。 2. 能够进行选粉机电流过高的判断及处理。 3. 能够进行选粉机速度失控的判断及处理。 4. 能够进行磨机电流明显增大情况的判断及处理。 5. 能够进行煤磨出口气体温度过高或过低的判断及处理。 6. 能够进行煤磨电收尘灰斗温度过高的判断及处理。 7. 能够进行排风机进口压力过高的判断及处理。 8. 能够进行收尘器入口温度偏高的判断及处理	1. 煤粉制备系统试生产操作中常见故障的处理方法。 2. 煤粉制备系统操作中复杂故障及处理方法
	（三）煅烧系统的故障处理	1. 能够解决在点火投料及新窑试生产操作中出现的常见生产故障，并指导中级操作员完成该项操作。 2. 能够进行冷却机出现掉篦板情况的判断及处理。 3. 能够进行冷却机余风温度过高的判断及处理。 4. 能够进行冷却机篦板温度过高的判断及处理。 5. 能够进行收尘器进出口气体压差过大的判断及处理。 6. 能够进行各级预热器出口气体温度过高或过低的判断及处理。 7. 能够进行各级预热器出口气体压力过高或过低的判断及处理。 8. 能够进行预热器系统结皮、堵塞情况的判断及处理。 9. 能够进行各级预热器中某级发生塌料的判断及处理。 10. 能够进行窑内熟料出现过烧情况的判断及处理。 11. 能够进行窑头出现跑生料情况的判断及处理。 12. 能够进行窑内出现结圈或窑皮过厚现象的判断及处理。 13. 能够进行窑内出现掉窑皮、结蛋情况的判断及处理。 14. 能够进行窑尾温度过高或降低较多情况的判断及处理	1. 液体流动过程中阻力损失产生的原因及减小阻力的方法。 2. 流体流态化基础知识。 3. 熟料冷却系统操作中常见故障及处理方法。 4. 煅烧系统在点火投料及新窑试生产过程中出现的常见故障及其处理方法。 5. 熟料煅烧系统操作中出现的复杂故障及其处理方法
	（四）水泥制成系统的故障处理	1. 能够解决在煤粉制备系统试生产操作中出现的常见生产故障，并指导中级操作员完成该项操作内容。 2. 能够判断出磨水泥的化学成分是否合适并进行处理。 3. 能够进行磨机主电动机电流明显增大情况的判断及处理。 4. 能够进行选粉机电动机电流过高的判断及处理。 5. 能够进行选粉机速度失控的判断及处理。 6. 能够进行磨机主排风机电流明显增大情况的判断及处理。 7. 能够进行出磨气体温度过高的判断及处理。 8. 能够进行排风机进口压力过高或过低的判断及处理。 9. 能够进行收尘器入口负压过高或过低的判断及处理	1. 水泥制成系统试生产操作中的常见故障及处理方法。 2. 辊压机系统操作过程中常见故障及处理方法。 3. 水泥制成系统操作中复杂故障及处理方法

（3）技师操作员的工作要求。见表6-11。

表6-11　技师操作员的工作要求

职业功能	工作内容	技能要求	相关知识
一、生产运行操作	（一）生料制备系统的运行操作	1. 能够通过出磨生料的化学组成、率值调节配料方案。 2. 能够在新设备试运转时调整生产参数，稳定生产	1. 配料方案的选择及配料计算。 2. 不同品种水泥对生料的质量要求
	（二）煤粉制备系统的运行操作	能够在使用新设备粉磨煤粉时调整生产参数，稳定生产	不同品质煤粉的粉磨性能
	（三）煅烧系统的运行操作	1. 能够通过出磨水泥的化学成分调整配料方案。 2. 能够在新设备试运转时调整生产参数，稳定生产	1. 烧成系统物料、气流、窑壁间进行传热的方式、特点。 2. 物料的物理、化学性能对煅烧工艺的影响。 3. 烧成系统风、煤、料之间的配合关系。 4. 射流理论的基本知识。 5. 分解炉的工艺性能及热工性能。 6. 分解炉的种类及特点
	（四）水泥制成系统的运行操作	1. 能够通过出磨水泥的化学成分调整配料方案。 2. 能够在新设备试运转时调整生产参数，稳定生产	1. 国家标准对各种水泥的质量要求。 2. 混合材的掺加对熟料性能的影响
二、故障处理	（一）生料制备系统的故障处理	1. 能够解决各种生料制备系统操作中出现的疑难问题。 2. 能够处理新设备运转中出现的生产故障	各种生料制备系统、生料粉磨设备的种类、特点、操作知识
	（二）煤粉制备系统的故障处理	1. 能够解决各种煤粉制备系统操作中出现的疑难问题。 2. 能够处理新设备运转中出现的生产性故障	各种煤粉制备系统的种类、特点
	（三）煅烧系统的故障处理	1. 能够解决熟料煅烧系统操作中出现的疑难问题。 2. 能够处理各种新型水泥熟料煅烧设备运转中出现的生产性故障	1. 熟料的物理、化学性质对煅烧系统操作的影响。 2. 煅烧系统的热工制度。 3. 各种水泥熟料煅烧系统、设备的种类、特点、操作知识
	（四）水泥制成系统的故障处理	1. 能够解决各种水泥制成系统操作中出现的疑难问题。 2. 能够处理新设备运转中出现的生产故障	各种水泥粉磨系统、粉磨设备的种类、特点、操作知识
三、生产管理	（一）组织协调	1. 能组织有关人员协同作业。 2. 能协助部门领导进行生产计划、调度及人员的管理	生产管理基本知识
	（二）技术管理	1. 能够对新装设备进行调试、验收。 2. 能够对新设备生产中出现的重大质量问题进行分析、攻关和改造。 3. 能够在处理生产中的重大技术问题时提出自己的建议。 4. 能够参与引进设备的论证工作。 5. 能够组织有关人员在技术改造后对设备进行检查调试和验收工作。 6. 能够组织有关人员修改、制定生产操作规程，会审工艺设计项目	1. 技术改造的方法、途径。 2. 国内外新工艺、新技术、新设备知识
	（三）质量管理	1. 能够对提高产品的质量、降低热耗、电耗提出建议。 2. 能够在本职工作中认真贯彻各项质量标准	水泥生产过程中热耗、电耗的计算方法、测定方法及影响因素

续表

职业功能	工作内容	技能要求	相关知识
四、培训与指导	（一）理论培训	能够对本职业中级、高级操作员进行理论培训	
	（二）技能指导	1. 能够指导本职业中级、高级操作员进行实际操作。 2. 能够指导本职业中级、高级操作员进行新设备、新工艺的实际操作	培训教学的基本方法

（4）高级技师操作员的工作要求。见表6-12。

表6-12　高级技师操作员的工作要求

职业功能	工作内容	技能要求	相关知识
一、生产运行操作	（一）生料制备系统的运行操作	能够在新品种水泥试生产时，通过生料制备系统的数据变化调整生产参数，稳定生产	各种水泥对生料的质量要求
	（二）煤粉制备系统的运行操作	能够在新品种水泥试生产时，通过煤粉制备系统的数据变化调整生产参数，稳定生产	各种水泥对煤粉的质量要求
	（三）煅烧系统的运行操作	能够在新品种水泥熟料试生产时，通过煅烧系统的数据变化调整生产参数，稳定生产	各种水泥对熟料的质量要求
	（四）水泥制成系统的运行操作	能够在新品种水泥试生产时，通过水泥制成系统的数据变化调整生产参数，稳定生产	各种水泥对水泥成品、混合材的质量要求
二、故障处理	（一）生料制备系统的故障处理	能够组织相关工种对新品种水泥试生产过程中生料制备系统出现的重大质量问题进行分析、攻关	生料制备系统在新品种水泥试生产过程中出现的生产性故障的处理方法
	（二）煤粉制备系统的故障处理	能够组织相关工种对新品种水泥试生产过程中煤粉制备系统出现的重大质量问题进行分析、攻关	煤粉制备系统在新品种水泥试生产过程中出现的生产性故障的处理方法
	（三）煅烧系统的故障处理	能够组织相关工种对新品种水泥熟料煅烧过程中出现的重大质量问题进行分析、攻关	煅烧系统在新品种水泥试生产过程中出现的生产性故障的处理方法
	（四）水泥制成系统的故障处理	能够组织相关工种对新品种水泥试生产过程中水泥制成系统出现的重大质量问题进行分析、攻关	水泥制成系统在新品种水泥试生产过程中出现的生产性故障的处理方法
三、生产管理	（一）组织协调	能够组织有关人员进行技术革新	企业管理基本知识
	（二）技术管理	1. 能够组织有关人员对煅烧系统进行热工标定并提交热工标定报告。 2. 能够对磨机系统进行技术标定并提交标定报告。 3. 能够对集散控制系统软件的修改和进一步完善提出建议	1. 新技术、新材料、新工艺在实际生产中的应用知识。 2. 企业生产验收报告的有关知识。 3. 热工标定、技术标定的内容、范围、方法、步骤、结果分析知识
	（三）质量管理	能够主持工艺设备投产验收工作	工艺设备投产验收标准

职业功能	工作内容	技能要求	相关知识
四、培训与指导	（一）理论培训	1. 能够编写培训讲义。 2. 能够对本职业中级、高级操作员和技师进行理论培训	培训讲义的编写方法
	（二）技能指导	能够指导本职业中级、高级操作员和技师进行实际操作	生产操作方法推广知识

6.4.4.5 鉴定比重表

（1）理论知识。见表6-13。

表 6-13 中控操作员理论知识比重表

项 目			中级（%）	高级（%）	技师（%）	高级技师（%）
基本要求		职业道德	5	5	5	5
		基础知识	10	15	10	5
相关知识	作业前准备	劳动保护准备	5	5	—	—
		技术准备	10	10	—	—
	生产运行操作	生料制备系统的运行操作	35	25	10	10
		煤粉制备系统的运行操作				
		煅烧系统的运行操作				
		水泥制成系统的运行操作				
	故障处理	生料制备系统的故障处理	35	40	20	20
		煤粉制备系统的故障处理				
		煅烧系统的故障处理				
		水泥制成系统的故障处理				
	生产管理	组织协调	—	—	25	25
		技术管理				
		质量管理				
	培训与指导	理论培训	—	—	15	15
		技能指导	—	—	15	20
合计			100	100	100	100

（2）技能操作。见表6-14。

表 6-14 中控操作员技能操作比重表

项 目			中级（%）	高级（%）	技师（%）	高级技师（%）
技能要求	作业前准备	劳动保护准备	25	25	—	—
		技术准备				
	生产运行操作	生料制备系统的运行操作	50	35	20	20
		煤粉制备系统的运行操作				
		煅烧系统的运行操作				
		水泥制成系统的运行操作				

续表

项　目			中级 （%）	高级 （%）	技师 （%）	高级技师 （%）
技能要求	故障处理	生料制备系统的故障处理	25	40	40	30
		煤粉制备系统的故障处理				
		煅烧系统的故障处理				
		水泥制成系统的故障处理				
	生产管理	组织协调	—	—	20	30
		技术管理				
		质量管理				
	培训与指导	理论培训	—	—	20	20
		技能指导				
合　计			100	100	100	100

［学习思考6］

1. 生产管理的内容和任务是什么？

2. 标准化管理的意义是什么？

3. 如何在班组中认真贯彻各项质量标准？

4. 结合自身实际，谈谈如何做到10S管理？

5. 水泥中央控制室操作员中级操作员、高级操作员与技师操作员、高级技师操作员在"技能要求"和"相关知识"方面有什么区别？

6. 现场管理三大基础工具是什么？

7. 什么是精细化管理？

8. 对于生产工艺层面的精细化管理要求怎么做？

9. 项目建设精细化应从几方面入手？

10. 生产调试精细化应当怎么做？

11. 生产管理精细化应当从哪几方面考虑？

12. 试以一个企业为例，提出该企业生产管理精细化方案。

13. 为什么要对精细化管理方案进行考核？

14. 中央控制室的系统组成有哪些？其功能与作用分别是什么？

15. 为什么要建立以中控室为核心的生产指挥系统？

16. 简述基于MES的水泥生产管理系统。

7 水泥质量投诉的应对与水泥产品的销售

[概要] 本章共分四节,重点介绍与水泥质量相关的纠纷与投诉、水泥生产企业在应对水泥用户涉及水泥质量投诉时应当采取的策略与技巧、水泥质量投诉的案例分析和水泥产品销售策略。

水泥是最重要的土木工程材料之一,对于一个完整的水泥厂来说,水泥是水泥厂生产的最终产品(只生产水泥熟料的,则其终产品为熟料);但从使用角度来说,水泥并非最终产品,必须制成混凝土或其他产品方能应用于建筑工程。国际标准 ISO9001:2008《质量管理体系——要求》将"以顾客为关注焦点"列入"管理职责",提出:最高管理者应以增强顾客满意为目的,确保顾客的要求得到确定并予以满足。按照顾客要求提供适宜产品是水泥生产企业必须做到的,而及时、正确地处理顾客的投诉是企业建立并维持良好质量信誉,不断提高顾客忠诚度的重要手段,因此,正确对待和妥善处理顾客投诉(抱怨、意见)是企业必须正视的问题。

7.1 与水泥质量相关的投诉

7.1.1 水泥质量纠纷的类型

7.1.1.1 水泥企业与用户的质量纠纷

一般而言,水泥用户与水泥生产企业之间发生质量争议时,用户享有更多的主动选择权:

(1)直接与生产厂家或经销商进行协商,确认质量问题归属而和解。

(2)到工商部门或消费者协会投诉,由工商行政部门主持调查取证并确认质量事故责任,进而对双方调解。

(3)到质量技术监督局申诉举报,由产品质量监督管理部门主持调查取证并对双方进行调解。

(4)用户和水泥企业双方自愿将纠纷交由仲裁委员会做出裁决。

(5)协商或调解终止,用户就质量问题向法院提起民事诉讼,这一般是解决水泥产品质量民事争议的最后途径。

7.1.1.2 水泥企业与监管部门的质量纠纷

无论工商行政部门还是质量监督管理等部门都有责任对出厂水泥进行监管,在市场的流通领域中,水泥的抽查合格率往往要比出厂水泥的监督抽查合格率低得多,一方面证明水泥发生质变现象的普遍性,同时也说明企业对出厂水泥质量跟踪的缺失。他们之间的质量纠纷主要体现为假冒伪劣的认定、保质期限、抽样代表性、不合格数量认定等方面,作为水泥企业可根据水泥贮存时间、环境条件等提出异议,并可按规定要求复检。

7.1.2　水泥质量投诉的分类

用户对水泥产品质量的质疑、抱怨和意见,如果处理不当,则会引起质量投诉。水泥质量投诉一般有两类不同内容:

7.1.2.1　用户对水泥产品自身品质的质量投诉

水泥质量不符合国家标准,出现不合格品。这种情况在新型干法水泥中已属少见,但由于市场的不规范,企业使用的原材料、管理水平和人员素质的差异,产品质量问题的投诉往往会围绕下述问题引发:假冒商标品牌、质量(强度)波动(标准偏差大)、水泥与混凝土外加剂适应性差、水泥颜色差异、出厂环节出现的缺陷(如包装质量……)等。

7.1.2.2　用户对水泥施工性能和混凝土质量问题的质量投诉

原因可能是多方面的,但施工部门往往将原因归咎于水泥,处理此类问题的投诉比较麻烦。不管投诉问题的发生原因、责任属于何方,水泥企业不要轻言"不是我的责任我不管",而应与施工企业共同进行调查分析搞清原因,求得问题的解决。

7.1.3　水泥质量纠纷产生的原因

7.1.3.1　水泥品质变化导致纠纷

无论散装水泥,还是袋装水泥的品质和工作性能,都会随着贮存时间的延长而发生改变,如强度下降、凝结时间延长、标准稠度用水量增大、胶砂流动度下降及适应性减弱等现象,改变程度往往与贮存时间、贮存条件相关。部分水泥出厂后直接在工地使用,而更多水泥需经中转或贮存较长时间后使用,散装水泥的出厂、运输和贮存条件相比袋装水泥有着明显的优势,而且一般在比较规范的搅拌站、大型工地使用,极少发生因水泥质变引起的质量纠纷。为避免破包等包装问题的出现,水泥包装袋一般要求具有良好的透气性,这直接影响了袋装水泥的长期贮存,故袋装水泥在运输、中转或在经销商店的贮存期间容易发生质变,而质变与环境温度、湿度和通风等诸多因素相关,极难把握其保质时间,出现质变袋装水泥流向施工不规范的小型工程工地、农村市场就在所难免,从而导致因水泥质变引发的质量纠纷时有发生。

7.1.3.2　水泥质量不合格导致纠纷

由于水泥的检验周期较长,水泥实施的是确认合格出厂制度而非检验合格出厂制度,水泥出厂时还有部分技术指标尚未检测出来,如3d强度、28d强度等,因此出现水泥已经用完了,检验结果还没有出来的现象是很正常的,一些中小企业特别是质量意识较差的水泥企业或小型粉磨站,一味追求降低成本,仅按标准要求生产,不考虑富裕强度要求,生产过程出现了质量波动,有可能导致不合格水泥出厂,为水泥使用埋下质量纠纷隐患。

7.1.3.3　水泥工作性能不佳导致纠纷

水泥工作性能主要表现为混凝土的和易性、与外加剂的适应性等方面。水泥的各项技术指标优良并不等同于其工作性能也优良,其影响因素甚多,主要与熟料烧成、矿物组成、石膏品种、混合材种类及掺量、细度和助磨剂品种等有关。由工作性能不佳引发的质量问题一般在施工早期就能体现出来,如用水量大、流动性、黏聚性和保水性差以及泌水离析等现象,这种质量问题引起的争议,双方都应该检查自身问题而非互相指责,但作为水泥企业,有必要准确地检测和评价水泥产品的性能特点和差异,为其使用提供理论及经验依据。

7.1.3.4　水泥质量波动导致纠纷

预拌混凝土的推广和应用,极大地减低了水泥质量争议,同时也对水泥的质量和性能提出了新的要求。为保证预拌混凝土的质量稳定性和可靠性，水泥 3d、28d 强度的稳定性已远不能满足要求，其他相关指标如混合材、石膏、助磨剂的种类及掺量等也应具有稳定性要求，由水泥质量波动导致的混凝土质量问题是当前混凝土搅拌站最关注的焦点之一，水泥企业应当予以高度重视。

7.2　水泥质量投诉的应对策略与技巧

7.2.1　水泥企业在质量纠纷中的地位

一些水泥用户特别是小工程施工单位和农村住房自建用户，水泥贮存及施工条件恶劣，经常出现水泥质变及混凝土施工、养护不当现象，但其在施工过程中只要发现质量问题或在竣工验收中发现质量问题，首先想到的就是水泥质量问题，其次才考虑其他材料或混凝土设计、施工、工程结构、环境条件影响等因素，这对水泥企业来说是极其不公平的，考虑销售服务、品牌形象及企业信誉等因素，无论何种类型的质量争议，水泥企业往往处于弱势地位，常常为此付出不必要的经济代价。

7.2.2　对水泥自身品质方面的投诉的处理

7.2.2.1　因使用假冒品牌水泥而向被侵权企业或质量技术监督部门提出的投诉

遇到此类情况，应首先判断该水泥是否为本企业产品，方法是对水泥包装标志、包装质量、出厂编号、出厂日期、运输、经销商资质等进行查对、比较，就可初步判定是否为本企业产品，但最有权威、最有说服力的判断，是将投诉水泥与该企业同期出厂的水泥的化学成分和物理品质做一比较。

在判断水泥真伪时，还可比较水泥的比重、颜色。在为判断真伪需取样复验时，必须注意由双方共同取样签封，送省级以上国家认可的水泥质量监督检验机构进行仲裁检验。

7.2.2.2　由于工地实验室进货检验质量指标不符合标准要求而发生的投诉

接到此类投诉时应先核对所投诉的水泥是否为本企业产品，如确认是本企业产品，虽然我们自信本企业的水泥质量是有保证的，但为了加强与客户沟通，寻找发生问题的缘由，增强顾客对企业的信任度，我们仍然提倡由双方化验室共同进行现场取样复验，同时送有资质的第三方检验机构进行检测。复验结果可能出现下述两种情况：

（1）复验结果确证产品是合格的

双方应共同寻找产生差异的原因：一是邀请该用户到水泥企业化验室进行共检，找出试验条件、手法差异之处；二是到用户实验室了解顾客的检验设备情况、检验人员的素质水平、取样方式、试验方法及养护条件，以判断用户检验结果的可靠性。目前建筑工程施工业发展迅速，施工地多处乡村山区，有些实验室条件不完备，养护方法和湿度、温度的控制较差，检验人员的知识不全面、经验较差和技术水平参差不齐的现象多有存在。某公司曾对某工地的养护条件检查，发现试体成型后 3d 强度测定前不在水中养护，而养护池水温控制不符标准规定（常常夏季高、冬季低，其幅度在 1～3℃），强度影响在 2～3MPa。

虽然责任不在水泥企业，但为了维护企业质量信誉，澄清事实和帮助用户正确对待此类问题，可到工地实验室考察，帮助对方找出问题并有针对性地采取措施。造成试验误差的因素有：

①试验条件：一是试体成型试验室温度、相对湿度控制应符合标准要求，水泥、砂、水和

试验用具的温度应与试验室相同,而对水泥、砂、水的计量必须符合要求,否则强度出现差别。当水泥多掺25g(5.5%),28d强度增加3~5MPa;加水量是最敏感的,一般加水量波动1%,抗压强度相应变化2%。二是养护箱的温度和湿度、养护池(容器)的水温必须严格控制,一些工地对养护箱温度、湿度极不重视,有时温度低2~5℃,其抗折、抗压强度下降1%~3%。湿度控制不好会造成试体的干缩变形,影响强度增长。某粉磨站试验室曾发生冬季断电一周,致使养护水温度下降8~9℃,强度比正常情况下降了一个等级。

②人员操作水平影响:目前,一些试验室新手较多,操作经验不足,由于操作手法差异,往往造成误差,常见的有成型加水时未使用自控加水装置,加水量不准确,加水后量筒内水未倒净;刮平操作用力不均,可能在试体中出现裂纹或缺陷;抗压强度测试时,试体未按规定置放,致使试块承受力不均,降低强度值;破型时加荷速度过快,往往使强度值偏高。水泥企业从开拓市场、维护企业信誉出发,应主动加强与用户试验室的沟通,采取走出去,请进来的办法,交流操作要领,统一操作方法,以缩小试验室间误差。

③试验设备的影响:试验设备必须从具有资质和信誉的厂家采购,必须经有资质的计量单位检定合格后方能使用,要实施按期周检制度。及时进行调整和修理,公差不符要求时,应及时更换。不仅应注意主机(抗折机和抗压机)的进厂验收和安装质量,还必须注意抗折、抗压夹具的质量验收;控制破型加荷速度,无论抗折或抗压,加荷速度越快,强度会偏高,反之则偏低;抗压机球座要灵活,上下压板要对准、要平行,否则会使试验结果偏低,压板表面要平整,否则强度值会有所下降。

(2)复验结果不合格

经双方共同取样签封的试样送交有资质的水泥质量监督检验机构进行检验后,认定为有质量问题,则企业应检查原因,认真处理事故,及时采取措施,防止事故漫延,并承担应有责任。

7.2.2.3　水泥运输、储存条件不好和出厂时间过久造成水泥性能发生变化引起的投诉

此类投诉系由于运输、储存条件不好会引起水泥受潮、结块或储存过久性能也会发生变化而引起的。解决办法是现场勘察,了解情况,向用户讲解水泥运输、储存方面注意事项,向用户说明水泥"先到先用,后到后用"的道理。

7.2.2.4　水泥匀质性不好引起的投诉

此类投诉往往在用户碰到混凝土强度波动或同一外加剂与水泥适应性发生差异时提出,而且往往归咎于水泥,埋怨水泥品质发生了变化,严重时施工方甚至要求"立即停用"某品牌水泥。碰到此类投诉,如确是水泥本身发生了波动,水泥厂应认真检查自身存在的问题。保证水泥匀质性与稳定性,主要在于保证原燃材料的稳定、生产过程的稳定、有效的均化措施、合理储存量、出厂水泥的稳定性,必须着力消除生产、设备、质量管理方面存在的不稳定因素。还应提倡"主动出击",与混凝土搅拌站加强沟通,当水泥厂生产条件发生变化时(如原材料、混合材变更,设备、控制手段出现问题,不可抗拒的自然灾害等),应主动告知用户,采取适当防范措施,防患于未然。

当然,混凝土搅拌站或施工队也可能是由于自身问题造成了混凝土质量波动和施工工作性能的变化,诸如混凝土配合比发生了变化(配料计量发生误差),原材料质量问题(如砂子中含土量、含泥量增多,外加剂固含量变化),甚至检验误差都可能导致混凝土施工性能和强度的变化。

7.2.2.5　水泥与混凝土外加剂适应性不好引起的投诉

解决此类问题,水泥企业与外加剂生产企业应双向互动,加强交流协作,而不能互相推

逶。从水泥品质角度看,对水泥与混凝土外加剂适应性产生影响的主要因素有:

(1)水泥中的碱含量。同一种外加剂在水泥中碱含量(R_2O)较高或不稳定时其适应性就会变得较差,净浆流动度很小。统计发现,水泥与外加剂适应性比较好的水泥碱含量一般在 0.37% ~ 0.52%,适应性较差或不稳定的碱含量大约在 0.4% 以上。

(2)熟料中的游离氧化钙。含量波动大,也会导致水泥与外加剂适应性不好。

(3)混合材种类及掺加量。试验表明:

①在水泥中掺入矿渣、粉煤灰、石灰石等混合材有利于改善水泥与外加剂的适应性,

而复掺效果较单掺好。改善适应性的排序是:石灰石(比表面积 450m^2/kg) > 矿渣(430m^2/kg) > 矿渣(380m^2/kg) > 粉煤灰(2 级灰) > 粉煤灰(粉磨至 550m^2/kg)。

②石灰石做混合材能显著增大水泥的流动性,且保持较小的经时损失,但掺量不宜过大,以 3% ~ 7% 为宜。

必须说明,上述结果是在试验室条件下取得的,不能硬性套用,但可作为与混凝土外加剂厂家双向互动时选择水泥混合材之参考。

(4)水泥细度。细度不稳定对水泥与外加剂适应性影响较大。

(5)外加剂的种类及性质。不同种类不同系列的外加剂对同一种水泥的适应性差异较大,SW 公司曾与外加剂厂家和施工单位进行过长期有效的合作,经过共同努力曾多次解决了困扰施工单位的外加剂适应性问题。

(6)其他因素。水泥与外加剂适应性的影响因素很多,除上述因素外还有:水泥熟料的矿物组成、石膏的种类和掺量、水泥颗粒级配和形貌、水泥温度和水泥的存放时间等。

7.2.3 对混凝土施工性能和混凝土质量问题投诉的处理

此问题发生的原因比较复杂,有可能与水泥本身质量有关;有可能与水泥运输、储存保管方法不当有关;也有可能与混凝土施工技术和质量(砂石和掺和料的质量、配比、施工设备、搅拌和养护工艺)等有关。接到此类投诉后,一般应对下述问题进行调查落实:

①判断投诉水泥是否为本企业产品,运输、保管状况是否符合要求。

②如是本企业产品,其品质是否完全符合国家标准和合同承诺要求。

③了解用户投诉的理由(事实、机理)。

④与用户共同分析和判断问题是由水泥品质引起,还是因施工、养护存在缺陷引起的,分清落实责任。

⑤如由水泥本身原因引起的,则应调查"问题水泥"用于工程数量、产生的后果及经济损失,要按规定办法给予处置;若非水泥本身因素引起,企业可不承担责任,但要继续保持与施工部门的友好合作关系。

在处理投诉中我们必须"以用户为关注焦点",无论是否是水泥厂责任,都应向用户全面介绍产品性能、特点,并从"防范"角度出发,了解用户对后续使用的水泥有否新的要求,以防患于未然,减少用户损失。这样做的结果会使此类"不恰当投诉"量大大减少。

对常见投诉问题的原因分析及防范措施如下:

7.2.3.1 混凝土早期裂缝问题

裂缝一直严重困扰着混凝土的施工质量,混凝土裂缝产生的原因和影响因素是极其复杂的。有学者认为,混凝土早期开裂的主要原因是由于初凝前后干燥失水引起的收缩应变和水化热产生的热应变所引起;混凝土应力 2/3 来自温度变化,1/3 来自干缩和湿胀。这两种观点是切合实际的,混凝土在凝结硬化过程中,水泥会释放大量热量,特别是在浇筑后的

前7天内,混凝土体内、外温差较大,产生很高的温度应力从而导致结构开裂,尤其大体积混凝土影响最严重。

为了解决或减轻水泥本身对"开裂"的影响,水泥企业应着力于降低水泥早期水化速率和水化热,具体措施有:降低水泥熟料中的 C_3A 含量;降低水泥中碱含量;控制适宜的水泥细度及合理的颗粒级配;合理掺用特别是复掺混合材;降低出厂水泥温度;控制好出厂水泥的匀质性、稳定性,以便在混凝土配比中尽可能减少水泥用量,以减少水化热。上述论及的诸点,是从水泥厂角度出发的。混凝土施工方也应在选用材料、配合比设计、施工作业、养护制度各方面进行优化,加强管理。

7.2.3.2　混凝土施工时凝结时间异常问题

用户对水泥混凝土凝结时间不正常的投诉是较多的,所谓不正常有两种情况,一是指在预定时间内混凝土没有达到初凝或终凝,凝结时间偏长(混凝土行业称超缓凝);二是凝结发生在预定时间之前,致使凝结时间过短,出现急凝或假凝的极端情况。

(1)混凝土凝结时间偏长(超缓凝)

混凝土凝结时间偏长的原因有:

①由水泥凝结时间长直接导致。混凝土的凝结与水泥的凝结是密切相关的,表7-1为水泥凝结与混凝土凝结时间关系对比。

表7-1　水泥的凝结时间与混凝土的凝结时间的关系

项目	水泥		混凝土(不掺缓凝剂)		混凝土(掺缓凝剂)	
	初凝时间	终凝时间	初凝时间	终凝时间	初凝时间	终凝时间
第一批水泥	2h10min	3h20min	4h15min	5h25min	8h10min	10h10min
第二批水泥	3h10min	5h	6h35min	8h50min	13h10min	16h45min
两批时间差	1h	1h40min	2h20min	3h25min	5h	6h35min

由表7-1可知,两批水泥初凝时间差为1h,终凝时间差1.5h左右,但配制混凝土后在不掺缓凝剂时初、终凝时间之差分别为2.5h和3.5h左右,而当掺有缓凝剂后,初、终凝时间差均已超过了5h和6.5h,即配制成混凝土后水泥凝结时间的波动被"放大"了近5倍。因此,作为水泥厂应稳定水泥的凝结时间。

新型干法水泥一般不会出现超缓凝问题。但某些厂如在生料中掺入了 CaF_2 和在水泥中加入了混凝土缓凝剂,或石膏掺入量过多(特别是磷石膏),就会导致混凝土凝结时间大幅度延长。

②在拌制混凝土时,缓凝剂或缓凝型减水剂掺量过大,造成了混凝土凝结时间偏长,甚至出现几天不凝结的现象。

③其他因素。除上述因素外,环境温度低或矿物掺和料活性低及掺量大和水泥过粗等,也会导致水泥凝结时间延长;施工时混凝土的水灰比大或水泥用量低、混凝土灰砂比小、混凝土养护温度低等会使混凝土凝结时间延长。还需注意夏季和冬季混凝土拌和物的凝结时间必须以外加剂量来进行调节,因此,在环境温度低的情况下,应少掺或不掺缓凝剂,以免出现超缓凝现象。

(2)混凝土凝结时间偏短

混凝土拌和物凝结太快,无法顺利施工或预拌混凝土在运输途中发生拌和物严重稠化,到目的地无法卸出,施工人员统称之为"速凝"或"急凝",它不仅影响施工作业进行,勉强施工还会给建筑工程质量留下隐患,必须给予充分重视。

水泥凝结时间短固然可影响混凝土拌和物的凝结时间,但现代化水泥企业的水泥初凝时间不合格或出厂水泥发生急凝的情况已十分罕见,这类问题多是由水泥与外加剂适应性不好引起的。一般有如下几种情况:一是使用了工业副产品磷石膏所致。二是使用了硬石膏与二水石膏的混生物,由于仍然存在"溶解速度"的问题,致使发生不适应状况。三是水泥厂在粉磨水泥时虽然使用了优质二水石膏,但控制不好磨内温度,温升过高,发生了混凝土拌和物凝结过快。四是水泥助磨剂(主要成分为三乙醇胺)加入不均匀,部分水泥在现场搅拌时发生假凝现象。不论采用何种石膏生产水泥,按照有关水泥标准进行产品检验时一般区别不大,但在掺加外加剂(减水剂)情况下,有时却表现出大相径庭的塑化效果,石膏种类和形态是至关重要的,局部的不均匀也会造成凝结过快的恶果。蔗糖是一种缓凝剂,但在水泥中加入蔗糖量不同,效果大不相同,掺量超量时,不仅不缓凝,却能产生急凝。因此,对于外加剂必须考虑"度"的问题。

7.2.3.3 混凝土坍落度变小或坍落度经时损失大的问题

混凝土坍落度变小或坍落度经时损失大的原因归纳起来有:

(1)水泥的影响。水泥需水性大;水泥本身有急凝、假凝现象;使用水泥温度太高等。

(2)水泥与外加剂不相适应。

(3)混凝土配合比不当。如水灰比小、单方混凝土中水泥用量过少,而未采取增加坍落度的相应措施。

(4)混凝土运输和现场等待时间。时间过长,水分蒸发,特别在夏季高温季节尤甚。

防范措施主要有:一是在外加剂中增加适当成分,以延缓预拌混凝土的凝结时间;二是在混凝土配合比中加入适量超细粉;三是对水泥生产工艺及混合材进行适当调整。

7.2.3.4 混凝土表面"起砂"的问题

"起砂"的本质应是混凝土表面强度不足。泌水会引起混凝土表面水胶比高,强度偏低,从不少实例看,因泌水而导致混凝土表面"起砂"的情况居绝大多数;而表层的水泥得不到足够的水分进行水化,也可能出现"起砂",施工后之所以要注意及时养护,就是既要防止混凝土表面硬化之前被雨水冲刷造成混凝土表面水灰比过大,又要防止混凝土中的水分在表层建立起强度之前散失,尤其是掺有粉煤灰或矿渣的混凝土,由于其早期强度较低,表层没有足够多的水化产物来封堵表层大的毛细孔,必须注意早期充分的湿养护,以防混凝土表层水分散失过快、过多。

为了避免或减轻表面"起砂",除合理选择好水泥品种和混凝土组分中原材料以外,应严格控制施工工艺,注意加强养护并在凝结前后进行二次压面以提高其表面密实度。

7.2.3.5 混凝土(制品、构件)强度不足问题

混凝土强度问题的投诉,有时是从工程现场发现提出的,也有因混凝土试块检验强度低于设计值而提出的。一般说来,水泥企业只要按用户要求提供质量稳定的、品种和强度合乎约定要求的水泥,就不存在承担混凝土强度问题的责任。但如前所述,如果由于水泥企业的水泥匀质性发生变异,强度发生较大幅度波动;水泥与外加剂相互适应性发生变化;水泥在储存、运输过程中受潮、淋雨;如使用包装水泥,袋重合格率过低等原因,都可能导致混凝土施工质量受到严重干扰,混凝土强度则可能发生大的波动,严重时甚至出现强度不合格的现象。水泥企业应该立足于事前的"预防",消除不稳定因素,同时应特别强调水泥生产厂与用户之间沟通,当水泥生产厂生产条件发生变化时,应主动告知用户,以采取适当应对措施。

当用户对水泥提出"疑问"时,我们应立足于"查证"、"查找原因"和"复查"。"查证"是

指要对现场发现结构强度问题或混凝土试块强度问题的调查落实;"查找原因"是指对已"查证"到问题进行原因查找、分析;如确由我方造成,则应继续进行"复查"。复查方法可采用非破损检验技术,如回弹仪、取芯等方法鉴定,确定强度有问题,则应承担责任,商讨解决途径;而非我方原因,则应向对方讲清道理,分清责任。

7.3 水泥质量投诉的案例分析

[**案例一**] 2006 年 11 月,某用户投诉某厂的 P·C32.5R 水泥在加工水泥制品时,结构疏松不凝固,化验室人员到现场查对后发现,现场所存水泥包装袋的标志与企业使用的纸袋不符,又未打印出厂编号、日期,已可判定非本企业产品,为了取得确证,将此水泥与该厂同期出厂的产品同时送检验机构检测。现场水泥的 80μm 筛筛余为 7%,SO$_3$ 为 1.18%,3d 抗压强度为 11.6MPa,而该时段的企业产品的 80μm 筛筛余 ≤3.0%,SO$_3$ 为 2.1%~2.7%,3d 抗压强度 ≥16.0MPa,据此完全可以判定不是该厂产品,厂方人员对用户做了说明并向该地区质量技术监督部门提出了打假维权要求。

[**案例二**] 某厂于 2007 年 4 月接到陕南某工地投诉刚运输到场的 30t 水泥中有结块现象,工厂人员赶到现场了解到,该工地处于山区峡谷,天气晴雨多变,经查该水泥的车辆未盖篷布,恰遇断续的春雨,结块现象在一些水泥包装袋中形成了,该厂工作人员发现仓库过小,部分水泥在下雨时无法遮护,他们不失时机地向工地仓库管理员讲解了水泥运输、储存方面的知识,双方进行沟通,告诫用户密切注意运输途中和储存地的防雨、防潮、防阳光曝晒是十分重要的,也向用户说明,水泥进仓库后不应存放过久,要"先到先用",不能将"先到"水泥放置于仓库的后部,而将"后到"的水泥先用,因为储存过久,水泥强度会有所下降,下降速度与包装袋质量、当地温度、湿度有关。

[**案例三**] 某混凝土搅拌站使用某厂 P·O 42.5R 水泥,其强度极差大,高的达56.6MPa,低的只有 42.2MPa,标准偏差高达 3.5MPa 以上,造成混凝土强度波动,个别试块强度值只有设计值的 92%。有投诉者提出,由于水泥强度的波动造成了混凝土强度大幅波动,但验证水泥强度后,并非不符合国家标准,而是未达到"送检试样"的指标,水泥实物强度差异过大,按"送检试样"设计的配合比,无疑会造成混凝土大幅波动,因此应提倡送样和生产供样的一致性,不应为商业竞争而刻意制样。

[**案例四**] 某公司 2006 年某月份曾经有几天因原材料短缺而使进厂原材料质量波动较大,在混合材种类及掺量、外加剂种类及掺量等条件基本相同的情况下,出磨水泥与外加剂的适应性却发生了很大的波动,在外加剂掺量可调范围内,出磨水泥的净浆流动度仍远小于 180mm。经过调查分析后发现,当时磨制水泥所用的熟料游离 f-CaO 含量波动很大,其中一个阶段的 f-CaO 最大值 6.55%,最小值 0.52%,平均值 2.32%,另一个阶段的 f-CaO 最大值 8.11%,最小值 0.42%,平均值 2.21%,可见这两个阶段熟料 f-CaO 平均值均大于生产控制指标值(f-CaO < 1.5%)。紧接着当熟料的 f-CaO 稳定在控制指标范围内后,在其他条件未发生变化时,出磨水泥与外加剂的适应性又奇迹般地恢复了正常。

[**案例五**] 2006 年某客运专线工程标段反映某批水泥对同种外加剂的适应性波动很大,公司技术人员立即进行现场取样现场试验,发现同品种水泥确实存在适应性波动很大的问题。为分析原因,将工地同品种不同批次的水泥取了 63 个样品带回公司对水泥细度进行了检验,结果发现这些样品的 80μm 筛筛余波动较大,63 个样品的标准偏差为 0.91%,极差为 4.8%。为了进一步验证细度对适应性的影响,我们对某月不同细度的水泥进行了试

验,试验数据也显示了细度的波动对适应性的影响较大。由此可见,粉磨细度的不稳定是造成郑西客运专线工程标段适应性较大波动的主要因素,为此我们采取了相应的技术措施,提高了生产的稳定性,使水泥细度控制在比较稳定的范围内之后,这个问题便迎刃而解了。

[案例六] 2004年10月,西安某医院科技楼工区初施工时,发现有两条裂缝,施工方即向搅拌站投诉,搅拌站立即对近日的情况做了综合调查(同时与施工的工地做比对),发现均正常。随即派人去该工地,发现其浇筑后养护存在严重缺陷,无塑料薄膜覆盖,只盖了一些草袋,且不及时浇水,天气又热,他们向施工方提出了强化和按规范养护的意见。在后续施工中再未发生裂缝(该工程隔墙厚3.2m、防辐射)。

[案例七] 2003年8月,某工地反映混凝土在浇筑后14~18h未凝固(要求12h脱模),搅拌站迅速查对所用原材料及配比后,发现所用水泥的凝结时间发生变化,初凝由1~2h延至4h以上,而终凝大于8h,但在制备预拌混凝土时,还是按原要求加入了缓凝剂,致使凝结时间延长。厂方立即做好善后工作:一是要求工地强化养护,延时拆模(实际在20h已可正常拆模),确保混凝土强度不降低;二是在使用该批水泥时在泵送剂中减少缓凝组分掺加量,使混凝土凝结时间恢复正常;三是向水泥生产厂了解情况,得知由于该厂在生产中应用过磷酸钙作缓凝剂制造缓凝水泥,不慎混入,立即与该厂联系,确保水泥正常技术性能。本次投诉的及时处理,施工单位满意,也相应地促进了搅拌站和水泥生产厂的管理。

[案例八] 2004年9月,西安某工程在施工中发现坍落度损失大,到达施工现场后坍落度已由180mm左右降至小于90mm,不符合施工要求,为弥补坍落度损失,用备用外加剂再次调节到符合要求。混凝土站向供货厂家投诉,水泥厂查明,由于熟料温度偏高,致使出厂水泥温度偏高,加之掺用的混合材是烧失量较大的粉煤灰原灰,综合因素致使水泥初凝、终凝的时间间隔缩短,其初始流动度已由180~200mm下降至150mm,而1h后流动度下降至130mm,需水量也有增大并出现假凝现象。针对此情况采取了如下措施:一是在外加剂中增加了葡萄糖酸钙的含量,以延缓预拌混凝土的凝结时间;二是在混凝土配合比中加入超细粉50kg;三是水泥生产厂对生产工艺及混合材进行调整。

[案例九] 2004年5月,某房地产公司向某水泥厂投诉,在使用该厂P·O 32.5R水泥打一层地面时,严重"起砂"。厂方随即派人前往工地调查,发现其拌制混凝土所用的细集料中含土量过大,同时对该编号水泥在此工程别处使用情况进行了了解,其工作性能均属良好(其使用细集料洁净,目测级配合理),因此可以得出结论,该层地面施工时,由于砂的质量使混凝土表面强度不足,发生了"起砂"。

7.4　水泥产品销售

7.4.1　严格执行水泥交货与验收制度

GB 175—2007《通用硅酸盐水泥》明确规定,水泥的质量验收既可抽取实物试样的检验结果为依据,也可以生产者同编号水泥的验收报告为依据,采取何种方法由双方商定,并在合同或协议中注明,若无书面合同或协议,或未在合同和协议中注明验收方法的,应在发货票上注明"以本厂同编号水泥的验收报告为验收依据"字样。标准规定的交货验收制度无疑为保护水泥企业在质量纠纷中的权益提供了重要保障,极大降低了质量纠纷中在施工现场取证抽样的必要性,减少了水泥运输及贮存期间质变给企业带来的风险,因此,严格执行水泥交货与验收制度是避免质量纠纷的最重要途径。

7.4.2 建立水泥出厂、运输、贮存及使用跟踪制度

在众多质量纠纷中,袋装水泥在小型工地、农村市场的使用占据了绝大多数,究其原因主要是水泥质变或施工不规范导致,因此水泥企业有必要建立水泥出厂、运输、贮存及使用跟踪制度,根据产品的富裕强度、凝结时间及烧失量等易变技术指标,结合产品所处各种环境条件,研究产品的保质期限,及时对流通领域或施工工地贮存的水泥发出预警信号,并对可能发生质变的水泥及时召回或降级处理,避免相关质量纠纷的产生。

[学习思考7]

1. 水泥质量纠纷与投诉的类型主要有哪几种?
2. 水泥用户与水泥生产企业之间发生质量争议时,水泥用户一般享有哪些选择权?
3. 请列举说明水泥质量纠纷产生的原因有哪些?
4. 接到用户投诉后,一般应采取什么步骤来应对?
5. 请列举说明对涉及水泥自身品质方面的投诉都采取哪些应对措施?
6. 请列举说明对混凝土施工性能和混凝土质量问题投诉都采取哪些应对措施?
7. 为什么说严格执行水泥交货与验收制度是避免质量纠纷的最重要途径?

参考文献

［1］ 石常军．水泥质量检测常见疑难问题与对策［M］．北京:中国建材工业出版社,2002.

［2］ 张雪芹．水泥生产质量控制与管理［M］．北京:中国建材工业出版社,2006.

［3］ 宋丽瑛．水泥质量控制［M］．武汉:武汉理工大学出版社,2010.

［4］ 水泥企业质量管理规程,2011.

［5］ 张大康．对新型干法水泥厂质量控制指标的建议［J］．水泥,2008(02).

［6］ 张绍周,辛志军,倪竹君等．水泥化学分析［M］．北京:化学工业出版社,2007.

［7］ 颜碧兰,江丽珍,肖忠明等．水泥性能及其检验［M］．北京:化学工业出版社,2010.

［8］ 王瑞海．水泥化验室实用手册［M］．北京:中国建材工业出版社,2001.

［9］ 范诚．利用荧光分析实现水泥混合材掺加量的准确控制［J］．水泥技术,2013(07).

［10］ 郭虹．水泥生产管理信息系统的研发、功能及其应用效果［J］．水泥工程,2012(2):
66-70.

［11］ 孙莉,赵志光．基于 MES 的水泥生产管理系统研究［J］．计算技术与自动化,2013,32
(1).

［12］ 孙庆玲．生料质量控制方法的比较［J］．中国水泥,2006(3):86-88.

［13］ 赵敏,许平海．QCS 生料质量控制系统在新型干法水泥生产线上的应用［J］．四川水
泥,2005(5).

［14］ 阮宏松．QCS 生料质量控制系统在新型水泥干法生产线上的应用［C］,2008

［15］ 谢永平．PGNAA 跨皮带分析仪在生料质量控制系统的应用［C］,2008

［16］ 张凤刚,杨位臣,鹿志清．QCS 生料质量控制系统在 5 000t/d 生产线中的应用［J］．水
泥,2005(05):58-59.

［17］ 邵国有．硅酸盐岩相学 ［M］．武汉:武汉理工大学出版社,1991.

［18］ 周正立,周君玉等．水泥化验与质量操作技术问答［M］．北京:化学工业出版
社,2010.

［19］ 王宙．玻璃生产管理与质量控制［M］．北京:化学工业出版社,2013.

［20］ 谢克平．新型干法水泥生产问答千例［M］．北京:化学工业出版社,2009.

［21］ 谢克平．水泥新型干法生产精细精细操作与管理［M］．北京:化学工业出版社,2007.

［22］ 张云洪．生产质量控制．武汉:武汉理工大学出版社,2002.

［23］ 武华东,张志伟,尹应锋．X 射线荧光分析法控制出磨水泥的 SO_3 和混合材掺加量
［J］．水泥,2005(04).

［24］ 刘静．对出厂水泥质量控制与管理工作的论述［J］．建材发展导向,2010(12).

［25］ 迟秀金,李斌婷．用钙铁煤分析仪测定水泥中混合材掺加量［J］．水泥,2008(01).

［26］ 胡如进．从混凝土角度谈水泥生产［M］．北京:化学工业出版社,2007.

［27］ 李斌怀．预分解窑水泥生产技术与操作［M］．武汉:武汉理工大学出版社,2011.

［28］ 周正立等．水泥化验与质量操作技术手册［M］．北京:中国建材工业出版社,2006.

[29] 徐凤翔. 水泥质量与数理统计浅说[M]. 北京:中国建材工业出版社,1993.

[30] 《水泥用 X 射线荧光分析仪》(JC/T 1085—2008).

[31] 《水泥化学分析方法》(GB/T 176—2008).

[32] 贺永刚. JD 水泥公司 5S 现场管理应用研究[D]. 西安:西北大学硕士论文,2007.

[33] 周明康. 对 7S 现场管理的探讨[J]. 工业安全与环保,2008(3):63-64.

[34] 孙莉,赵志光. 基于 MES 的水泥生产管理系统研究[J]. 计算技术与自动化,2013(3):103-107.

[35] 席向民. 瑞昌水泥生产管理模式优化研究[D]. 西安:西安建筑科技大学硕士论文,2012.

[36] 翁恒. 水泥行业 ERP 项目推广实施现场管理实践[C]. 建材(水泥)行业两化融合应用经验及成果论文集.

[37] 郭虹. 水泥生产管理信息系统的研发、功能及其应用效果[J]. 水泥工程,2012(2):66-70.

[38] 《水泥胶砂强度检验方法(ISO 法)》(GB/T 17671—1999)

[39] 《通用硅酸盐水泥》(GB 175—2007)

[40] 范隆炜. 武安市新峰水泥有限责任公司在线分析与控制技术应用的实践经验[EB/OL]. http://www.ii.gov.cn/news/qyfc/2013/8/1382854439890.html,2013-08-02.

[41] 黄金凤,李占贤,刘学东. 总线控制系统水泥成分 X 射线荧光自动分析仪[J]. 自动化与仪表,2002,17(2):7-9.

[42] 祝建清,吴松良. X 射线荧光分析仪在水泥生产中的应用[J]. 水泥,2009(4):50-53.

[43] PANalytical. Venus200 日常操作规程[EB/OL]. http://www.doc88.com/p-9953954526667.html

[44] 倪竹君,夏莉娜,张绍周. 水泥企业统计手册[M]. 北京:中国建材工业出版社,2005.

[45] 林宗寿,水泥工艺学[M]. 武汉:武汉理工大学出版社,2012.

[46] 严生,现代立窑水泥生产中的质量分析和调控[M]. 北京:中国建材工业出版社,2004.